计算机类技能型理实一体化新形态系列

计算机网络技术

项目化教程

（第4版）（微课版）

主　编　谢昌荣　李菊英
副主编　杜文平　赵　娇
　　　　李小秀　王金梅

清華大学出版社
北　京

内 容 简 介

本书以培养学生的职业能力为核心，以工作实践为主线，以项目为导向，采用任务驱动、情境教学的方式，与行业、企业合作，面向网络工程师岗位设置内容，建立以实际工作过程为框架的现代教育高等课程结构。

本书精心设计了7个学习情境、10个工程项目，情境与项目的对应关系见前言。其中，7个学习情境分别是构建小型有线局域网、构建大中型有线局域网、构建无线局域网、接入 Internet、搭建数据中心服务器、构建网络安全系统、网络管理与维护；10个工程项目分别是认识计算机网络、组建小型局域网、组建中型局域网、组建大型局域网、组建无线网络、通过 ISP 接入 Internet、搭建中小型企业数据中心服务器、构建中小型网络安全系统、构建中小型网络管理系统、排除网络故障。本书还配有知识点微课和项目任务实训慕课，使"教、学、做"融为一体，方便教与学。

本书内容丰富、体例新颖、实用性强，可用作高等学校计算机类专业、电子信息类专业、通信类专业、电子商务类专业等专业的"计算机网络技术"课程的教材，也可作为计算机网络培训班、计算机网络爱好者的学习用书。

图书在版编目(CIP)数据

计算机网络技术项目化教程：微课版/谢昌荣，李菊英主编. —4版. —北京：清华大学出版社，2024.3
(计算机类技能型理实一体化新形态系列)
ISBN 978-7-302-65606-7

Ⅰ. ①计… Ⅱ. ①谢… ②李… Ⅲ. ①计算机网络－教材 Ⅳ. ①TP393

中国国家版本馆 CIP 数据核字(2024)第045863号

责任编辑：张龙卿
封面设计：陈昊靓
责任校对：李 梅
责任印制：宋 林

出版发行：清华大学出版社
网 址：https://www.tup.com.cn，https://www.wqxuetang.com
地 址：北京清华大学学研大厦A座　**邮 编：**100084
社 总 机：010-83470000　**邮 购：**010-62786544
投稿与读者服务：010-62776969，c-service@tup.tsinghua.edu.cn
质量反馈：010-62772015，zhiliang@tup.tsinghua.edu.cn
课件下载：https://www.tup.com.cn，010-83470410
印 装 者：三河市铭诚印务有限公司
经 销：全国新华书店
开 本：185mm×260mm　**印 张：**19.75　**字 数：**451千字
版 次：2011年3月第1版　2024年5月第4版　**印 次：**2024年5月第1次印刷
定 价：59.80元

产品编号：104563-01

前　言

数字化、网络化和智能化是21世纪的重要特征。21世纪是一个以网络为核心的信息时代,网络已成为信息社会的命脉和发展知识经济的重要基础,其中发展最快并起到核心作用的是计算机网络。

《计算机网络技术项目化教程》已出版3版，2011年3月出版第1版；2015年7月修订出版了第2版,被评为“十二五”职业教育国家规划教材；2020年8月修订出版了第3版；第4版被评为四川省“十四五”职业教育省级规划立项建设教材。

本书在编写过程中,紧密围绕党的二十大精神,全面贯彻党的教育方针,落实立德树人根本任务,坚持为党育人、为国育才,以培养社会主义网络强国建设者和接班人为目标。

1. 更新内容

本书在第3版的基础上,对结构和内容进行了优化和更新。

(1) 进一步优化了本书的体例结构,从原来的11个项目优化为10个项目,采用“纸质教材+电子活页”的结构形式和“知识点微课和项目任务慕课”的扫码辅助学习的方式,增加了丰富的数字资源。

(2) 对陈旧内容进行了更新,同时更新了部分案例和部分实训任务。将搭建服务器的操作系统升级到Windows Server 2019。

(3) 新增了70多个微课视频和20多个实训任务微课或慕课,便于辅助教学和读者自学。

(4) 新增课程思政内容,引导学生树立正确的世界观、人生观和价值观。

(5) 扩展知识用电子文档呈现,便于读者选择学习。

2. 内容设计

本书精心设计了7个学习情境和10个工程项目,如下图所示,以“建网络→建服务→护网络”的实际工作过程为脉络进行结构设计。

工作过程模块一:主要完成有线、无线网络的组建和接入互联网,设计了4个学习情境(项目1～项目6),分别为“构建小型有线局域网→构建大中型有线局域网→构建无线局域网→接入Internet”。

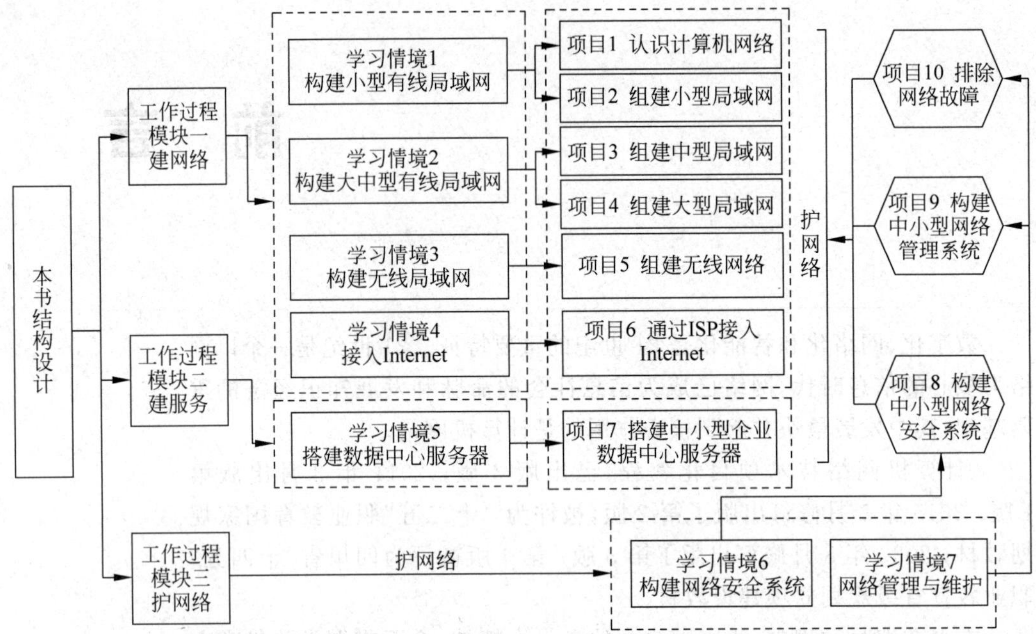

工作过程模块二：完成网络中主要服务器的搭建，设计了1个学习情境(项目7)，为“搭建中小型企业数据中心服务器”。

工作过程模块三：完成构建安全、高效、可靠的网络，设计了2个学习情境(项目8～项目10)，分别为“构建网络安全系统→网络管理与维护”。

3. 本书的特点

(1) 以“项目引导、任务驱动”情境教学方式组织本书内容。

(2) 体现“教、学、做、导、考”合一的教学思想。

(3) 本书内容积极与职业标准相结合。

(4) 着力于当前主流技术和新技术的讲解，与行业紧密联系。

(5) 电子活页新形态一体化教材，方便教学和学习。

(6) 融入课程思政内容，有鲜明的职业教育特色。

4. 配套的教学资源

(1) 近70个知识点微课、20多个项目任务实训慕课、10个案例微课、3个扩展知识点，均可以通过扫描书中的二维码进行学习。

(2) 提供PPT、教案、教学计划、课程标准、实训指导书和实训报告单等。

(3) 4套试卷(包括试卷A、试卷B及答案)，复习资料及答案，部分实训任务答案，本书习题及答案，等级考试和网络竞赛等教学资源，方便教学和学习，可以从清华大学出版社网站免费下载使用。

本书由谢昌荣、李菊英担任主编，杜文平、赵娇、李小秀、王金梅担任副主编，唐星红、罗勇和福建中锐网络股份有限公司姚远参与编写，思政内容由思政课老师蒋彤彤参与编写并审核。全书由谢昌荣、李菊英统稿。本书在编写及修订过程中，得到了很多学校的教师，以及福建中锐网络股份有限公司、奇虎 360 科技有限公司、成都天易成软件有限公司等诸多工程师的支持，他们提供了软件资料和宝贵意见，在此一并表示感谢！

由于作者水平有限，书中难免存在不足之处，恳请广大读者批评指正。

编　者

2024 年 1 月

目 录

项目1 认识计算机网络 …… 1

1.1 用户需求与分析 …… 1
1.2 相关知识 …… 4
1.2.1 计算机网络的概念 …… 4
1.2.2 计算机网络的分类 …… 5
1.2.3 计算机网络的组成 …… 6
1.2.4 计算机网络的结构 …… 8
1.2.5 计算机网络的性能指标 …… 11
1.3 案例分析：校园网拓扑结构分析 …… 14
1.4 项目实训 …… 15
任务1：认识网络实训室的网络 …… 15
任务2：认识校园网络 …… 16
小结 …… 16
习题 …… 17

项目2 组建小型局域网 …… 19

2.1 用户需求与分析 …… 19
2.2 相关知识 …… 20
2.2.1 通信原理 …… 20
2.2.2 本地有线网络中的通信 …… 24
2.2.3 OSI 参考模型 …… 28
2.2.4 TCP/IP 网络模型 …… 29
2.2.5 IP 地址基础知识 …… 32
2.2.6 网络中的传输介质 …… 35
2.2.7 以太网组网技术 …… 40
2.3 案例分析：小型局域网(SOHO)组建实例 …… 46
2.4 项目实训 …… 49
任务1：非屏蔽双绞线的制作与测试 …… 49
任务2：小型交换网络的组建 …… 50
任务3：ping 命令和 ipconfig 命令的使用 …… 52

2.5　扩展知识：差错控制和流量控制 …… 54
小结 …… 54
习题 …… 54

项目3　组建中型局域网 …… 57

3.1　用户需求与分析 …… 57
3.2　相关知识 …… 58
3.2.1　千兆位以太网技术 …… 58
3.2.2　万兆位以太网技术 …… 59
3.2.3　10万兆位以太网技术 …… 62
3.2.4　交换机之间的连接 …… 62
3.2.5　以太网的层次设计 …… 63
3.2.6　生成树技术 …… 66
3.2.7　虚拟局域网技术 …… 67
3.2.8　用子网掩码划分子网 …… 73
3.3　案例分析：中型局域网组建实例 …… 77
3.4　项目实训 …… 81
任务1：交换机基本配置与管理 …… 81
任务2：在交换机上划分VLAN …… 85
任务3：用子网掩码划分子网 …… 87
小结 …… 89
习题 …… 89

项目4　组建大型局域网 …… 92

4.1　用户需求与分析 …… 92
4.2　相关知识 …… 93
4.2.1　网络层的设备——路由器 …… 93
4.2.2　网络层提供的服务 …… 96
4.2.3　TCP/IP网络互联层 …… 98
4.2.4　IPv4路由协议 …… 99
4.2.5　广域网协议 …… 108
4.2.6　ARP/RARP和ICMP …… 110
4.2.7　下一代的网际协议IPv6 …… 112
4.2.8　支持IPv6的路由协议 …… 115
4.3　项目实训 …… 122
任务1：路由器的基本配置 …… 122
任务2：静态路由的基本配置 …… 123
任务3：在大型企业中配置基本的OSPFv2 …… 127

任务 4：IPv6 静态路由的基本配置 …… 128
任务 5：配置基本的单区域 OSPFv3 …… 132
4.4 扩展知识：物联网简介 …… 135
小结 …… 136
习题 …… 136

项目 5 组建无线网络 …… 138

5.1 用户需求与分析 …… 138
5.2 相关知识 …… 139
5.2.1 无线网络基础知识 …… 139
5.2.2 无线局域网(Wi-Fi) …… 141
5.2.3 无线城域网(WiMAX) …… 145
5.2.4 无线个域网(WPAN) …… 147
5.2.5 无线广域网(3G、4G 或 5G) …… 147
5.3 案例分析：无线网络的组建实例 …… 150
5.4 项目实训 …… 152
任务 1：小型无线网络的组建 …… 152
任务 2：用瘦 AP 组建中小型无线网络 …… 156
5.5 扩展知识：移动互联网技术简介 …… 160
小结 …… 160
习题 …… 161

项目 6 通过 ISP 接入 Internet …… 163

6.1 用户需求与分析 …… 163
6.2 相关知识 …… 164
6.2.1 Internet 的基础知识 …… 164
6.2.2 接入网技术 …… 165
6.2.3 接入 ISP 的方法 …… 166
6.2.4 网络地址转换 …… 174
6.3 案例分析：接入 Internet 方案实例 …… 176
6.4 项目实训 …… 178
任务 1：小型办公室或家庭网络通过“光猫”接入 Internet …… 178
任务 2：配置小型企业网络地址转换 …… 181
小结 …… 184
习题 …… 185

项目 7 搭建中小型企业数据中心服务器 …… 186

7.1 用户需求与分析 …… 186

7.2 相关知识 …… 187
7.2.1 数据中心服务器(硬件) …… 187
7.2.2 服务器操作系统(软件) …… 188
7.2.3 客户机/服务器模型 …… 190
7.2.4 DNS …… 190
7.2.5 DHCP …… 193
7.2.6 信息服务 …… 195
7.3 案例分析：某学院数据中心服务器架构实例 …… 197
7.4 项目实践 …… 198
任务1：Windows Server 2019的安装与配置 …… 199
任务2：安装与配置DHCP服务器 …… 214
任务3：安装与配置DNS服务器 …… 227
任务4：利用IIS安装与配置企业内部Web服务器 …… 238
小结 …… 247
习题 …… 247

项目8 构建中小型网络安全系统 …… 249

8.1 用户需求与分析 …… 249
8.2 相关知识 …… 250
8.2.1 网络威胁 …… 250
8.2.2 网络攻击方法 …… 251
8.2.3 网络安全策略 …… 253
8.2.4 数据加密技术 …… 254
8.2.5 防火墙技术 …… 257
8.3 案例分析：典型的中小型网络安全系统 …… 261
8.4 项目实践 …… 263
任务1：360杀毒软件和安全卫士软件的安装及使用 …… 263
任务2：防火墙的设置 …… 269
小结 …… 272
习题 …… 273

项目9 构建中小型网络管理系统 …… 275

9.1 用户需求与分析 …… 275
9.2 相关知识 …… 276
9.2.1 网络管理概述 …… 276
9.2.2 网络管理协议 …… 278
9.2.3 常见的网络管理系统 …… 280
9.3 案例分析：典型局域网管理系统的应用实例 …… 281

9.4 项目实践 …… 283
任务 1：安装天易成网管软件 …… 283
任务 2：天易成网管软件设置 …… 285
任务 3：使用局域网管理软件管理网络 …… 288
小结 …… 291
习题 …… 291

项目10 排除网络故障 …… 293

10.1 用户需求与分析 …… 293
10.2 相关知识 …… 293
10.2.1 网络故障排除流程 …… 293
10.2.2 常见的网络故障 …… 295
10.2.3 网络故障排除工具 …… 296
10.3 案例分析：广播流量引起的 FTP 业务问题 …… 298
10.4 项目实训 …… 300
任务 1：用实用程序排除连接性故障 …… 300
任务 2：诊断 FTP/Web 服务器访问故障 …… 301
任务 3：诊断 DHCP 服务器故障 …… 301
小结 …… 301
习题 …… 302

参考文献 …… 303

项目1 认识计算机网络

惜时、专心、苦读是做学问的一个好方法。

——陶铸

项目目标

(1) 熟悉用户对网络的需求；

(2) 理解“计算机网络”和“网络”的一些基本概念；

(3) 知道融合信息网络的功能和发展趋势；

(4) 认识网络的连接结构和组成部件；

(5) 知道计算机网络的性能指标；

(6) 会用 Microsoft Office Visio 画网络拓扑图；

(7) 具有描述计算机网络结构、组件和性能指标的能力。

项目背景

(1) 网络机房；

(2) 校园网络。

1.1 用户需求与分析

随着信息时代的到来，计算机网络应用越来越普遍，且价格越来越低，已成为现代社会中重要的基础设施。用户对网络的应用需求可归纳为下列几个方面。

1. 办公自动化

人们通常把一个机关或企业的办公计算机、打印机等组成网络，以简化办公室的日常工作。通过网络处理的事务性工作包括信息录入、处理、存档，信息的综合处理与统计，报告生成，部门之间或上下级之间的报表传递，通信联络(电话、电子邮件等)，决策与判断。

用户需求与分析

2. 管理信息系统

对于现代化企事业单位，计算机局域网的应用给现代管理信息系统(manage information system，MIS)提供了网络平台。特别是部门多、业务活动复杂的大型企事业单位，利用MIS具有更大的意义，可以使企事业单位实现管理现代化，提高经济效益。

MIS也是当前计算机网络应用最广泛的方面，常用的MIS主要有：①按不同业务部门设计的子系统，如计划统计子系统、人事管理子系统、设备仪器管理子系统、材料管理子系统；②生产管理子系统；③财务管理子系统；④工况监督子系统，对分布在各个现场的大型生产设备、仪器的参数、产量等信息进行实时采集并综合处理；⑤厂长或经理管理决策及查询子系统等。

现代管理信息系统往往应用多媒体技术，以其生动形象的方式提供综合信息或决策指挥信息。

3. 图书、信息检索系统

图书、信息检索系统的应用由来已久，随着Internet的建立和发展，这方面的应用更有价值，电子图书馆、网上图书馆和网上信息检索系统等使人类创造的精神财富通过Internet被全世界分享。

4. 证券及期货交易系统

证券及期货交易由于其获利大、风险大且行情变化迅速，投资者对信息的依赖格外明显。金融业通过在线服务的计算机网络提供证券市场分析、预测、金融管理、投资计划等需要大量计算工作的服务，提供在线股票经纪人服务和在线数据库服务（包括最新股价数据库、历史股价数据库、股指数据库，以及有关新闻、文章、股评等），用户通过任何与Internet相连的计算机进入证券交易系统、期货交易系统，就可进行实时交易。

5. 校园网

校园网是在学校园区内用来完成计算机资源及其他网内资源共享的通信网络。校园网是衡量学校学术水平与管理水平的重要标志。

共享资源是校园网最基本的应用，人们通过网络更有效地共享各种软、硬件及信息资源，为众多的科研人员提供一种崭新的合作环境。校园网可以与公用计算机网络相连，拓展信息空间。校园网提供海量的用户文件空间、打印输出设备、电子图书等服务，并包含为各级行政、业务部门提供服务的学校信息管理系统和为一般用户服务的电子邮件系统。

6. POS与ATM系统

POS柜台销售信息网络系统是现代大型或超级市场（商场）现代化的标志，往往与财务、计划、仓储等业务连在一起。

ATM（自动取款机）实际上是信用卡业务的扩展，是向电子货币过渡的一个应用阶段。

7. 电子政务

电子政务（electronic government）就是应用现代化的电子信息技术和管理理论对传统政务进行持续不断地革新和改善，以实现高效率的政府管理和服务。

电子政务内容广泛，从电子政务服务对象看，电子政务主要包括政府内电子政务（government-government，G2G）、政府对企业电子政务（government-business，G2B）和政府对公民电子政务(government-citizen,G2C)。G2G 是上下级政府、不同地方政府、不同政府部门之间的电子政务。

政府内电子政务主要包括电子法规政策系统,对所有政府部门和工作人员提供相关的现行有效的各项法律、法规、规章、行政命令和政策规范等,使所有政府机关和工作人员真正做到有法可依,有法必依;电子公文系统,在保证信息安全的前提下在政府上下级、部门之间传送有关的政府公文,如报告、请示、批复、公告、通知、通报等,使政务信息十分快捷地在各级政府间和政府内流转,提高政府公文处理的速度;电子司法档案系统,在政府司法机关之间共享司法信息,如公安机关的刑事犯罪记录,审判机关的审判案例,检察机关检察案例等,通过共享信息改善司法工作效率和提高司法人员综合能力;电子财政管理系统,向各级国家权力机关、审计部门和相关机构提供分级、分部门历年的政府财政预算及其执行情况,包括从明细到汇总的财政收入、开支、拨付款数据以及相关的文字说明和图表等,便于有关领导和部门及时掌握和监控财政状况;电子办公系统,通过电子网络完成机关工作人员大多数一般性重复工作,以节约时间和费用,提高工作效率,如工作人员通过网络申请出差、请假、文件复制、使用办公设施和设备、下载政府机关经常使用的各种表格,报销出差费用等;电子培训系统,为政府工作人员提供各种综合性和专业性的网络教育课程,特别适应信息时代对政府的要求,可以加强对员工与信息技术有关的专业培训,同时员工也可以通过网络随时随地注册后参加培训课程、接受培训、参加考试等;业绩评价系统,按照设定的任务目标、工作标准和完成情况对政府各部门业绩进行科学的测量和评估等。

8. 电子商务

电子商务(electronic business)是运用电子通信作为手段的经济活动。通过这种方式,人们可以对带有经济价值的产品和服务进行宣传、购买和结算。这种交易方式不受地理位置、资金多少或零售渠道所有权的影响,公有和私有企业、公司、政府组织、各种社会团体、一般公民、企业家都能自由地参加广泛的经济活动,其中包括农业、林业、渔业、工业、私营和政府的服务业。电子商务能使产品在世界范围内交易并向消费者提供多种多样的选择。

目前电子商务正在我国蓬勃发展,主要的电子商务类型有企业对消费者的电子商务(B to C)、企业对企业的电子商务(B to B)、企业对政府的电子商务(B to G)和消费者对消费者的电子商务(C to C)。

9. 远程教育

远程教育(distance education)是利用计算机网络的一种在线服务系统,是用来开展学历或非学历教育的全新教学模式。远程教育几乎可以提供大学中所有的课程,学员通过网络登录到系统中后,就可以选择课程,下载课件、作业、辅导资料,点播视频课件,在线提问、讨论等。我国各层次的教育都采用了这种形式。

10. 其他需求

远程医疗、气象服务、防灾减灾、交通服务等都需要高速、可靠的网络支撑。我国正在加紧数字基础设施建设,从技术层面看,当前数字基础设施主要涉及 5G、数据中心、云计算、人工智能、物联网、区块链等新一代信息通信技术,以及基于上述数字技术而形成的购物、娱乐、出行、政务等各类数字平台,这些是数字商业、产业数字化、数字政务的基础设施;此外,传统物理基础设施经过数字化改造,正在融合基础设施,3D打印、智能机器人、AR眼镜、自动驾驶等新型应用技术则会把数字基础设施延伸到整个物理世界。一个全新的技术图景正在构建之中,这些都需要一个更强大的信息网络。

总之,人类生产、生活、学习和投资都需要一个更稳定、可靠、高速的网络。

1.2 相关知识

1.2.1 计算机网络的概念

1. 计算机网络的定义

计算机网络是利用通信线路将地理上分散的、具有独立功能的计算机系统和通信设备按不同的形式连接起来,以功能完善的网络软件实现资源共享和信息传递的系统。

计算机网络有三个基本要素:①至少有两个具有独立操作系统的计算机,且它们之间有相互共享某种资源的需求;②两个独立的计算机之间必须有某种通信手段将其连接;③网络中的各个独立的计算机之间要能相互通信,必须制定相互可确认的规范标准或协议。

2. 网络的定义

"网络"有许多不同的类型,为我们提供各种服务。在一天的生活中,我们可能要打电话,看电视,听收音机,上网搜索资料,甚至与另一个国家的人玩游戏。所有这些活动都要依赖于稳定、可靠的网络完成。网络将世界各地的人和设备连接到一起。人们在使用网络时,无须知道网络的运行原理,也不用想象没有网络的世界会是什么样子。

网络是指"三网",即电话网络、电视网络和计算机网络。发展最快的并起到核心作用的是计算机网络。在图1-1中,人们正在使用不同类型的网络,有计算机网络、电视网络、有线电话网络、移动电话网络。

图1-1 网络使用示意图

计算机网络的概念

在 20 世纪末，通信技术不像现在这么发达，语音、视频和计算机数据通信都需要单独、专用的网络。每个网络都要使用不同的设备来访问。电话、电视和计算机使用特定的技术和不同的专用网络结构进行通信。但如果人们要同时(可能的话使用一台设备)访问所有这些网络，那该怎么办呢？

一种可以同时提供多种服务的新型网络应运而生，并且解决了这一问题。这种新的融合网络与专用网络不同，它可以通过同一个通信通道或网络结构提供语音、视频和数据服务。

为了利用融合信息网络的功能，市场上也推出了新的产品。人们现在可以在计算机上观看现场视频直播，通过 Internet 打电话或使用电视搜索 Internet。

在本书中，"网络"一词是指这些新型的多功能融合信息网络，但这里更多的是介绍计算机网络的应用。

网络没有大小限制，它可以是小到两台计算机组成的简易网络，也可以是大到连接数百万台设备的超级网络。安装在小型办公室、家里和家庭办公室内的网络称为 SOHO 网络，SOHO 网络可以在多台本地计算机之间共享资源，例如打印机、文档、图片和音乐等。

企业可以使用大型网络来宣传和销售产品、订购货物以及与客户通信。网络通信一般比普通邮件、长途电话等传统通信方式更有效，也更经济。网络不仅可以实现快速通信，比如发送电子邮件和即时消息，而且用户可以合并、存储和访问网络服务器上的信息。

企业网络和 SOHO 网络可以连接到 Internet。Internet 被视为"由网络构成的网络"，确切地说，它是由成千上万个相互连接的网络所组成的网络。

网络和 Internet 还有以下一些用途：共享音乐和视频文件，研究和在线学习，与朋友聊天，安排度假，购买礼物和用品，投资和银行业务等。

1.2.2　计算机网络的分类

"网络"有许多不同的类型，如电话网络、电视网络、计算机网络等。计算机网络也有不同的分类方式，下面简要进行介绍。

1. 按网络的通信距离和作用范围分类

计算机网络的分类

计算机网络可分为广域网(WAN)、局域网(LAN)和城域网(MAN)。

广域网(wide area network，WAN)又称为远程网，其覆盖范围一般为几十千米至数千千米，可在全球范围内进行连接。其传输速率通常为 56kbps～155Mbps，现在已有 622Mbps、2.4Gbps 甚至更高速率的广域网。

局域网(local area network，LAN)的作用范围较小，一般不超过 10 千米，通常局限在一个园区、一座大楼，甚至在一个办公室内。局域网一般具有较高的传输速率，例如 100Mbps、1000Mbps、10000Mbps，甚至更高。

城域网(metropolitan area network，MAN)的作用范围、规模和传输速率介于广域网和局域网之间，是一个覆盖整个城市的网络。

2. 按照数据传输方式分类

广播网络：在广播式网络中,所有联网计算机都共享一个公共通信信道。

点到点网络：与广播式网络相反,在点到点网络中,每条物理线路连接一对计算机。

3. 按照通信传输介质划分

按照通信传输介质不同,计算机网络可分为有线网络和无线网络。有线网络是指采用有形的传输介质,如双绞线、同轴电缆、光纤等组建的网络,而使用微波、红外线等无线传输介质作为通信线路的网络就属于无线网络。

4. 按照网络的应用范围和管理性质划分

按照网络的使用对象不同,计算机网络可分为公用网和专用网。专用网一般由某个单位或部门组建,使用权限属于单位或部门内部所有,不允许外单位或部门使用,如银行系统的网络；而公用网由电信部门组建,网络内的传输和交换设备可提供给任何部门和单位使用。

5. 按照网络组件的关系分类

按照网络各组件的关系来划分,网络有两种常见的类型：对等网络和基于服务器的网络。

1.2.3 计算机网络的组成

图1-2是典型的计算机网络系统示意图。从图中可见,一个计算机网络是由资源子网(虚框外部)和通信子网(虚框内部)构成的。资源子网负责信息处理,通信子网负责全网中的信息传递。

1. 通信子网

计算机网络的组成

通信子网是由用作信息交换的路由器、交换机、通信线路和其他通信设备组成的独立的数据信息系统,它承担全网的数据传递、转接等通信处理工作。

(1) 路由器可以连通不同的网络,并实现分组交换和路由,即接收从一条物理链路上送来的分组,经过适当处理后,根据分组中的目标地址选择一条最佳输出路径,将分组发往下一个节点。选择通畅快捷的近路,能大大提高通信速度。

(2) 交换机主要用于局域网内,能连接多台设备到计算机网络中,通过数据帧交换的方式将数据转发到目的地。

(3) 其他通信设备主要有：①调制解调器(modem)实现数字信号和模拟信号之间的转换。②网络接口部件又被称为网络适配器(network adapter),简称网卡。在局域网中,

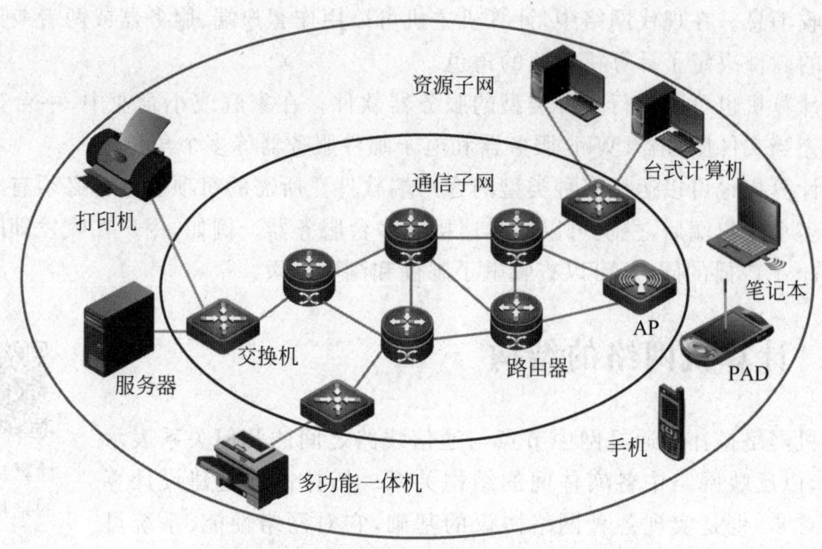

图 1-2　计算机网络系统示意图

PC 通过网络接口部件与网络相连。

2. 资源子网

资源子网包括网络中的所有主计算机、I/O 设备、网络操作系统和网络数据库等。它负责全网面向应用的数据处理业务，向网络用户提供各种网络资源和网络服务，实现网络的资源共享。

(1) 主机 HOST 是资源子网中的主要组成单元，它通过高速通信线路与通信子网的通信控制处理机连接。在主机中除了装有本地操作系统外，还应配有网络操作系统。此外，主机中还应装有各种应用软件，配置网络数据库和各种工具软件。

(2) 服务器是安装了特殊的软件并可以为网络上其他主机提供信息(如电子邮件或网页)的主机。每项服务都需要单独的服务器软件，例如，主机必须安装 Web 服务器软件才能为网络提供 Web 服务。

(3) 网络操作系统是建立在各主机操作系统之上的一个操作系统，用于实现不同主机系统之间的用户通信以及全网硬件和软件资源的共享，并向用户提供统一、方便的网络接口，以方便用户使用网络。

(4) 网络数据库系统是建立在网络操作系统之上的一个数据库系统。它可以集中地驻留在一台主机上，也可以分布在多台主机上。它向网络用户提供存、取、改网络数据库中数据的服务，以实现网络数据库的共享。

计算机网络包含许多组件，如个人计算机、服务器、网络设备、电缆等。这些组件可以分为四大类，即主机、共享的外围设备、网络设备、网络介质。

根据设备连接方式，有些设备可能扮演多种角色。例如，直接连接到主机的打印机(本地打印机)属于外围设备，而直接连接到网络设备并直接参与网络通信的打印机则属于主机。所有连接到网络并直接参与网络通信的计算机都属于主机。主机可以在网络上发送和接收消息。在现代网络中,计算机主机可以用作客户端、服务器或两者兼用。计算机上安装的软件决定了计算机扮演的角色。

一台计算机也可以运行多种类型的服务器软件。在家庭或小企业中,一台计算机可能要同时充当文件服务器、Web 服务器和电子邮件服务器等多个角色。

一台计算机也可以运行多种类型的客户端软件。所需的每项服务都必须有客户端软件。安装多个客户端后,主机可以同时连接到多台服务器。例如,用户在收发即时消息和收听 Internet 广播的同时,可以查收电子邮件和浏览网页。

1.2.4 计算机网络的结构

计算机网络的结构

计算机网络拓扑是通过网中节点与通信线路之间的几何关系表示网络结构,以反映网络中各实体间的结构关系。拓扑设计是建设计算机网络的首步,也是实现各种网络协议的基础,它对网络性能、系统可靠性与通信费用都有很大的影响。计算机网络拓扑主要是指通信子网的拓扑构型。

1. 总线拓扑结构

总线拓扑采用一种传输媒体作为公用信道,所有站点都通过相应的硬件接口直接连接到这一公共传输媒体上,该公共传输媒体称为总线。任何一个站点发送的信号都沿着传输媒体传播,而且能被所有其他站点接收,如图 1-3 所示,总线两端为终结器。应用广泛的以太网(Ethernet)就是总线网的典型实例。

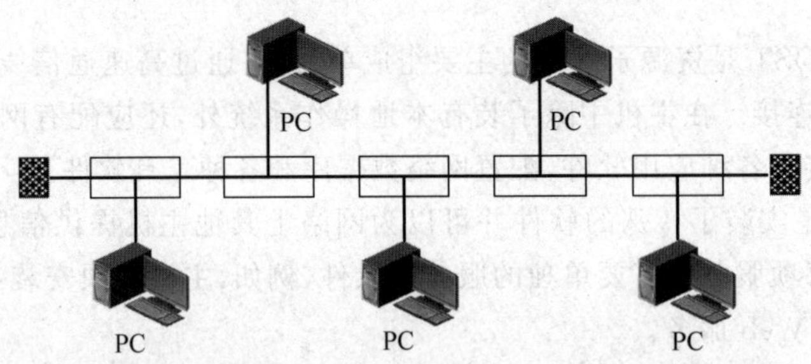

图 1-3 总线拓扑结构示意图

由于所有站点共享一条公用的传输信道,因此一次只能由一个站点占用信道进行传输。为了防止争用信道产生的冲突,出现了一种在总线网络中使用的媒体访问方法,即带有冲突检测的载波侦听多路访问方式,英文缩写为 CSMA/CD。

1) 总线拓扑的优点

(1) 总线结构需要的电缆数量少。

(2) 总线结构简单,又是无源工作,有较高的可靠性。

(3) 易于扩充,数据端用户入网灵活。

2) 总线拓扑结构的缺点

(1) 总线的传输距离有限,通信范围受到限制。

（2）当接口发生故障时，将影响全网，且诊断和隔离较困难。

（3）一次仅能由一个端用户发送数据，其他端用户必须等待，直到获得发送权，因此媒体访问控制机制较复杂。

2. 星状拓扑结构

星状拓扑结构由中央节点和通过点到点通信链路接到中央节点的各个站点组成。人们每天使用的电话就属于这种结构。图 1-4 为电话网的星状结构，其交换方式为电路交换。图 1-5 为目前使用最普遍的以交换机为中心的星状结构，即交换式以太网，其交换形式为帧交换。

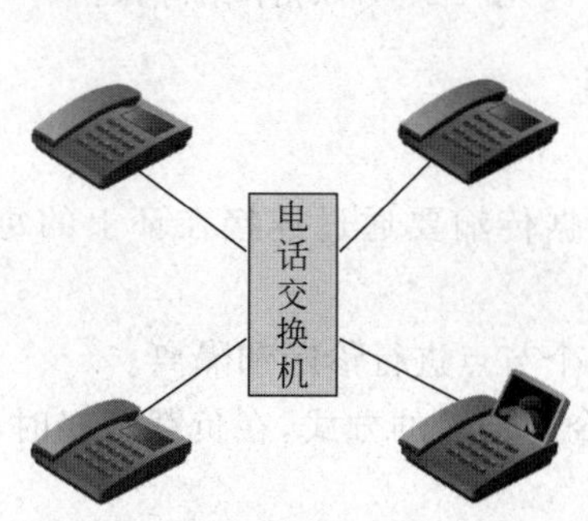

图 1-4　电话网的星状拓扑结构

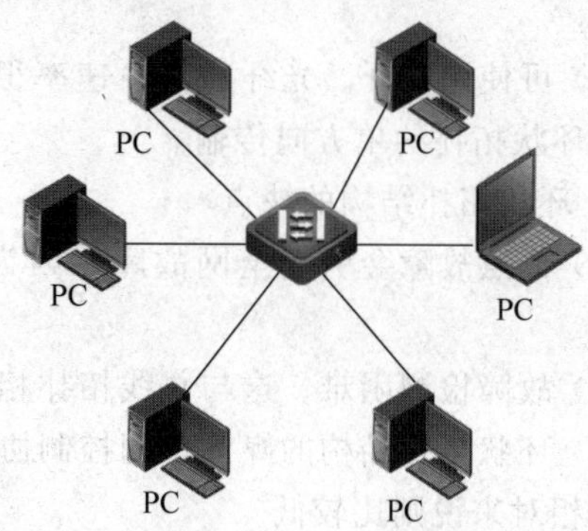

图 1-5　以交换机为中心的星状拓扑结构

1）星状拓扑结构的优点

（1）控制简单。端用户之间的通信必须经过中心站，媒体访问控制的方法和采用的协议都比较简单。

（2）故障诊断和隔离容易。中央节点对连接线路可以逐一隔离、进行故障检测和定位。单个节点的故障只影响一台设备，不会影响全网。

（3）方便服务。中央节点可方便地对各个站点提供服务和网络重新配置。

2）星状拓扑结构的缺点

（1）电缆长度和安装工作量可观。因为每个站点都要和中央节点直接连接，需要耗费大量的电缆，使安装、维护工作量骤增。

（2）中央节点的负荷较重，形成信息传输速率的瓶颈。

（3）对中央节点的可靠性和冗余度要求较高。中央节点一旦发生故障，会使全网瘫痪。

3. 环状拓扑结构

环状拓扑结构是由站点和接入站点的链路组成的一个闭合环，如图 1-6 所示。每个站点能够接收从一条链路传来的数据，并以同样的速率串行地把该数据沿环传送到另一端链路上。环状拓扑结构的特点是：每个端用户都与两个相邻的端用户相连，因而存在着点到点链路，但总是以单向方式操作。假设数据传输的方向为逆时针，则有上游端用户和下游端用户之分。例如，在图 1-6 中，用户 N 是用户 $N+1$ 的上游端用户，$N+1$ 是 N

的下游端用户。如果 $N+1$ 端需将数据发送到 N 端,则几乎要绕环一周才能到达 N 端。

环状网的典型实例有 IBM 令牌环(token ring)和剑桥环(cambridge ring)。

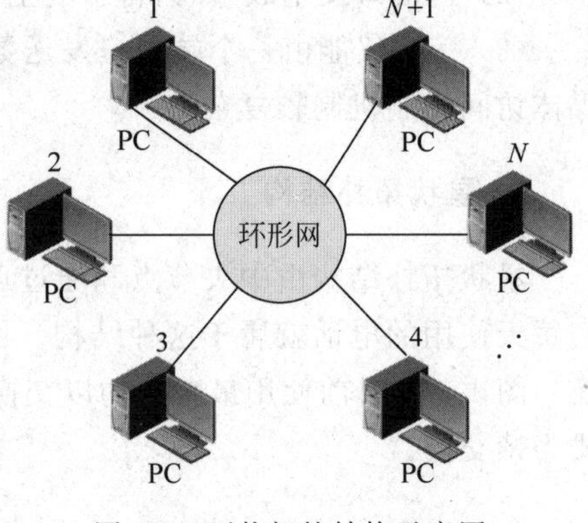

图 1-6　环状拓扑结构示意图

1) 环状拓扑结构的优点

(1) 电缆长度短。环状拓扑网络所需的电缆长度和总线型拓扑网络相近,但比星状拓扑网络短得多。

(2) 当增加或减少工作站时,只需简单的连接操作。

(3) 可使用光纤。光纤的传输速率很高,十分适合环状拓扑的单方向传输。

2) 环状拓扑结构的缺点

(1) 节点故障会引起全网故障。因为环上的数据传输要通过连接在环上的每一个节点。

(2) 故障检测困难。这与总线拓扑相似,需在各个节点进行诊断和隔离。

(3) 环状拓扑结构的媒体访问控制协议都采用令牌传递的方式,在负载较轻时,信道利用率相对来说则比较低。

4. 树状拓扑结构

树状拓扑结构是从总线拓扑结构演变而来的,形状像一棵倒置的树,顶端是树根,树根以下带分支,每个分支还可再带分支,如图 1-7 所示。树根接收各站点发送的数据,然后再根据 MAC 地址发送到相应的分支。树状拓扑结构在中小型局域网中应用较多。

1) 树状拓扑结构的优点

(1) 易扩展。这种结构可以延伸出很多节点和子分支,这些新节点和新分支都能很容易地加入网内。

(2) 故障隔离较容易。如果某一分支的节点或线路发生故障,很容易将故障分支与整个系统隔离开来。

2) 树状拓扑结构的缺点

各个节点对根的依赖性太大,如果根发生故障,则全网不能正常工作。从这一点来看,树状拓扑结构的可靠性类似于星状拓扑结构。

5. 网状拓扑结构

网状拓扑结构的特点是:各节点之间有许多路径相连,可以为数据包分组流的传输选择适当的路径,从而绕过过忙或失效的节点,如图 1-8 所示。这种结构在广域网中得到了广泛的应用。

网状拓扑结构的优点是:不受瓶颈问题和失效问题影响,可靠性高。

网状拓扑结构的缺点是:结构和协议复杂,成本也比较高。

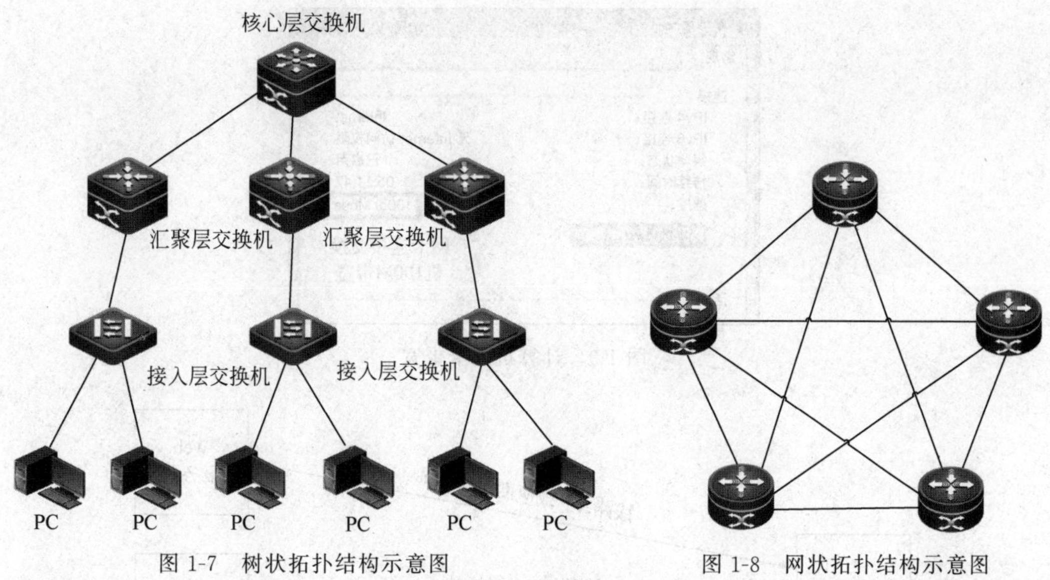

图 1-7 树状拓扑结构示意图

图 1-8 网状拓扑结构示意图

需要说明的是，在实际应用中，网络的结构更多的是几种拓扑结构的混合，如“星—环”结构、“星—总”结构和“树—总”结构等。

1.2.5 计算机网络的性能指标

计算机网络的性能指标

1. 速率

在计算机网络中，速率是指数据的传输速度，即每秒传输的比特数量，又称为数据率或比特率。速率是计算机网络中最重要的一个性能指标。速率的单位是 bit/s，有时候也写为 b/s 或者 bps。

2. 带宽

带宽的本意是指某个信号具有的频带宽度。在计算机网络中，带宽用来表示网络的通信线路传输数据的能力，即在单位时间内网络中通信线路所能传输的最高速率，由此可知，带宽的单位就是速率的单位，即比特/秒。

如图 1-9 所示，该网卡的带宽是 100Mbps，即 1s 最高能传输 100Mb 的数据量。注意：这里是以 Mbps 为单位来算的。

3. 吞吐量

吞吐量表示在单位时间内通过某个网络或接口的实际的数据量，包括全部的上传和下载的流量。如图 1-10 所示计算机的吞吐量为 190kbps。

一般吞吐量用于对某个网络的一种测量，通过测量可以知道实际上有多少数据能够通过该网络。显然，网络带宽的大小或网络允许的最高速率限制会影响吞吐量。比如，对

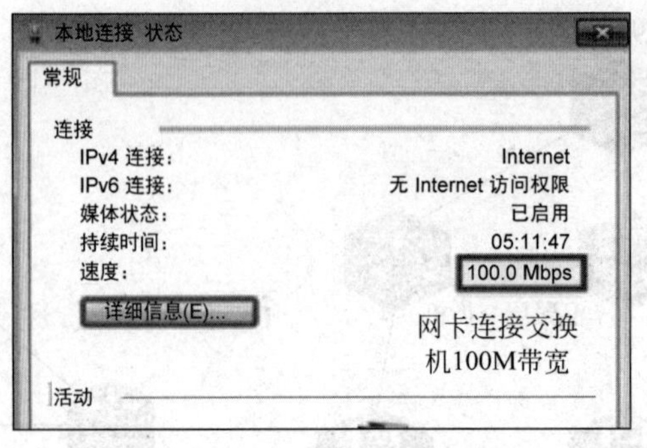

图 1-9　计算机网卡带宽

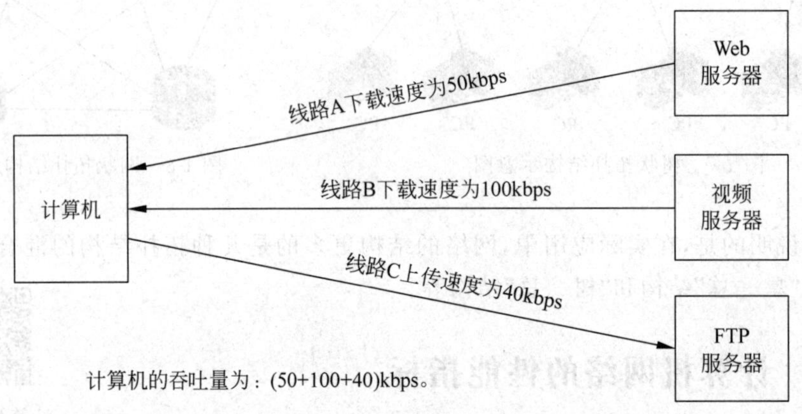

图 1-10　计算机的吞吐量

于一个 1Gbps 的以太网，其额定速率(即最高速率)是 1Gbps，也就是说 1Gbps 是该以太网的吞吐量的最高值。因此，对于 1Gbps 的以太网，其实际的吞吐量可能也只有 100Mbps，甚至更低，远没有达到额定速率。

4. 时延

时延也称为延迟或迟延，是指数据(一个报文或分组，甚至比特)从网络(或链路)的一端传送到另一端所需的时间。

需要注意的是，网络中的时延是由以下几个不同的部分组成：发送时延和传播时延，排队时延和处理时延。

1) 发送时延

发送时延是主机、交换机或路由器发送数据帧所需要的时间，也就是从该数据帧的第一个比特算起，直到最后一个比特发送完毕所需要的时间。

发送时延的计算公式是：

$$发送时延=\frac{数据帧长度(\text{bit})}{发送速率(\text{bit/s})}$$

由该公式可知，发送时延的大小取决于数据帧的长度和发送速率，如果发送的数据帧长度越长，那么该数据帧所需要的发送时间也越长，即发送时延也越长。对于发送速率来说，如果发送速率越大，该数据帧在发送时可以发送更多的数据，那么所需要的时间减少，发送时延也就越小。

2）传播时延

传播时延是指电磁波在信道中传播一定的距离需要花费的时间。

电磁波在自由空间中传播速率接近光速，即 3.0×10^5km/s；电磁波在网络传输媒体介质中的传播速率比在自由空间中要低一些，在铜线中的传播速率为 2.3×10^5km/s，在光纤中的传播速率为 2.0×10^5km/s。例如，1000km 长的光纤线路产生的传播延时为 5ms，这里所说的铜线和光纤就代表着不同的信道。

传播时延的计算公式如下：

$$传播时延=\frac{信道长度(m)}{电磁波在信道上的传播速率(m/s)}$$

从传播时延的公式可知，传播时延的大小取决于信道长度和电磁波在信道上的传播速率。信道长度越长，那么电磁波在传输过程中的距离也越长，传输时所需要的时间也更多，即传播时延也就越长。如果电磁波在不同信道上的传播速率越大（即电磁波在光纤、铜线等通信介质上的传播速率），那么电磁波就可以更快地传输，对应的传播时延则会更小。

结合发送时延和传播时延的公式来看，它们本质的区别在于：发送时延一般发生在机器（网络设备）内部中的网络接口，与传输的信道无关；而传播时延则发生在机器外部的传输信道媒体上（光纤，同轴线缆等），与信号的速率无关。

一般来说，信号传送的距离越远（信道长度越长），传播时延就越大。

3）处理时延和排队时延

处理时延：主机或路由器在收到分组时要花费一定的时间进行处理，例如分析首部，从分组中提取数据部分，进行差错校验或查找路由转发数据等，这就是处理时延。

排队时延：数据分组在网络中传输时要经过许多路由器，但分组到达路由器时要先在输入队列中排队等待处理。在路由器确定了从哪个接口转发后，还要在输出队列中排队等待转发，这就是排队时延。

排队时延的长短往往取决于网络当时的通信量，当网络通信流量较大时，就会发生队列溢出，使分组丢失，导致排队时延增加。

总的时延包括了发送时延、传播时延、排队时延和处理时延。平时所说的数据在网络中经历的时延指的是总的时延。

思考：带宽会影响时延吗？

答：时延和带宽是计算机网络中两个不同的性能指标，从之前的学习中可知，它们并没有直接的关系，即便在学习时延时也没有明确说明，也就是说，带宽的高低并不会影响到时延。

5. 往返时间

在计算机网络中，往返时间 RTT(round-trip time)也是一个非常重要的性能指标，它表示从发送端发送一个数据包开始，到接收到该数据包的确认信息所花费的时间。

显然，往返时间与所发送的分组长度有关，发送很长的数据块的往返时间，应当比发送很短的数据块的往返时间要多一些。

1.3 案例分析：校园网拓扑结构分析

下面以某学院智慧校园网建设为例进行简要的介绍。该学院建成的数字智慧校园网可承载的主要应用系统包括校园网站、邮件系统、教务管理系统、多媒体教学系统和数字化图书馆系统,另外还承载智能化监控和管理系统。

案例分析

1. 智慧校园网建设目标

某学院智慧校园网的目标是完善校园网络基础设施建设,实现随时随地上网,保证整个校园网络高速畅通、安全可信、稳定可靠;完善校园数据共享基础平台的建设,包括全校统一的信息资源库、统一的电子身份认证系统的建设;完善和创新网络教学服务平台,创建和创新网络学术研究创新环境,完善电子校务系统与校园网络文化建设,实现科研成果产业化,提高高校对区域行业的高科技辐射作用。

2. 智慧校园网逻辑拓扑结构分析

图1-11是某学院的校园网拓扑图,对于校园网拓扑结构综述如下。

(1) 校园分为两个校区,分校区网络由一台三层交换机用铺设的专用光缆连接到主校区的核心交换机;主校区网络采用基于树形的双星形结构,使之具有链路冗余特性;整体网络规划为三层结构,即核心层、汇聚层、接入层。

(2) 主校区两台核心设备形成VSU(virtual switch unit,虚拟交换单元),提升了网络运行维护的简捷性、灵活性、易扩展性。核心交换机位于主校区数据中心机房,并为双核心,使用双主干网络设计,保证主交换机网络的容错,在一台交换机出现故障时保障网络的正常运行,也不用手工切换和维护,保证网络的可靠性。采用全交换硬件体系结构,可实现全线速的IP交换。

注意:*VSU是把两台物理交换机组合成一台虚拟交换机的新技术。*

(3) 数据中心的服务器采用万兆(10Gbps)链路接入,直接上行到核心交换机,可最大限度地提高服务器的数据传输速率。

(4) 汇聚层设备用两条万兆链路连接到两台核心设备,可最大限度地提高内网的数据传输速率;使用双主干网络,保证网络的容错。在一台交换机出现故障的时候保障网络的正常运行,也不用手工切换和维护,保证网络的可靠性。

(5) 接入层交换机采用10Gbps与汇聚层交换机相连,终端设备(计算机、打印机和摄像仪等)采用千兆连接。

(6) 校园网络有三个出口,一路经路由器的10Gbps端口接电信网络,一路经路由器的10Gbps端口接移动网络,另一路经1Gbps端口接CERNET(中国教育科研网),网络出口在主校区。网络出口由出口路由器选择当地ISP(电信、移动等)网络或教育网进行数据包转发。

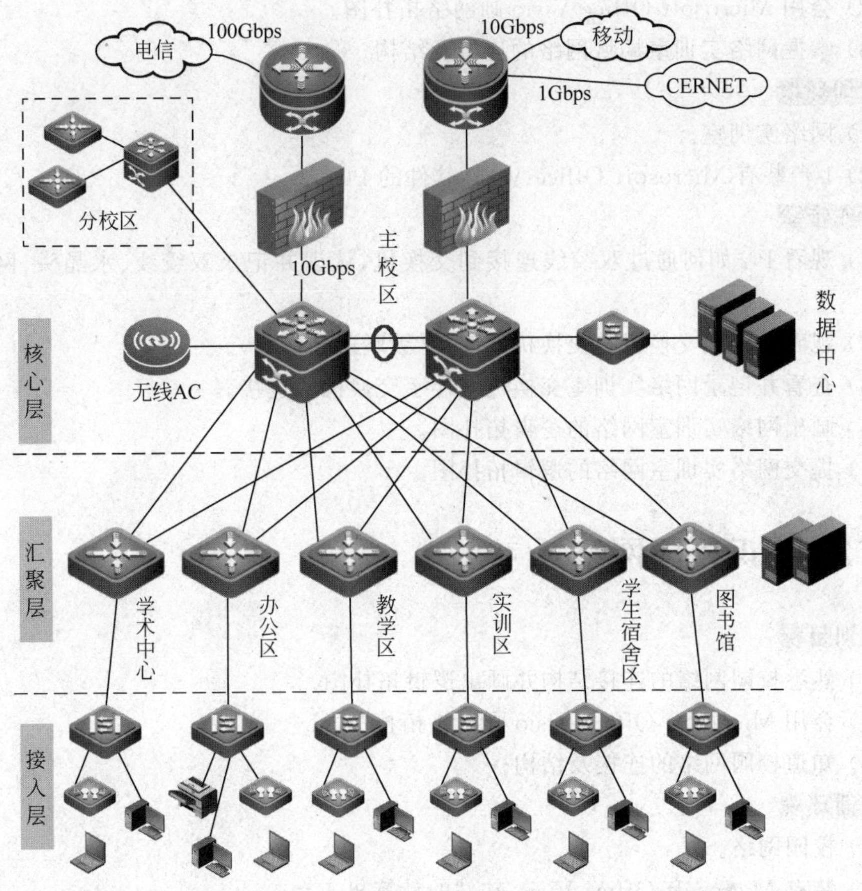

图 1-11　校园网络逻辑拓扑结构

(7) 网络主干采用先进的 10Gbps 以太交换技术，可最大限度地提高网络主干的数据传输速率。使用 10Gbps 网络保证了网络的交易速度与实时性。

(8) 校园网络安全框架主要由防火墙子系统、CA 子系统、数据备份子系统、日志水印子系统、入侵检测子系统、网络防病毒子系统、存储加密子系统和 VPN 子系统等实现。对于外网访问内部服务器，采用防火墙、入侵检测系统以及认证服务器的形式；对于内网访问内部服务器，采用入侵检测系统以及认证服务器的形式，确保校园网资源的安全。另外还安装了网络版杀病毒软件，通过服务器自动分发、升级杀毒库。

1.4　项 目 实 训

任务 1：认识网络实训室的网络

实训目标

(1) 熟悉实训室网络的连接并画出逻辑拓扑图。

(2) 会用 Microsoft Office Visio 画网络拓扑图。

(3) 掌握网络实训室局域网络的连接及结构。

实训环境

(1) 网络实训室。

(2) 1台装有 Microsoft Office Visio 软件的 PC。

操作步骤

(1) 观看 PC 如何通过双绞线连接到交换机,认识并记录双绞线、水晶头、网卡和交换机。

(2) 观看并记录交换机与交换机的连接(级联还是堆叠)。

(3) 查看并记录网络实训室交换机与楼宇交换机的连接。

(4) 画出网络实训室网络的逻辑拓扑图。

(5) 提交网络实训室网络的逻辑拓扑图。

任务2: 认识校园网络

实训目标

(1) 熟悉校园网络的连接结构并画出逻辑拓扑图。

(2) 会用 Microsoft Office Visio 画网络拓扑图。

(3) 知道校园网络的连接及结构。

实训环境

(1) 校园网络。

(2) 装有 Microsoft Office Visio 软件的计算机1台。

操作步骤

(1) 参观校园数据中心,认识并记录服务器、路由器和核心交换机。

(2) 观看并记录交换机与服务器、路由器的连接,路由器与 Internet 的连接。

(3) 查看并记录核心交换机与楼宇交换机的连接。

(4) 认识并记录光缆、光纤接口。

(5) 画出校园网络的逻辑拓扑图。

(6) 提交校园网络的逻辑拓扑图。

小　结

本项目首先分析了用户对网络的需求;其次,介绍了网络的基本知识、"计算机网络"和"网络"的概念、融合信息网络的功能、计算机网络的分类、计算机网络的组成、计算机网络的结构,以及计算机网络性能指标,还对某学院的校园网进行了简单介绍;最后,为了让大家更好地熟悉和理解计算机网络,会安排参观并认识实训室的网络和校园网络,为今后的学习打下坚实的基础。

习　题

1. 下列选项中属于网络应用的是(　　)。

A. 证券交易系统　　B. 信息的综合处理与统计

C. 远程医疗　　D. 电子图书

2. 新型的多功能融合信息网络包括(　　)。

A. 计算机网络　　B. 电视网络

C. 有线电话网络　　D. 移动电话网络

3. 计算机机房网络的拓扑结构一般是(　　)。

A. 总线拓扑结构　　B. 星状拓扑结构

C. 树状拓扑结构　　D. 环状拓扑结构

4. 按网络的通信距离和作用范围，计算机网络可分为(　　)。

A. 广域网(WAN)　　B. 局域网(LAN)

C. 城域网(MAN)　　D. 因特网(Internet)

5. 网络包含许多组件，例如个人计算机、服务器、网络设备、电缆等。这些组件可以分为(　　)。

A. 主机　　B. 共享的外围设备

C. 交换机　　D. 网络设备

E. 传输介质

6. 下列选项中组件属于主机的是(　　)。(选两项)

A. 与PC相连的显示器

B. 与交换机相连的打印机

C. 与交换机相连的服务器

D. 与PC相连的仅供个人使用的打印机

7. 一台计算机作为服务器一般可以运行(　　)软件。

A. 多种类型的用户应用程序　　B. 多种类型的客户端软件

C. 多种类型的操作系统　　D. 多种类型的服务器软件

8. 在下列拓扑结构中，中心节点的故障可能造成全网瘫痪的是(　　)。

A. 星状拓扑结构　　B. 环状拓扑结构

C. 树状拓扑结构　　D. 网状拓扑结构

9. 描述逻辑网络拓扑图的说法正确的是(　　)。(选两项)

A. 显示了布线的细节

B. 提供了IP编址和计算机名称信息

C. 显示所有的路由器、交换机和服务器

D. 根据主机使用网络的方式将其编组

10. 校园网的拓扑结构一般是(　　)。

A. 星状拓扑结构　　B. 环状拓扑结构

C. 树状拓扑结构　　D. 网状拓扑结构

11. 计算机网络中最重要的一项性能指标是(　　)。

A. 速率　　B. 带宽　　C. 吞吐量　　D. 时延

12. 网络中的时延是由几个不同的部分组成的,包括(　　)。

A. 发送时延　　B. 传播时延　　C. 排队时延

D. 处理时延　　E. 往返时间

项目 2　组建小型局域网

古今中外有学问的人，有成就的人，总是十分注意积累的。

——华罗庚

项目目标

(1) 熟悉本地有线网络的通信；
(2) 了解 OSI 参考模型的结构及功能；
(3) 理解 TCP/IP 的体系结构及各层协议的功能；
(4) 掌握 IP 地址的表示、分类和子网掩码的作用；
(5) 会使用网络中的传输介质；
(6) 掌握以太网组网技术；
(7) 熟悉以太网组网设备；
(8) 具有组建小型局域网的职业能力和职业素养。

项目背景

(1) 网络机房；
(2) 家庭网络；
(3) 办公网络。

2.1　用户需求与分析

用户需求与分析

网络的组建可能因规模、需求和现实环境的不同而不同，但小型局域网却是较常见、较实用的网络。在人们生活中较常见的小型局域网有办公网络、家庭网络、网吧的网络、小公司的网络、学校机房的网络等，虽然它们的规模、联网方式不尽相同，但都需要最基本的两类组网设备：一类是计算机、打印机等；另一类是网络连接设备及介质，如交换机、光缆、双绞线、无线介质等。

1. 小型办公网络

人们普遍要求把一个办公室的计算机、打印机等连成网络，简化办公室的日常工作。例如，在办公网络中使用办公自动化系统办公，访问 WWW 服务器浏览信息、收发电子邮件传递信息,使用QQ和MSN与朋友交流,在办公网络应用中和同事共享打印机打印文件,共享文件实现信息共享、交流和协同工作等,进而实现无纸化办公。

2. 家庭网络

全球信息化和网络化的潮流给人们的工作和生活模式带来了新的变革,衍生出来一种信息化的工作模式,即SOHO(small office home office,小型办公室家庭办公室)。在SOHO环境中,许多从业人员在家里通过网络进行工作,消除了上下班在路上花费的时间和在交通上的花费,提高了工作效率,节约的时间还可以丰富业余生活,提高了人们的生活质量。此外,家庭网络还可以用作家庭投资理财、与亲人朋友交流以及学习、娱乐等。随着网络的不断发展和人们生活水平的提高,人们的家庭生活已经越来越离不开网络。

网吧的网络、小公司的网络、学校机房的网络等在近几年得到了飞速的发展,给人们的工作、学习和生活带来了更多的方便。

总之,随着网络的进一步的普及,小型局域网的组建和更新需求将不断加大。

2.2 相关知识

2.2.1 通信原理

计算机通过网络通信在很多方面类似于人际交流等活动。本小节将讲述计算机通信所需的组件、信息类型和规则。

通信原理

1. 源、通道和目的

任何网络的主要用途都是提供信息交流的渠道。与他人共享信息一直是人类进步的关键,从最原始的远古人类到当代掌握着最先进科技的科学家,莫不如此。

所有沟通的第一步都是将信息从一个人或设备发送给另一个人或设备。随着科技的进步,用来发送、接收和解释信息的方式也在不断演变。

然而,所有通信方式都有三个共同的要素:第一个要素是信息来源,或称发送方,指向其他人或设备传达信息的人或电子设备;第二个要素是信息的目的地址或接收方,用于接收并解释信息;第三个要素称为通道,是信息从源传送到目的地址的途径。

图2-1所示是在计算机通信中的信息来源、传输媒体和接收方。

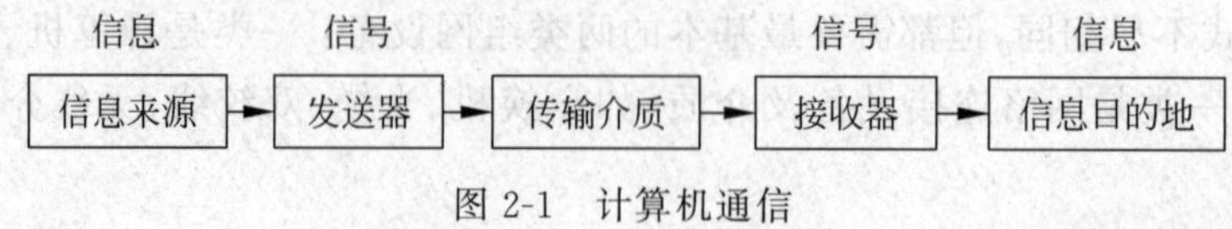

图 2-1 计算机通信

2. 通信规则

在两个人的交谈中,双方必须遵守许多规则或协议,才能顺利传达自己的信息并为对方所理解。

1) 成功的人际沟通所应遵守的协议

成功的人际沟通所应遵守的协议包括以下内容。

(1) 发送方和接收方的标识。

(2) 双方一致同意的介质或通道(面对面、电话、信件、照片)。

(3) 适当的沟通模式(口头、书面、图示、互动或单向)。

(4) 公共语言。

(5) 语法和句子结构。

(6) 传递的速度和时间。

试想,如果人们的相互交流没有约定的协议或规则,会是怎样一番情景?

协议由信息的源、通道和目的特性决定。通过一种介质(如电话)通信时采用的规则不一定适用于另一种介质(如信件)。

2) 协议定义信息传输和传递的详细方式

协议定义信息传输和传递包括以下几个方面。

(1) 信息格式;

(2) 信息大小;

(3) 时序;

(4) 封装;

(5) 编码;

(6) 标准信息模式。

使人际交流变得可靠且易于理解的许多概念和规则也同样适用于计算机通信。计算机通信在很多方面类似于人际交流。图 2-2 所示说明了对于促进交流的协议必须定义的主要方面。

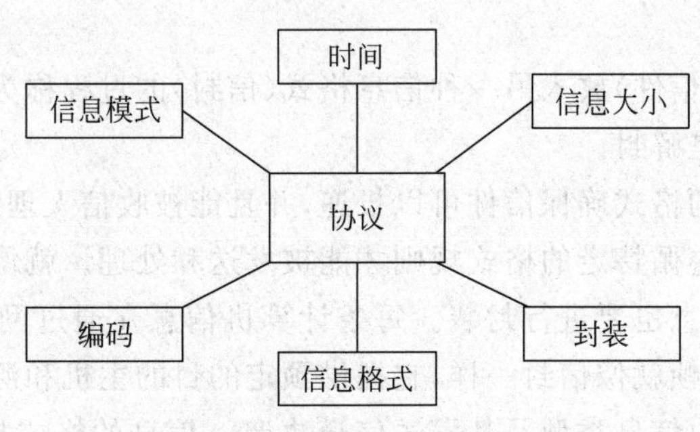

图 2-2 协议的定义内容

3. 信息编码

在发送信息时,首先执行的步骤之一是对信息进行编码。书面文字、图片和口头语言都有各自一套编码、声音、姿势或符号来表达共享的思想。编码是将思想转换成语言、符号或声音以便于传输的过程;解码是编码的逆向过程,其目的是解释思想。

假设一个人正在欣赏日出,然后打电话给另一个人描述日出的壮丽景观。为了沟通,发送方必须先将其对于日出的想法和感觉转换或编码成文字,然后通过声音和语调的变化对着电话讲出这些文字,将这一信息传达给对方。电话线另一端的聆听者收到信息后,对其进行解码,眼前便浮现出发送方描述的日出景观。

计算机通信也要进行编码,主机之间的编码必须采用适合介质的形式。图 2-3 所示为通过网络发送的信息先由发送主机转换成位,根据用来传输位的网络介质的不同,将每个位编码成声音、光波或电子脉冲的样式,目的主机接收并解码信号,解释收到的信息。

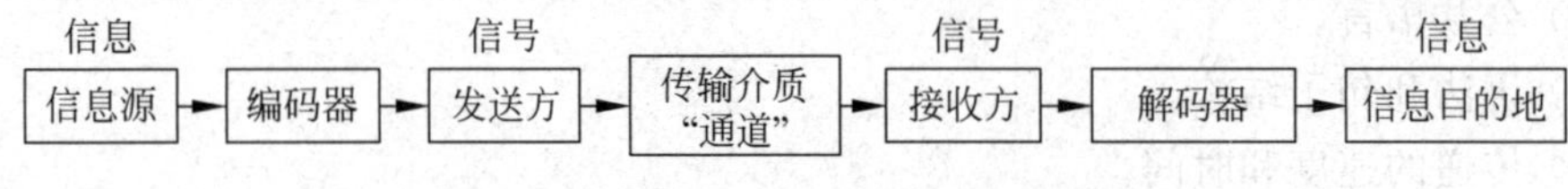

图 2-3　计算机通信中对信息的编码和解码过程

4. 信息格式

要使信息从源地址发送到目的地址时,必须使用特定的格式或结构。信息格式取决于信息的类型和传递渠道。

书信是人类书面交流最常用的方式之一。私人信件的格式数百年以来从未改变过。在许多文化中,私人信件都包含以下要素:

(1) 收信人的标识;

(2) 称呼或问候;

(3) 信件正文;

(4) 结束语;

(5) 寄信人的身份标识。

除了正确的格式以外,大多数私人信件还必须用信封装好并密封,以便投递。信封上有寄信人和收信人的地址,分别写在信封适当的位置。如果目的地址和格式不正确,信件就无法投递。

将一种信息格式(信件)放入另一种信息格式(信封)的过程称为封装;收信人从信封中取出信件的过程就是解封。

写信者使用公认的格式确保信件可以投递,并且能被收信人理解。同样,通过计算机网络发送的信息也要遵循特定的格式规则才能被发送和处理。就像信件封装在信封中进行投递一样,计算机信息也要进行封装。每条计算机信息在通过网络发送之前都以特定的格式封装,称为帧。帧就像信封一样,它提供预定的目的主机和源主机的地址。

帧的格式和内容由信息类型及其发送信道决定。信息的格式如果不正确,就无法成功发送或被目的主机处理。如图 2-4 所示,计算机通信中帧的格式,帧地址类似于信封上的地址,封装的信息类似于书信。

目的(物理/硬件地址)	来源(物理/硬件地址)	开始标志(表示信息的开始)	收信人(目的地身份标识)	寄信人(来源身份标识)	封装的数据(比特)	帧结尾(标识信息结束)
帧寻址		封装的信息				

图 2-4　计算机通信中帧的格式

5. 信息大小(或长度)

如果文章的所有内容显示为一个长句子,读起来会怎样？很显然,其结果是难以阅读和理解。人们在相互交流时,他们通常将发送的信息分成较小的部分或较短的句子。这些句子的大小限于接收方一次可以处理的大小。在交谈时,为确保对方收到和理解话语的每个部分,可以将谈话内容分成许多短句。

同样,将一条长信息通过网络从一台主机发送到另一台主机时,也必须将其分为许多小片段。控制网络中传送的信息片段(帧)大小的规则非常严格,并且不同的信道有不同的规则。帧太长或太短都无法传送。例如,以太网帧规定为 64～1518 字节；IP 数据包最小长度为 20 字节,最大长度为 64KB。

帧大小限制规则要求源主机将长信息分割为同时符合最小和最大长度要求的多个片段。每个片段都单独封装在包含地址信息的帧中,并通过网络发送。在接收主机上,这些信息将被解封和重新组合,以供加工和解释。

6. 信息同步

时序也是影响对方接收和理解信息的因素之一。人们通过时序控制讲话的时机、语速以及等待回应的时长,这些都是约定的规则。

1）访问控制

访问控制决定人们可以发送信息的时间,这种时序规则取决于环境。例如,在可以随时发言的环境下,一个人要讲话,必须等到没有其他人在讲话时才能开口。如果两个人同时讲话,就会发生信息冲突,两人必须让步,重新开始,这些规则用于确保交流成功。同样,计算机也必须定义访问控制方法,网络主机需要访问控制来了解开始发送信息的时间以及在出错时响应的方式。

2）流量控制

时序还影响着可以发送的信息量和发送速度。如果一个人讲话太快,对方就难以听清和理解,这时接收方需要要求发送方减慢速度。在网络通信中,发送主机发送信息的速度可能会快于目的主机接收和处理的速度,因此,源主机和目的主机需要使用流量控制来协商成功通信的正确时序。

3）超时响应

如果一个人提问之后在合理的时间内没有得到回答,就会认为没有获得回答并做出相应的反应。此人可能会重复这个问题。网络主机也会使用规则来指定等待响应的时长,以及在超时的情况下执行什么操作。

7. 信息传输模式

有时候,人们需要与某个人交流信息；而在另一些时候,人们需要同时与一群人甚至同一区域的所有人交流信息。两个人之间的交谈是典型的一对一通信模式；当一组接收者需要同时接收同一条信息时,就需要采用一对多或多对多信息模式。

有时信息的发送方还要确认信息是否成功发送到目的地址,此时需要向发送方发送确认回执。不需要确认的信息模式称为“无确认”。

网络主机使用类似的信息模式进行通信。

一对一信息传输模式称为单播,即信息只有一个目的地址。

如果主机需要用一对多模式发送信息,则称为组播。组播是指同时发送同一条信息到一组目的主机。

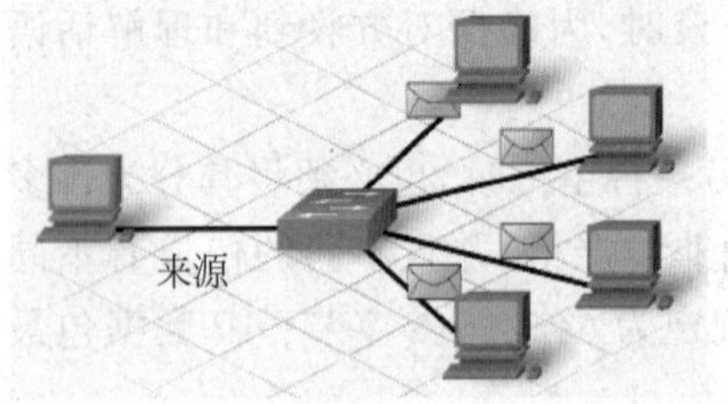

图 2-5　计算机通信中进行的广播

如果网络上所有主机都需要同时接收该信息,则使用广播。广播代表一对全体的信息传输模式。此外,主机还可以要求是否需要对信息做出确认。

如图 2-5 所示,计算机通信中进行的广播,是由一台主机向本地网络中的所有主机进行广播,让它们知道自己的名称,这种通信通常不需要确认。

2.2.2　本地有线网络中的通信

无论是人类还是计算机进行的所有通信,都要遵守预先确定的规则或协议。这些协议由源主机、通道和目的主机的特性决定。协议根据来源、通道和目的,对信息格式、信息大小、时序、封装、编码和标准信息模式等问题做出详细规定。

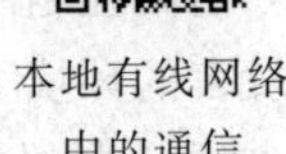
本地有线网络中的通信

1. 协议的重要性

协议在本地网络上尤其重要。在有线环境中,本地网络定义为所有主机必须“讲同一种语言”(用计算机术语表示就是“共享一个公共协议”)的区域。

如果同一间房里的每个人都讲不同的语言,肯定无法交流。同样,如果本地网络中的设备不使用同一个协议,就无法互相通信。

本地有线网络中最常用的协议集是以太网协议。以太网协议定义了本地网络通信的许多方面,包括信息格式、信息大小、时序、编码和信息模式。

2. 协议的标准化

在网络的最初阶段,每个厂家都有自己的网络设备,不同厂家的设备之间无法通信;各个厂家几乎都有自己的协议,比如,IBM、NCR、DEC、Xerox 和 HP 等厂商常使用自己的协议。

网络的普及要求不同厂商设备之间的连接更加方便,即标准化,这些标准给网络带来以下优点:

(1) 方便设计;

(2) 简化了产品开发;

(3) 促进了竞争;

(4) 提供一致的互联方式;

(5) 便于培训;

(6) 客户有更多的厂商可以选择。

在众多标准中有几种标准得到了发展,如以太网、ARCNet和令牌环标准。

实际上不存在官方的本地网络标准协议,但随着时间的推移,以太网逐渐成为最受人们推崇的一种技术,并已成为事实标准。

电气和电子工程师学会(IEEE)负责维护网络标准,包括以太网和无线标准。IEEE委员会主要负责审批和维护连接标准、介质要求及通信协议。每项技术标准都有一个编号,指代负责审批和维护该标准的委员会。负责以太网标准的委员会是802.3。

以太网自1973年创立以来,经历了多次发展,用于规范更快、更灵活的技术。以太网标准这种不断改进的能力正是它受欢迎的主要原因之一。每个以太网版本都有相关的标准,例如,802.3 100BASE-T代表使用双绞线电缆标准的100Mbps以太网,此标准的具体解释为:100是以兆位每秒(Mbit/s或Mbps)为单位的速度;BASE代表基带传输;T代表电缆类型,这里是指双绞线。

早期以太网的速度非常慢,只有10Mbps。而最近的以太网运行速度已经超过每秒100Gbps,是原来的10000倍。

早期以太网使用共享媒体,所有主机都连到同一条电缆或同一个集线器上。采用的协议是具有冲突检测(CD)功能的载波监听多路访问(CSMA)的访问控制方法。

CSMA/CD主要是为解决如何争用一个广播型的共享传输信道而设计的,它能够决定应该由谁占用信道,如果多个站点同时获得信道控制权,这时多站点发送的数据将会产生冲突,造成数据传输失败。如何发现和解决冲突,也是CSMA/CD要解决的问题。CSMA/CD协议的工作原理如图2-6所示。

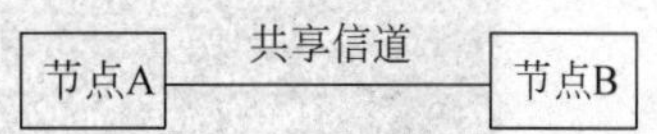

图2-6 CSMA/CD协议的工作原理

如图2-7所示,CSMA/CD协议的工作过程如下:

① 准备发送站监听信道;

② 信道空闲,进入第④步;

③ 信道忙,就返回到第①步;

④ 传输数据并监听信道,如果无冲突就完成传输,检测到冲突则进入第⑤步;

⑤ 发送阻塞信号,然后按二进制指数退避算法等待,再返回第①步。

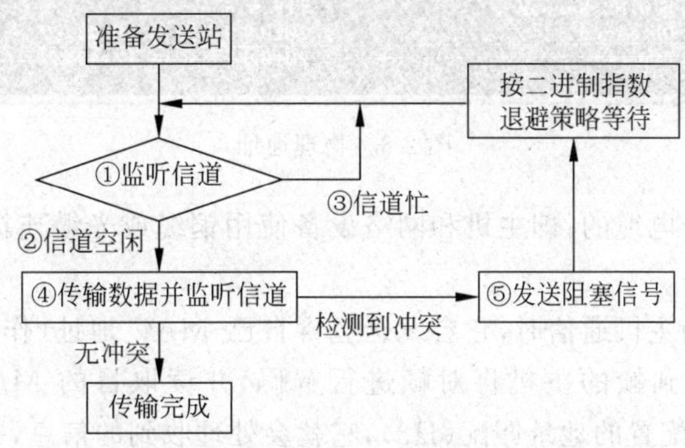

图2-7 CSMA/CD协议的工作过程

思考:现代网络都是双工方式,那么CSMA/CD协议还有用吗?

3. 物理寻址

所有通信都需要一种标识源和目的的方法。在人际交流中,源和目的用名字来表示,当有人叫出某个名字时,被叫到名字的人就会聆听信息并做出反应。房间里的其他人可能会听到该信息,但不会在意,因为信息不是说给他们听的。

以太网络也用类似的方法来标识源主机和目的主机,每台连接到以太网络的主机都会获得一个物理地址,用于在网络中标识自己。

每个以太网络接口在制造时都有一个物理地址,此地址称为介质访问控制(media accesscontrol,MAC)地址。MAC地址用于标识网络中的每台源主机和目的主机。MAC地址长48位,通常用12位十六进制数表示,如图2-8所示,在命令提示符下用"ipconfig /all"查看NIC(网络接口卡)的MAC地址为00-40-46-51-B6-46,前6个十六进制数字(24位)为厂商标识,后6个十六进制数字(24位)为网卡的标识,以确保MAC地址不会相同。

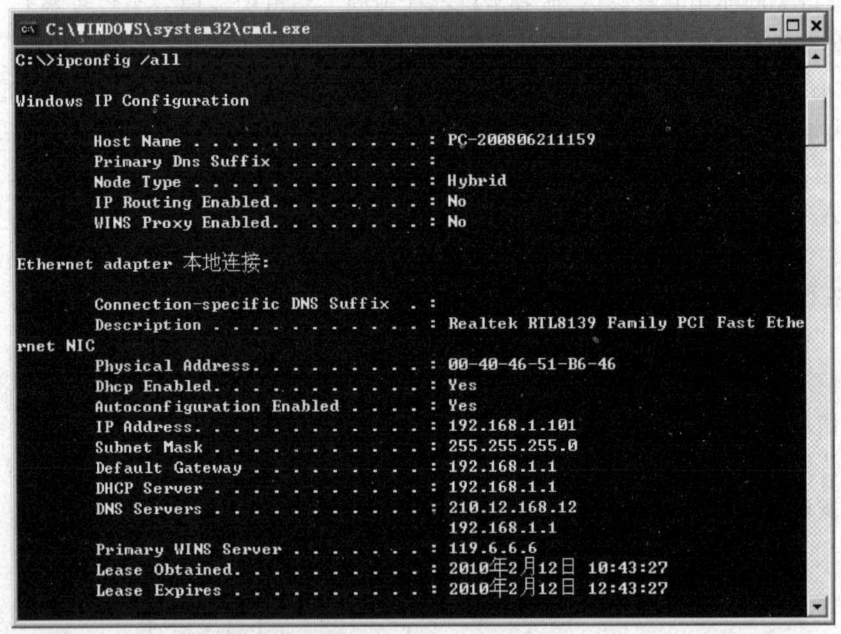

图2-8　物理地址

以太网络是基于电缆的,即主机和网络设备使用铜缆或光缆连接。这是主机之间通信时使用的通道。

当以太网络上的主机通信时,它会发送包含自己MAC地址(作为源地址)和接收方MAC地址的帧;收到帧的主机将对帧进行解码,并读取目的MAC地址;如果目的MAC地址与网卡上配置的地址匹配(H3),它就会处理收到的信息,并将其存储起来供主机应用程序使用;如果目的MAC地址与主机MAC地址不匹配(H2、H4),网卡就会忽略该信息,如图2-9所示。

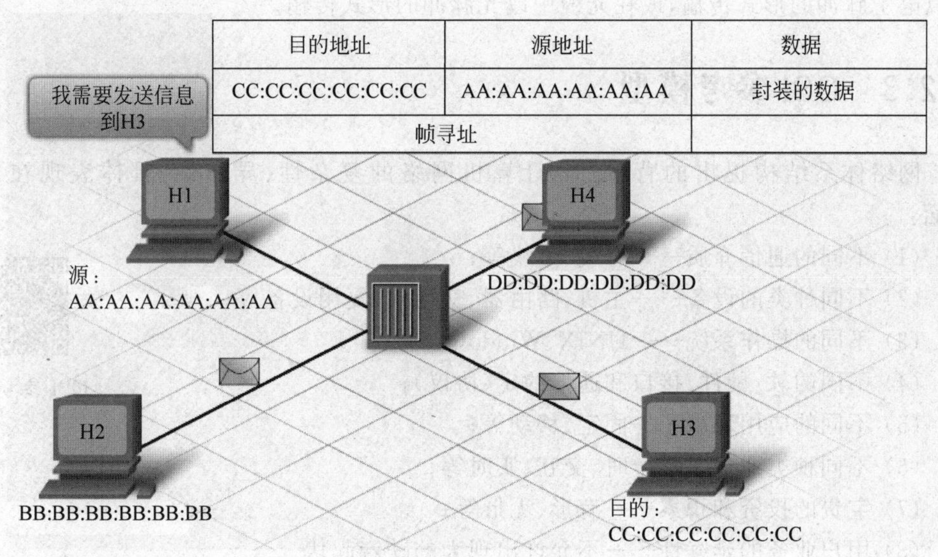

图 2-9　MAC 地址通信

4. 以太网通信

以太网协议定义了网络通信的许多方面，包括帧格式、帧大小、时序和编码等。

当信息在以太网络上的主机之间发送时，主机会将信息格式化为标准指定的帧结构。帧也称为协议数据单元(PDU)。

以太网帧的格式指定目的和源 MAC 地址的位置以及其他信息，如图 2-10 所示，包括以下内容。

前导码	SFD	目的MAC地址	源MAC地址	长度/类型	封装的数据	FCS
7	1	6	6	2	46～1500	4

图 2-10　以太网帧结构

(1) 定序和定时的前导码：在发送和接收帧时起同步作用。

(2) 帧首定界符(SFD)：指示某帧开始。

(3) 目的 MAC 地址：可以是单播(一台主机)、组播(一组主机)和广播(本地网络中的所有主机)。

(4) 源 MAC 地址：发送以太网帧的节点地址。

(5) 帧的长度和类型：长度表示该帧数据的字节数，类型表示接收数据的协议。

(6) 封装的数据：分组数据，46～1500 字节。

(7) 帧校验序列(FCS)：由发送设备创建，目标设备用于检测传输帧的错误。

从"目的 MAC 地址"字段到"帧校验序列(FCS)"字段，以太网帧的大小限制为最大 1518 字节和最小 64 字节。如果帧不符合这一限制，接收主机将不作处理。除了帧的格式、大小和时序以外，以太网标准还定义了组成帧的位在通道中的编码形式。位可在铜缆中以电子脉冲的形式传输，或在光缆中以光脉冲的形式传输。

2.2.3 OSI 参考模型

网络体系结构提出的背景——计算机网络的复杂性、异质性，具体表现在以下方面：

(1) 不同的通信介质——有线、无线等；

(2) 不同种类的设备——主机、路由器、交换机、复用设备等；

(3) 不同的操作系统——UNIX、Windows 等；

(4) 不同的软/硬件、接口和通信约定(协议)；

(5) 不同的应用环境——固定、移动等；

(6) 不同种类业务——分时、交互、实时等；

(7) 宝贵的投资和积累——有形、无形等；

(8) 用户业务的延续性——不允许出现大的跌宕起伏。

OSI 参考模型

对于复杂的网络系统，用什么方法能合理地组织网络的结构，以达到结构清晰、简化设计与实现、便于更新与维护、具有较强的独立性和适应性的目的呢？解决的方法是分而治之。

一个生活中的例子——空中旅行的组织，如图 2-11 所示。

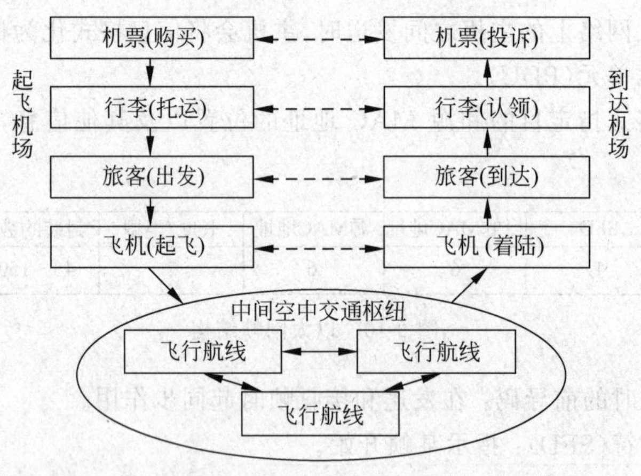

图 2-11　空中旅行的组织结构

层次化方法在其他领域主要有以下应用。

- 程序设计：把一个大的程序分解为若干个层次的小模块来实现，如操作系统。
- 邮政系统：邮递员、邮政分局、邮政总局、邮政运输。
- 银行系统、物流系统等。

1977 年 3 月，国际标准化组织 ISO 的技术委员会 TC97 成立了一个新的技术分委会 SC16，专门研究“开放系统互联”，并于 1983 年提出了开放系统互联参考模型，即著名的 ISO 7498 国际标准，记为 OSI/RM。

在 OSI 中采用了三级抽象：参考模型(即体系结构)、服务定义和协议规范(即协议规格说明)，自上而下逐步求精。OSI/RM 并不是一般的工业标准，而是一个为制定标准用的概念性框架。实际的工业标准是 TCP/IP 网络模型，2.2.4 小节将详细讨论。

经过各国专家的反复研究，在 OSI/RM 中，采用了如表 2-1 所示的 7 个层次的体系结构，表中对于各层主要功能进行了简略描述，更准确而详细的概念可参考有关网络基础教程。

表 2-1 OSI/RM 七层协议模型

层号	名 称	主要功能简介
7	应用层	作为与用户应用进程的接口，负责用户信息的语义表示，并在两个通信者之间进行语义匹配。它不仅要提供应用进程所需要的信息交换和远程操作，而且还要作为互相作用的应用进程的用户代理来完成一些为进行语义上有意义的信息交换所必需的功能
6	表示层	对源端点内部的数据结构进行编码，形成适合于传输的比特流；到了目的站再进行解码，转换成用户所要求的格式并保持数据的意义不变。主要用于数据格式转换
5	会话层	提供一个面向用户的连接服务，它给合作的会话用户之间的对话和活动提供组织和同步所必需的手段，以便对数据的传送进行控制和管理。主要用于会话的管理和数据传输的同步
4	传输层	从端到端经网络透明地传送报文，完成端到端通信链路的建立、维护和管理
3	网络层	分组传送、路由选择和流量控制，主要用于实现端到端通信系统中中间节点的路由选择
2	数据链路层	通过一些数据链路层协议和链路控制规程，在不太可靠的物理链路上实现可靠的数据传输
1	物理层	实现相邻计算机节点之间比特数据流的透明传送，尽可能屏蔽掉具体传输介质和物理设备的差异

2.2.4 TCP/IP 网络模型

1. TCP/IP

TCP/IP(transmission control protocol/internet protocol)是传输控制协议/网际协议(又称 Internet 协议)的缩写，它实际上是一个很大的协议包(簇)，其中包括网络接口层、网际层、传输层和应用层中的很多协议，TCP 和 IP 只是其中两个核心协议。

TCP/IP 网络模型

TCP/IP 是 Internet 上采用的协议，目前已形成了一个完整的网络协议体系，并且得到了广泛的应用和支持。

TCP/IP 的基本作用如图 2-12 所示。要在网络上传输数据信息，首先，要把数据拆成一些小的数据单元(不超过 64KB)，然后加上“包头”做成数据报(段)，才能交给 IP 层在网络上陆续地发送和传输。采用这种传输数据方式的计算机网络叫作“分组交换”或“包交换”网络；其次，在通过电信网络进行长距离传输时，为了保证数据传输质量，还要转换数据的格式,即拆包或重新打包;最后,接收数据的一方必须使用相同的协议,逐层拆开原来的数据包,恢复成原来的数据,并加以校验。若发现有错,就要求重发。

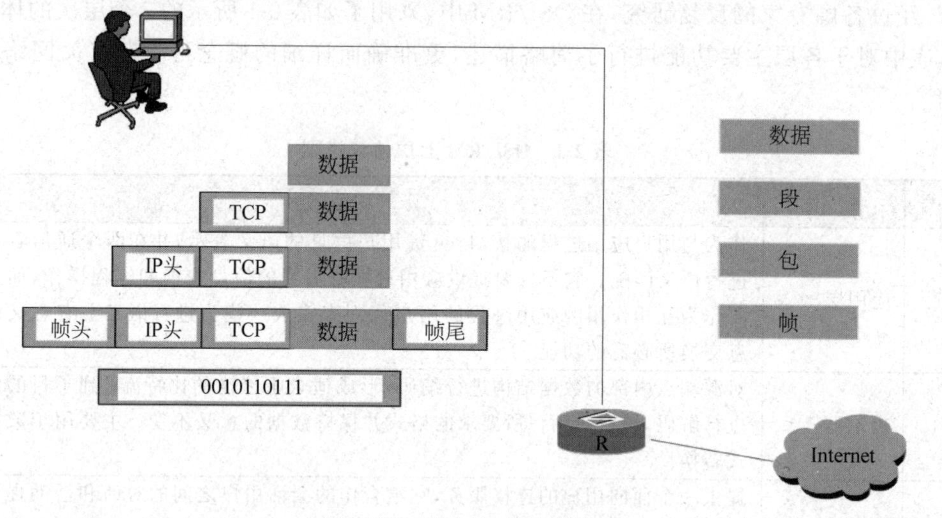

图 2-12 TCP/IP 数据封装

1) TCP

传输层是计算机网络中非常重要的一层,它可以向源主机和目的主机提供端到端的可靠通信。TCP 是一个面向连接的端到端的全双工通信协议,通信双方需要建立由软件实现的虚连接,它提供了数据分组在传输过程中可靠且无差错的通信服务。

TCP 规定,首先要在通信的双方建立一种“连接”,也叫作实现双方的“握手”。建立“连接”的具体方式是:呼叫的一方要找到对方,并由对方给出明确的响应,目的是需要确定双方的存在,并确定双方处于正常的工作状态,在传递多个数据报的过程中,发送的每一个数据报都需要接收方给以明确的确认信息,然后才能发送下一个数据报;如果在预定的时间内收不到确认信息,发送方会重发信息。正常情况下,数据传送结束后,发送方要发送“结束”信息,“握手”后才断开。

这里还要解释一下,“在通信双方建立连接”这句话的含义不是让双方去独占线路,或者说不是在双方之间搭建一条专线。真正双方独占线路是打电话的做法,所以在计算机网络中,通信双方建立的连接实际上是一种“虚拟”的连接,是由计算机系统中相应的软件程序实现的连接。

在计算机网络中,通常可以把连接在网络上的一台计算机叫作一台“主机”。传输层只能存在于端系统(主机)中,所以又称为“端到端”层或“主机到主机”层,或者说,只有在作为“源主机”和“目的主机”的计算机上才有传输层,才有传输层的相应程序,才执行传输层的操作。而在网络中的其他节点上,如集线器、交换机、路由器上,都是不需要传输层的。所以说,在传输层上建立的“连接”,只能是“端到端”的连接。发送数据报的工作,只能由发送方的传输层执行,接收数据报和发送“确认信息”的工作,也只能由接收方计算机的传输层执行。

“全双工”通信指通信的双方主机之间,既可以同时发送信息,又可以接收信息。

TCP 还有一个作用就是保证数据传输的可靠性。TCP 实际上是通过一种叫作“进程通信”的方式，在通信的两端（双方）传递信息，以保证发出的数据包不仅都能到达目的地，而且是按照它们发出时的顺序到达的。如果数据包的顺序乱了，它就要负责进行“重新排列”，如果传输过程中某个数据丢失了或出现了错误，TCP 就会通知发送端重发该数据包。

2）IP

IP 称为 Internet 协议或网际协议，它工作在 TCP 的下一层（网络层），是 TCP/IP 的心脏，也是网络层中最主要的协议。它利用一个共同遵守的通信协议，使 Internet 成为一个允许连接不同类型的计算机和不同操作系统的网络。而通信协议规定了通信双方在通信中所应共同遵守的约定，即两台计算机交换信息所使用的共同语言，同时，计算机的通信协议精确地定义了计算机在彼此通信过程中的所有细节。例如，每台计算机发送信息的格式和含义，在什么情况下应发送规定的特殊信息，以及接收方的计算机应做出哪些应答，等等。

IP 的内容包括 IP 报文的类型与定义、IP 报文的地址以及分配方法、IP 报文的路由转发以及 IP 报文的分组与重组。

IP 能适应各种网络硬件，对底层网络硬件几乎没有任何要求。任何一个网络都可以使用 IP 加入 Internet，在 Internet 的任何一台计算机中，只要运行 IP 软件，就可以进行交流和通信。

IP 根据其版本分为 IPv4 和 IPv6。本项目主要介绍 32 位的 IPv4，128 位的 IPv6 将在项目 4 中进行介绍。

值得注意的是，NetBEUI 协议是一种早期的局域网协议，用在局域网中，其效率很高，但是由于它不具备“路由”功能，所以不能得到更广泛的应用。

2. TCP/IP 体系结构

1）协议体系

TCP/IP 在物理网基础上分为 4 个层次，它与 ISO/OSI 模型的对应关系及各层协议组成如图 2-13 所示。

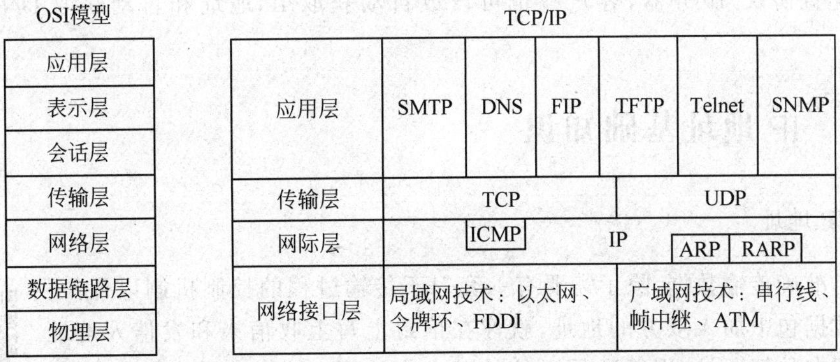

OSI模型	TCP/IP	
应用层 表示层 会话层	应用层	SMTP、DNS、FIP、TFTP、Telnet、SNMP
传输层	传输层	TCP、UDP
网络层	网际层	ICMP、IP、ARP、RARP
数据链路层 物理层	网络接口层	局域网技术：以太网、令牌环、FDDI；广域网技术：串行线、帧中继、ATM

图 2-13　TCP/IP 和 OSI 模型的对应关系及各层协议组成

2）TCP/IP 各层的主要功能

（1）网络接口层：定义与物理网络的接口规范，负责接收 IP 数据报并传递给物理网络。

(2) 网际层：主要实现两个不同IP地址的计算机(在Internet上都称为主机)的通信,这两个主机可能位于同一网络或互联的两个不同网络中。具体工作包括形成IP数据报和寻址。如果目的主机不是本网的,就要经路由器转发到目的主机。网际层主要包括4个协议：网际协议(IP)、网际控制报文协议(ICMP)、地址解析协议(ARP)、逆向地址解析协议(RARP)。

(3) 传输层：提供应用程序间(即端到端)的通信。包括传输控制协议(TCP)和用户数据报协议(UDP)。

(4) 应用层：支持应用服务,向用户提供了一组常用的应用协议,包括远程登录(Telnet)、文件传输协议(FTP)、平常文件传输协议(TFTP)、简单邮件传输协议(SMTP)、域名系统(DNS)、简单网管协议(SNMP)等。

3) 传输层和网际层的其他协议

(1) 用户数据报协议(UDP)：TCP提供可靠的端到端通信连接,用于一次传输大批数据的情形(如文件传输、远程登录等),并适用于要求得到响应的应用服务。而UDP提供了无连接通信,且不对传送数据报进行可靠保证,适合于一次传输少量数据(如数据库查询)的场合,其可靠性由其上层应用程序提供。

(2) 网际控制报文协议(ICMP)：作为IP的一部分,它能使网际上的主机通过相互发送报文来完成数据流量控制、差错控制和状态测试等功能。

(3) 地址解析协议(ARP)和逆向地址解析协议(RARP)：IP地址实际上是在网际范围内标识主机的一种地址,传输报文时还必须知道目的主机在物理网络中的物理地址(MAC地址),ARP的功能是实现IP地址到MAC地址的动态转换,RARP可以实现MAC地址到IP地址的转换。

初学者要知道：与Internet完全连接必须安装TCP/IP,安装Windows操作系统时可自动安装TCP/IP,且每个节点至少需要一个“IP地址”、一个“子网掩码”、一个“默认网关”和一个“DNS服务器IP地址”。可以在“Internet协议(TCP/IP)属性”对话框中手动配置IP地址、子网掩码、默认网关和DNS服务器IP地址。如果本网络内有DHCP(动态主机配置协议)服务器,客户端也可设成自动获取IP地址和自动获取DNS服务器地址。

2.2.5 IP地址基础知识

1. IP地址

为了准确传输数据,除了需要有一套对于传输过程的控制机制以外,还需要在数据包中加入双方的地址,就像在信封上写上收信人和发信人地址一样。现在的问题是,进行数据通信的双方应该用一个什么样的地址来表示呢?

IP地址

也许有人会问,不是每个网卡都有一个不同的MAC地址吗?用这个地址不行吗?MAC(media access control)地址就是媒体访问控制地址,确实可以用在数据传输过程中,但它只能用在底层通信过程中,即只能用在数据链路层上通信时使用的数据帧中,而网络层中使用的 IP 地址和链路层中的 MAC 地址要由 ARP 或 RARP 进行转换。MAC 地址是一个用 12 位的 16 进制数表示的地址,用户很难直接使用它,在 Internet 中,也很难把这样一个数值与某台处于不明位置上的特定计算机联系起来。显然 MAC 地址存在不便使用和难以查找的缺点,因此需要另一种"地址",这个"地址"既要能简单、准确地标明对方的位置,又要能够方便地找到对方,这就是设计 IP 的初衷。

IP 地址最初被设计成一种由数字组成的四层结构,就好像我们想要找到一个人,需要有这个人的住址(某省、某市、某区、某街的多少号)一样。在 Internet 中,有很多网络连接在一起以后形成了很大的网络,每个网络下面还有很多较小的网络,计算机是组成网络的基本元素。所以,IP 地址就是用四层数字作为代码,说明是在哪个网络中的哪台计算机。显然,这种定义 IP 地址的方法十分有效,因此取得了很大的成功,并且得到了普遍的应用。

1) IP 地址的定义及表示

IP 为 Internet 上的每一个节点(主机)定义了一个唯一的统一规定格式的地址,简称 IP 地址。每个主机的 IP 地址由 32 位(4 字节)组成,通常采用"点分十进制表示方法"表示,中间用点号分隔开来。

例如,32 位的二进制地址为 11001010011011000010010100101001

显然这个地址很难记忆,所以分成 4 段,每段 8 位,变成下面的形式:

11001010 01101100 00100101 00101001

再转换成十进制,并用点连起来,就构成了通常人们所使用的 IP 地址,即 202.108.37.41。

注意:每一段的 8 位二进制数,最小是 00000000,换算成十进制是 0;最大是 11111111,换算成十进制是 255。也就是说,这 4 段数字,换算成十进制,每段都在 0~255 的范围内变化。

每一个 IP 地址又可分为网络号和主机号两部分,网络号(network ID)表示网络规模的大小,用于区分不同的网络;主机号(host ID)表示网络中主机的地址编号,用于区分同一网络中的不同主机。按照网络规模的大小,IP 地址可以分为 A、B、C、D、E 五类,其中常用的是 A、B、C 三类地址,D 类为组播地址,E 类为扩展备用地址,其格式如图 2-14 所示。

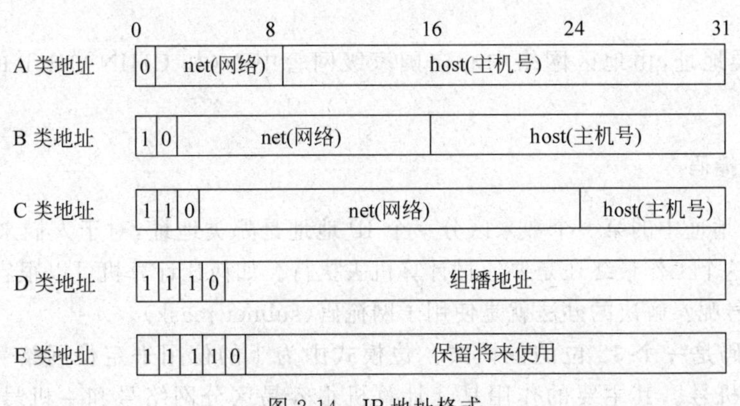

图 2-14 IP 地址格式

A、B、C 三类 IP 地址的有效范围和保留的 IP 地址如表 2-2 所示。

表 2-2 IP 地址分类范围

类别	网络号	主机号	备 注
A	1～126	0～255 0～255 1～254	适用于大型网络,网络号 10 留作局域网使用
B	128～191 0～255	0～255 1～254	适用于中型网络,在 172.16.0.0～172.31.0.0 中这 16 个网号留作局域网使用
C	192～223 0～255 0～255	1～254	适用于小型网络,在 192.168.0.0～192.168.255.0 中这 256 个网号留作局域网使用

2) IP 地址中的几种特殊地址

(1) 网络地址:主机地址全为 0,用于区分不同的网络。

(2) 广播地址:主机地址全为 1,用于向本网络上的所有主机发送报文。有时不知道本网的网络号,TCP/IP 规定 32 位全为 1 的 IP 地址用于本网广播。

(3)“0”地址:TCP/IP 规定,32 位全为 0 的地址被解释成本网络。若有一台主机想在本网内通信,但又不知道本网的网络号,就可以用“0”地址。

(4) 回送地址:127.*.*.*,用于网络软件测试和本机进程间的通信。如果安装了 TCP/IP,而未设置 IP 地址,可用 127.0.0.1 进行测试。

(5) 组播地址:指定一个逻辑组,参与该组的机器可能遍布整个 Internet,主要应用于电视会议等。

3) IP 地址的获取方法

IP 地址由国际组织按级别统一分配,机构用户在申请入网时可以获取相应的 IP 地址。

(1) 最高一级 IP 地址由国际网络中心(network information center,NIC)负责分配。其职责是分配 A 类 IP 地址、授权分配 B 类 IP 地址的组织并有权刷新 IP 地址。

(2) 分配 B 类 IP 地址的国际组织有三个:ENIC 负责欧洲地区的分配工作,InterNIC 负责北美地区,设在日本东京大学的 APNIC 负责亚太地区。我国的 Internet 地址由 APNIC 分配(B 类地址),由信息产业部数据通信局或相应网管机构向 APNIC 申请地址。

(3) C 类地址,由地区网络中心向国家级网管中心(如 CHINANET 的 NIC)申请分配。

2. 子网掩码

仅用 IP 地址中的第一个数来区分一个 IP 地址是哪类地址,对于人们来说也是较困难的,而且,这个工作最终还是要通过计算机去执行。如何让计算机可以很容易地区分网络号和主机号呢?解决的办法就是使用子网掩码(subnet mask)。

子网掩码是一个 32 位的位模式。位模式中为 1 的位用来定位网络号,为 0 的位用来定位主机号。其主要的作用是让计算机很容易区分网络号和主机号以及划分子网。划分子网将在 3.2.7 小节详细介绍。A、B、C 三类网络默认的子网掩码如表 2-3 所示。

表 2-3　子网掩码类别

类别	子网掩码位模式	子 网 掩 码
A	11111111 00000000 00000000 00000000	255.0.0.0
B	11111111 11111111 00000000 00000000	255.255.0.0
C	11111111 11111111 11111111 00000000	255.255.255.0

子网掩码区分 IP 地址中的网络号和主机号的方法如下。

方法 1：将 IP 地址与子网掩码逻辑与运算，结果即为网络号。

方法 2：将子网掩码取反与 IP 地址逻辑与运算，结果即为主机号。

【例 2-1】 已知一主机的 IP 地址为 192.9.200.13，子网掩码为 255.255.255.0。求该主机 IP 地址的网络号和主机号。

先将 IP 地址和子网掩码转换为二进制数：

192.9.200.13→11000000 00001001 11001000 00001101

255.255.255.0→11111111 11111111 11111111 00000000

按上面的方法 1 进行逻辑与(AND)运算为：11000000 00001001 11001000 00000000，即得网络号为 192.9.200.0。

按上面的方法 2，子网掩码取反为 00000000 00000000 00000000 11111111，再与 IP 地址进行逻辑与运算为 00000000 00000000 00000000 00001101，即得主机号为 0.0.0.13。

3. 默认网关

网关又称为协议转换器，用于两个完全异构(体系结构不同)的网络互联。目前，网关几乎成为网间连接器的泛称，如将 IP 路由器称作 IP 网关。但原来是指工作在 OSI 模型的高三层(会话层、表示层、应用层)的设备，更普遍的意义是软件和硬件结合的产品。在实际应用中没有通用的网关产品，只有用于某一专门功能的网关。如电子邮件网关可以把一种类型的邮件转化成另一种类型的邮件。还有文件传输和远程登录等专用的网关转换协议。

网关可以设在服务器、微机或大型机上，另外，将局域网连接到公共网络的路由器也称为网关。由于网关传输时比较复杂，因此它们传输数据的速率比较低。

局域网网关的作用是运行不同协议或使运行于 OSI 模型不同层上的局域网网段间可以相互通信。路由器、微机或一台服务器就可以充当局域网网关。

网关地址就是网关的 IP 地址，局域网中默认网关地址就是与该局域网相连的网关设备(路由器、微机或一台服务器)的 IP 地址。

2.2.6　网络中的传输介质

网络中的传输介质

网络传输介质是网络中发送方和接收方的物理连接通路，是信息传送的载体。目前常用的传输介质有双绞线、同轴电缆、光纤电缆和无线传输介质。

传输介质的以下特性对网络数据通信质量有很大的影响。

(1) 物理特性。物理特性是指对传输介质的特性、物理结构的描述。

(2) 传输特性。传输特性包括是用模拟信号发送还是用数字信号发送、调制技术、传输容量及传输的频率范围等内容。

(3) 连通性。连通性是指点到点或者多点连接。

(4) 地理范围。地理范围是指网上各点之间的最大距离,包括在建筑物内、建筑物之间或扩展到整个城市。

(5) 抗干扰性。抗干扰性是指防止噪声对传输数据影响的能力。

1. 双绞线

双绞线已成为局域网的标准布线技术。一对双绞线是由两根相对较细的导线构成,这些电线被一层 PVC 薄膜包裹着,并螺旋式相互缠绕。这样缠绕具有很好的电气特性:通过在两根电线之间提供平衡的能量辐射,可以有效地抑制可能引入的电磁干扰,避免信号失真。

双绞线有多种尺寸和形状,既有只有一对的用于语音级的连线,也有含有几百对的电缆电线。在局域网中通常使用的是如图 2-15 所示的 4 对封装在一起的双绞线。局域网中所使用的双绞线主要有两种类型:屏蔽双绞线(STP)和非屏蔽双绞线(UTP)。

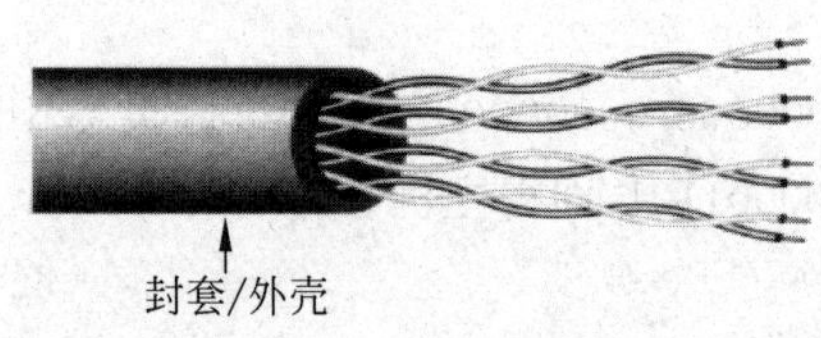

图 2-15　局域网双绞线

屏蔽双绞线(shielded twisted pair,STP)的特征是在双绞线的外部有一层金属层或金属网编制的屏蔽层。金属屏蔽层位于双绞线封套的下面,它的作用是使双绞线在有电磁干扰的环境中也能正常工作。但是,金属屏蔽层在保护信号不受外部电磁辐射干扰的同时也使导线本身正常的辐射不能散发。这种电磁辐射由金属屏蔽层反射回铜导线,会导致信号自阻碍。

非屏蔽双绞线(unshielded twisted pair,UTP)由四对对绞的铜线所组成,其外部环绕一层塑料外皮,没有屏蔽层,不具有抗外来干扰的能力。但其价格较低,使用率远远大于屏蔽双绞线,常见的双绞线大多是非屏蔽双绞线。若无特殊用途,使用非屏蔽双绞线即可满足要求。

双绞线的传输速率与其类型有关,根据传输特性和目前公认的 ANSI 的 EIA/TIA category 标准,双绞线又可分为 6 类,另外还有超 5 类双绞线电缆,通过对其"信道"性能测试结果表明,与普通 5 类双绞线电缆相比,超 5 类双绞线电缆的近端串扰、衰减和结构回波等主要性能指标都有很大提高。6 类双绞线相比超 5 类双绞线具有更强的抗串扰能力、衰减和结构回波等主要性能指标都更好一些。购买时一定要注意,目前用的是超 5 类或 6 类线,3 类线传输速率只能达到 16Mbps,4 类线传输速率达到 20Mbps,只有超 5 类线及 6 类线等传输速率才能到达 1000Mbps,且线的长度不能超过 100m。

EIT/TIA 定义了两个双绞线连接的标准:568A 和 568B。它们所定义的 RJ-45 连接头各引脚与双绞线各线对排列的线序如表 2-4 所示。为了保持最佳的兼容性,普遍采用

568B 标准来制作网线。

表 2-4　568A 和 568B 线序表

标准	线序							
	1	2	3	4	5	6	7	8
T568A	绿白	绿	橙白	蓝	蓝白	橙	棕白	棕
T568B	橙白	橙	绿白	蓝	蓝白	绿	棕白	棕
绕对	同一绕对		与标准 6 同一绕对	同一绕对		与标准 3 同一绕对	同一绕对	

注："橙白"是指浅橙色，或者白线上有橙色的色点或色条。绿白、棕白、蓝白亦同。

注意：在整个网络布线中应该只采用一种网线标准，如果标准不统一，几个人共同工作时就会产生混乱的情况；更严重的是，在施工过程中一旦出现线缆差错，在成捆的线缆中是很难查找和剔除的，因此，强烈建议统一采用 568B 的标准。

双绞线的顺序与 RJ-45 头的引脚序号要一一对应。

事实上，10Mbps/100Mbps 以太网的网线只使用 1、2、3、6 编号的芯线传递数据，即 1、2 用于发送，3、6 用于接收，按颜色来说，橙白、橙两条用于发送，绿白、绿两条用于接收；4、5、7、8 是双向线。

1000M 网卡需要使用四对线，即 8 根芯线全部用于传递数据。

在实践中，一般可以这么理解：同种类型设备之间使用交叉线连接，不同类型设备之间使用直通线连接；路由器和 PC 属于 DTE 类型设备，交换机和集线器属于 DCE 类型设备。RJ-45 网络接头一般有 568A 和 568B 两种标准，按同一标准制作即直通线（两端的两对双绞芯线 1、2 脚和 3、6 脚直接对应），按不同标准制作即交叉线（两端的 1、2 脚和 3、6 脚交叉对应），如图 2-16 所示。

不管如何接线，最后完成后用 RJ-45 测线仪测试时，8 个指示灯都应依次闪烁。

2. 同轴电缆

典型的同轴电缆（coaxial cable）是由一根内导体铜质芯线外加绝缘层、密集网状编织导电金属屏蔽层以及外包装保护塑胶材料组成，其结构如图 2-17 所示。

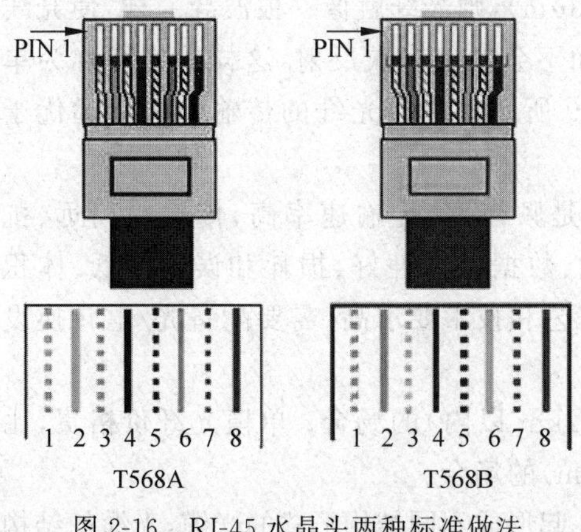

图 2-16　RJ-45 水晶头两种标准做法

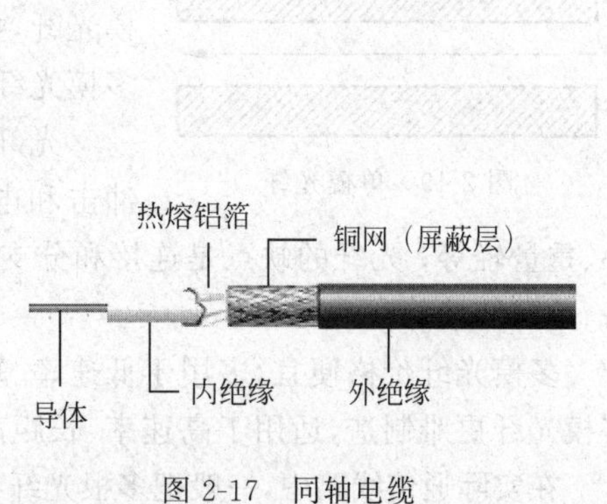

图 2-17　同轴电缆

同轴电缆正逐步退出局域网的使用舞台。目前,同轴电缆大都用来传输有线电视信号,因此,在此仅作简要介绍。

传输基带信号的基带同轴电缆其传输距离一般不超过几千米,以 RG 58(50Ω 同轴电缆)为例,在 10BASE-2 物理层规范中,同轴电缆以 10Mbps 的速度进行信号传输时其距离最大为 185m。宽带同轴电缆最大传输距离可达几十千米。

3. 光纤

光导纤维(optical fiber)简称光纤,是目前发展最为迅速、应用广泛的传输介质之一。光纤由内到外由纤芯、包层和护套层组成,如图 2-18 所示。纤芯是用超纯的熔凝石英玻璃拉成的比人头发丝还细的芯线。其传输原理:当光线从高折射率的媒质射向低折射率的媒质时,其折射角将大于入射角,如果入射角足够大,就会出现全反射,即当光线碰到包层时就会折射回纤芯,这个过程不断重复,光就沿着光纤向前传输。

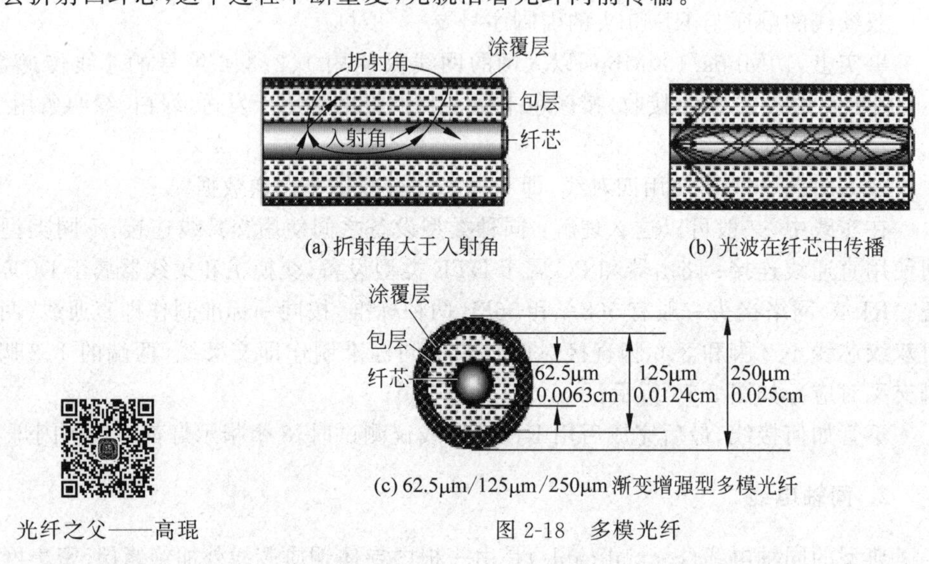

光纤之父——高琨

图 2-18　多模光纤

如果许多条不同入射角度的光线在一条光纤中传输,就把这种光纤称为多模光纤。

若光纤的直径减小到只有一个光的波长(8.3μm),则光纤就像一根波导一样,使光线一直向前传播,而不会发生多次反射,这样的光纤称为单模光纤,如图 2-19 所示。单模光纤的传输性能远远优于多模光纤。

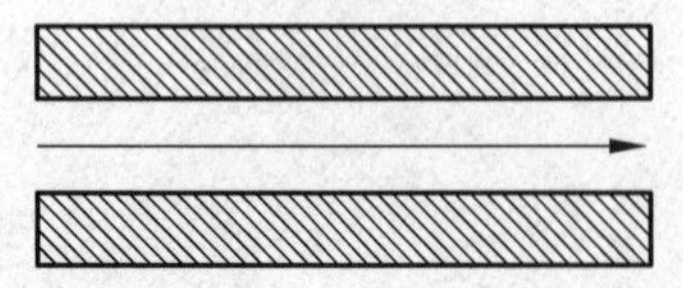

图 2-19　单模光纤

光纤的优点是频带宽、传输速率高、传输距离远、抗冲击和电磁干扰、数据保密性好、损耗和误码率低、体积小、重量轻等;光纤的缺点是连接和分支困难、工艺和技术要求高、需要配备光/电转换设备、单向传输等。

多模光纤价格便宜,多用于低速率、短距离(2km 以内)的场合;单模光纤价格贵,比多模光纤更难制造,适用于高速率、长距离(200km)的场合。

在实际通信线路中,一般把多根光纤组合在一起形成不同结构形式的光缆,光缆的结构大致可分为缆芯(cable core)和保护层(sheath)两大部分,图 2-20 为四芯光缆剖面的示意图。

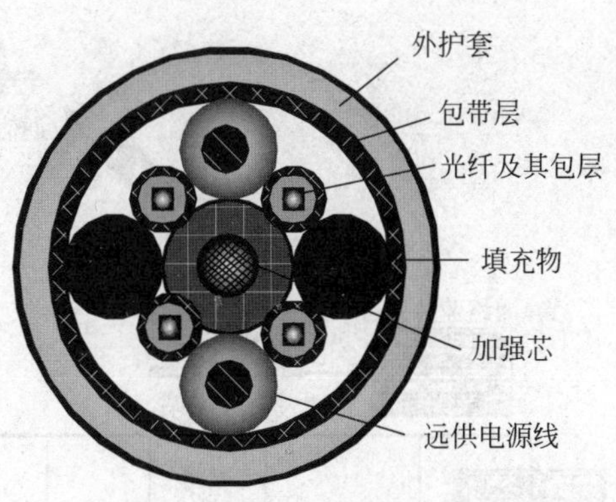

图 2-20 四芯光缆剖面结构

4. 无线电波通信

在一些电缆光纤难于通过或施工困难的场合,如高山、湖泊或岛屿等,即使在城市中挖开公路敷设电缆有时也很不划算,特别是通信距离很远,对通信安全性要求不高,敷设电缆或光纤既昂贵又费时,若利用无线电波等无线传输介质在自由空间传播,就会有较大的机动灵活性,可以轻松实现多种通信,抗自然灾害能力和可靠性也较高。

无线电数字微波通信系统在长途大容量的数据通信中占有极其重要的地位,其频率范围为 300MHz～300GHz。微波通信主要有两种方式,即地面微波接力通信和卫星通信。

微波在空间主要是沿直线传播,并且能穿透电离层进入宇宙空间,它不像短波那样经电离层反射传播到地面上很远的地方,由于地球表面是个曲面,因此其传播距离受到限制,并且与天线的高度有关,一般只有 50km 左右。长途通信时必须建立多个中继站,中继站把前一站发来的信号经过放大后再发往下一站,类似于“接力”,如果中继站采用 100m 高的天线塔,则接力距离可延长至 100km。

红外线通信和激光通信就是把要传输的信号分别转换成红外光信号和激光信号直接在自由空间沿直线进行传播,它比微波通信具有更强的方向性,难以窃听、插入数据和进行干扰,但红外线和激光对雨、雾等环境的干扰特别敏感。

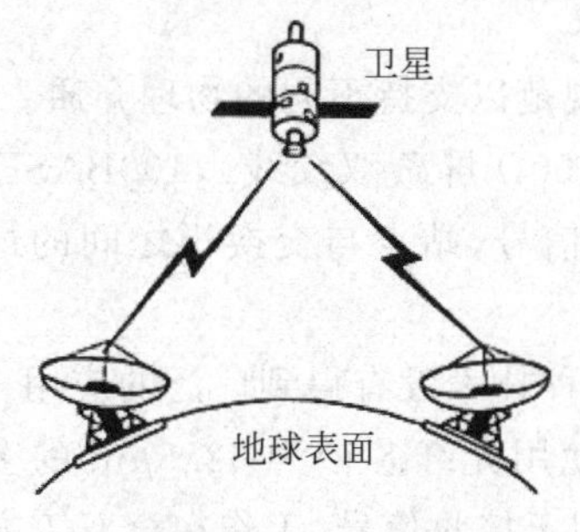

图 2-21 卫星通信

卫星通信就是利用位于 36 000km 高空的人造地球同步卫星作为太空无人值守的微波中继站的一种特殊形式的微波接力通信,如图 2-21 所示。卫星通信可以克服地面微波通信的距离限制,其最大的特点就是通信距离远,且通信费用与通信距离无关。

卫星通信的优点:卫星通信的频带比微波接力通信更宽,通信容量更大,信号所受到的干扰也较小,误码率也较小,通信比较稳定可靠。

卫星通信的缺点:传播时延较长。

VSAT(very small aperture terminal,甚小孔径终端)是 20 世纪 80 年代末发展起来并于 90 年代得到广泛应用的新一代数字卫星通信系统。VSAT 网通常由一个卫星转发器、一个大型主站和大量的 VSAT 小站组成,如图 2-22 所示,能单双向传输数据、语音、图像、视频等多媒体综合业务。VSAT 具有很多优点,如设备简单、体积小、耗电少、组网灵活、安装维护简便、通信效率高等,尤其适用于大量分散的业务量较小的用户共享主站,所以许多部门和企业多使用 VSAT 网来建设内部专用网。

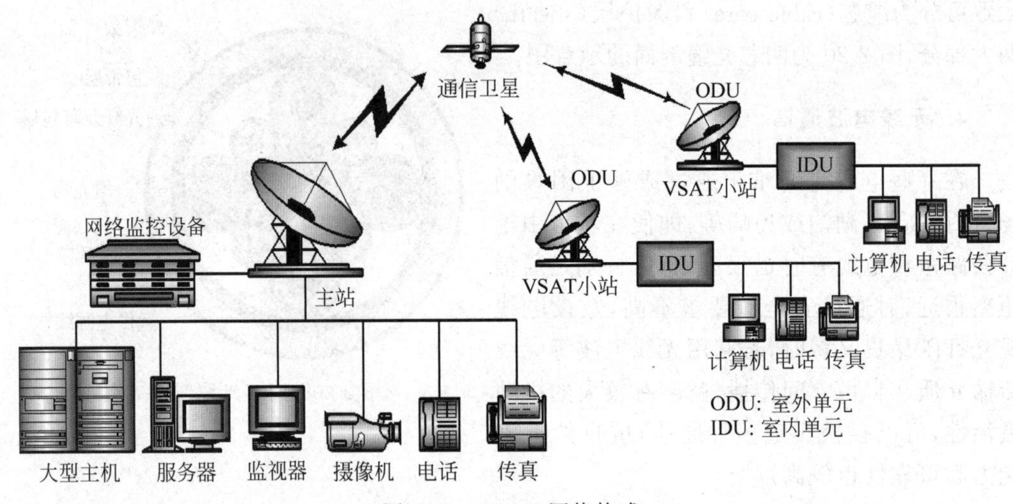

图 2-22　VSAT 网络构成

2.2.7　以太网组网技术

1. 快速以太网技术

以太网组网技术

快速以太网能够运行在大多数网络电缆上(3、4、5 类 UTP),而且它还具有技术成熟、传输速率高、价格便宜、易升级、易扩展、能与传统以太网无缝连接、能很好地集成到已经安装的以太网中等优势。由于它与以太网完全兼容,所以在以太网环境下运行的网络应用软件,同样可以在快速以太网上使用。目前,在组建本地网络时普遍采用快速以太网技术。

目前正式的 100BASE-T 标准定义了如下三种物理层规范以支持不同的物理介质。

(1) 100BASE-TX 用于两对 5 类 UTP 或 1 类 STP(150Ω 屏蔽双绞线),100BASE-TX 使用两对双绞线,一对用于发送信号,另一对用于接收信号,站点与交换机之间的最大距离为 100m。

(2) 100BASE-T4 用于四对 3、4 或 5 类 UTP,目前,这种技术没有得到广泛的应用。

(3) 100BASE-FX 是光纤介质的快速以太网,它通常使用光纤芯径为 62.5μm 的多模光纤,用两根光纤传输信号,一根用于发送信号,另一根用于接收信号,工作在全双工方式。100BASE-FX 在数据链路层采用与 100BASE-TX 相同的标准协议,但具有传输距离远、安全、可靠等优势。光纤作为垂直布线的拓扑结构时,纵向只能连接一个中继器,各节点到集线器的最大距离为 100m,而集线器到交换机的垂直向下链路可采用 225m 光纤,节点到交换机的最大距离为 325m。利用全双工光纤的拓扑结构,通过非标准的 100BASE-FX 接口连接,可以使节点或集线器到路由器或交换机的距离达到 2km。

100BASE-FX 常用的连接器有 SC 和 ST,如图 2-23 所示。左边是 SC 连接器,是一种方形的插销式连接器;右边是 ST 连接器,使用类似于同轴电缆的连接装置,形状与细同轴电缆连接装置相似,是直尖形的连接器。

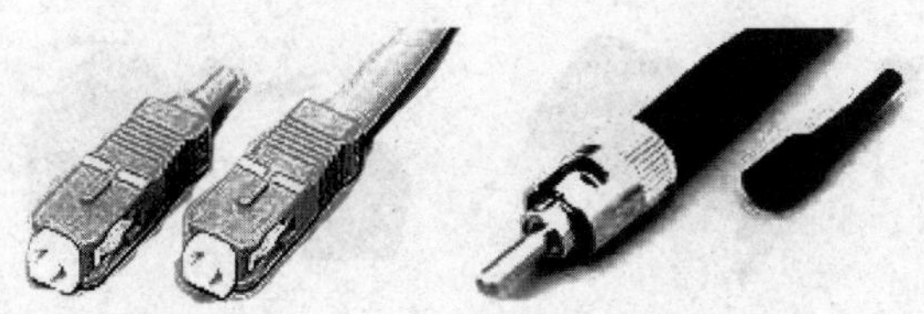

图 2-23　100BASE-FX 常用的连接器

2. 局域网中网卡

每块网卡的 ROM 中烧录了一个世界唯一的 ID 号，即 MAC 地址，这个 MAC 地址表示安装这块网卡的主机在网络上的物理地址，它由 48 位二进制数组成，通常分为 6 段，一般用十六进制表示，如 00-17-42-6F-BE-9B。本地网中根据这个地址进行通信。

1）网卡的功能

网卡的主要功能是接收和发送数据。网卡与主机之间是并行通信的，与传输介质之间是串行通信的，接收数据时网卡将来自传输介质的串行数据转换为并行数据，然后暂存于网卡的 RAM 中，再传送给主机；发送数据时将来自主机的并行数据转换为串行数据暂存于 RAM 中，再经过传输介质发送到网络。网卡在接收和发送数据时，可以用“半双工”或“全双工”的方式完成，现在的网卡绝大部分都是采用全双工方式进行通信的。

2）网卡的分类

（1）按网卡的工作方式分为半双工网卡和全双工网卡。

（2）按网卡的工作对象分为普通工作站网卡和服务器专用网卡。

（3）按网卡的总线类型分为 ISA 网卡、EISA 网卡和 PCI 网卡。

（4）按网卡的接口类型分为 BNC 接口、AUI 接口、RJ-45 接口及光纤接口网卡。

（5）网卡的传输速率分为 10Mbps、100Mbps、10/100Mbps、1000Mbps 网卡。

3）网卡的选择

（1）网卡的总线类型。

（2）网卡的速度。

（3）网卡的接口类型。

（4）网卡的兼容性。

（5）网卡生产商。

图 2-24 所示的是目前使用较多的各种类型的网卡。

如图 2-25 所示，可用 ipconfig /all 命令查看网络信息。本主机安装了双网卡，即一个有线网卡和一个无线网卡。

3. 用交换机组建小型网络

1）以太网交换机的工作原理

以太网交换机是一种用于接入层的设备。像集线器一样，交换机也可将多台主机连接到网络。但与集线器不同的是，交换机可以转发信息到特定的主机。当一台主机发送

图 2-24　各种类型的网卡

图 2-25　网卡信息

信息到交换机上的另一台主机时,交换机将接收并解码帧,以读取信息的物理(MAC)地址部分。

交换机上含有一个 MAC 地址表,其中列出了包含所有活动端口以及与交换机相连主机的 MAC 地址,如图 2-26 所示。当信息在主机之间发送时,交换机将检查该表中是否存在目的 MAC 地址。如果存在,交换机就会在源端口与目的端口之间创建一个临时连接,称为电路。这一新电路为两台主机的通信提供了一个专用通道(如节点 A 到 C,或节点 D 到 B)。连接到该交换机的其他主机不会共享此通道的带宽,也不会接收那些并非发送给它们的信息。主机之间的每一次通信都会创建一条新的电路。这些独立的电路使多个通信可以同时进行，而不会发生冲突。

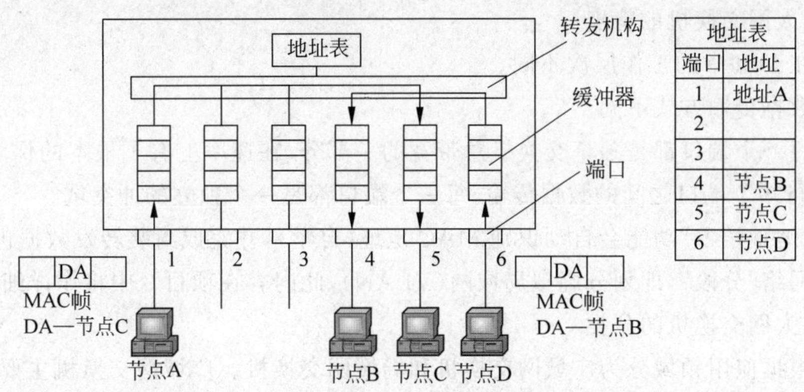

图 2-26 以太网交换机的原理

如果交换机收到的帧是发送到尚未列入 MAC 地址表的新主机，结果会如何？如果目的 MAC 地址不在 MAC 地址表中，交换机就没有创建电路所需的信息。当交换机无法确定目的主机的位置时，就会采用“泛洪”处理方式将信息转发到所有连接的主机。每台主机都将信息中的目的 MAC 地址与其 MAC 地址进行比较，但只有地址匹配的主机才会处理该信息并响应发送方。接收者回信息时，交换机便记住对应的 MAC 地址与端口的映射，并放入 MAC 地址表，以便下次转发。

新主机的 MAC 地址如何进入 MAC 地址表？当新主机发送信息或响应“泛洪”式信息时，交换机就会立即获取其 MAC 地址及其连接的端口。交换机每次读取新的源 MAC 地址时，地址表都会自动更新。通过这种方式，交换机可以迅速获取所有与其相连的主机的 MAC 地址。

2）交换机的基本功能

(1) 地址学习功能：交换机有一个 MAC 地址表，可以自动获取和更新 MAC 地址表中 MAC 地址和连接端口的映射，这就是 MAC 地址学习功能。

(2) 转发或过滤选择：交换机根据目的 MAC 地址，通过查看 MAC 地址表，决定转发还是过滤。如果目标 MAC 地址和源 MAC 地址在交换机的同一物理端口上，则过滤该帧。

(3) 防止交换机形成环路：物理冗余链路有助于提高局域网的可用性，当一条链路发生故障时，另一条链路可继续使用，从而不会使数据通信中止。但是如果因冗余链路而让交换机构成环路，则数据会在交换机中无休止地循环，形成广播风暴。多帧的重复复制导致 MAC 地址表不稳定，解决这一问题的方法就是使用生成树协议(STP)。

3）以太网交换机信息交换方式

以太网交换机的数据帧转发方式可以分为以下 3 类。

(1) 直接交换方式：接收帧后并立即转发。缺点是错误帧也转发。

(2) 存储转发交换方式：存储接收的帧并检查帧的错误，无错误再从相应的端口转发出去。缺点是数据检错增加了延时。

(3)改进直接交换方式:接收帧的前64字节后,判断以太网帧的帧头字段是否正确,如果正确则转发。对较长的以太网帧,交换延迟时间会减少。

4)以太网交换机的特点

(1)在OSI中的工作层次不同。

(2)数据传输方式不同。

(3)每一个端口都是独享交换机总带宽的一部分,在速率上有了根本的保障,在同一时刻可进行多个端口之间的数据传输,每一个端口都是一个独立的冲突域。

(4)"地址学习"功能会自动识别MAC地址(自学),并完成封装转发数据包的操作。

(5)网络"分段",即划分虚拟局域网(VLAN),此内容在项目3中将作详细的介绍。

5)以太网交换机的分类

(1)根据应用领域分为广域网交换机和局域网交换机。广域网交换机主要应用于电信领域,提供通信基础平台;局域网交换机则用于本地网络,连接PC和网络打印机等终端设备。

(2)根据交换机的结构分为固定端口交换机和模块化交换机。固定端口交换机有4、8、12、16、24和48端口等多种规格,根据安装方式又分为桌面式交换机和机架式交换机。机架式交换机用于较大规模网络的接入层和汇聚层,端口数一般大于16,它的尺寸符合国际标准,宽19英寸,高1U,一般安装于标准的机柜中;桌面式交换机不是标准规格,不能安装在机柜内,通常用于小型网络;模块化交换机具有更大的灵活性和可扩展性,用户根据实际情况可选择不同数量、不同速率和不同接口类型的模块,具有很强的容错能力和可热插拔的双电源,支持交换模块的冗余备份等,一般应用于本地网络的核心层和汇聚层。

(3)根据是否支持网管功能分为网管型和非网管型交换机。网络管理人员不能对非网管型交换机进行控制和管理,而网络管理人员可以对网管型交换机进行本地或远程控制和管理,使网络运行正常。

(4)从传输介质和传输速度上可分为以太网交换机、快速以太网交换机、千兆以太网交换机、万兆以太网交换机和十万兆以太网交换机等。

(5)从规模应用上又可分为企业级交换机、部门级交换机和工作组交换机等。

图2-27 RG-S7800C-X系列核心交换机

企业级交换机位于企业网络的核心层,属于高端交换机,具有高带宽、高传输率、高背板容量、硬件冗余和软件可伸缩等特点,一般采用模块化结构,具有多个10Gbps光纤接口甚至100Gbps光纤接口,具有融合和安全的不间断服务等功能,如图2-27所示的RG-S7800C-X系列交换机就属于该类型;部门级交换机处于网络的中间层,往上连至企业骨干层,往下连至网络的接入层,可以是固定结构,也可以采用模块化结构,具有多个1Gbps和10Gbps光纤接口,支持基于端口的VLAN、流量控制、网络管理等,如图2-28所示的锐捷

S6120系列交换机就属于该类型；工作组交换机一般直接连接到桌面，通常为固定端口结构，主要是100/1000Mbps以太网端口，根据实际可选择1Gbps或10Gbps光纤接口，可选择网管型或非网管型交换机，如图2-29所示的锐捷S2910系列交换机就属于该类型。

图2-28 RG-S6120系列交换机

图2-29 RG-S2910系列交换机

(6) 从交换机工作的协议层来分，有第2层交换机、第3层交换机和第4层交换机。第2层交换机用MAC地址完成不同端口数据的交换，这是最基本也是应用最多的交换技术，主要用于网络接入层；第3层交换机具有路由功能，可实现不同子网之间的数据包交换，主要用于大中型网络的汇聚层和骨干层的连接，通常采用模块化结构，以适应用户的不同需求；第4层交换机可对传输层中包含在每一个IP包头的服务进程/协议(例如HTTP、FTP、Telnet、SSL等)进行处理，实现带宽分配、故障诊断和对TCP/IP应用程序数据流进行访问控制等功能。

6) 交换机的选择

用户选择交换机时应注意以下几个方面。

(1) 转发方式。

(2) 合适的尺寸。

(3) 交换的速度要快。

(4) 端口数要够将来升级用。

(5) 根据使用要求选择合适的品牌。

(6) 管理控制功能要强大。

(7) 不同的交换机其端口可记忆的MAC地址数不同，一般能够记忆1024个MAC地址即可。

(8) 为了增强局域网的健壮性，局域网内可能有多条冗余线路，这样局域网内交换机的连接容易形成物理环路，容易使数据帧在物理环路内循环传输，使网络性能大大下降，为了防止这种现象的发生，必须启用生成树协议(STP)，STP可以使物理环路变成逻辑树型结构，但当局域网内某条线路不通时，STP可以很快使物理网络形成另一逻辑树形结构，这样既保证了数据帧不会循环传输，又保证了局域网的连通性。

(9) 由于交换机所有端口间的通信都要通过背板来完成，所以背板的带宽越大，数据交换的速度就越快。

7) 以太网交换机组建小型网络

图2-30所示为用以太网交换机组建的小型网络。用双绞线直接连接网络，网卡接口和双绞线相连有1、2、3、4、5、6、7、8引脚，其中只有1、2引脚和3、6引脚用于通信。1、2引脚负责发送数据(TX+，TX-)，3、6引脚负责接收数据(RX+，RX-)。

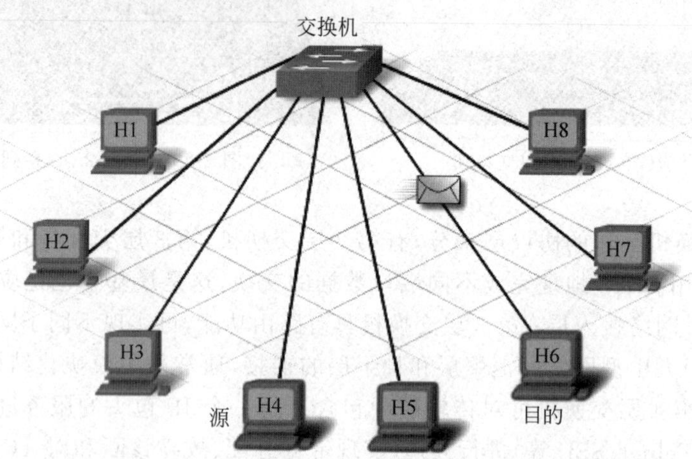

图 2-30　用以太网交换机组建小型网络

交换机数据接口类型分为双绞线 RJ-45 接口、光纤接口和 console 配置接口。交换机的 RJ-45 接口通常分为 3 种：MDI 是直连接口，指交换机的级联端口(up-link)，级联端口主要用于与上一级的交换机相连；MDI-X 是交叉接口，指交换机的普通端口；Auto 表示自协商，许多交换机在默认情况下，端口的网线类型为 Auto 型，即系统可以自动识别端口所连接的网线类型。MDI 和 MDI-X 接口的通信规则如下。

MDI 接口：1、2 引脚发送信号，3、6 引脚接收信号，与网卡的相同。

MDI-X 接口：1、2 引脚接收信号，3、6 引脚发送信号，与网卡的相反。

交换机的每个 RJ-45 接口通常有两个指示灯，以太网接口处于红灯闪烁状态时，说明设备在自动检测接口状态；当设备处于稳定状态时，有线路连接的接口会处于绿灯闪烁状态，表示该线路处于连通状态。

用直通网线连接计算机与交换机，计算机网卡接口的 1、2 引脚发送信号和 3、6 引脚接收信号，交换机的普通接口的 1、2 引脚接收信号和 3、6 引脚发送信号。

2.3　案例分析：小型局域网(SOHO)组建实例

组建任何网络的第一步都是合理的规划，而规划以确定网络的最终用途为核心。需要收集的信息包括以下类型：

案例分析

(1) 要连接到网络的主机数量和类型；

(2) 将使用的应用程序；

(3) 共享需求；

(4) Internet 连接性需求；

(5) 安全性和保密性考虑；

(6) 可靠性以及对正常运行时间的期望值；

(7) 有线和无线连接性需求。

家庭和小型企业网络的最新发展趋势是使用多功能设备，这种设备融交换机、路由器、无线接入点和安全设施的功能于一身。这些多功能设备可能是为低容量的小型网络设计的，也可能能够处理众多的主机并提供更高级的功能和可靠性。

下面用一个组建小型办公室网络的实例说明 SOHO 网络的组建过程。

某学院电子与信息工程系由于办公楼维修加固，需临时搬到板房办公，原来有计算机 10 台，打印机 2 台，接入层交换机 1 台(16 口)，该系分到板房两间，每间 $25m^2$，一间作系办公室(4 台计算机)，一间作学生管理办公室(6 台计算机)，现要联网并接入校园网，整个板房已有一台交换机用光纤接入校园网核心层的交换机。

1. 电子与信息工程系联网的主要应用需求

(1) 教学管理：学生学籍、成绩管理、排课、课表管理、教学活动管理等。

(2) 本系网站管理：多媒体课件制作与管理、远程教学系统管理、技术咨询、技术合作、学术交流等。

(3) 图书查询、检索、在线阅读等。

(4) 办公自动化。

2. 方案设计与实施

(1) 采用高性能、全交换、全双工的快速以太网或千兆以太网，并以星形结构联网，如图 2-31 所示的逻辑拓扑图，本系的主机均用 100/1000Mbps 的双绞线与系交换机相连，系交换机用 1000Mbps 的双绞线与板房区交换机相连，板房区交换机用 10Gbps 的光纤与校园网核心交换机相连，这样就很好地保证了本系的主机以较高的速度访问校园网。

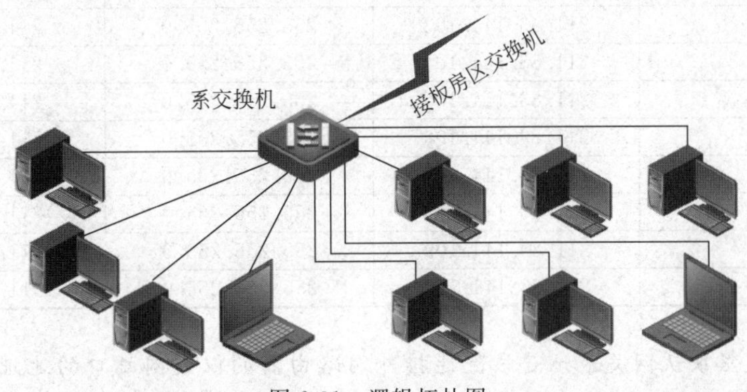

图 2-31 逻辑拓扑图

(2) 物理连接网络。由于电子与信息工程系两间房相邻，系交换机可挂在计算机较多的那间与另一间相邻的墙壁上，所有连接到系交换机上的双绞线沿着墙壁布线到接入点,其中另一间需打孔,然后将几根双绞线从孔中穿过墙壁再进行布线。这里特别要注意的是线的长度要足够长。按568B标准做好水晶头,在交换机和计算机处于断电的状态下,将双绞线的两端分别插入计算机或交换机的RJ-45接口中。如图2-32所示为物理拓扑图。

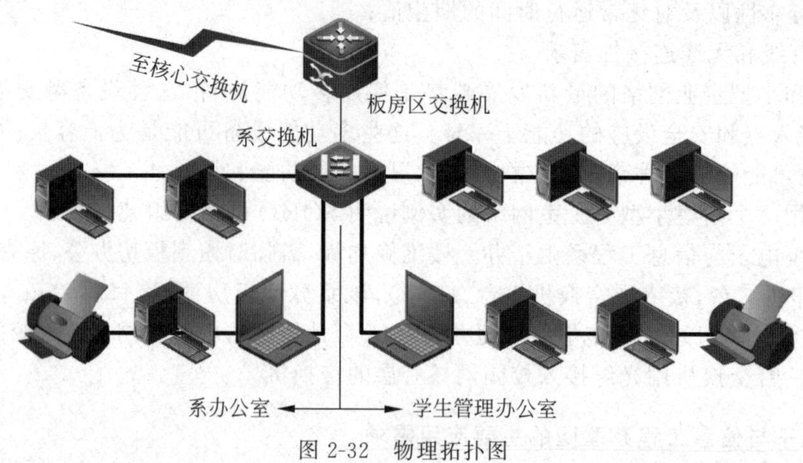

图2-32 物理拓扑图

(3) 给所有交换机和计算机通电。在交换机通电过程中,会听到风扇启动的声音,同时所有以太网接口处于红灯闪烁状态,此时设备在自动检测接口状态;当设备处于稳定状态时,有线路连接的接口会处于绿灯闪烁状态,表示该线路处于连通状态。

(4) 设置IP地址。为网络规划好IP地址,网络中的主机在同一个网段。为了对上网进行监督管理,该院均采用静态分配IP地址的方式,该院电子与信息工程系分配的IP地址范围为211.83.144.101～211.83.144.112。IP地址的分配如表2-5所示。

表2-5 电子与信息工程系计算机IP地址分配表

计算机	IP地址	子网掩码	默认网关
PC1	211.83.144.101	255.255.255.0	211.83.144.1
PC2	211.83.144.102	255.255.255.0	211.83.144.1
PC3	211.83.144.103	255.255.255.0	211.83.144.1
PC4	211.83.144.104	255.255.255.0	211.83.144.1
PC5	211.83.144.105	255.255.255.0	211.83.144.1
PC6	211.83.144.106	255.255.255.0	211.83.144.1
PC7	211.83.144.107	255.255.255.0	211.83.144.1
PC8	211.83.144.108	255.255.255.0	211.83.144.1
PC9	211.83.144.109	255.255.255.0	211.83.144.1
PC10	211.83.144.110	255.255.255.0	211.83.144.1

说明:这里默认网关地址是该院连接外网路由器的以太网端口的地址。另外,DNS服务器的地址这里没有给出,一般要设置为ISP提供的DNS服务器的IP地址。

3. 验证网络的连通性

(1) 在一台计算机上ping另一台计算机的IP地址,如果能连通,说明本地网络已连通。

(2) 在一台计算机上 ping 局域网内另一台计算机的 IP 地址，如果能连通，说明已与局域网连通。

(3) ping 网关 IP，这个命令如果应答正确，表示局域网中的网关路由器正在运行并能够做出应答。

(4) 也可以打开 IE 浏览器访问校园网网站或外网的网站进行验证。

2.4 项目实训

任务 1：非屏蔽双绞线的制作与测试

实训目标

非屏蔽双绞线的制作与测试

(1) 能区分 RJ-45 接头的质量。

(2) 能熟练使用双绞线制作钳。

(3) 熟悉 T568A 和 T568B 标准。

(4) 能制作直通线和交叉线。

(5) 会使用双绞线测线仪测试双绞线。

实训环境

(1) 网络实训室。

(2) 5 类非屏蔽双绞线若干，RJ-45 水晶头若干，RJ-45 剥线及压线钳 1 把，双绞线测线仪 1 个。

操作步骤

(1) 认识双绞线、水晶头、网卡(RJ-45 接口)、RJ-45 剥线钳和双绞线测线仪。

(2) 剥线：准备一根长 4m 左右的双绞线，用压线钳剪线刀口将双绞线端头剪齐，再将双绞线端头伸入压线钳剥线刀口，使线头触及前挡板，然后适度握紧压线钳的同时慢慢旋转双绞线，让刀口划开双绞线的保护胶皮，取出端头从而剥下保护胶皮。

注意：握压线钳力度不能过大，否则会伤及芯线(如果继续进行，所制作的双绞线连通状态将会不稳定，甚至完全不通)；另外，剥线的长度为 13～15mm，不宜太长或太短。

(3) 理线：双绞线由 8 根有色导线两两绞合而成，先将其散开，整理平行，按照所做双绞线的线序标准(T568B)排列整齐，并将线弄平直。整理完毕后用剪线刀口将线头前端一次性剪齐，留下约 1.4cm 并按顺时针方向排列，以备插入水晶头，在线序上不能颠倒。

注意：在理线的过程中，应尽可能将 8 条线绷直；双绞线两端接头的排线必须按照制作要求排列，否则将不能正常通信。

(4) 插线：一只手捏住水晶头，将水晶头有弹片的一侧向下，另一只手捏平双绞线，稍稍用力将排好的线平行插入水晶头内的线槽中，8 条导线顶端应顶到线槽顶端。

注意：如果第 3 步不能将线头剪齐，某些短线头将顶不到水晶头的顶端，很容易造成双绞线不通。T568B 方式是以橙白、橙、绿白、蓝、蓝白、绿、棕白、棕的顺序依次装到水晶头的 8 个脚，需确定线序正确。

(5) 压线：确认所有导线都到位后，将水晶头放入压线钳夹槽中，用力捏几下压线钳，压紧线头即可。

注意：在压线前，千万不要扯动另一端双绞线，以免造成内部线头与水晶头金属脚接触的松动。压过的RJ-45接头的8只金属脚一定会比未压过的低，这样才能顺利嵌入水晶头的芯线中。有些比较好(当然也比较贵)的压线钳甚至必须在接脚完全压入后才能松开握柄，取出RJ-45接头，否则由于压线钳不到位，水晶头会卡在压线槽中取不出来。

(6) 按照上述方法制作双绞线的另一端。

说明：经过压线后，水晶头将会和双绞线紧紧结合在一起。另外，水晶头经过压制后将不能重复使用。

(7) 双绞线的测试：为了保证双绞线的连通，在完成双绞线的制作后，要使用网线测试仪测试网线的两端，保证双绞线能正常使用。在测试过程中，如果线路两端的测线器LED(发光二极管)同时发光，则表示线路正常(由于T568A或T568B的连接顺序不同，其发光显示顺序也不同)。

注意：如果两个接线头的线序都按照T568A或T568B标准制作，则做好的线为直通网线；如果一个接头的线序按照T568A标准制作，而另一个接头的线序按照T568B标准制作，则做好的线为交叉网线。

在完成了双绞线的制作后，就可将其两端的RJ-45插头分别连接到网络主机网卡上的RJ-45插槽中及相关网络设备上(如交换机)。在插入过程中，应听到非常清脆的"叭"的一声，这提示双绞线已实现顺利的插入连接。

在从网络设备或主机网卡上拔出RJ-45插头时，千万不要硬拔，只要捏紧RJ-45插头上的弹片柄，就可以非常轻松地使RJ-45插头从插槽中脱离出来，切忌左右上下用力摇动RJ-45插头，主要是为了保护RJ-45插头和RJ-45插槽。

任务2：小型交换网络的组建

小型交换网络的组建

实训目标

(1) 认识以太网交换机。

(2) 能熟练地进行网络设备的连接。

(3) 熟悉IP地址的规划。

(4) 能进行TCP/IP属性的设置。

(5) 能熟练地组建小型交换网络。

实训环境

(1) 网络实训室。

(2) 5类非屏蔽双绞线3根，装有Windows的PC 3台，以太网交换机1台。

操作步骤

(1) 认识交换机、网卡(RJ-45接口)和PC1、PC2、PC3。

(2) 用直通网线把PC1、PC2、PC3与交换机连接起来。

注意：这里最少需要2台PC。

(3) 验证物理连接：观察交换机的以太网端口和网卡的以太网端口，接口的绿灯处于闪烁状态，表示该线路处于物理连通状态。尝试拔下一根电缆再重新插入，观察接口指示灯的变化情况，或右击桌面上的“网上邻居”图标，选择“属性”选项，出现“网络连接”窗口。该窗口内“本地连接”图标上若出现红色“×”，说明电缆或电缆连接有问题，也可能是 RJ-45 接口有问题。

(4) 配置 3 台 PC 的 IP 地址：3 台 PC 的 IP 地址为 192.168.1.1、192.168.1.2、192.168.1.3，子网掩码均为 255.255.255.0。配置的方法是右击“本地连接”图标，选择“属性”选项，出现“本地连接属性”窗口，选择“Internet 协议(TCP/IP)” 选项，再单击“属性”按钮，出现“Internet 协议(TCP/IP)属性”对话框，选中“使用下面的 IP 地址”单选按钮，然后输入对应的 IP 地址和子网掩码。图 2-33 所示为 PC1 的 IP 设置，PC2 和 PC3 的设置方法一样。单击“确定”按钮，再单击“关闭”按钮，即可完成 IP 地址的设置。

(5) 验证 3 台 PC 间的 IP 连接：3 台 PC 间都必须暂时禁用 Windows 防火墙或安装的其他防火墙软件。右击“本地连接”图标，选择“属性”命令，出现“本地连接属性”对话框，单击“高级”选项卡，在“Windows 防火墙”选项区域内单击“设置”按钮，即可启用或关闭防火墙软件。接着使用 ping 命令进行测试，在一台计算机上进入命令提示符窗口，ping 另两台计算机的 IP 地址，如果能连通，说明本地网络已连通。

具体方法为：在 PC1 中，单击“开始”按钮并选择“运行”选项，输入 cmd，再单击“确定”按钮，将打开“命令提示符”窗口，在命令提示符后输入“ping 192.168.1.2”并按 Enter 键，出现如图 2-34 所示的结果。应答由 192.168.1.2 主机发送，数据包为 32 字节，时间小于 10ms，发送了 4 个数据包，接收了 4 个数据包，丢失了 0 个，说明 PC1 与 PC2 已连通。还可以用同样的方法测试 PC1 与 PC3 或 PC2 与 PC1、PC3，或 PC3 与 PC1、PC2 的连通性。

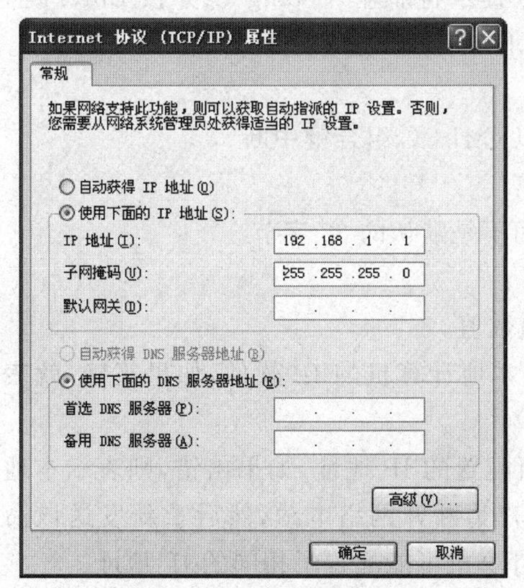

图 2-33　PC1 的 IP 设置

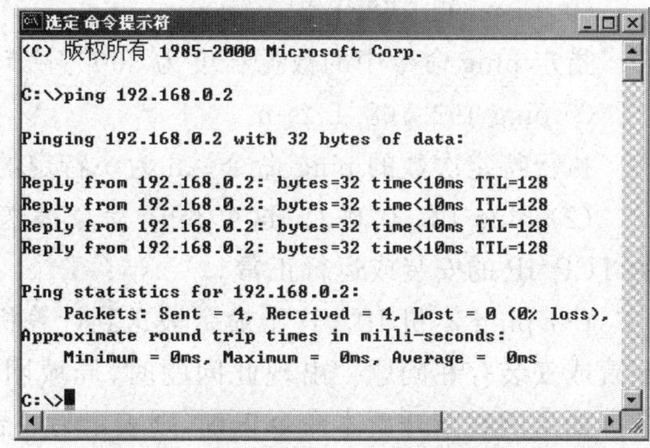

图 2-34　ping 验证 PC1 与 PC2 是否连接

注意：这 3 台 PC 之间通过交换机连接构成了对等网，在每台计算机上，打开“系统属性”窗口，选择“计算机名”选项卡，可对计算机名和工作组名进行设置；在“网上邻居”窗口可以验证3台PC的连接。

任务3：ping命令和ipconfig命令的使用

实训目标

ping命令和ipconfig命令的使用

(1) 熟悉ping命令的常用参数选项。

(2) 会用ping命令测试网络的连通性。

(3) 熟悉ipconfig命令的常用参数选项。

(4) 会用ipconfig检查调试计算机网络。

实训环境

(1) 网络实训室。

(2) 5类非屏蔽双绞线3根，装有Windows系统的PC 3台，以太网交换机1台。

操作步骤

按照默认设置，Windows上运行的ping命令发送4个ICMP(网间控制报文协议)回送请求，每个32字节数据，如果一切正常，应能得到4个回送应答。ping能够以ms为单位显示发送回送请求到返回回送应答之间的时间量。如果应答时间短，表示数据包不必通过太多的路由器或网络连接速度比较快。ping还能显示TTL(time to live，存在时间)值，用户可以通过TTL值推算一下数据包已经通过了多少个路由器：源地点TTL起始值(就是比返回TTL略大的一个2的乘方数)减去返回时的TTL值。例如，返回TTL值为119，那么可以推算数据报离开源地址的TTL起始值为128，而源地点到目标地点要通过9(128～119)个路由器网段。

(1) 熟悉ping命令的常用参数选项。在命令提示符后输入"ping/?"并按Enter键，会显示ping命令的所有参数选项和说明，试用如下常用参数选项进行测试。

① ping 192.168.1.2 -t

连续对IP地址执行ping命令，直到被用户以Ctrl+C组合键中断。

② ping 192.168.1.2 -l 3000

指定ping命令中的数据长度为3000字节，而不是默认的32字节。

③ ping 192.168.1.2 -n

执行特定次数的ping命令。n为一特定的整数值。

(2) ping 127.0.0.1。这个ping命令被送到本地计算机的IP软件，如果正确，就表示TCP/IP的安装或运行正常。

(3) ping本机IP。这个命令被送到计算机所配置的IP地址，如果出错，则表示本地配置或安装存在问题。出现此问题时，局域网用户请断开网络电缆，然后重新发送该命令。如果网线断开后本命令正确，则表示另一台计算机可能配置了相同的IP地址。

(4) ping局域网内其他IP。这个命令经过网卡及网络电缆到达其他计算机，再返回。收到回送正确应答表明本地网络中的网卡和载体运行正确。但如果收到0个回送应答，那么表示子网掩码不正确或网卡配置错误或电缆系统有问题。

(5) ping网关IP。这个命令如果应答正确，表示局域网中的网关路由器正在运行并能够做出应答。

(6) ping 远程 IP。如果收到 4 个正确应答,表示成功的使用了默认网关。对于拨号上网用户则表示能够成功的访问 Internet(但不排除 ISP 的 DNS 会有问题)。

(7) ping localhost。localhost 是操作系统的网络保留名,它是 127.0.0.1 的别名,每台计算机都应该能够将该名字转换成该地址。如果没有做到这一点,则表示主机文件(/Windows/host)中存在问题。

(8) ping 域名。如果这里出现故障,则表示 DNS 服务器的 IP 地址配置不正确或 DNS 服务器有故障。还可以利用该命令查看域名对 IP 地址的转换。

如果上面所列出的所有 ping 命令都能正常运行,那么用户的计算机进行本地和远程通信的功能就基本已经具备了。但是,这些命令的成功并不表示所有的网络配置都没有问题。例如,某些子网掩码错误就可能无法用这些方法检测到;还有由于网络性能不好,ping 命令并不适合远程测试。

ipconfig 是检查调试计算机网络的常用命令,通常使用它显示计算机中已经配置的网络适配器的 IP 地址、子网掩码、默认网关、DNS 服务器的地址及 MAC 地址等。

(9) 熟悉 ipconfig 命令的常用参数选项。选择一台联网且自动获取 IP 地址的 PC,在命令提示符后输入"ipconfig/?"并按 Enter 键,会显示 ipconfig 命令的所有参数选项和说明,图 2-35 所示为"ipconfig/?"命令的部分显示结果,"ipconfig /all"显示所有网络适配器(网卡、拨号连接等)的完整 TCP/IP 配置信息。与不带参数的用法相比,它的信息更全、更多,如 IP 是否动态分配、显示网卡的物理地址等。"ipconfig /renew"为全部(或指定)适配器重新分配 IP 地址。"ipconfig /release"用于释放全部(或指定)适配器的由 DHCP 分配的动态 IP 地址。

```
C:\>ipconfig /?

USAGE:
    ipconfig [/? | /all | /renew [adapter] | /release [adapter] |
              /flushdns | /displaydns | /registerdns |
              /showclassid adapter |
              /setclassid adapter [classid] ]

where
    adapter         Connection name
                   (wildcard characters * and ? allowed, see examples)

    Options:
       /?           Display this help message
       /all         Display full configuration information.
       /release     Release the IP address for the specified adapter.
       /renew       Renew the IP address for the specified adapter.
```

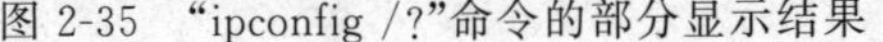

图 2-35　"ipconfig /?"命令的部分显示结果

用子网掩码划分子网

(10) 在命令提示符后输入 ipconfig 并按 Enter 键,查看显示的信息。

(11) 在命令提示符后输入 ipconfig /all 并按 Enter 键,查看网络适配器的描述和 IP 地址、子网掩码、默认网关、DNS 服务器的地址及 MAC 地址等信息,显示的信息与第 2 步有什么不同。

(12) 在命令提示符后输入 ipconfig /release 并按 Enter 键,观察显示的信息,再输入 ipconfig /all 并按 Enter 键,显示的信息与第 3 步相比有什么变化。

(13) 在命令提示符后输入 ipconfig /renew 并按 Enter 键,观察显示的信息,再输入 ipconfig /all 并按 Enter 键,显示的信息与第3步相比有变化。

2.5 扩展知识:差错控制和流量控制

请扫码阅读电子文档。

扩展知识:差错控制和流量控制

小 结

本项目首先对组建小型局域网中的通信原理、本地有线网络中的通信、OSI 参考模型、TCP/IP 网络模型做了简要的介绍,对 IP 地址基础知识、网络中的传输介质和以太网组网技术和设备做了较详细的介绍;其次,列举了两个比较典型的小型局域网组建实例,即组建小型办公室网络,项目实践部分主要以组建一个小型交换网络为主线,让读者体验在网络实验室从网线的制作、网络的搭建到最后的测试的全过程;最后,扩展知识部分简要介绍了网络中差错控制和流量控制的实现技术。

习 题

一、选择题

1. 下列网络组件中属于外围设备的是(　　)。(选两项)

A. 与网络设备相连的打印机　　B. 与 PC 相连的网络相机
C. 与 PC 相连仅供个人使用的打印机　　D. 与网络设备相连的 PC
E. 与网络设备相连的 IP 电话

2. 下列网络组件中属于主机的是(　　)。(选三项)

A. 与 PC 相连的纯平显示器　　B. 与集线器相连的打印机
C. 与 PC 相连仅供个人使用的打印机　　D. 与交换机相连的服务器
E. 与交换机相连的 IP 电话

3. 对等网的优点是(　　)。(选两项)

A. 易于组建　　B. 容易扩展
C. 尖端的安全功能　　D. 价格便宜

E. 集中管理

4. OSI模型的各个层次的顺序是(　　)。

A. 表示层、数据链路层、网络层、传输层、会话层、物理层和应用层

B. 物理层、数据链路层、网络层、传输层、系统层、表示层和应用层

C. 物理层、数据链路层、网络层、转换层、会话层、表示层和应用层

D. 物理层、数据链路层、网络层、传输层、会话层、表示层和应用层

5. 计算机需要将消息发送给一组选定的计算机,这称为(　　)。

A. 单播　　B. 广播　　C. 组播　　D. 多播

6. IP地址205.140.36.86的(　　)表示主机号。

A. 205　　B. 205.140　　C. 36.86　　D. 86

7. 下列选项中属于TCP/IP模型的传输层协议的是(　　)。(选两项)

A. FTP　　B. UDP　　C. SMTP

D. TCP　　E. IP

8. 下列选项中可用作私有IP地址的是(　　)。(选三项)

A. 10.0.0.0～10.0.0.255　　B. 127.16.0.0～127.16.255.255

C. 150.150.0.0～150.150.255.255　　D. 172.16.1.0～172.16.1.255

E. 192.168.22.0～192.168.22.255　　F. 200.100.50.0～200.100.50.255

9. 地址128.107.23.10的默认子网掩码是(　　)。

A. 255.0.0.0　　B. 255.255.0.0

C. 255.255.255.0　　D. 255.255.255.255

10. (　　)需要使用直通电缆的连接。

A. 交换机连接到集线器　　B. 路由器连接到交换机

C. 交换机连接到交换机　　D. 路由器连接到路由器

11. 在快速以太网中,支持5类非屏蔽双绞线的标准是(　　)。

A. 100BASE-T4　　B. 100BASE-LX

C. 100BASE-TX　　D. 100BASE-FX

12. 交换式以太网的核心设备是(　　)。

A. 集线器　　B. 路由器

C. 中继器　　D. 以太网交换机

13. 将消息放到帧中以便通过媒体进行传输被称为(　　)。

A. 编码　　B. 访问插入　　C. 单播

D. 封装　　E. 注入

14. 在Windows下可使用(　　)命令来显示计算机的IP地址和MAC地址。

A. maconfig /a　　B. ipconfig /all

C. tcpconfig /all　　D. pcconfig /a

15. 24端口的交换机将创建(　　)冲突域。

A. 0　　B. 1

C. 24　　D. 这取决于交换机连接的设备

16. 可使用(　　)设备来限制冲突域的规模。

A. NIC　　B. 集线器　　C. 交换机　　D. 路由器

17. 对于 MAC 地址不在其 MAC 地址表中的帧,交换机将(　　)。

A. 丢弃　　B. 转发

C. 泛洪　　D. 发送 MAC 请求消息

18. (　　)主机将侦听 ARP 请求。

A. 与 LAN 相连的所有设备　　B. 广播域中的所有设备

C. 冲突域中的所有设备　　D. 只有请求的目标地址指定的设备

19. 要组建一个快速以太网,需要使用(　　)基本的硬件设备与材料。

A. 100BASE-T 交换机　　B. 100BASE-T 网卡

C. 路由器　　D. 双绞线或光缆

20. (　　)是将大型网络划分成多个接入层网络的标准。(选三项)

A. 逻辑层　　B. 物理位置

C. 使用的应用程序　　D. 安全性

21. 在以太网中采用(　　)网络技术。

A. FDDI　　B. CSMA/CD　　C. MAC　　D. ATM

22. 在交换式局域网中,如果交换机采用直接交换方式,帧出错检测任务由(　　)完成。

A. 高层协议　　B. 交换机

C. 交换机和节点主机　　D. 节点主机

23. 下列选项中最准确地定义了 LAN 的是(　　)。

A. LAN 是由单个管理实体控制的单个本地网络

B. LAN 是由单个管理实体控制的单个本地网络或多个相连的本地网络

C. LAN 是一组由单个管理实体控制的本地和远程网络

D. LAN 是一组可能有多个管理员控制的远程网络

24. 如果已经为办公室的每台作为网络工作站的计算机配置了网卡、双绞线、RJ-45 接插件、交换机,那么要组建这个小型局域网时至少还要配置(　　)。

A. 一套局域网操作系统软件　　B. 路由器

C. 一台作为服务器的高档 PC　　D. 调制解调器

25. 要在以太网内传输消息,需要(　　)。

A. MAC 地址和 NIC 地址　　B. MAC 地址和 IP 地址

C. 协议地址和物理设备名　　D. 逻辑设备名和 IP 地址

二、应用题

1. 网络专业的大学生李××将一台新笔记本电脑从学校带回家中,以便完成未交的网络规划作业。他将笔记本电脑插入家里的多功能设备,但无法连接到 Internet。他的台式计算机连接的也是该多功能设备,且能够连接到 Internet。在学校,笔记本电脑运行正常。请问原因可能是什么?如何解决这种问题?

2. 一个主机的 IP 地址是 220.218.115.213,掩码是 255.255.255.240,计算这个主机所在子网的网络地址和广播地址。

项目 3　组建中型局域网

世上无难事，只要肯登攀！

——毛泽东

项目目标

(1) 掌握千兆以太网和万兆以太网技术；

(2) 熟悉千兆以太网和万兆以太网组网设备；

(3) 了解 10 万兆位以太网技术；

(4) 掌握交换机的级联方法；

(5) 会进行以太网的层次设计；

(6) 知道如何运用生成树协议防止交换环路；

(7) 理解虚拟局域网技术并会配置；

(8) 会用子网掩码划分子网；

(9) 具有组建中型局域网的职业能力和职业素养。

项目背景

(1) 网络机房；

(2) 校园网络。

3.1　用户需求与分析

目前中型局域网建设在我国需求很大，如许多小型企业发展成为中型企业，许多高职院校、许多中学发展壮大等，这些机构都需要中型局域网。

用户需求与分析

中型局域网建设是指应用信息技术、信息资源、系统科学、管理科学、行为科学等先进的科学技术不断使人们的办公业务借助各种办公设施(主要是指计算机)达到对单位内部工作的统一管理。中型办公网络目前存在着很多的问题，主要集中在资料统筹管理、财务资料安全性和内部与 Internet 的连接方面。一般中型企业的资料已被录入计算机中，但在资料打印、文件共享、应收账目查询、库存查询、连接到 Internet 等方面缺乏功能模块的支持。

根据企业办公要求中型局域网将具备以下特点。

(1) 灵活性。各种部件可以根据用户需要自由安放，即不受物理位置和设备类型的局限,但总体采用综合布线方案。

(2) 独立性。有清晰合理的层次结构,便于维护,各个子系统之间相互连接的同时又不影响其他子系统的正常使用。

(3) 高扩展性。无论各硬件设备技术如何发展,都能很方便地连接到系统中。

(4) 先进性。采用先进的网络技术,保证在未来若干年内占主导地位。

(5) 模块化。在布线系统中除去敷设在建筑物内的线缆外其余各接插部件都是模块化部件,方便管理和使用。

(6) 开放性。保证系统开放性良好能够和其他网络互联。

(7) 兼容性。采用综合布线方案,可支持保安系统、电话系统、计算机数据系统、会议电视、监视电视等。

3.2 相关知识

3.2.1 千兆位以太网技术

千兆以太网(Gigabit Ethernet,GE)是提供1000Mbps数据传输速率的以太网,采用与传统10/100Mbps以太网相同的CSMA/CD协议、帧格式和帧长,因此可以实现在原有低速以太网基础上平滑、连续性的网络升级,从而能最大限度地保护用户以前网络上的投资。

千兆位以太网技术

1. 千兆位以太网的技术特点

(1) 传输速率高,能提供1Gbps的独享带宽。

(2) 仍是以太网,但速度更快。千兆以太网支持全双工操作,最高速率可以达到2Gbps。

(3) 仍采用CSMA/CD介质访问控制方法,仅在载波时间和槽时间等方面有些改进。

(4) 与以太网完全兼容,现有网络应用均能在千兆以太网上运行。

(5) 技术简单,不必专门培训技术人员就能管理好网络。

(6) 支持RSVP、IEEE 802.1P、IEEE 802.1Q等技术标准,提供VLAN服务,提供质量保证服务和支持多媒体信息标准。

(7) 有很好的网络延展能力,易升级、易扩展。

(8) 对于传输数据(Data)业务信息有极佳的性能。

目前,千兆以太网主要应用于主干网和接入网,是主干网和接入网的主流技术。

2. 千兆以太网的标准

1995年11月IEEE 802.3工作组委任了一个高速研究组,研究将快速以太网速度增至1000Mbps以太网的可行性和方法。1996年6月IEEE标准委员会批准了千兆位以太网方案授权申请。1996年8月成立了802.3z工作委员会,目的是建立千兆位以太网标准,包括在1000Mbps通信速率的情况下的全双工和半双工操作、802.3以太网帧格式、载波侦听多路访问和冲突检测技术、在一个冲突域中支持一个中继器、与 10BASE-T 和 100BASE-T 向下兼容技术等。1998 年 6 月正式推出了千兆位以太网 802.3z 技术标准，该技术标准主要描述光纤通道和其他高速网络部件，1999 年又推出了铜质千兆以太网 802.3ab 技术标准。

(1) 1000BASE-SX。1000BASE-SX 使用短波长激光作为信号源的网络介质技术，配置波长为 770～860nm(一般为 850nm)的激光传输器，只能支持多模光纤。使用的光纤规格有两种：62.5μm 多模光纤，在全双工方式下的最长传输距离为 275m；50μm 多模光纤，在全双工方式下的最长传输距离为 550m。

(2) 1000BASE-LX。1000BASE-LX 使用长波长激光作为信号源的网络介质技术，配置波长为 1270～1355nm(一般为 1300nm)的激光传输器，既可以支持多模光纤，又可以支持单模光纤。使用的光纤规格为 62.5μm 多模光纤、50μm 多模光纤和 9μm 单模光纤。使用多模光纤在全双工方式下的最长传输距离为 550m；使用单模光纤在全双工方式下的最长传输距离为 3000m。

(3) 1000BASE-CX。1000BASE-CX 使用了一种特殊规格的铜质高质量平衡屏蔽双绞线，阻抗为 150Ω，最长传输距离为 25m，使用 9 芯 D 型连接器连接电缆。

(4) 1000BASE-T。1000BASE-T 用于四对 5 类或超 5 类 UTP 作为网络传输介质，最长有效传输距离为 100m，采用这种技术可以将 100Mbps 平滑地升级为 1000Mbps。

3.2.2 万兆位以太网技术

万兆位以太网技术

快速以太网是以太网技术中的一个里程碑，它确立了以太网技术在桌面的统治地位。随后出现的千兆位以太网更是加快了以太网的发展。然而以太网主要是在局域网中占绝对优势，在很长的一段时间中，由于带宽以及传输距离等原因，人们普遍认为以太网不能用于城域网，特别是在汇聚层以及骨干层。1999 年年底成立了 IEEE 802.3ae 工作组进行万兆位以太网技术(10Gbps)的研究，并于 2002 年正式发布 IEEE 802.3ae 10GE 技术标准。万兆位以太网不仅再度扩展了以太网的带宽和传输距离，更重要的是，使得以太网从局域网领域向城域网领域渗透。

1. 万兆位以太网的主要特性和优势

基于当今广泛应用的以太网技术，万兆位以太网提供了与各种以太网标准相似的有利特点，但它同时又具有相对以前几种以太网技术不同的特点和优势，主要体现在以下几个方面。

(1) 物理层结构不同。万兆位以太网是一种只采用全双工数据传输技术，其物理层(PHY)和 OSI 参考模型的第一层(物理层)一致，负责建立传输介质(光纤或铜线)和 MAC 层的连接。MAC 层相当于 OSI 参考模型的第二层(数据链路层)。万兆位以太网标准的物理层分为两部分，即 LAN 物理层和 WAN 物理层。LAN 物理层提供了现在正广泛应用的以太网接口，传输速率为 10Gbps；WAN 物理层则提供了与 OC-192c 和 SDH

VC-6-64c相兼容的接口,传输速率为9.58Gbps。与SONET(同步光纤网络)不同的是,运行在SONET上的万兆位以太网依然以异步方式工作。WIS(WAN接口子层)将万兆位以太网流量映射到SONET的STS-192c帧中,通过调整数据包间的间距,使OC-192c帧略低的数据传输速率与万兆位以太网相匹配。

(2)提供5种物理接口。千兆位以太网的物理层每发送8字节的数据要用10字节组成编码数据段,网络带宽的利用率只有80%;万兆以太网则每发送64字节只用66字节组成编码数据段,比特利用率达97%。虽然这是牺牲了纠错位和恢复位而换取的,但万兆位以太网采用了更先进的纠错和恢复技术,以确保数据传输的可靠性。

万兆位以太网标准的物理层可进一步细分为4种具体的接口:850nm LAN接口适于用在50/125μm多模光纤上,传输距离为65m,50/125μm的多模光纤现在已用得不多,但由于这种光纤制造容易,价格便宜,所以用来连接服务器比较划算;1310nm宽带波分复用(WWDM)LAN接口适于用在66.5/125μm的多模光纤上,传输距离为300m,66.5/125μm的多模光纤又叫FDDI光纤,是目前企业使用得最广泛的多模光纤;1550nm WAN接口和1310nm WAN接口适于用在单模光纤上进行长距离的城域网与广域网的数据传输,1310nm WAN接口支持的传输距离为10km,1550nm WAN接口支持的传输距离为40km。

(3)带宽更宽,传输距离更长。万兆位以太网标准意味着以太网将具有更高的带宽(10Gbps)和更远的传输距离(最长传输距离可达40km)。另外,过去有时需采用数千兆捆绑以满足交换机互联所需的高带宽,因而浪费了很多的光纤资源,现在可以采用万兆位互联,甚至4万兆位捆绑互联,达到40Gbps的宽带水平。

(4)结构简单、管理方便、价格低廉。由于万兆位以太网只工作于光纤模式(屏蔽双绞线也可以工作于该模式),没有采用载波监听多路访问和冲突检测(CSMA/CD)协议,简化了访问控制的算法,从而简化了网络的管理,并降低了部署的成本,因而得到了广泛的应用。

(5)便于管理。采用万兆位以太网,网络管理者可以用实时方式,也可以用历史累积方式轻松地看到第2层到第7层的网络流量。允许"永远在线"监视,能够鉴别干扰或入侵监测,发现网络性能的瓶颈,获取计费信息或呼叫数据记录,从网络中获取商业智能。

(6)应用更广。万兆位以太网主要工作在光纤模式上,所以它不仅在局域网中得到应用,更把原来仅用于局域网的以太网带到了广阔的城域网和广域网中。另外,随着网络应用的深入,WAN、MAN与LAN融和已经成为大势所趋,各自的应用领域也将获得新的突破,而万兆位以太网技术让工业界找到了一条能够同时提高以太网的速度、可操作距离和连通性的途径。万兆位以太网技术的应用必将为三网发展与融合提供新的动力。

(7)功能更强,服务质量更好。万兆位以太网技术提供了更多的新功能,大大提升QoS,能更好地满足网络安全、服务质量、链路保护等多个方面的需求。

当然,万兆位以太网技术基本承袭了以太网、快速以太网及千兆位以太网技术,因此在用户普及率、使用方便性、网络互操作性及简易性上皆占有极大的优势。在升级到万兆位以太网解决方案时,用户不必担心既有的程序或服务会受到影响,因为升级的风险非常低,可实现平滑升级,保护了用户的投资;同时在未来升级到40Gbps甚至100Gbps都将是很明显的优势。

2. 万兆位以太联网规范和物理层结构

万兆位以太网规范包含在 IEEE 802.3 技术标准的补充标准 IEEE 802.3ae 中,它扩展了 IEEE 802.3 技术标准和 MAC 规范,使其支持 10Gbps 的传输速率。除此之外,通过 WAN 界面子层(WAN interface sublayer,WIS),万兆位以太网也能被调整为较低的传输速率,如 9.584640Gbps(OC-192c),这就允许万兆位以太网设备与同步光纤网络(SONET)STS-192c 传输格式相兼容。

1) 万兆位以太网主要联网规范

(1) 10GBASE-SR 和 10GBASE-SW:主要支持短波(850nm)多模光纤(MMF),光纤距离为 2~300m。10GBASE-SR 主要支持"暗光纤"(Dark Fiber),暗光纤是指没有光传播并且不与任何设备连接的光纤;10GBASE-SW 主要用于连接 SONET 设备,它应用于远程数据通信。

(2) 10GBASE-LR 和 10GBASE-LW:主要支持长波(1310nm)单模光纤(SMF),光纤距离为 2~10km。10GBASE-LW 主要用来连接 SONET 设备时;10GBASE-LR 则用来支持暗光纤。

(3) 10GBASE-ER 和 10GBASE-EW:主要支持超长波(1550nm)单模光纤(SMF),光纤距离为 2~40km。10GBASE-EW 主要用来连接 SONET 设备,10GBASE-ER 则用来支持暗光纤。

(4) 10GBASE-LX4:10GBASE-LX4 采用波分复用技术,在单对光缆上以 4 倍光波长发送信号。10GBASE-LX4 系统运行在 1310nm 的多模或单模暗光纤方式下。该系统的设计目标是针对 2~300m 的多模光纤模式或 2m~10km 的单模光纤模式的。

2) 万兆位以太网的物理层结构

(1) PMD(物理介质相关)子层:其功能是支持在 PMA 子层和介质之间交换串行化的符号代码位。PMD 子层将这些电信号转换成适合于在某种特定介质上传输的形式。PMD 是物理层的最低子层,标准中规定物理层负责从介质上发送和接收信号。

(2) PMA(物理介质接入)子层:提供了 PCS 和 PMD 层之间的串行化服务接口。它与 PCS 子层的连接称为 PMA 服务接口。另外,PMA 子层还从接收位流中分离出用于对接收到的数据,进行正确的符号对齐(定界)的符号定时时钟。

(3) WIS(广域网接口)子层:它是可选的物理子层,可用在 PMA 与 PCS 之间,产生适配 ANSI 定义的 SONET STS-192c 传输格式,或 ITU 定义 SDH VC-4-64c 容器速率的以太网数据流。该速率数据流可以直接映射到传输层而不需要高层处理。

(4) PCS(物理编码)子层:它位于协调子层(通过 GMII)和物理介质接入层(PMA)子层之间。PCS 子层将经过完善定义的以太网 MAC 功能映射到现存的编码和物理层信号系统的功能上。PCS 子层和上层 RS/MAC 的接口由 XGMII 提供,与下层 PMA 接口使用 PMA 服务接口。

(5) RS(协调子层)和 XGMII(10Gbps 介质无关接口):RS 的功能是将 XGMII 的通路数据和相关控制信号映射到原始 PLS 服务接口定义的(MAC/PLS)接口上。XGMII

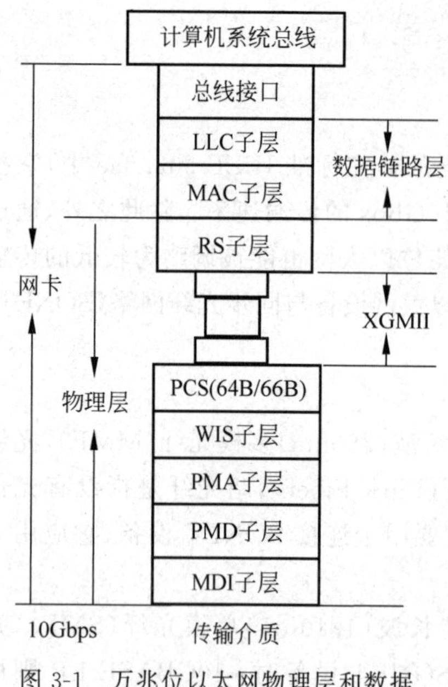

图 3-1　万兆位以太网物理层和数据链路层结构

接口提供了 10Gbps 的 MAC 和物理层间的逻辑接口。XGMII 和协调子层使 MAC 可以连接到不同类型的物理介质上。

图 3-1 所示为万兆位以太网物理层和数据链路层结构。

3. 万兆位以太网 MAC 子层

应用于局域网的万兆位以太网的 MAC 子层与千兆位以太网的 MAC 子层的帧格式基本一样,但不再支持 CSMA/CD 介质控制方式,只允许进行全双工传输。这就意味着万兆位以太网的传输将不受 CSMA/CD 冲突字段的限制,从而突破了局域网的概念,进入城域网和广域网的范畴。如果以太网帧要在广域网中传输,需要对以太网帧格式进行修改。

在以太网 IEEE 802. 3ae 技术标准中规定,万兆位以太网帧最小为 64 字节,最大可达到 1518 字节。

3.2.3　10 万兆位以太网技术

10 万兆位(100Gbps)以太网接口对应的技术标准是 IEEE 802. 3ba,该技术标准已经确定了各种接口介质、速率和物理编码子层(PCS)、媒体接入控制(MAC)层架构定义。支撑 10 万兆位以太网接口的关键技术主要包含物理层(PHY)通道汇聚技术、多光纤通道及波分复用(WDM)技术。

标准仅支持全双工操作,保留了 802. 3MAC 的以太网帧格式; 定义了多种物理介质接口规范,其中有 1m 背板连接(100GE 接口无背板连接定义)、7m 铜缆线、100m 并行多模光纤和 10km 单模光纤(基于 WDM 技术),10 万兆位接口最大定义了 40km 传输距离。标准定义了 PCS 的多通道分发(MLD)协议架构,标准还定义了用于片间连接的电接口规范,4 万兆位和 10 万兆位分别使用 4 个和 10 个 10. 3125Gbps 通道,采用轮询机制进行数据分配可以获得 4 万兆位和 10 万兆位的速率,另通过虚拟通道的定义解决了适配不同物理通道或光波长问题,明确了物理层编码采用 64/66 字节。4 万兆位标准设计用于组织内的服务器和以太网交换机之间。10 万兆位标准是长距离交换机到交换机传输的理想选择。

3.2.4　交换机之间的连接

交换机之间的连接

1. 交换机的级联

两台交换机之间有两种级联方式: 一种是使用直通网线把一台交换机

的级联端口与另一台交换机的普通端口相连，如图 3-2 所示；另一种是使用交叉网线把两台交换机的普通端口相连，如图 3-3 所示。

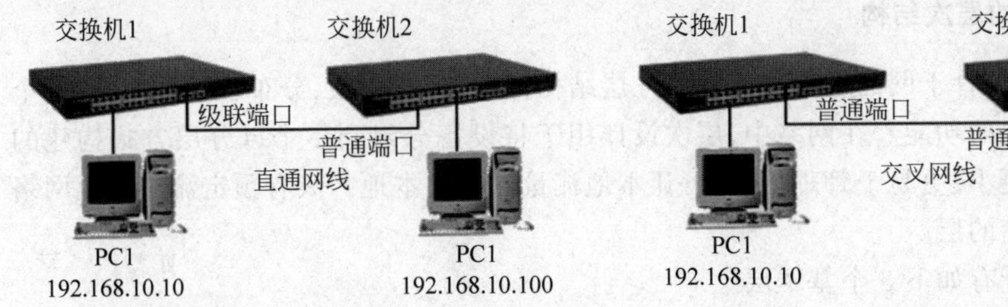

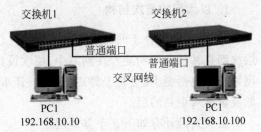

图 3-2　级联端口与普通端口的级联

图 3-3　两台交换机普通端口的级联

2. 交换机的堆叠

有的交换机支持堆叠功能，称为堆叠式交换机。堆叠式交换机的级联端口与一个堆叠模块的普通端口用直通网线相连即可。交换机的堆叠如图 3-4 所示。

堆叠与级联的比较如下。

(1) 交换机的堆叠采用的是专用模块，与交换机级联相比，不会占用交换机的端口，速率比级联高，相当于一台更大的交换机。

(2) 如果交换机是一台可网管交换机，通过堆叠方式可以将网管功能传递到与之相连的交换机上，从而实现用一个 IP 地址可以管理多台交换机。

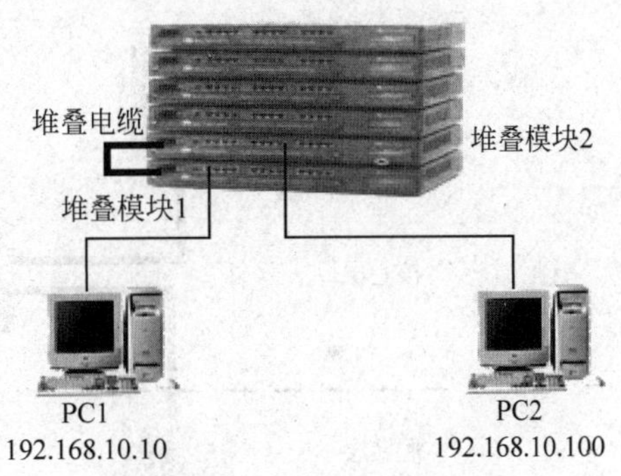

图 3-4　交换机的堆叠

(3) 交换机的堆叠适用于连接大量更集中的终端，如大的计算机机房联网；交换机之间的级联适用于层间连接，如接入层与分布层、分布层与核心层之间的连接。

3.2.5　以太网的层次设计

试想一下，如果仅仅依靠人的名字来找人，会有多么困难。如果没有国家、城镇和街道地址，要找世界上某个人简直不敢想象。

以太网的层次设计

在以太网络中，主机的 MAC 地址类似于人的名字。MAC 地址表示某一主机的独特身份，而不指示主机在网络中的位置。如果 Internet 中的所有主机(超过 40 亿台)都只用其唯一的 MAC 地址来标识，要查找一台确定的主机无异于大海捞针。

此外，为帮助主机通信，以太网技术还会生成大量的广播流量。广播将发送到一个网络中的所有主机，它非常消耗带宽，会减慢网络速度。如果连接 Internet 的数百万台主机都在一个以太网络中，并且都使用广播，将会是一种怎样的情景？

由于这两个原因,由许多主机组成的大型以太网络通常效率极低。因此,最好将大型网络分割成更便于管理的多个小型网段,其方法之一是使用层次设计模型。

1. 以太网的层次结构

目前,大中型骨干网的设计普遍采用三层结构模型,即核心层、分布层和接入层,每个层次都有其特定的功能。在网络中,层次设计用于将设备分组到多个以分层方式构建的网络。它包括更小、更易于管理的组,可让本地流量保留在本地。只有预定流向其他网络的流量进入更高的层。

层次式设计有如下 3 个基本层。

接入层——提供到本地以太网络中主机的连接。

汇聚层——相互连接较小的本地网络,又称为分布层。

核心层——分布层设备之间的高速连接。

如图 3-5 所示,以太网的三层结构。这种层次式分层设计提高了效率,优化了功能,加快了速度。由于可以在不影响现有本地网络性能的情况下新增本地网络,从而可以根据需要伸缩网络。

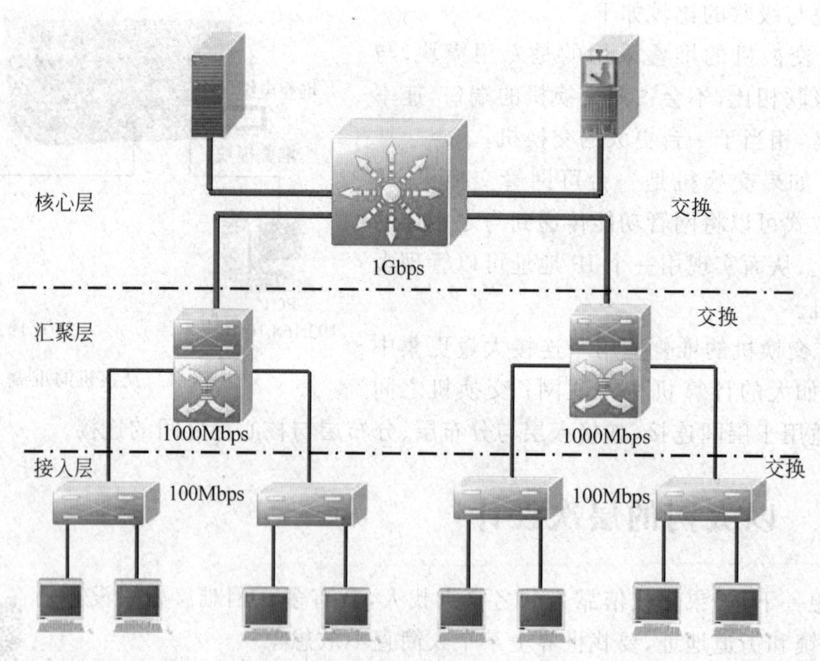

图 3-5　以太网的层次结构

在这种新型的层次式设计中,需要使用逻辑寻址方案来标识主机的位置,也就是 Internet 协议(IP)寻址方案。

2. 逻辑寻址

人的名字一般不会改变,而人的住址则可能会改变。对于主机,其 MAC 地址不会改变；它是以物理方式分配到主机网卡的地址，称为物理地址。无论主机在网络中哪个位置，其物理地址都保持不变，就像人的名字一样。

IP 地址则类似于人的住址，它称为逻辑地址，因为它是根据主机位置以逻辑方式分配的。IP 地址或网络地址由网络管理员根据本地网络分配给每台主机。

IP 地址包含两部分：第一部分标识本地网络，IP 地址的网络部分对于所有连接到同一本地网络的主机都是一样的；第二部分标识特定主机，在同一个本地网络中，IP 地址的主机部分是每台主机所独有的，如图 3-6 所示。

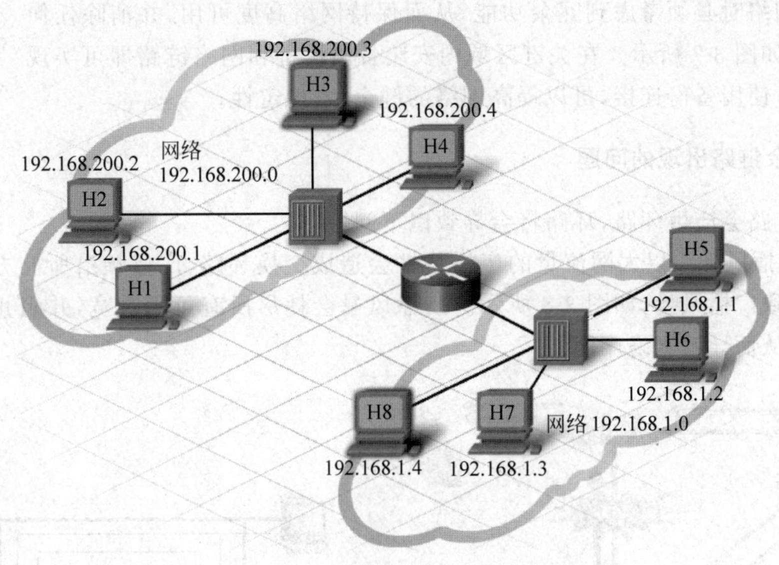

图 3-6 网络地址和主机地址

在层次网络中通信的主机同时需要物理 MAC 地址和逻辑 IP 地址，就像寄送信件同时需要收信人的名字和地址一样。

3. 接入层、汇聚层和核心层设备

IP 流量根据接入层、汇聚层和核心层相关的特性与设备来管理。IP 地址用于确定流量应保留在本地，还是应上移到层次式网络的更高层。

(1) 接入层。接入层为终端用户设备连接到网络提供连接点，允许多台主机通过网络设备(通常是集线器或交换机)连接到其他主机。一般而言，同一个接入层中所有设备的 IP 地址都有相同的网络部分。接入层在项目 2 中已经作了详细的介绍。

根据 IP 地址的网络部分，如果某信息的发送目的是本地主机，则该信息会保留在本地；如果发送目的是不同的网络，则会上传到汇聚层。

(2) 汇聚层。汇聚层为不同的网络提供连接点，并且控制信息在网络之间的流动。它通常包含比接入层功能更强大的交换机，以及用于在网络之间路由的路由器。汇聚层设备控制从接入层流到核心层的流量的类型和大小。

(3) 核心层。核心层是包含冗余(备份)连接的高速中枢层，它负责在多个终端网络之间传输大量的数据。核心层设备通常包含非常强大的高速交换机和路由器，其主要目的是快速传输数据。

3.2.6 生成树技术

配置生成树技术能保证网络稳定可靠。

生成树技术

1. 交换网络中的冗余链路

设计网络时必须考虑到冗余功能,从而保持网络高度可用,并消除任何单点故障,如图3-7所示。在关键区域内安装备用设备和网络链路即可实现冗余功能。使用备份连接,可以提高网络的健全性、稳定性。

2. 冗余链路出现的问题

冗余链路会产生环路,环路将会导致以下问题。

(1) 广播风暴。以太网流量的广播特性会造成交换环路,广播帧沿所有方向不断送出,从而导致广播风暴,如图3-8所示。广播风暴会耗尽所有可用带宽,并阻止再次建立网络连接,从而导致网络瘫痪。

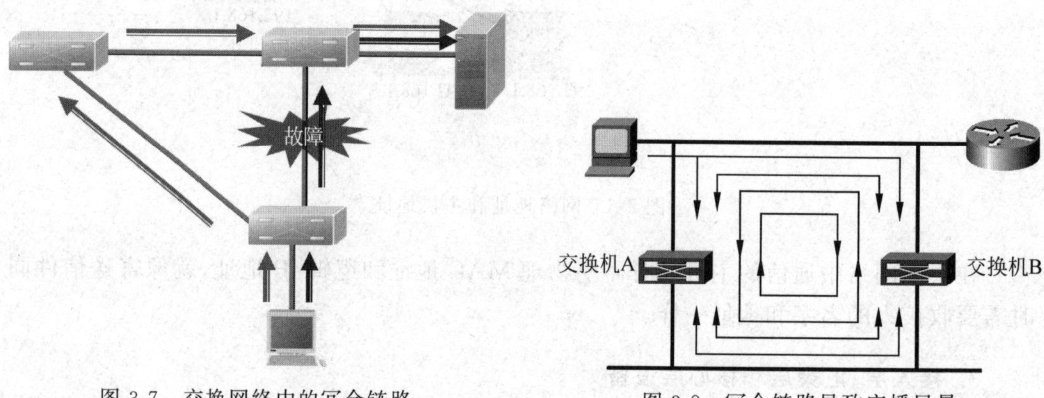

图3-7 交换网络中的冗余链路　　图3-8 冗余链路导致广播风暴

(2) 多帧复制。交换网络中的冗余链路有时会引起帧的多重传输。源主机向目的主机发送一个单播帧后,如果帧的目的MAC地址在任何所连接的交换机MAC表中都不存在,那么每台交换机便会从所有端口泛洪该帧。在存在环路的网络中,该帧可能会被发回最初的交换机。此过程不断重复,造成网络中存在该帧的多个副本。此情况会造成带宽浪费、CPU时间的浪费以及可能收到重复的事务流量。

(3) 地址表不稳定,冗余网络中的交换机可能会获知到有关主机位置的错误信息。当存在环路时,一台交换机可能将目的MAC地址与两个不同的端口关联。交换机接收不同端口上同源传来的信息,导致交换机连续更新其MAC地址表,结果造成帧转发出错。

3. 解决方法:环临时生成树思想

临时关闭网络中冗余的链路即生成树协议(STP)。

生成树协议：IEEE 802.1d 技术标准，主要思想是网络中存在备份链路时，只允许主链路激活，如果主链路因故障而被断开后，备用链路才会被打开。其主要作用是避免环路，冗余备份。生成树协议实现交换网络中，生成没有环路的网络，主链路出现故障，自动切换到备份链路，保证网络的正常通信。

运行了 STP 以后，交换机将具有以下功能。

(1) 发现环路的存在。

(2) 将冗余链路中的一个设为主链路，其他设为备用链路。

(3) 只通过主链路交换流量。

(4) 定期检查链路的状况。

(5) 如果主链路发生故障，将流量切换到备用链路。

4. STP 的缺点

打开交换机电源时，交换机的每个端口都会经过 4 种状态：阻塞、侦听、学习和发送，如图 3-9 所示。

生成树经过一段时间(默认值是 50s)的稳定之后，所有端口要么进入转发状态，要么进入阻塞状态。

显然 50s 的恢复时间不能适应新技术的要求。于是出现了快速生成树协议 RSTP (rapid spanning tree protocol)。快速生成树协议(RSTP)在 IEEE 802.1w 技术标准中定义，显著加速了生成树的重新计算速度。为了加速重新计算过程，RSTP 将端口状态减少到 3 种：丢弃、学习和转发。RSTP 引入活动拓扑的概念，所有未处于丢弃状态的端口都是活动拓扑的一部分，会立即转换到转发状态，使得收敛速度快得多(最快 1s 以内)。

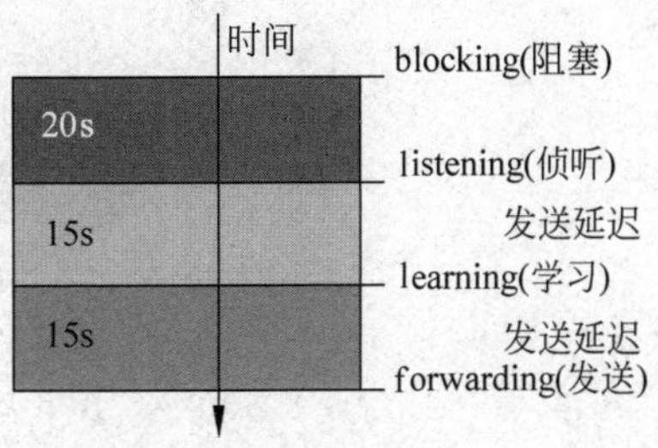

图 3-9　交换机端口经过的 4 种状态

5. 打开、关闭生成树协议

1) 打开生成树协议

```
Switch(config)#Spanning-tree
```

2) 关闭生成树协议

```
Switch(config)#no spanning-tree
```

3) 配置生成树的类型

```
Switch(config)#Spanning-tree mode STP
Switch(config)#Spanning-tree mode RSTP
```

3.2.7　虚拟局域网技术

多交换网络引发诸如广播风暴、堵塞等严重后果，生成树技术虽然是解决网络中广播风暴的重要技术之一,但在近万个节点规模网络中,网络传输效率仍然很低,因此希望改造网络,以减少干扰、扩展带宽、保障安全。

在交换机组成的网络里所有主机都在同一个广播域内,容易形成广播风暴。

虚拟局域网技术

随着网络技术的发展,现在很多企业和部门都建立了内部局域网,但是,随着网络规模的增大也带来了一些问题。

(1) 网内数据传输量增大,网速变得越来越慢。

(2) 计算机遭受黑客攻击,关键部门存在安全隐患。

(3) 同一部门的人员分布在不同的地域,不能集中办公。

交换网络中这些问题的解决——VLAN(virtual local area network),通过VLAN技术可以对网络进行一个安全的隔离、分割广播域,如图3-10所示。

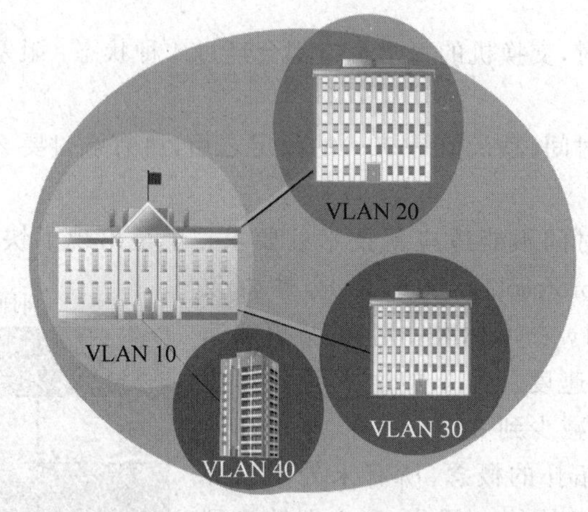

图3-10 VLAN隔离、分割广播域

1. VLAN 概述

(1) VLAN是在一个物理网络上划分出来的逻辑网络,这个网络对应于OSI模型的第二层网络。

(2) VLAN的划分不受网络端口的实际物理位置的限制,有着和普通物理网络相同的属性。

(3) 第二层的单播、广播和多播帧在一个VLAN内转发、扩散,而不会直接进入其他的VLAN之中。

如图3-11所示为3个交换机位于3个楼层,每个交换机划分了3个VLAN,3个楼层内的同一VLAN内的主机可以直接通信。

2. VLAN 的优点

(1) 控制网络中的广播风暴。采用VLAN技术后,可将某个交换端口划分到某个VLAN中,而一个VLAN中的广播风暴不会传播到其他VLAN中,从而影响其他

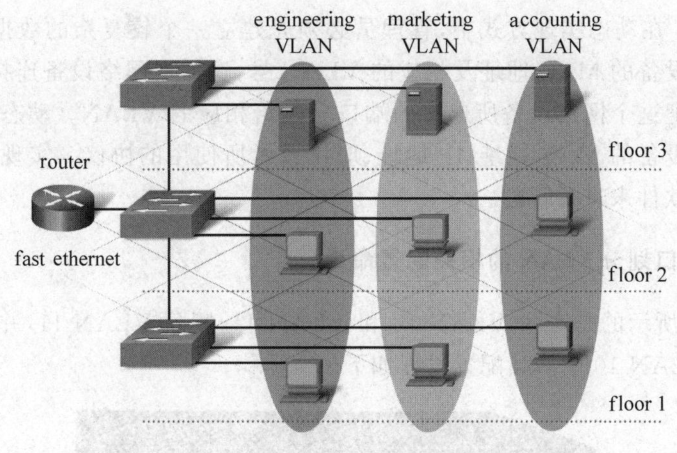

图 3-11　3 个楼层 3 个 VLAN 的关系

VLAN 的通信效率和网络性能。一个 VLAN 就是一个逻辑广播域，通过对 VLAN 的创建，隔离了广播，缩小了广播范围，可以控制广播风暴的产生。

(2) 确保网络安全。共享式局域网之所以很难保证网络的安全性，是因为只要用户接入任意一个活动端口，就能访问整个网络。而 VLAN 能限制个别用户的访问，控制广播组的大小和位置，可以控制用户访问权限和逻辑网段大小。将不同用户群划分在不同的 VLAN 中，从而提高交换式网络的整体性能和安全性。

(3) 简化网络管理，提高组网灵活性。在交换式以太网中，假如对某些用户重新进行网段分配，需要网络管理员对网络系统的物理结构重新进行调整，甚至需要追加网络设备，从而增加了网络管理的工作量。而对于采用 VLAN 技术的网络来说，一个 VLAN 可以根据部门职能、对象组或者应用，将不同地理位置的网络用户划分为一个逻辑网段。在不改动网络物理连接的情况下，可以任意地将工作站在工作组或子网之间移动。利用虚拟网络技术，大大减轻了网络管理和维护工作的负担，降低了网络维护费用。在一个交换网络中，VLAN 提供了网段和机构的弹性组合机制。

3. VLAN 的实现方式

VLAN 的实现方式有以下两种。

(1) 静态。静态实现是网络管理员将交换机端口分配给某一个 VLAN，这是一种最经常使用的配置方式，容易实现和监视，而且比较安全。如图 3-12 所示，交换机端口 1～8 属于 VLAN 10，而交换机端口 17～24 属于 VLAN 20，其余端口属于默认的 VLAN 1。

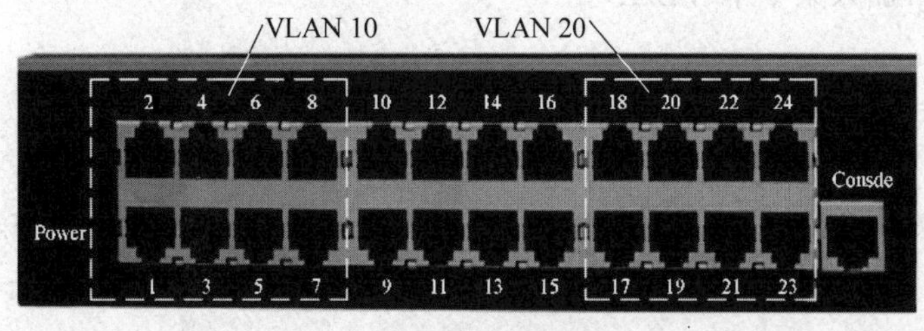

图 3-12　按端口划分 VLAN

(2) 动态。在动态实现方式中,管理员必须先建立一个较复杂的数据库,例如,输入要连接的网络设备的MAC地址及相应的VLAN号,这样当网络设备连接到交换机端口时交换机自动把这个网络设备所连接的端口分配给相应的VLAN。动态VLAN的配置可以基于网络设备的MAC地址、IP地址、应用或者所使用的协议。实现动态VLAN时一般使用管理软件来进行管理。

4. 基于端口划分VLAN的相关配置命令

如图3-13所示的是产生VLAN 10和VLAN 11,删除VLAN 11,并将交换机F0/5端口指定到VLAN 10中。其配置过程如下。

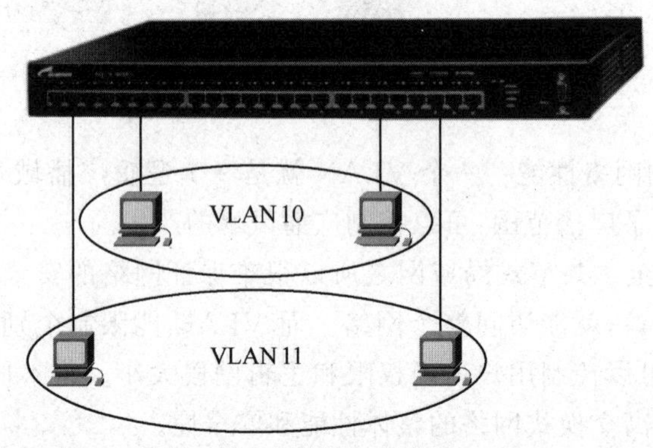

图3-13 基于端口划分VLAN

```
Switch> enable
Switch# configure terminal
Switch(config)# vlan 10                    ;创建 VLAN 10
Switch(config-vlan)# exit
Switch(config-)# vlan 11                   ;创建 VLAN 11
Switch(config-vlan)# exit                  ;退出 VLAN 配置模式
Switch(config)# no vlan 11                 ;删除 VLAN 11
```

将交换机F0/5端口指定到VLAN 10中,在交换机上的配置过程如下。

```
Switch(config)# interface fastEthernet 0/5            ;打开交换机的快速以太网端口 5
Switch(config-if)# switchport access vlan 10          ;把该接口分配到 VLAN 10
Switch(config-if)# no shutdown                        ;开启接口工作状态
Switch(config-if)# end
Switch#  show vlan                                    ;查看 VLAN 配置信息
```

将一组接口加入某一个VLAN。

```
Switch(config)# interface range fastethernet 0/1-10,0/15,0/20
Switch(config-if-range)# switchport access vlan 20
Switch(config-if-range)# no shutdown
```

注意:如果批量将端口加入VLAN,可用关键字range;连续接口Fa0/1~0/10,中间使用“-”分离;不连续多个接口,中间用逗号隔开;如果使用模块,一定要写明模块编号。

5. 交换机之间划分虚拟局域网

由于 VLAN 的划分通常按逻辑功能而非物理位置进行，位于同一 VLAN 中的成员设备，跨越任意物理位置的多个交换机的情况更为常见，在没有技术处理的情况下，一台交换机上 VLAN 中信号无法跨越交换机传递到另一台交换机的同一 VLAN 成员中，如图 3-14 所示。那么，怎样才能完成跨交换机 VLAN 的识别并进行 VLAN 的内部成员的通信呢？

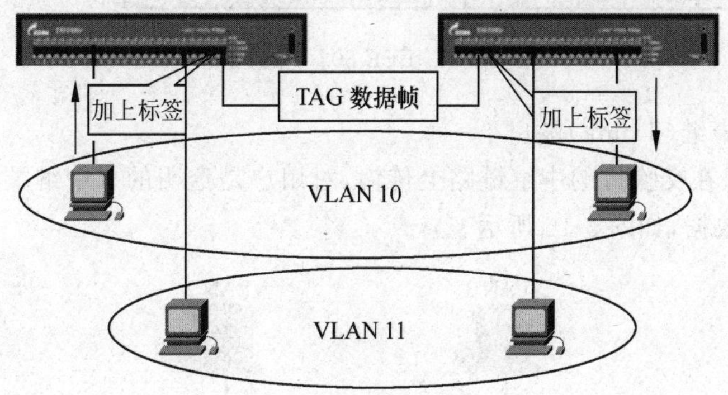

图 3-14　跨交换机 VLAN

1）跨交换机 VLAN 间通信

A 交换机上 VLAN 10 的端口范围中的一个端口，与交换机 B 上 VLAN 10 范围中的某个端口，作级联连接。如果交换机上分了 10 个 VLAN，就需要分别连 10 条线作级联，这样做使端口效率降低。为了让 VLAN 能够跨越多个交换机实现同一 VLAN 中成员通信，可采用主干链路中继技术将两个交换机连接起来。主干链路中继是指连接不同交换机之间的一条骨干链路，可同时识别和承载来自多个 VLAN 中的数据帧信息。由于同一个 VLAN 的成员跨越了多个交换机，而多个不同 VLAN 的数据帧都需要通过连接交换机的同一条链路进行传输，这样就要求跨越交换机的数据帧必须封装为一个特殊的标签，以声明它属于哪一个 VLAN，方便转发传输。

(1) 在交换机之间用一条级联线，并将对应的端口设置为中继，这条线路就可以承载交换机上所有 VLAN 的信息。

(2) 中继端口传输多个 VLAN 的信息，实现同一 VLAN 跨越不同的交换机。

2）中继端口技术处理——IEEE 802.1q 数据帧

802.1q 标准有时也缩写为 dot1q，该标准会在以太网帧中插入一个 4 字节的标记字段，如图 3-15 所示。

标记协议标识(TPID)：固定值 0x8100，表示该帧载有 802.1q 标记信息。

优先级(priority)：3bit，表示帧的优先级。

CFID(canonical format indicator)1bit：区别以太网、FDDI。

VID：12bit，表示 VLAN ID，范围为 1～4094。

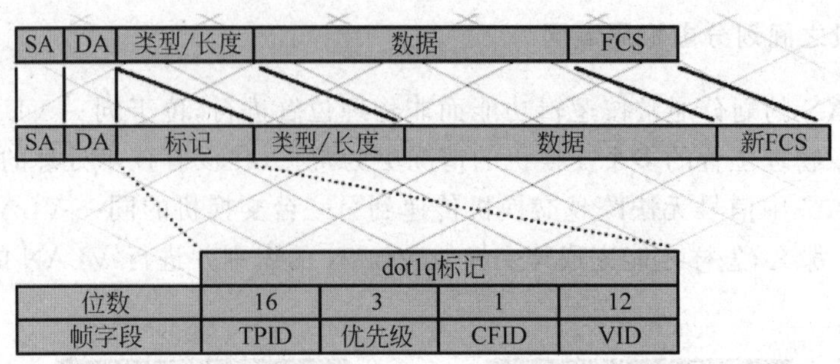

图 3-15　IEEE 802.1q 数据帧

3）802.1q 中继(Trunk)端口

802.1q 帧只在交换机的中继链路上传输,对用户是透明的。中继端口转发交换机上所有 VLAN 的数据,如图 3-16 所示。

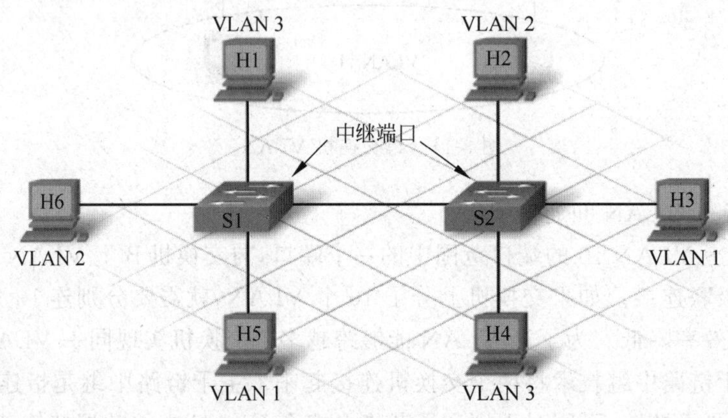

图 3-16　中继端口

(1) 接入端口：仅属于一个 VLAN,默认情况下,交换机端口都是接入端口。

(2) 中继端口：点到点链路,通过一条链路传输多个 VLAN 的流量。

如果没有中继端口,各个 VLAN 就需要在交换机之间建立单独的连接。中继链路在同一链路上传输多个 VLAN 的流量。

4）配置 VLAN 中继端口

当交换机与交换机相连接时,常将交换机之间连接的链路设置为 Trunk 链路,用来确保连接不同交换机之间的链路可以传递多个 VLAN 的信息。

如图 3-17 所示为配置 Switch1 和 Switch2 时相连的 VLAN 中继端口方式,其配置方法如下。

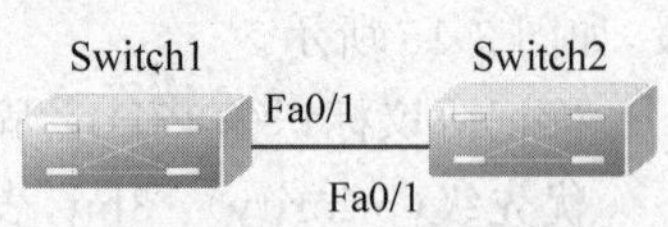

图 3-17　配置 VLAN 中继端口

注意：两交换机用交叉网线将普通端口相连。

```
Switch1 # configure terminal
Switch1(config) # interface fastethernet 0/1
Switch1(config - if) # switchport mode trunk                    ;将二层接口的模式设置为 trunk
Switch1(config - if) # switchport trunk encapsulation dot1q   ;封装 dot1q 协议
```

```
Switch2#configure terminal
Switch2(config)#interface fastethernet 0/1
Switch2(config-if)#switchport mode trunk
Switch2(config-if)#switchport trunk encapsulation dot1q
```

3.2.8 用子网掩码划分子网

1. 子网技术简介

1）子网技术产生的原因

用子网掩码划分子网

（1）从网络安全的角度考虑，为了隔离各组之间的通信量，可将网络分段，即需要划分子网。

（2）从单个网络运行的经济性和简单性考虑，根据实际网络大小需要划分子网。

（3）显然局域网内可以使用保留地址，而且现代技术还可以允许路由器经过地址转换，直接访问局域网外部的主机，这样节省出了很多IP地址。但是地址还是不够用，特别是"网号"不够用。为了节约和充分地利用IP地址，则需要划分子网。

注意：网段一般是第二层的概念，指接在同一网络段上。这里的子网是第三层的概念，用交换机端口划分VLAN(子网)是第二层的概念。

2）子网技术

子网技术就是将网络分段，即分成许多子网，这样隔离了各子网之间的通信量。为了隔离网段有如下几种方法。

（1）用网桥隔离这些网段。网桥可以转发需要通过网段的数据包。该方法快速且相对廉价，但缺乏灵活性。

（2）用路由器隔离这些网段。路由器可以隔离、控制、指挥网络之间的通信量，但对于一个较简单的子网来说，既不经济又增加了复杂性。

（3）用子网掩码划分子网。对于单个网络来说十分经济和简单。要将一个网络划分为几个子网或者将几个子网合并成一个大的网络，只需要改变一下子网掩码就可以实现。

2. 子网的划分

一个网络上所有主机都必须有相同的网络号，这是识别网络主机属于哪个网络的根本方法。对于拥有一个C类网络的单位，出于部门业务的划分和网络安全方面的考虑，希望能够建立多个子网，但向NIC申请几个C类网络IP段，既不经济，又浪费了大量的IP地址。还有一种情况是一个单位最初拥有200台计算机联网，拥有一个C类网络号，但后来发展到有2000台计算机需要联网，若申请一个B类地址，则地址浪费严重，且代价太高。若再申请7个C类地址，即8×256=2048(台)，就相当于要创建8个LAN，每个LAN之间联网要用路由器和各自的C类网络号，这给单位增加了建网成本，也给用户的使用也增加了不便。造成这种局面的原因是IP地址分级过于死板，将网络规模强制在A、B、C类三个级别上。

在实际应用中,公司或者机构的网络规模往往是灵活多变的,解决这些问题的办法是使用子网掩码将规模较大的网络内部划分成多个子网,也可以将多个网络合并成一个大的网络。

1) 划分子网的方法

【例3-1】 将一个C类网络分成4个子网,若网络号是192.9.200.0。求出子网掩码和4个子网的IP地址范围。

(1) 定义子网掩码。定义子网掩码的步骤如下。

① 将要划分的子网数目转换为2的 m 次方,如分8个子网:$8=2^3$。

② 取 2^3 的幂,如 2^3,$m=3$。

③ 将 m 按高序位占用主机地址 m 位后转换为十进制。

如 $m=3$,11100000→224 即为最终确定的子网掩码。

若是C类,则子网掩码为:255.255.255.224。

若是B类,则子网掩码为:255.255.224.0。

若是A类,则子网掩码为:255.224.0.0。

注意:等式 $2^m=n$,其中,n 表示划分的子网个数;m 表示占用主机地址的位数。

本例中根据 $2^2=4$,即 $m=2$,则占用主机地址2位,然后转换为十进制:11000000→192,C类子网掩码为255.255.255.192。

(2) 确定子网号和子网的IP地址范围。根据借用主机地址2位的实际组合情况可以得到子网号。4个子网的子网号如下。

00(00000000)→0→192.9.200.0

01(01000000)→64→192.9.200.64

10(10000000)→128→192.9.200.128

11(11000000)→192→192.9.200.192

根据子网号确定子网的IP地址范围。4个子网的IP地址范围如下。

① 二进制:11000000 00001001 11001000 00000001 … 00111110

十进制: 192. 9. 200. 1 192.9.200.62

② 二进制:11000000 00001001 11001000 01000001 … 01111110

十进制: 192. 9. 200. 65 192.9.200.126

③ 二进制:11000000 00001001 11001000 10000001 … 10111110

十进制: 192. 9. 200. 129 192.9.200.190

④ 二进制:11000000 00001001 11001000 11000001 … 11111110

十进制: 192. 9. 200. 193 192.9.200.254

技巧:确定子网号及子网的IP地址范围的方法是借用主机地址 m 位的实际组合情况可以得到子网号;根据子网号确定子网的IP地址范围(网络地址是子网IP地址的开始,广播地址是结束,可使用的主机地址在这个范围内)。

【例3-2】 若InterNIC(Internet网络信息中心)分配的B类网络ID是129.20.0.0,在使用默认的子网掩码是255.255.0.0的情况下,只有一个网络ID和65536−2台(即65534台)主机(129.20.0.1~129.20.255.254)。将其划分为8个子网。

一是将要划分的子网数目转换为2的m次方，如划分8个子网，即$8=2^3$。

二是取2^3的幂，如2^3，则$m=3$。

(3) 确定子网掩码。默认的子网掩码为255.255.0.0。

向主机ID借用3位后子网掩码为255.255.224.0(借用的3位全为1,11100000→224)。

(4) 确定可用的网络号。列出借用3位引起的所有二进制组合情况，按组合情况实际得到的子网号如下。

000(00000000)→0→129.20.0.0

001(00100000)→32→129.20.32.0

010(01000000)→64→129.20.64.0

011(01100000)→96→129.20.96.0

100(10000000)→128→129.20.128.0

101(10100000)→160→129.20.160.0

110(11000000)→192→129.20.192.0

111(11100000)→224→129.20.224.0

(5) 确定可用的主机ID范围。

子网ID	子网开始的IP地址	子网最后的IP地址
129.20.0.0	129.20.0.1	129.20.31.254
129.20.32.0	129.20.32.1	129.20.63.254
129.20.64.0	129.20.64.1	129.20.95.254
129.20.96.0	129.20.96.1	129.20.127.254
129.20.128.0	129.20.128.1	129.20.159.254
129.20.160.0	129.20.160.1	129.20.191.254
129.20.192.0	129.20.192.1	129.20.223.254
129.20.224.0	129.20.224.1	129.20.255.254

【例3-3】 一个网内有75台计算机，把它划分成两个子网，子网1为50台计算机，子网2为25台计算机，确定两个子网的网络ID和地址范围，原有的网络ID是211.83.140.0/24。

例3-2和例3-3是知道子网数，利用子网数计算子网掩码，而本例只知道主机数，所以应利用主机数来计算。

将需要容纳客户机数量最多的子网作为划分的标准，计算子网掩码的公式为

$$2^n-2\geqslant host$$

式中，$host$表示客户机数量；n表示子网掩码中0的个数。

- $2^n-2\geqslant 50$，则$2^n\geqslant 52$；$2^6=64$，$n=6$(取满足条件的最接近的值)。
- 确定子网掩码。最后一段是11000000→192，子网掩码是255.255.255.192。
- 确定子网号。

  00→0(00000000)→211.83.140.0

  01→64(01000000)→211.83.140.64

  10→128(10000000)→211.83.140.128

  11→192(11000000)→211.83.140.192

• 确定子网的 IP 地址范围。

子网 ID	子网开始的 IP 地址	子网最后的 IP 地址
211.83.140.0	211.83.140.1	211.83.140.62
211.83.140.64	211.83.140.65	211.83.140.126
211.83.140.128	211.83.140.129	211.83.140.190
211.83.140.192	211.83.140.193	211.83.140.254

• 在子网 1～4 中任选两个。

提示：子网主机数+1+1=IP 地址数,若考虑网关地址还需加 1。

2）利用 IP 地址和子网掩码计算

知道 IP 地址和子网掩码后可以计算出：①网络地址；②广播地址；③地址范围；④本网有几台主机；⑤主机号。

【例 3-4】 一个主机的 IP 地址是 202.112.14.137,掩码是 255.255.255.224,要求计算这个主机所在网络的网络地址和广播地址。有以下两种方法。

(1) 把这个主机地址和子网掩码都换算成二进制数,两者进行逻辑与运算后即可得到网络地址。由于是 C 类地址,只需关注第 4 段。

137→10001001

224→11100000

逻辑与运算后为：10000000→2^7→128。所以,网络地址是 202.112.14.128,广播地址是 202.112.14.159。

(2) 根据掩码所容纳的 IP 地址的个数来计算。255.255.255.224 的掩码所容纳的 IP 地址有 256－224＝32(个)(包括网络地址和广播地址),那么具有这种掩码的网络地址一定是 32 的倍数(0、32、64、96、128、160、192、224)。因此略小于 137 而又是 32 的倍数的只有 128,所以得出网络地址是 202.112.14.128。而广播地址就是下一个网络的网络地址减 1。而下一个 32 的倍数是 160,因此可以得到广播地址是 202.112.14.159。

【例 3-5】 已知某计算机使用的 IP 地址是 195.169.20.25,子网掩码是 255.255.255.240,计算出该机器的网络号(子网号)、主机号,确定该机所在的网络有几台主机,并确定其地址范围。

由于是 C 类地址,只需关注第 4 段。

25→00011001

240→11110000

因此,逻辑与运算后是 00010000→16,网络号是 195.169.20.16,主机号是 9。该机所在的网络有 $2^{\text{二进制主机位数}}-2=2^4-2=14$(台)主机；地址范围是 195.169.20.17～195.169.20.30。

3）子网的聚合——超网

把主机地址拿几位出来作为网络地址用,使网络号增多,主机号减少,网络变小。这是上面讨论的问题。在实际中还有这样一种情况,需要将多个网络合并成一个大的网络,即把网络地址拿几位出来作为主机地址用,使网络号减少,主机号增多,网络变大即超网。

【例 3-6】 有一个单位最初只有 200 台计算机联网,申请了一个 C 类地址(211.83.136.0),现在上网的计算机增加到 2000 台,要将 2000 台计算机连成一个局域网并与 Internet 相连,请问还要申请多少个C类地址,并确定其子网掩码。

2000÷254≈7.87,四舍五入小数并取整为8,所以还要申请8个C类地址。

8个C类地址(连续)共有8×256=2048个IP地址,现在是不使用路由器而要将其连成一个局域网,所以确定子网掩码则显得很重要。

2^{11}=2048,所以主机位为11位,默认C类地址的主机位为8位,再向网络地址借3位,其子网掩码是11111111 11111111 11111000 00000000→255.255.248.0。

【例3-7】 已知IP地址是211.83.140.166,子网掩码是255.255.248.0,计算网络号和主机号。

(1) 计算网络号。

211.83.140.166→11010011 01010011 10001100 10100110

255.255.248.0→11111111 11111111 11111000 00000000

将上面的IP地址与子网掩码相"与"后是11010011 01010011 10001000 00000000,故网络号为211.83.136.0。

(2) 计算主机号。将上面的子网掩码取反再与IP地址相与即得00000000 00000000 00000100 10100110→0.0.4.166主机号。

提示: 在网络号中借用3位作为主机号,该网络容纳的主机数为2048台,主机号增多,网络变大,子网掩码的作用进一步表现出来。

3.3 案例分析:中型局域网组建实例

下面通过××学院校园网分层规划设计示例进行说明。

××学院占地约1200亩,在校人数约12000人,学院目前正加紧对智慧校园的规划和建设。开展的校园网络建设旨在推动学校信息化建设,其最终建设目标是将其建设成为一个借助信息化教学和管理手段的智能化、数字化的教学园区网络,最终完成统一软件资源平台的构建,实现统一网络管理、统一软件资源系统,为用户提供高速接入网络服务,并实现网络远程线上教学、在线服务、教育资源共享等各种应用,利用现代信息技术从事管理、教学和科学研究等工作。

1. 需求分析

中型局域网组建实例

根据××学院的特点,该学院校园网应包含以下内容。

(1) 支持庞大的用户群:不仅包括全院各教学及办公部门,教工宿舍和学生宿舍的桌面连接,还包括让在家学生、出差教职工和社会人员进行远程访问。

(2) 提供多样的网络服务。如提供Web、E-mail、FTP和视频等常规服务,还能提供网上教学、第二课堂、电子图书馆等服务。

(3) 具有很高的网络传输速率。在校园网络中,视频、音频、数据集于一体,如果无法保证高带宽,又将多种视频、音频、数据流混杂在一起进行传输,就无法对数据流做出最高优先级和次高优先级及低优先级的分类,这样就不能保证重要业务的畅通,造成网络延迟、服务不可用。因此,应对不同服务流进行详细的分类,划分优先级,以及尽可能地避免发生拥塞,同时保证网络的高效运行,充分利用现有的带宽。

(4) 具有很好的开放和互联性。提供面向学生、开放、独立的网段,为学生学习、操作、开发网络应用提供一个真实的计算机网络环境;具有很好的互联性和扩展性,能方便地接入校园主干网,访问校园网上的信息,实现全院各系部间的资源共享,并可以通过校园网访问 Internet。

(5) 具有较高的安全保障。校园网的信息点分布很广,用户的流动性大,信息点存在随意接入使用的问题。教职工和学生都需要认证上网,防止外来不明身份的用户在校园网中找到任何一个信息点,就可以进入校园网,可以肆意干扰和破坏校园网网络平台及应用系统的正常运行。另外,还需要考虑与外网及内网不同应用系统之间的安全访问控制。为了在发生安全事件后,能够有效、快捷地处理事故,采用上网审计手段是十分有必要的。为了避免由特定病毒的传播以及由于病毒造成的流量拥塞,校园网络还应该提供必要的病毒防范措施。

2. 校园网设计目标及设计原则

校园网络系统的建设在实用的前提下,应当在投资保护及长远性方面进行适当的考虑,在技术上、系统能力上要保持五年左右的先进性。并且从学院的利益出发,从技术上讲应该采用标准、开放、可扩充的、能与其他厂商产品配套使用的设计。

根据校园网的总体需求,结合对应用系统的考虑,该校园网络建设的设计目标是:高性能、高可靠性、高稳定性、高安全性、易管理的部分万兆位和千兆位骨干网络平台。

该校园网络应遵循以下原则进行网络设计。

(1) 实用性和经济性。网络建设应始终贯彻面向应用、注重实效的方针,坚持实用、经济的原则。

(2) 先进性和成熟性。网络建设设计既要采用先进的概念、技术和方法,又要注意结构、设备、工具的相对成熟,不但能反映当今的先进水平,而且具有发展潜力,能保证在未来若干年内占主导地位,保证学校网络建设的领先地位,采用万兆位以太网技术来构建网络主干线路。

(3) 可靠性和稳定性。在考虑技术先进性和开放性的同时,还应从系统结构、技术措施、设备性能、系统管理、厂商技术支持及保修能力等方面着手,确保系统运行的可靠性和稳定性,达到最大的平均无故障时间,可以选择国内外知名品牌,它们的产品的可靠性和稳定性是一流的。

(4) 安全性和保密性。在网络设计中,既考虑信息资源的充分共享,更要注意信息的保护和隔离,因此系统应分别针对不同的应用和不同的网络通信环境,采取不同的措施,包括划分 VLAN、端口隔离、路由过滤、防 DDoS(拒绝服务攻击)、防 IP 扫描、系统安全机制、多种数据访问权限控制等。

(5) 可扩展性和可管理性。为了适应网络结构变化的要求,必须充分考虑以最简便的方法、最低的投资实现系统的扩展和维护。为了便于扩展,对于核心设备必须采用模块化高密度端口的设备,便于将来升级和扩展。另外,全线采用基于SNMP标准的可网管产品,达到全程网管,降低了人力成本,提高了网络的易用性,又具有很好的可扩充性。

提示:对要求高的校园网络可采用基于树形的双星状结构,使之具有设备和链路冗余特性,网络的可靠性和稳定性会更高。

3. 网络结构的总体设计

校园网在设计时应遵循分层网络的设计思想,作为中型网络可采用三层设计模型,主干网采用星形拓扑结构,该拓扑结构的实施与扩充方便灵活、便于维护、技术成熟。

(1) 核心层。网络中心节点及其他核心节点作为校园网络系统的心脏,必须提供全线速的数据交换,当网络流量较大时,对关键业务的服务质量提供保障。另外,作为整个网络的交换中心,在保证高性能、无阻塞交换的同时,还必须保证稳定可靠的运行。

因此,在网络中心的设备选型和结构设计上必须考虑整体网络的高性能和高可靠性。具体来说,核心节点的交换机有以下两个基本要求。

① 高密度端口情况下,还能保持各端口的线速转发。

② 关键模块必须冗余,如管理引擎、电源、风扇。

由于校园网建设最终必将采用万兆技术,因此需要考虑到核心设备对万兆技术的支持能力。对要求高的校园网络可采用基于树形的双星形结构,使之具有设备和链路冗余特性,网络的可靠性和稳定性会更高。

(2) 汇聚层。汇聚层是各楼宇的数据汇聚平台,为全网提供了快速交换支持,是各楼宇数据、媒体流会聚主节点。汇聚路由交换机需要具备高可靠性、高性能、高端口密度、高安全性、可管理性等要求,并具有网络可扩容升级能力和多种业务支持能力。在完成高速交换的基础上,能够提供稳定可靠的网络基础服务功能并能够支持下层的基础功能、分布服务以及QoS保证。

(3) 接入层。接入层网络由楼层交换节点组成,接入层网络应该可以满足各种客户的接入需要,而且能够实现客户化的接入策略、业务QoS保证、用户接入访问控制等。楼层交换节点采用千兆智能堆叠交换机,提供智能的流分类和完善的QoS特征。为各类型网络提供完善的端到端的服务质量、丰富的安全设置和基于策略的网管,最大限度地满足高速、融合、安全的园区网新需求。本方案中各接入层交换机通过千兆链路上连到各汇聚层设备,对下连的桌面设备提供全双工的百兆连接,为各类用户提供无阻塞的交换性能。

××学院校园网分层规划以1Gbps为基础,将10Gbps作为升级的目标,采用核心层、汇聚层(分布层)和接入层三层架构,网络规划的拓扑结构如图3-18所示。

4. 技术选择

考虑到校园网对传输速率要求较高,并且学院以前有一些以太网设备,所以主干网络采用万兆以太网技术,对于部分流量特别大的部门采用万兆以太网技术,这样可以大大提高网络速度以及充分利用网络带宽。千兆以太网和万兆以太网技术与10/100Mbps以太

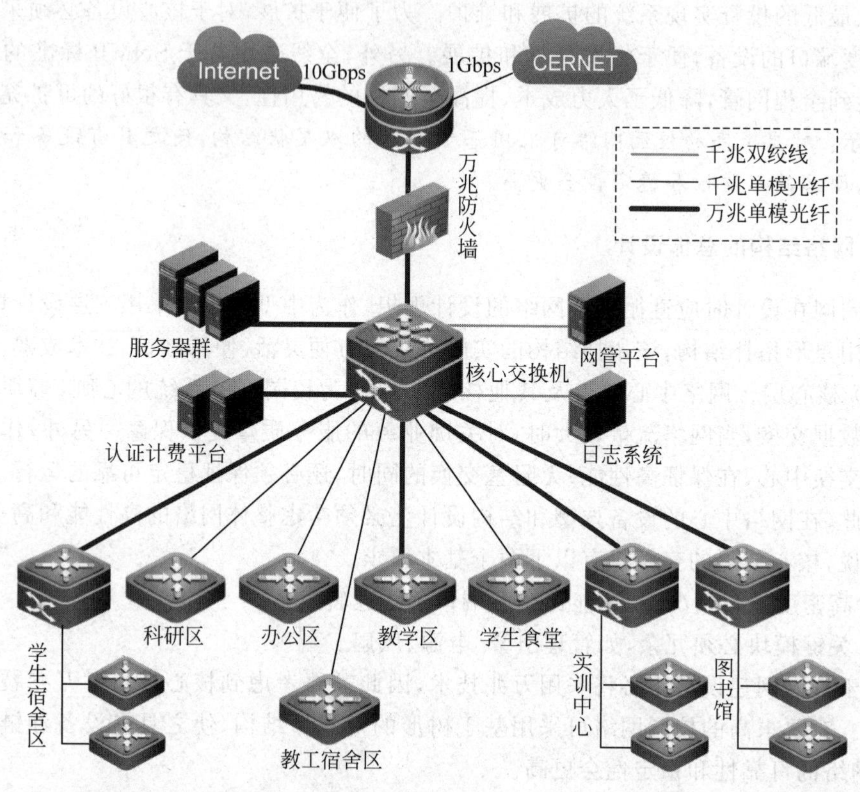

图 3-18 ××学院校园网拓扑结构

网采用相同的媒体访问控制技术,这样可以充分保护已有的网络设备投资,并且将来还可以平滑地升级。

5. 设备选型

这里仅对主干网络设备的选择作简要介绍,其他设备选型参见本书有关部分和其他资料。

(1) 核心层设备。主干核心交换机属于高端系列的产品,所以在本方案中,核心交换机建议采用多业务万兆/千兆核心路由交换机。可以根据用户的需求灵活配置,灵活构建弹性可扩展的网络。多业务万兆/千兆核心路由交换机高背板带宽和二/三层包转发速率可为用户提供高速无阻塞的交换,强大的交换路由功能、安全智能技术可为用户提供完整的端到端解决方案,是大中型网络核心骨干交换机的理想选择。核心路由交换机参考型号为 RG-S7800 系列。

(2) 汇聚层设备。到学生宿舍区、实训中心和图书馆数据流量大,采用的是万兆单模光纤连接,其设备也应该具有三层交换功能,可选择 RG-S5760 系列,到其他区域可以选择 RG-S5750 系列的三层交换机或 RG-S3760 系列三层交换机。

(3) 接入层设备。选择具有二层交换功能的 LAN 交换机,如 RG-S2600 或 RG-S2900 系列交换机等。

该校园网方案始终从学院的实际需求出发,充分考虑了整个方案的整体性能。在采用先进的网络产品和技术的同时，又注意把产品的可用性、未来可扩展性和性价比相结合。方案不仅满足了校园网建设对稳定性、先进性、安全性和可靠性的要求，同时，也满足了校园网建设对经济实用性、可扩展性、可管理性等方面的要求，真正达到了根据应用需求建设校园网的目的。

3.4 项目实训

任务1：交换机基本配置与管理

实训目标

交换机基本配置与管理

(1) 进一步认识以太网交换机。

(2) 能熟练地进行网络设备的连接。

(3) 理解交换机基本配置的步骤和命令。

(4) 掌握配置交换机的常用命令。

实训环境

(1) 网络实训室。

(2) 5类非屏蔽 console 双绞线1根，装有 Windows 的 PC 1台，以太网交换机(Cisco 2960 或锐捷 RG-S2910)1台；或安装 Cisco 模拟软件或锐捷模拟器的 PC 1台。

操作步骤

下面以 Cisco 2960 交换机为例，介绍其基本配置命令。

Cisco IOS 提供了用户 EXEC 模式和特权 EXEC 模式两种基本命令的执行级别，同时还提供了全局配置、接口配置、Line 配置和 VLAN 数据库配置等多种级别的配置模式，以允许用户对交换机的资源进行配置和管理。

(1) 搭建交换机配置环境。通过 console 接口连接交换机。首次配置交换机必须采用该方式。对交换机设置管理 IP 地址后，就可采用 Telnet 登录方式来配置交换机。

对于可管理的交换机一般都会提供一个名为 console 的控制台端口(或称配置口)，该端口采用 RJ-45 接口，是一个符合 EIA/TIA-232 异步串行规范的配置口，通过该控制端口，可实现对交换机的本地配置。

交换机一般都随机配送了一根 console 线缆，如图 3-19 所示。它的一端是 RJ-45 接口的水晶头，用于连接交换机的控制台端口；另一端提供了 DB-9(针)串行接口插头，用于连接 PC 的 COM1 串行接口。连接如图 3-20 所示。

通过该控制线将交换机与 PC 相连，并在 PC 上运行超级终端仿真程序或 SecureCRT 软件，即可实现将 PC 仿真成交换机的一个终端，从而实现对交换机的访问和配置。

(2) 普通用户模式。当用户通过交换机的控制台端口或 Telnet 会话连接并登录到交换机时，此时所处的命令执行模式就是普通用户模式(简称普通模式)。在该模式下，只能执行有限的一组命令，这些命令通常用于查看显示系统信息、改变终端设置和执行一些最基本的测试命令，如 ping、traceroute 等。

图 3-19　console 线缆

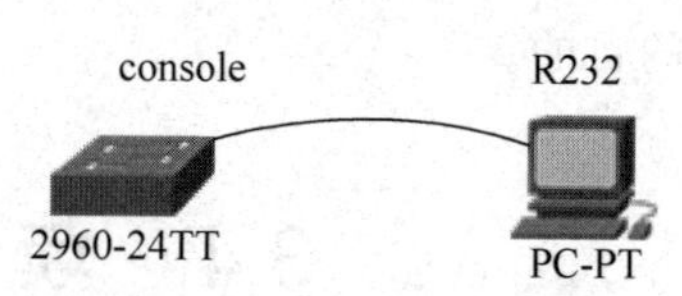

图 3-20　交换机配置连接

普通模式的命令状态行是：

```
Switch>
```

其中,Switch 是交换机的主机名,未配置的交换机默认的主机名就是 Switch。在普通模式下,直接输入“?”并按 Enter 键,可获得在该模式下允许执行的命令帮助。

(3) 特权模式。在普通模式下,执行 enable 命令,将进入到特权模式。在该模式下,用户能够执行 IOS 提供的所有命令。特权模式的命令状态行为

```
Switch #
```

若设置了登录特权模式的密码,系统就会提示输入用户密码,密码输入时不会显示,输入完毕后按 Enter 键,密码校验通过后即进入特权模式。命令状态行如下所示：

```
Switch > enable
Password:
Switch #
```

若进入特权模式的密码未设置或要修改,可在全局配置模式下,利用 enable secret 命令进行设置。

在该模式下输入“?”可获得允许执行的全部命令的提示。离开特权模式,返回普通模式,可执行 exit 或 disable 命令。

重新启动交换机,可执行 reload 命令。

(4) 全局配置模式。在特权模式下,执行 configure terminal 命令,即可进入全局配置模式。在该模式下,只要输入一条有效的配置命令并按 Enter 键,内存中正在运行的配置就会立即改变生效。该模式下的配置命令的作用域是全局性的,是对整个交换机起作用。

全局配置模式的命令状态行如下。

```
Switch# config terminal
Switch(config)#
```

在全局配置模式下,还可进入接口配置、line 配置等子模式。从子模式返回全局配置模式,可执行 exit 命令；要从全局配置模式返回特权模式,可执行 exit 命令；若要退出任何配置模式,直接返回特权模式,则直接执行 end 命令或按 Ctrl+Z 组合键。

例如,若要设交换机名称为 student2,则可使用 hostname 命令来设置,其配置命令如下。

```
Switch(config)# hostname student2
student2(config)#
```

若要设置或修改进入特权模式的密码为 123456，则配置命令为

```
student2(config)# enable secret 123456
```

或

```
student2(config)# enable password 123456
```

其中，enable secret 命令设置的密码在配置文件中是加密保存的，强烈推荐采用该方式；而 enable password 命令所设置的密码在配置文件中是采用明文保存的。

对配置进行修改后，为了使配置在下次掉电重启后仍生效，需要将新的配置保存到 NVRAM 中，其配置命令如下。

```
student2(config)# exit
student2# write
```

(5) 接口配置模式。在全局配置模式下执行 interface 命令，即进入接口配置模式。在该模式下，可对选定的接口(端口)进行配置，并且只能执行配置交换机端口的命令。接口配置模式的命令行提示符为

```
student2(config-if)#
```

例如，若要设置 Cisco Catalyst 2960 交换机的 0 号模块上的第 3 个快速以太网端口的端口通信速率为 100Mbps、全双工方式，则配置命令如下。

```
student2(config)# interface fastethernet 0/3
student2(config-if)# speed 100
student2(config-if)# duplex full
student2(config-if)# end
student2# write
```

(6) line 配置模式。在全局配置模式下执行 line vty 或 line console 命令，将进入 line 配置模式。该模式主要用于对虚拟终端(vty)和控制台端口进行配置，主要是设置虚拟终端和控制台的用户级登录密码。

交换机有一个控制端口(console)，其编号为 0，通常利用该端口进行本地登录，以实现对交换机的配置和管理。为了安全起见，应为该端口的登录设置密码，设置方法如下。

```
student2# config terminal
student2(config)# line Console 0
student2(config-line)#?
exit     exit from line configuration mode
login        Enable password checking
password     Set a password
```

从帮助信息可知，设置控制台登录密码的命令是 password，若要启用密码检查，即让所设置的密码生效，则还应执行 login 命令。退出 line 配置模式，执行 exit 命令。

下面设置控制台登录密码为654321,并启用该密码,则配置命令如下。

```
student2(config-line)#password 654321
student2(config-line)#login
student2(config-line)#end
student2#write
```

设置该密码后,以后利用控制台端口登录访问交换机时,就会首先询问并要求输入该登录密码,密码校验成功后,才能进入到交换机的普通模式。

交换机支持多个虚拟终端,一般为16个(0～15)。设置了密码的虚拟终端就允许登录,没有设置密码的则不能登录。如果对0～4条虚拟终端线路设置了登录密码,则交换机就允许同时有5个Telnet登录连接,其配置命令为

```
student2(config)#line vty 0 4
student2(config-line)#password 123456
student2(config-line)#login
student2(config-line)#end
student2#write
```

若设置为不允许Telnet登录,则可取消对终端密码的设置,为此可执行no password和no login命令来实现。

在Cisco IOS命令中,若要实现某条命令的相反功能,只需在该条命令前面加no,并执行前缀有no的命令即可。

(7) 查看交换机信息。使用show命令来实现对交换机信息的查看。

① 查看IOS版本。查看命令:

```
show version
```

② 查看配置信息。要查看当前交换机正在运行的配置信息,需要在特权模式运行show命令,其查看命令如下。

```
show running-config
```

显示保存在NVRAM中的启动配置的命令如下。

```
show startup-config
```

③ 查看交换机的MAC地址表。查看命令:

```
show mac-address-table [dynamic|static] [vlan vlan-id]
```

该命令用于显示交换机的MAC地址表,若指定dynamic,则显示动态学习到的MAC地址;若指定static,则显示静态指定的MAC地址表;若未指定,则显示全部。

若要显示交换表中的所有MAC地址,即动态学习到的和静态指定的,则配置命令如下。

```
show mac-address-table
```

(8) 选择多个端口。对于支持使用range关键字的Cisco 2900、Cisco 2960和Cisco 3550交换机,可以指定一个端口范围,从而实现选择多个端口,并对这些端口进行统一的配置。

同时选择多个交换机端口的配置命令为：

```
interface range typemod/startport - endport
```

其中，startport 代表要选择的起始端口号；endport 代表结尾的端口号；"-"为连字符。

例如，若要选择交换机的第 1～24 端口的快速以太网端口，则配置命令如下。

```
student2＃config t
student2(config)＃interface range Fa0/1 - 24
```

注意：①IOS 命令不区分大小写。②在不引起混淆的情况下，支持命令简写。比如 enable 通常可简约的表达为 en。③可随时使用"?"来获得命令行帮助，支持命令行编辑功能，并可将执行过的命令保存下来，供进行历史命令查询。④NVRAM（非易失性随机存储器）用于存储交换机的配置文件，该存储器中的内容在系统掉电时也不会丢失。

任务 2：在交换机上划分 VLAN

以 Cisco 2960 或锐捷 RG-S2910 交换机为例，如图 3-21 所示。产生两个 VLAN（VLAN 10 和 VLAN 20）；分别为每个 VLAN 命名，然后分配相应的交换机端口给 VLAN 10 和 VLAN 20，验证配置结果；并进行删除 VLAN 的操作。

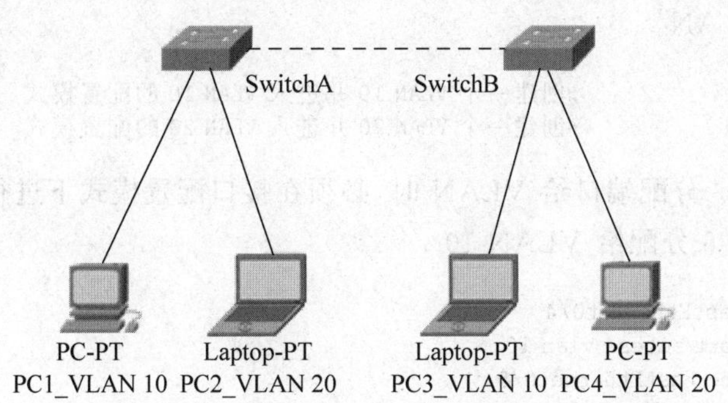

图 3-21 根据端口划分 VLAN

在交换机上划分 VLAN

实训目标

（1）进一步地熟悉 VLAN 的基本原理。

（2）能熟练地进行网络设备的连接。

（3）理解交换机上划分 VLAN 的步骤和命令。

（4）掌握根据端口划分 VLAN 的基本方法。

实训环境

（1）网络实训室。

（2）5 类非屏蔽 console 配置双绞线 1 根，5 类非屏蔽直通双绞线 4 根，5 类非屏蔽交叉双绞线 1 根，装有 Windows 系统的 PC 4 台，以太网交换机 2 台（Cisco 2960 或锐捷 RG-S2910）；或装有 Cisco 模拟软件或锐捷模拟器的 PC 1 台。

操作步骤

(1) 连接并检验配置图。参见图3-21连接配置图,交换机之间用交叉网线通过Fa0/24端口连接,PC1和PC3用直通网线连接到Fa0/4端口,PC2和PC4用直通网线连接到Fa0/7端口,用192.168.1.0/24子网地址设置所有PC的IP地址。检验PC之间的连通性,所有PC之间都应该ping通。

(2) 配置产生出两个VLAN。

① 进入特权模式

```
Switch> enable
```

② 设置以太网交换机名称

```
Switch# configure terminal              ;进入全局模式
Switch(config)# hostname SwitchA        ;设置名称
```

③ 显示当前交换机VLAN接口信息

在交换机的特权模式下输入show vlan,如下所示。

```
SwitchA# show vlan
```

查看哪些交换机端口属于默认VLAN 1。

④ 产生并命名两个VLAN

输入如下命令产生两个VLAN。

```
SwitchA(config)# vlan 10                ;创建一个VLAN 10并进入VLAN 10的配置模式
SwitchA(config)# vlan 20                ;创建一个VLAN 20并进入VLAN 20的配置模式
```

(3) 分配端口给VLAN 10。分配端口给VLAN时,必须在接口配置模式下进行。

① 将端口4、端口5和端口6分配给VLAN 10

```
SwitchA(config)# interface fastEthernet0/4
SwitchA(config-if)# switchport access vlan 10
SwitchA(config-if)# interface fastEthernet0/5
SwitchA(config-if)# switchport access vlan 10
SwitchA(config-if)# interface fastEthernet0/6
SwitchA(config-if)# switchport access vlan 10
```

或

```
SwitchA(config)# interface range Fa0/4-6
SwitchA(config-if-range)# switchport access vlan 10
SwitchA(config-if-range)end
```

用show vlan命令验证配置结果,端口4、端口5、端口6是否已经分配给VLAN 10。

② 分配端口7、端口8、端口9给VLAN 20

```
SwitchA(config)# interface range Fa0/7-9
SwitchA(config-if-range)# switchport access vlan 20
SwitchA(config-if-range)end
```

用show vlan命令验证配置结果,端口7、端口8、端口9是否已经分配给VLAN 20。

(4) 配置中继端口。

```
SwitchA(config)# interface Fa0/24
SwitchA(config-if)# switchport mode trunk
SwitchA(config-if)exit
```

(5) SwitchB 的配置(参见上面第(2)步、第(3)步和第(4)步进行)。

(6) 测试 VLAN。

① 在同一个交换机上

在连接 Fa0/4 的主机上 ping 连接端口 Fa0/5 的主机。(通)

在连接 Fa0/4 的主机上 ping 连接端口 Fa0/7 的主机。(不通)

② 在不同交换机上

在连接 SwitchA 的 Fa0/4 的主机上 ping 连接在 SwitchB 的 Fa0/4 的主机。(通)

在连接 SwitchA 的 Fa0/4 的主机上 ping 连接在 SwitchB 的 Fa0/7 的主机。(不通)

(7) 从 VLAN 中除去一个端口。在端口配置模式下进行如下命令。

```
SwitchA(config)# interface FastEthernet0/5
SwitchA(config-if)# no switchport access vlan
SwitchA(config-if)end
```

用 show vlan 命令验证配置结果。

问题：Fa0/5 端口还是 VLAN 10 的成员吗？

(8) 删除 VLAN。进入全局配置模式,使用 no 格式命令进行删除操作。

```
SwitchA(config)# no vlan 20
```

验证配置结果。

```
SwitchA# show vlan
```

问题 1：VLAN 20 已经被删除了吗？

问题 2：删除了 VLAN 后,对端口来说发生了些什么？

注意：默认的 VLAN 1 不能被删除。

任务3：用子网掩码划分子网

一个单位分配到的网络地址是 217.14.8.0,掩码是 255.255.255.224。单位管理员将本单位的网络又分成了 4 个子网,试计算出每个子网的网号和子网的 IP 地址范围,并在网络实验室进行验证。

实训目标

(1) 进一步地理解子网技术及原理。

(2) 能熟练地进行网络设备的连接。

(3) 掌握用子网掩码划分子网以及动手搭建子网的方法。

实训环境

(1) 网络实训室。

(2) 5 类非屏蔽直通双绞线 4 根,装有 Windows 的 PC 4 台,交换机 1 台;或装有 Cisco 模拟软件或锐捷模拟器的 PC 1 台。

操作步骤

(1) 计算 4 个子网的 IP 地址范围。网络地址是 217.14.8.0,掩码是 255.255.255.224→224→11100000。

该网络的 IP 地址范围是 217.14.8.0～217.14.8.31,将此地址范围再分为 4 个子网。

① 将要划分的子网数目转换为 2 的 m 次方。当前网络分成 4 个子网,即 $4=2^2$,取 2^2 的幂,则 $m=2$。

② 确定子网掩码。

将①中 $m=2$ 按高序位占用主机地址 2 位后转换为十进制。

原掩码最后一段为:224→11100000→11111000(现掩码最后一段)=248。

要划分成的 4 个子网的子网掩码为 255.255.255.248。

③ 确定 4 个子网号。

00→00000000→0→217.14.8.0

01→00001000→8→217.14.8.8

10→00010000→16→217.14.8.16

11→00011000→24→217.14.8.24

④ 确定 4 个子网的 IP 地址范围。

	子网 ID	子网开始地址	子网最后地址
子网 1	217.14.8.0	217.14.8.1	217.14.8.6
子网 2	217.14.8.8	217.14.8.9	217.14.8.14
子网 3	217.14.8.16	217.14.8.17	217.14.8.22
子网 4	217.14.8.24	217.14.8.25	217.14.8.30

(2) 网络的搭建。网络的搭建如图 3-22 所示,并按该图设置每台计算机的 IP 地址和子网掩码。

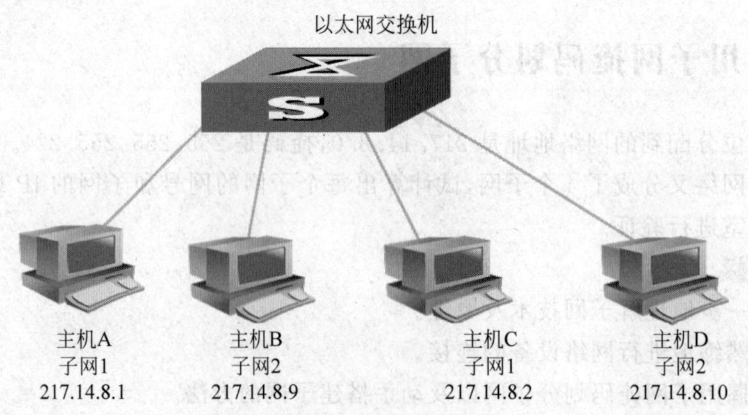

图 3-22 网络连接及 IP 地址的设置

(3) 网络的验证。用 ping 命令验证,主机 A 与主机 C 通,主机 B 与主机 D 通;主机 A 与主机 B、D 不通,主机 B 与主机 A、C 不通,反之亦然。

任选子网 1 到子网 4 中的两个子网都可以做此实验。

小　结

构建中型网络重要的一步是设计网络基本结构,即根据企业的硬件基础和客户应用需求,选择合适的网络操作系统和拓扑结构。为使网络规划经得起实践的考验,在规划中应对网络协议、软硬件和结构体系等核心因素作充分论证。建网方向应面向应用,充分利用现有资源,结合应用和需要的变化,制订相应的方案。

本项目首先对组建中型局域网中的千兆位以太网、万兆位以太网技术和 10 万兆位以太网技术作了简要的介绍,对中型局域网中交换机的级联方式以及以太网的层次设计方法作了概述,对用子网掩码划分子网作了较详细的论述;其次,列举了一个比较典型的中型局域网组建实例;项目实践部分主要以组建一个中型交换网络为主线,让读者体验在网络实验室从交换机的配置、VLAN 网络的搭建、IP 地址的规划,到最后的测试的基本过程。

习　题

一、选择题

1. 下面对千兆以太网和快速以太网的共同特点的描述中,说法错误的是(　　)。

A. 相同的数据帧格式　　B. 相同的物理层实现技术

C. 相同的组网方法　　D. 相同的介质访问控制方法

2. 使以太网从局域网领域向城域网领域渗透的以太网技术是(　　)。

A. 以太网　　B. 快速以太网

C. 千兆位以太网　　D. 万兆位以太网

E. 10 万兆位以太网

3. 分层网络设计模型具有的优点是(　　)。(选三项)

A. 可扩展性　　B. 速度更高　　C. 移动性

D. 安全性　　E. 管理便利性　　F. 成本

4. 下列关于新交换机默认配置的说法中正确的是(　　)。(选三项)

A. VLAN 1 配置有管理 IP 地址

B. 所有交换机端口都被分配给 VLAN 1

C. 禁用了生成树协议

D. 所有接口都被设置为自动

E. 使能口令被配置为 Cisco

F. 闪存目录中包含 IOS 映像

5. 网络管理员接到为中型企业级交换网络选择硬件的任务,系统要求在 8 台高端口密度交换机之间进行冗余背板连接,适合此企业的解决方案是( )。

A. 模块化交换机　　B. 固定配置交换机
C. 可堆叠交换机　　D. 具备上行链路功能的交换机
E. 链路聚合交换机

6. 关于下图所示信息的说法正确的是( )。

```
Switch# show interface trunk
port    mode    encapsulation    status       native vlan
Fa0/1   on      802.1q           trunking 1
Gi0/1   on      802.1q           trunking 1

port vlans allowed on trunk
Fa0/1 1-4094
Gi0/1 1-4094
```

A. 当前仅将一个 VLAN 配置为使用中继链路
B. 目前尚无法进行 VLAN 间路由,因为交换机仍在协商中继链路
C. Gi0/1 端口和 Fa0/1 端口正在传输多个 VLAN 的数据
D. 图中所示的端口处于关闭状态

7. 交换机可以用( )来创建较小的广播域。

A. 生成树协议　　B. 虚拟局域网
C. 虚拟中继协议　　D. 路由

8. 下面列举的网络连接技术中,不能通过普通以太网端口完成的是( )。

A. 主机通过交换机接入到网络
B. 交换机与交换机互联以延展网络的范围
C. 交换机与交换机互联增加端口数量
D. 多台交换机虚拟成逻辑交换机以增强性能

9. 交换机与交换机之间互联时,为了避免互联时出现单条链路故障问题,可以在交换机互联时采用冗余链路的方式,但冗余链路构成时,如果不做妥当处理,会给网络带来诸多问题。下列说法中,属于冗余链路构建后带给网络的问题的是( )。

A. 广播风暴　　B. 多帧复制
C. MAC 地址表的不稳定　　D. 交换机端口带宽变小

10. 下列技术中不能解决冗余链路带来的环路问题的是( )。

A. 生成树技术　　B. 链路聚合技术
C. 快速生成树技术　　D. VLAN 技术

11. VLAN 技术可以将交换机中的( )进行隔离。

A. 广播域
B. 冲突域
C. 连接在交换机上的主机
D. 当一个 LAN 里主机超过 100 台时,自动对主机隔离

12. 交换机堆叠的方法有( )。

A. 菊花链式堆叠 B. 连环堆叠 C. 星状堆叠 D. 网状堆叠

13. 既可以解决交换网络中冗余链路带来的环路问题,又能够有效地提升交换机之间的传输带宽,还能够保障链路单点故障时数据不丢失的技术的是( )。

A. 生成树技术 B. 链路聚合技术

C. 快速生成树技术 D. VLAN 技术

14. IEEE 802.1Q 可以提供的 VLAN ID 范围是( )。

A. 0～1024 B. 1～1024 C. 1～4094 D. 1～2048

15. 交换机端口在 VLAN 技术中应用时,常见的端口模式有( )。

A. access B. trunk C. 三层接口 D. 以太网接口

16. 二层交换机级连时,涉及跨越交换机多个 VLAN 信息需要交互时,trunk 接口能够实现的是( )功能。

A. 多个 VLAN 的通信

B. 相同 VLAN 间通信

C. 可以直接连接普通主机

D. 交换机互联的接口类型可以不一致

17. 通过再借用 4 位将 172.25.15.0/24 进一步划分为多个子网时,下面( )地址是合法的子网地址。(选三项)

A. 172.25.15.0 B. 172.25.15.8

C. 172.25.15.16 D. 172.25.15.40

E. 172.25.15.96 F. 172.25.15.248

18. 网络地址 172.16.4.8/18 表明其子网掩码是( )。

A. 255.255.0.0 B. 255.255.192.0

C. 255.255.240.0 D. 255.255.248.0

19. 网络管理员给 C 类地址指定子网掩码是 255.255.255.248 时,对于给定的子网,有( )个 IP 地址可分配给设备。

A. 6 B. 30 C. 126 D. 254

20. 使用默认子网掩码的 C 类网络包含( )个可用的主机地址。

A. 65535 B. 255 C. 254 D. 256

二、应用题

1. 一家小型软件设计公司刚与当地政府签订了两份软件设计合同。为处理日益增多的工作量,公司的员工从 8 名增加到 42 名,且所有的计算机都直接与同一台大型交换机相连。现在所有的员工都抱怨网络速度太慢,请问导致这种问题的主要原因是什么?如何解决这种问题?

2. 某单位被分配到一个 C 类网络地址是 202.123.98.0,根据使用情况,最少需要划分 5 个子网,每个子网最多有 27 台主机,试问如何进行子网划分?

项目4　组建大型局域网

掌握新技术，要善于学习，更要善于创新。

——邓小平

项目目标

(1) 了解组建大型局域网的社会需求；

(2) 熟悉网络层的作用、提供的服务及相应的协议；

(3) 掌握组建大型局域网的相关技能及配置命令；

(4) 理解下一代网际协议IPv6及配置命令；

(5) 具有组建大型局域网的职业能力和职业素养。

项目背景

(1) 网络机房；

(2) 企业网络。

4.1　用户需求与分析

随着现代科技的迅猛发展，网络技术的应用已迅速蔓延到国防、科研、经济、生活等各个领域，局域网的组建毫无疑问成为当今世界信息发展、教育改善、生活科技化的核心部分，小型局域网的建设已经适应不了实际的需要，大型局域网的建设在整个网络世界里的地位越来越重要。

用户需求与分析

在大型局域网设计方案中，综合目前和未来的应用情况，大型局域网将建设成为高带宽的、端到端的、以IP为基础的集数据、语音和图像于一体的多业务网络，同时应考虑未来大型局域网可以建立具有统一的安全策略、QoS策略、流量管理策略和系统管理策略的网络。

目前，大型局域网主要有以下几方面的特点。

(1) 数据网络结构采用一个分离的网络体系结构，其缺点是不利于网络的扩展，难以实现统一的网络管理。

(2) 大型局域网采用基于IP的语音、视频技术，比采用任何专用的语音、视频技术更节约资金，更容易实施，同时也更开放，具有最灵活的兼容性。

(3) 大型局域网应该有层次清晰的安全防范体系，有统一的安全管理策略。

综上所述，从网络的具体需求以及降低网络运行成本的目的出发，大型局域网的建设应以IP为基础，集数据、语音和图像为一体的多媒体应用，并且使用不同的应用方案创造一个开放的一体化网络平台。

目前，随着社会经济的大力发展，我国出现了许多大型局域网的组建需求，例如，许多大学和高职院校的大力发展，在校人数由起初的几千人发展为目前的上万人或几万人，校园面积也由原来的面积扩大了数倍且分布在不同的区域；许多企业发展壮大，成为跨地区、跨行业的大型企业；电子政务网络正在不断拓展和渗透；"三网技术"(即计算机网络、电话网、电视网)的不断完善和深入等。种种迹象都表明大型局域网越来越占有举足轻重的位置。

4.2 相关知识

4.2.1 网络层的设备——路由器

1. 路由器简介

路由器(router)是工作在网络层的设备，是用于连接各局域网及广域网的设备，是会根据信道的使用情况自动选择和设定路由，以最佳路径、按一定顺序发送信号的设备。

网络层的设备——路由器

路由器利用网络层定义的"逻辑"上的网络地址，也就是IP地址来区别不同的网络和网段，从而实现网络的互联和隔离，保持各个网络的相互的独立性。路由器不转发广播消息，而把广播消息限制在各自的网络内部。发送到其他网络的数据先被送到路由器，再由路由器转发出去，这表明路由器分割广播域也分割冲突域。

路由器作为不同网络之间互相连接的中转站，构成了国际互联网Internet的主体脉络，构造出了Internet的骨架。路由器的处理速度是网络通信的主要瓶颈之一，路由器的可靠性直接影响着网络互联的质量，因此在园区网、地区网，乃至整个Internet研究领域中，路由器技术都始终处于核心的地位。目前，路由器已经广泛应用于各行各业，各种不同厂商、不同档次的路由器产品已经成为实现各种骨干网内部连接、骨干网之间的互联及骨干网与互联网互联互通业务的主力军。锐捷系列路由器如图4-1所示。

2. 路由器的工作原理

路由器用于连接多个逻辑上分开的网络，当数据从一个子网传输到另一个子网时，可通过路由器来完成。

当IP子网中的一台主机向同一IP子网的另一台主机发送IP分组时，它将直接把IP分组送到对方。当发送给不同IP子网上的主机时，首先要选择一个能到达目的子网上的路由器，把IP分组发送给该路由器，由该路由器负责把IP分组送到目的地。如果没有找到这样的路由器，主机则把IP分组送给一个称为"默认网关"的路由器。"默认网

图 4-1　锐捷系列路由器

关"是每台主机上的一个配置参数,或者是接在同一个网络上的某个路由器端口的IP地址。

路由器转发IP分组时,先根据IP分组中目的IP地址的网络号部分确定合适的端口,把IP分组传送出去。同主机一样,路由器也要首先判定端口所接的是否是目的子网,如果是,就直接把分组通过相应的端口送到网络上;如果不是,则选择下一个路由器来传送分组。路由器也有自己的默认网关,用来传送不确定如何传送的IP分组。通过这样的方式,路由器把知道如何传送的IP分组正确转发出去,把不知道如何传送的IP分组送给默认网关的路由器,这样一级级地传送下去,IP分组最终将送到相应的目的地,那些送不到目的地的IP分组则被网络丢弃。

3. 路由器的功能

(1) 网络互联。路由器最基本的功能也是最主要的功能就是网络互联,可以实现不同网络、多个子网和广域网的互联。路由器能在多网络互联环境中建立灵活的连接,可用完全不同的数据分组和介质访问方法连接各种子网,路由器只接收源节点或其他路由器的信息,不关心各子网使用的硬件设备,只要求硬件设备上运行与网络层协议一致的软件。

(2) 路由控制和路由管理。路由器的作用是为经过它的每个数据包寻找一条最佳的传输路径,并将该数据的地址传送到目的节点。每个路由器上都存放着一个路由表,在路由表中保存着子网的标志信息、网络上路由器的IP地址、路由器的名字等内容,以便寻找出最佳的传输路径。路由表可以由网络管理员手工配置,也可以由网络自身通过路由学习功能自动配置。

(3) 流量控制和分组分段。路由器的另一个重要功能就是网络流量控制。路由器采用路由的优化算法均衡网络负载,可有效地控制网络拥塞状况,提高网络的性能。路由器的流量控制是利用路由器的缓存功能,使发送数据在传输过程中不会因为双方速度的不匹配而丢失。当网络不能处理较大的数据帧时，路由器就把数据帧分组为小数据帧，以便目的节点能够接收，防止数据的重复发送。

(4) 转发数据包和数据包验证。路由器在转发数据包之前，首先要检测数据包中的源地址和目的地址是否存在，若检测不到合法的源地址和目的地址，或检测到非法的广播或组播数据包，则路由器将会丢弃数据包。在实际的传输过程中，可以通过设置数据包过滤的访问列表限制数据包的转发，以保证网络的安全性。比如在一个企业内部，可以在路由器上设置访问列表，添加不转发的网站、源地址不明确的网站、禁止游戏网站的转发等信息，以确保企业内部的网络安全及正常的办公状态。

(5) 防止广播风暴。由于路由器的每个端口可连接不同的子网，可以将一个大的网络分割为多个子网进行管理和维护，同时路由器可以根据网络号、主机地址、数据类型等来过滤信息。因此，路由器具有较强的网络隔离功能，可以防止广播风暴，提高网络的安全性，有的路由器甚至可以充当防火墙。

4. 路由器的类型

(1) 按路由器性能档次划分。按路由器的性能档次不同，路由器可以分为接入级（访问层）路由器、企业级（分发层）路由器和骨干级（核心层）路由器。

① 接入级路由器。接入级路由器主要用于连接家庭或 ISP 内的小型企业客户。它不仅提供 SLIP 或 PPP 连接，还支持如 PPTP 和 IPSec 等虚拟的私有网络协议。随着网络技术的不断发展，接入级路由器将会支持多种异构和高速端口，并能够运行多种协议，同时避开电话交换网。

② 企业级路由器。企业级路由器连接许多终端系统，要求以尽量便宜的方法实现尽可能多的端点互联，并且要求支持不同的服务质量。路由器参与的网络系统能够将机器分成多个碰撞域，并因此能够方便地控制一个网络的大小。企业级路由器还支持一定的服务等级，至少允许分成多个优先级别。此外，企业级路由器还要求支持防火墙、包过滤及大量的管理和安全策略以及 VLAN。

③ 骨干级路由器。骨干级路由器是实现企业级网络互联的核心设备。骨干级路由器的基本功能要求网络有较快的速度、较高的可靠性及较大的数据吞吐量。为了获得较高的可靠性，网络系统普遍采用电话交换网中使用的技术，如热备份、双电源、双数据通路等传统的冗余技术，从而保证了骨干级路由器能够获得较高的可靠性。

(2) 按路由器的功能划分。按路由器的功能不同，路由器可以分为高档路由器、中档路由器和低档路由器。

从宏观上来讲，通常将背板交换能力（背板交换能力主要用来体现路由器的吞吐量）低于 25Gbps 的路由器称为低档路由器；将背板交换能力介于 25～40Gbps 的路由器称为中档路由器；将背板交换能力高于 40Gbps 的路由器称为高档路由器。

(3) 按路由器的结构划分。按路由器的结构不同，路由器可以分为模块化路由器和非模块化路由器。

模块化路由器可以根据实际情况灵活地配置路由器，以适应实际工作中不断增加的业务需求；非模块化结构只能提供固定的端口，无法根据实际情况增加相应的模块。通常,中、高档路由器为模块化结构,低档路由器为非模块化结构。

(4) 按路由器的作用划分。按路由器的作用不同,路由器可以分为通用路由器和专用路由器。

一般所说的路由器都是指通用路由器;专用路由器通常是指为实现特定的功能而对路由器的接口、硬件等进行相应优化的路由器。

5. 路由器的体系结构

路由器由物理网络接口(输入端口和输出端口)、交换开关、路由处理器和其他端口等要素组成,如图4-2所示。

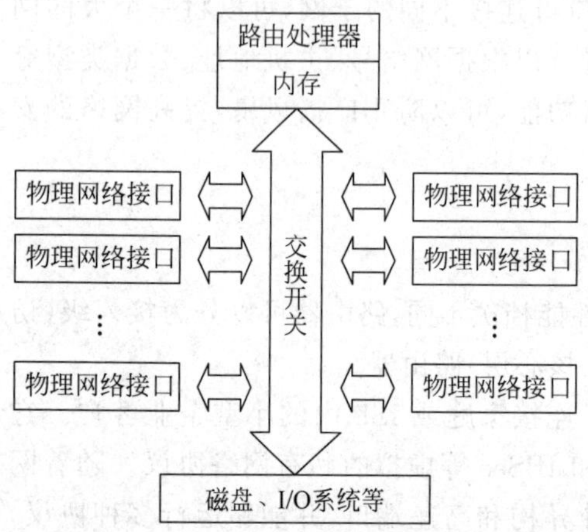

图4-2　路由器的体系结构

(1) 输入端口是数据包的进口。端口通常由线卡提供,一块线卡一般支持4个、8个或16个端口,一个输入端口一般具有5个主要功能:①进行数据链路层的封装和解封装;②在转发表中查找输入包的目的地址从而确定目的端口,即常说的"路由查找";③将收到的数据包分成几个预定义的服务级别;④可能需要运行数据链路级协议或者网络级协议;⑤参加对公共资源(如交换开关)的仲裁协议。

(2) 输出端口是数据包的出口,在数据包被发送到输出链路之前对数据包进行存储,可以实现复杂的调度算法及支持优先级等要求。与输入端口一样,输出端口同样能支持数据链路层的封装和解封装,以及能够运行许多高级协议。

(3) 目前使用最多的交换开关技术是总线、交叉开关和共享存储器。总线开关是最简单的开关,使用一条总线来连接所有的输入端口和输出端口;交叉开关则通过开关提供多条数据通路,具有 $N\times N$ 个交叉点的交叉开关可以被认为具有 $2N$ 条总线。不过只有当一个交叉点闭合时,输入总线上的数据才能在输出总线上可用,否则不可用。而交叉点的闭合与打开又由调度器来控制,调度器限制了交换开关的速度。共享存储器用来存储数据包,同时实现交换,不过交换的只是数据包的指针。

(4) 路由处理器用来管理转发表并实现路由协议,同时运行对路由器进行配置和管理的软件,还处理目的地址不在转发表中的数据包。

(5) 其他端口一般是指控制端口,如Console端口。可以通过Console端口与计算机或终端设备进行连接,通过特定的软件和相应的指令来进行路由器的配置。所有路由器都安装了控制台端口,使用户或管理员能够利用终端与路由器进行通信,完成路由器配置。

4.2.2　网络层提供的服务

网络层提供的服务

网络层提供的服务主要有以下两种。

1. 虚电路服务

网络层提供的虚电路服务，就是通过网络建立可靠的通信，从而做到能先建立确定的连接（逻辑连接）再发送分组报文的通信过程。

当两台计算机通过网络层的虚电路服务进行网络通信时，必须先建立一条从源节点到目的节点的虚电路（virtual circuit，VC），以保证通信双方所需的一切网络资源，然后源节点和目的节点就可以通过建立的虚电路发送相应的分组报文，如图4-3所示。

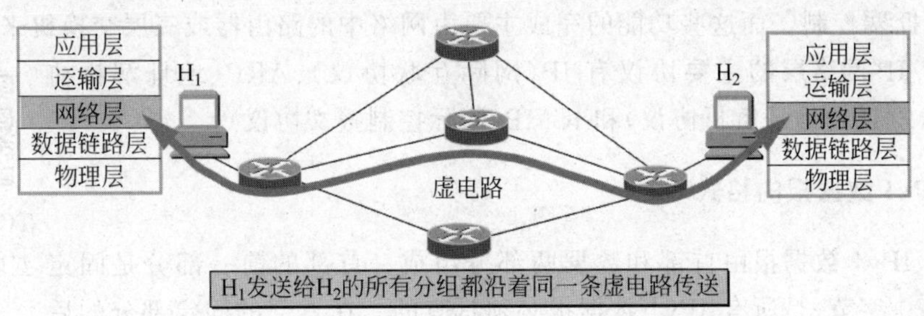

图4-3　虚电路

注意：虚电路表示这只是一条逻辑上的连接，分组都沿着这条逻辑连接并按照存储转发方式传送，而并不是真正建立了一条物理连接；电路交换的电话通信是先建立了一条真正的连接。因此，分组交换的虚连接和电路交换的连接只是类似，但并不完全一样。

2. 数据报服务

网络层向上只提供简单灵活的、无连接的、尽最大努力交付的数据包服务。

网络在使用数据报服务发送分组报文时，每一个分组报文（即IP数据报）都独立发送，在传送报文的过程中，所传送的分组报文可能会出错、丢失或不按序到达，当然也不能保证分组传送的时限，如图4-4所示。

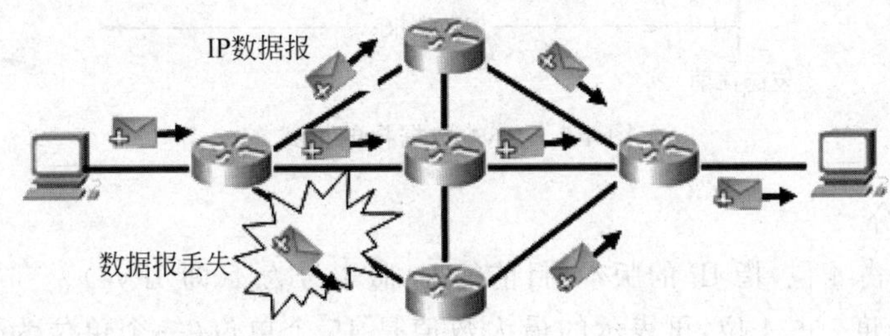

图4-4　数据报

有人说数据报服务的服务质量这么不可把控，为什么还不“废除”呢？其实数据报服务也有它的优势，虽然不能提供端到端的可靠传输服务，但可以使路由器做得比较简单，且价格低廉，从而大大降低网络的构造成本，同时具有较好的灵活性和均衡性。

4.2.3 TCP/IP 网络互联层

TCP/IP 体系结构已经在项目 2 中作了详细的介绍,这里就不重复讲述了。

1. TCP/IP 网络层功能及协议

TCP/IP 网络层的主要功能与 ISO 参考模型中网络层主要功能相同,即路由选择、网络互联和拥塞控制。而这些功能的完成主要由网络中的路由器或三层交换机来实现。

TCP/IP 网络层的主要协议有 IP(网际互联协议)、ARP(地址解析协议)、RARP(逆向地址解析协议)和 ICMP(网际控制报文协议)。

TCP/IP 网络互联层

2. IPv4 数据报的格式

一个 IPv4 数据报由首部和数据两部分组成。首部的前一部分是固定长度,共 20 字节,是所有 IPv4 数据报必须具有的。在首部的固定部分的后面是一些可选字段,其长度是可变的,如图 4-5 所示。

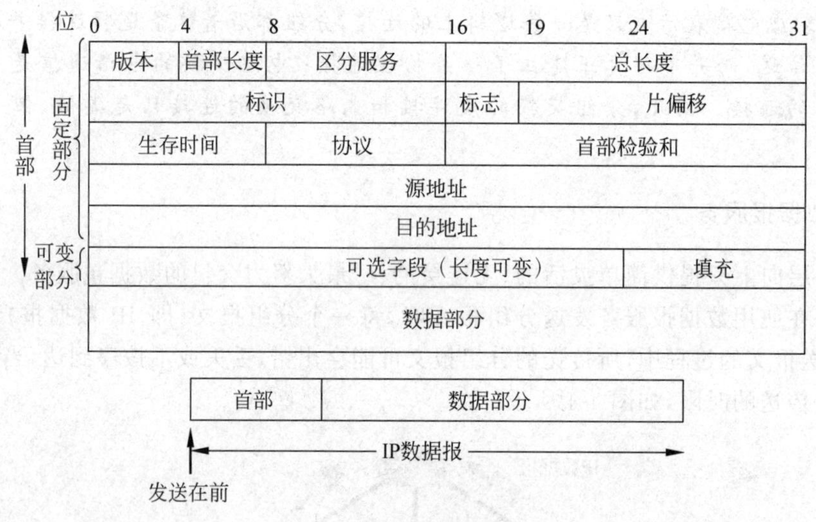

图 4-5　IPv4 数据报的格式

1) 固定部分

(1) 版本:占 4 位,指 IP 的版本,目前的 IP 版本号为 4(即 IPv4)。

(2) 首部长度:占 4 位,可表示的最大数值是 15 个单位(一个单位为 4 字节),因此 IP 的首部长度的最大值是 60 字节。

(3) 区分服务:占 8 位,用来获得更好的服务,在旧标准中叫作服务类型,但实际上一直未被使用过。1998 年这个字段改名为区分服务。只有在使用区分服务(diffServ)时,这个字段才起作用。在一般的情况下不使用这个字段。

(4) 总长度:占 16 位,指首部和数据之和的长度,单位为字节,因此数据报的最大长度为 65535 字节。总长度必须不超过最大传送单元 MTU。

(5) 标识(identification):占16位,它是一个计数器,用来产生数据报的标识。

(6) 标志(flag):占3位,目前只有前两位有意义。标志字段的最低位是MF(more fragment)。MF=1表示后面"还有分片";MF=0表示最后一个分片。标志字段中间的一位是DF(don't fragment)。只有当DF=0时才允许分片。

(7) 片偏移:占12位,指出较长的分组在分片后某片在原分组中的相对位置。片偏移以8字节为偏移单位。

(8) 生存时间:占8位,记为TTL(time to live),数据报在网络中可通过的路由器数的最大值。

(9) 协议:占8位,指出此数据报携带的数据使用何种协议以便目的主机的IP层将数据部分上交给哪个(TCP、UDP、ICMP)处理过程。

(10) 首部检验和:占16位,只检验数据报的首部不检验数据部分。这里不采用CRC检验码而采用简单的逻辑算术计算方法。

(11) 源地址和目的地址:各占4字节。

2) 可变部分

IP首部的可变部分就是一个选项字段,用来支持排错、测量以及安全等措施,内容很丰富。选项字段的长度可变,从1字节到40字节不等,取决于所选择的项目。增加首部的可变部分是为了增加IP数据报的功能,但同时也使得IP数据报的首部长度成为可变的。这就增加了每一个路由器处理数据报的开销。实际上这些选项很少被使用。

4.2.4 IPv4 路由协议

1. 基本概念

(1) 路由。路由一般是指路由器将一个端口接收到的数据包转发到另一个端口,信息经过一个网络传递到另一个网络的过程。路由要完成的两个主要工作就是选择路径和转发数据包。

IPv4路由协议基本概念、作用与静态路由

(2) 路由器。路由器是负责完成路由过程的物理设备。路由器是一种连接多个网络或网段的网络层的互联设备,提供了不同架构的网络互联机制,可以将不同网络、不同操作系统、不同型号的计算机有机地联系在一起,以便将一个网络的数据包发送到另一个网络中。

(3) 路由协议。路由协议是在数据包发送过程中,为了规范数据包的有效、有序发送而事先约定好的规定和标准。

(4) 路由表。为了给传输的数据包选择一条最佳传输路径,路由器生成并维护一张路由信息表,简称路由表,用以跟踪记录相邻路由器的地址信息。

2. 路由协议的作用

路由协议主要运行在路由器上,用来确定路径的选择,起到一个地图导航、负责找路的作用。它工作在传输层或应用层。它包括路由信息协议(RIP)、内部网关路由协议(IGRP)、开放式最短路径优先协议(OSPF)。路由协议选路过程实现的好坏将直接影响整个 Internet 网络的工作效率。

3. 静态路由和动态路由

路由器要转发数据包,就必须拥有路由信息。路由器可通过以下 3 种方式来获得路由信息。

1) 直连路由

对于直接相连的网络,路由器会自动添加到该网络的路由。

2) 静态路由

由网络管理员手工添加配置到路由器中的路由。静态路由中的静态路由表在开始选择路由之前就由网络管理员根据网络的配置情况手动设定,网络结构发生变化后又只能由网络管理员手动修改静态路由表。可见,静态路由只适用于网络传输状态相对简单的环境。

(1) 静态路由有以下优点。

① 静态路由无须路由交换,因此节省网络的带宽、CPU 利用率和路由器的内存。

② 静态路由具有更高的安全性。在使用静态路由的网络中,所有要连接到网络上的路由器都需在邻接路由器上设置其相应的路由。因此,在某种程度上提高了网络的安全性。

③ 有些组网过程中必须使用静态路由才能完成相应的任务。如按需拨号路由(dial-on-demand routing,DDR)、使用 NAT 技术的网络环境等。

(2) 静态路由有以下缺点。

① 管理者必须真正熟悉网络的拓扑并能正确配置路由。

② 网络的扩展性能较差。如果要在网络上增加一个网络,管理者必须在所有路由器上加一条路由,而这个工作过程全由管理员手动进行。

③ 配置过程相对烦琐,特别是当需要跨越几台路由器通信时,其路由配置更为复杂。

静态路由特别适用于局域网到 ISP 的连接。

【例 4-1】 如图 4-6 所示,AB 学院通过当地电信分公司连接上网,假设网络已经连接好且基本配置已经完成,用静态路由实现(路由器选用 Cisco 1941 或锐捷 RG-RSR20 及以上路由器)。

① ip route 命令。

```
Router(config)# ip route 目标网络 子网掩码 [下一跳地址或出去的接口]
```

其中,

- 目标网络:加入路由表的远程目的网络。
- 子网掩码:目标网络的子网掩码,可以总结一组网络。
- 下一跳地址:是指下一跳路由器的 IP 地址,通常用在路由器连接的广播网络(以太网)。
- 出去的接口:使用送出接口将数据包转发到目的网络,用在点到点连接的网络。

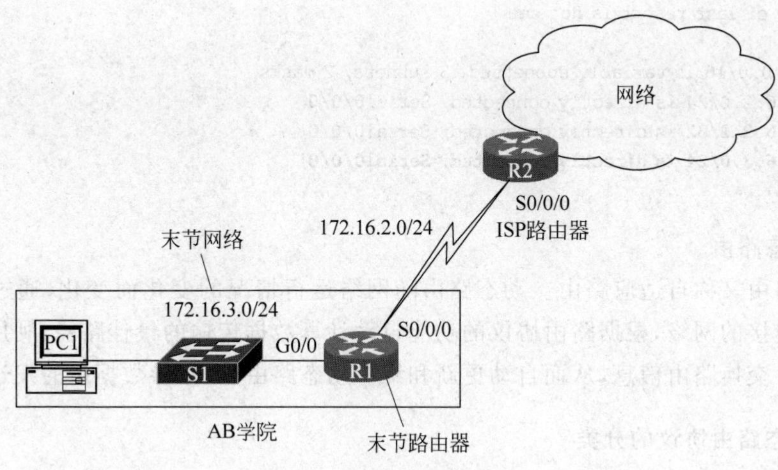

图 4-6　静态路由网络图

② 在 ISP 路由器 R2 上配置直连静态路由。

```
R2(config)# IP route 172.16.3.0 255.255.255.0 s0/0/0
```

③ 在 AB 职业技术学院路由器 R1 上配置默认静态路由。

```
R1(config)# IP route 0.0.0.0 0.0.0.0 s0/0/0
```

④ 检验静态路由。除了 ping 和 traceroute 命令，用于检验静态路由的命令还有 show ip route 和 show ip route static。

R1 的路由表显示如下。

```
R1# show ip route
Codes: L - local, C - connected, S - static, R - RIP, M - mobile, B - BGP
D - EIGRP, EX - EIGRP external, O - OSPF, IA - OSPF inter area
N1 - OSPF NSSA external type 1, N2 - OSPF NSSA external type 2
E1 - OSPF external type 1, E2 - OSPF external type 2, E - EGP
i - IS-IS, L1 - IS-IS level-1, L2 - IS-IS level-2, ia - IS-IS inter area
* - candidate default, U - per-user static route, o - ODR
P - periodic downloaded static route

Gateway of last resort is 0.0.0.0 to network 0.0.0.0

172.16.0.0/16 is variably subnetted, 4 subnets, 2 masks
C 172.16.2.0/24 is directly connected, Serial0/0/0
L 172.16.2.1/32 is directly connected, Serial0/0/0
C 172.16.3.0/24 is directly connected, GigabitEthernet0/0
L 172.16.3.1/32 is directly connected, GigabitEthernet0/0
S* 0.0.0.0/0 is directly connected, Serial0/0/0
R1#
```

R2 的路由表显示如下。

```
R2# show ip route
Codes: L - local, C - connected, S - static, R - RIP, M - mobile, B - BGP
...
```

```
Gateway of last resort is not set

172.16.0.0/16 is variably subnetted, 3 subnets, 2 masks
C 172.16.2.0/24 is directly connected, Serial0/0/0
L 172.16.2.2/32 is directly connected, Serial0/0/0
S 172.16.3.0/24 is directly connected, Serial0/0/0
R2#
```

3）动态路由

动态路由又称自适应路由。动态路由随网络运行情况的变化而变化,通过各路由器之间相互连接的网络,根据路由协议的功能自动计算数据传输的最佳路径,利用路由协议动态地相互交换路由信息,从而自动更新和维护动态路由表,指导数据包的发送。

4. 动态路由协议的分类

在动态路由中,对动态路由协议的分类标准有两种：一种是按路由选择算法分；另一种是按路由协议运作时与自治域系统(AS)的关系来分。

根据路由选择算法来分,动态路由协议可分为距离矢量路由协议(distance vector routing protocol,DVRP)和链路状态路由协议(link state routing protocol,LSRP)。距离矢量路由协议基于 bellman-ford 算法,即距离矢量算法,主要有 RIP、IGRP 和 BGP 协议；链路状态路由协议基于 dijkstra 算法,即最短路径优先算法,主要有 OSPF 和 IS-IS 协议。在距离矢量路由协议中,路由器将部分或全部的路由表传递给予其相邻的路由器中；在链路状态路由协议中,路由器将链路状态信息传递给在同一区域内的所有路由器。

根据路由协议运作时与自治域系统的关系来分,动态路由协议可分为内部网关协议(interior gateway protocol,IGP)和边界网关协议(BGP)。

Internet 被划分为许多由不同组织和公司单独控制的网络,称为自治系统(autonomous system,AS)。AS 是由单个管理机构使用同一套内部路由策略统一控制的一组网络。每个 AS 都以唯一的 AS 编号(ASN) 标识,ASN 在 Internet 上控制和注册。

最常见的 AS 实例是 ISP。大多数企业通过 ISP 连接到 Internet,从而成为该 ISP 路由域的一部分。AS 由 ISP 管理,因此 AS 不仅包含 ISP 自身的网络路由,还管理与之连接的所有企业及其他客户网络的路由。互联的自治系统如图 4-7 所示。

1）距离矢量路由协议

距离矢量路由协议算法各不相同,RIP 采用贝尔曼—福特路由选择算法来计算最佳路径。在数据报传输过程中,每个路由器维护一张路由表,路由表以子网中的路由器为个体,列出了当前已知路由器到每个目标路由器的最佳距离及所使用的线路。路由器之间通过邻近路由器相互交换信息,从而不断地更新它们内部的路由表。

距离矢量路由协议让路由器周期性地发送其路由表给邻近的路由器,通过接收邻近路由器的路由表来更新本地的路由表,从而获得所有已知的路由信息,保持路由表的实时更新。

距离矢量路由协议的优点是实现简单、开销小,在小型网络中运行得较好。距离矢量路由协议的缺点是收敛速度慢,可能传播错误的路由信息,造成路由环路并造成暂时的阻塞,这种现象主要体现在小型网络扩展到大型网络时。

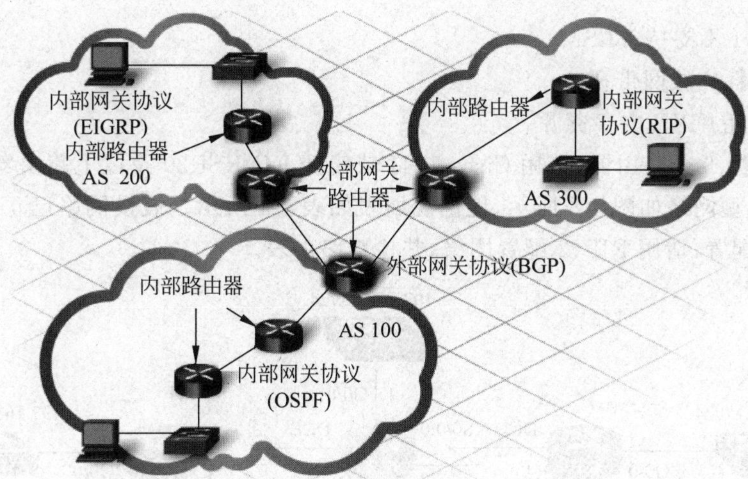

图 4-7　互联的自治系统

常见的距离矢量路由协议有 RIP(routing information protocol，路由信息协议)、IGRP(interior gateway routing protocol，内部网关路由协议)和 BGP(border gateway protocol，边界网关协议)。

距离矢量路由协议

(1) RIP。RIP 是一个分布式的基于距离矢量的路由选择协议，是不同路由器之间使用的第一个开放协议，是以前使用最广泛的路由协议，在所有 IP 路由平台上都可以得到。

在 RIP 中，距离称为跳数(hop count)，即从一个路由器到直接相连的网络的距离定义为 1，即跳数为 1。从一个路由器到非直接连接的网络的距离定义为所经过路由器数加 1，即每经过一个路由器，跳数就加 1。

RIP 认为一个理想的路由就是它通过的路由器的跳数是最少的。RIP 能使用的最大跳数为 15 跳，也就是允许一条路径最多只能包含 15 个路由器。当距离为 16 跳时目标就不可到达了。因此，RIP 只适用于最大跳数为 15 跳的小型互联网。

在网络通信过程中，RIP 要求网络中的每一个路由器都要时刻维护从它本身到其他每一个目的网络的距离记录，以保证每个时刻的相同路径中所选择的路径的跳数为最小。RIP 使用 UDP 数据包更新路由信息，路由器每隔 30s 更新一次路由信息，如果在 180s 内没有收到相邻路由器的回应，则认为去往该路由器的路由不可用，该路由器不可到达。如果在 240s 后仍未收到该路由器的应答，则把有关该路由器的路由信息从路由表中删除。

RIP 有两个版本：RIPv1 和 RIPv2。RIPv1 是有类路由(classful routing)协议，因路由上不包括掩码信息，因此网络上的所有设备必须使用相同的子网掩码，同时 RIPv1 不支持 VLSM(variable length subnet mask，可变长子网掩码)；RIPv2 可发送子网掩码信息，是无类路由(classless routing)协议，支持 VLSM。

RIP 具有以下特点：

- 不同厂商的路由器可以通过 RIP 互联；
- 配置简单；
- 适用于小型网络(小于 15 跳)；

• RIPv1 不支持 VLSM；
• 需消耗广域网带宽；
• 需消耗 CPU、内存资源。

【例 4-2】 3个路由器(选用 Cisco 1941 或锐捷 RG-RSR20 及以上路由器)R1、R2 和 R3 连接的小型网络如图 4-8 所示，地址规划表如表 4-1 所示。假设网络已正确连接且已经完成基本配置，请用 RIPv2 配置网络，并检查路由表。

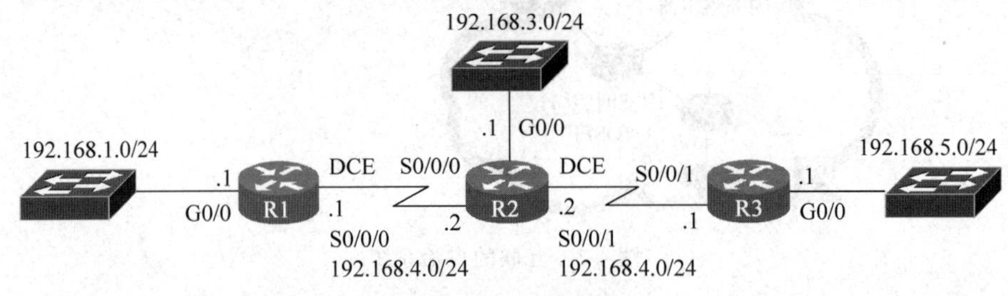

图 4-8 RIPv2 网络拓扑图

表 4-1 地址规划表

设 备	接 口	IPv4 地址	子网掩码	接口类型
R1	G0/0	192.168.1.1	255.255.255.0	千兆以太网
	S0/0/0	192.168.2.1	255.255.255.0	DCE
R2	G0/0	192.168.3.1	255.255.255.0	千兆以太网
	S0/0/0	192.168.2.2	255.255.255.0	DTE
	S0/0/1	192.168.4.2	255.255.255.0	DCE
R3	G0/0	192.168.5.1	255.255.255.0	千兆以太网
	S0/0/1	192.168.4.1	255.255.255.0	DTE

① 在路由器 R1 上启用 RIPv2。

```
R1#conf t
R1(config)#router rip
R1(config-router)#version 2
```

在路由器 R2 和 R3 上启用 RIPv2 的方法与 R1 上的相同。

② 通告网络。为网络启用 RIP，指定网络上的所有接口可以发送和接收 RIP 更新。

在路由器 R1 上通告网络：

```
R1(config)#router rip
R1(config-router)#network 192.168.1.0
R1(config-router)#network 192.168.2.0
```

在路由器 R2 上通告网络：

```
R2(config)#router rip
R2(config-router)#network 192.168.2.0
R2(config-router)#network 192.168.3.0
R2(config-router)#network 192.168.4.0
```

在路由器 R3 上通告网络：

```
R3(config)＃router rip
R3(config-router)＃network 192.168.4.0
R3(config-router)＃network 192.168.5.0
```

③ 检查 R1 上的 RIPv2 路由。RIPv2 路由条目组成如图 4-9 所示。

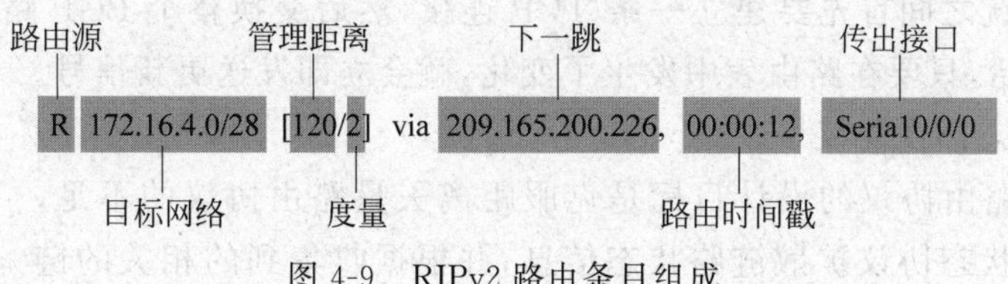

图 4-9　RIPv2 路由条目组成

路由表条目组成部分说明如下。

- 路由源：标识如何获知该路由，通常包括 O(OSPF)、D(EIGRP)、R(RIP)和 S(静态路由)。
- 目标网络：远程目的网络的地址。
- 管理距离：标识路由源的可信度，值越低可信度越高，具体值取决于路由协议。
- 度量：标识到达目标网络的开销，不同的路由协议计算的方式不同。
- 下一跳：是指接收所转发数据包的下一跳路由器的 IP 地址。
- 路由时间戳：用于标识此路由形成的时间。
- 传出接口：使用送出接口将数据包转发到目的网络。

数据包到达路由器后，查找与 IPv4 数据包的目的地址最佳匹配(最长匹配)的路由转发数据包。例如，如果路由表中有多个匹配，路由器会选择包含最长匹配的路由。

R1 上的 RIPv2 路由条目显示如图 4-10 所示。从显示的 RIPv2 路由条目可见，在 R1 上的 RIPv2 路由条目有 3 条，分别到 3 个远程目的网络。

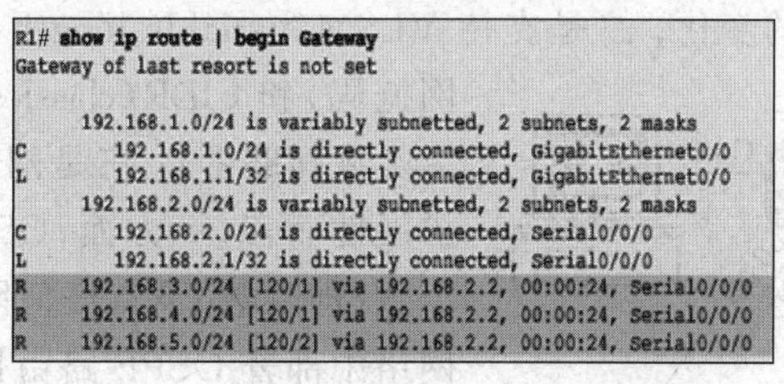

```
R1# show ip route | begin Gateway
Gateway of last resort is not set

      192.168.1.0/24 is variably subnetted, 2 subnets, 2 masks
C        192.168.1.0/24 is directly connected, GigabitEthernet0/0
L        192.168.1.1/32 is directly connected, GigabitEthernet0/0
      192.168.2.0/24 is variably subnetted, 2 subnets, 2 masks
C        192.168.2.0/24 is directly connected, Serial0/0/0
L        192.168.2.1/32 is directly connected, Serial0/0/0
R     192.168.3.0/24 [120/1] via 192.168.2.2, 00:00:24, Serial0/0/0
R     192.168.4.0/24 [120/1] via 192.168.2.2, 00:00:24, Serial0/0/0
R     192.168.5.0/24 [120/2] via 192.168.2.2, 00:00:24, Serial0/0/0
```

图 4-10　R1 上的 RIPv2 路由条目显示

(2) IGRP。IGRP 是 Cisco 公司 20 世纪 80 年代开发的一种动态的、长跨度(最大跳数是 255 跳)的路由协议，其原理是使用向量来确定到达一个网络的最佳路由，由延时、带宽、可靠性及负载等来计算最优路由，在同一个自治系统内具有较高跨度，适用于复杂的网络。

IGRP 的收敛时间长，传输路由信息所需的带宽少，同时由于 IGRP 的分组格式中无空白字节，从而提高了 IGRP 的报文效率。但 IGRP 仅限于 Cisco 产品使用，现在已经被 EIGRP(增强型内部网关路由协议)所取代。

(3) BGP。BGP 是一种在自治网络系统之间动态交换路由信息的路由协议。BGP

应用于互联网的网关之间,用来连接 Internet 上独立的系统。BGP 路由表包含已知路由器的列表、路由器能够达到的地址以及到达每个路由器的路径的跳数。

BGP 通过定期发送 keepalive 报文给其相邻路由器,从而来检测 TCP 连接的链路是否通畅或主机连接是否失败。发送连续的两个报文之间的时间间隔一般为 30s。

BGP 与 RIP 和 OSPF 协议的区别是: BGP 使用 TCP 作为其传输层协议,在运行 BGP 的两个系统之间首先要建立一条 TCP 连接,然后交换整个 BGP 路由表,就从建立连接那一刻开始,只要在路由表中发生了变化,就会立即发送更新信号。

2) 链路状态路由协议

链路状态路由协议

链路状态路由协议的设计目标是克服距离矢量路由协议的不足,通过使用链路状态协议扩散链路状态信息,并根据收集到的相关的链路状态信息计算出最优的网络拓扑。

(1) OSPF 协议。OSPF(open shortest path first,开放式最短路径优先)协议是一种基于开放标准的链路状态路由选择协议。

OSPF 协议采用链路状态路由选择算法,每个 OSPF 路由器使用 Hello 协议探寻邻居路由器并与之建立通信关系,并通过广播的方式将它们自己的链路状态和接收到的链路信息告知同一区域中其他的 OSPF 路由器。当位于同一区域的 OSPF 路由器具有完整的链路状态数据库,即得到一张统一的网络拓扑图后,每个 OSPF 路由器都以自身为根路由,采用最短路径优先算法计算到每个目的网络的最短路径,然后根据相应的 SPF 树,使用通向每个网络的最佳路径写入 IP 路由表。

OSPF 协议由 3 个子协议组成: Hello 协议、交换协议和扩散协议。Hello 协议负责检查链路是否可用,并完成指定路由器及备份指定路由器;交换协议完成主路由器、从路由器的指定并实现各自路由数据库信息的交换;扩散协议完成同一区域中各个路由数据库的同步维护。

与距离矢量路由协议 RIP 相比,OSPF 协议具有以下优点:一是协议的收敛时间较短,能够快速适应网络的变化;二是支持 VLSM(variable length subnet mask,可变长子网掩码)和 CIDR(classless inter-domian routing,无类域间路由);三是网络的可扩展性强。就可扩展性而言,一方面,OSPF 对网络中的路由器个数(即跳数)没有任何限制;另一方面,在大型网络中部署 OSPF 路由协议时可采用多区域的网络设计原则,即将自治系统分为若干个独立的区域,其中一个区域为骨干区域,其他区域为非骨干区域,将骨干区域与非骨干区域之间以自治系统内部的路由相连。

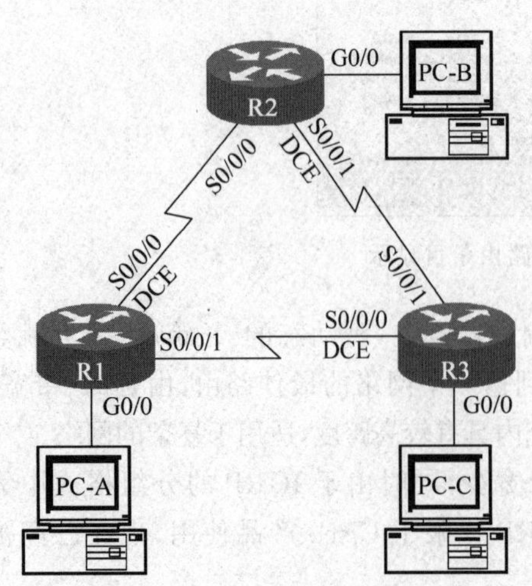

图 4-11 OSPFv2 网络拓扑

【例 4-3】 3 个路由器 R1、R2 和 R3 连接的小型网络(路由器选用 Cisco 1941 或锐捷 RG-RSR20 及以上路由器),如图 4-11 所示,地址规划表如表 4-2 所示。假设网络已正确连接且基本配置已经完成，请使用 OSPFv2 路由协议配置网络，并使用 CLI 命令显示和检验 OSPF 路由信息。

表 4-2 地址规划表

设 备	接 口	IP 地址	子网掩码	默认网关
R1	G0/0	192.168.1.1	255.255.255.0	N/A
	S0/0/0(DCE)	192.168.12.1	255.255.255.252	N/A
	S0/0/1	192.168.13.1	255.255.255.252	N/A
R2	G0/0	192.168.2.1	255.255.255.0	N/A
	S0/0/0	192.168.12.2	255.255.255.252	N/A
	S0/0/1(DCE)	192.168.23.1	255.255.255.252	N/A
R3	G0/0	192.168.3.1	255.255.255.0	N/A
	S0/0/0(DCE)	192.168.13.2	255.255.255.252	N/A
	S0/0/1	192.168.23.2	255.255.255.252	N/A
PC-A	NIC	192.168.1.3	255.255.255.0	192.168.1.1
PC-B	NIC	192.168.2.3	255.255.255.0	192.168.2.1
PC-C	NIC	192.168.3.3	255.255.255.0	192.168.3.1

① 在 R1 上配置 OSPF。

• 在 R1 上，在全局配置模式下使用 router ospf 命令启用 OSPF。

```
R1(config)#router ospf 1
```

注意：*OSPF 进程 ID 为 1 只具有本地意义，对网络中的其他路由器没有任何意义。*

• 为 R1 上的网络配置 network 语句。使用区域 ID 为 0。

在接口网络上启用 OSPF，network 命令决定了哪些接口网络参与 OSPF 区域的路由过程，即发送和接收 OSPF 路由信息数据包。

反掩码的计算如下。

```
255.255.255.255 - 255.255.255.0 = 0.0.0.255
255.255.255.255 - 255.255.255.252 = 0.0.0.3
```

network 命令如下。

```
R1(config-router)#network 192.168.1.0 0.0.0.255 area 0
R1(config-router)#network 192.168.12.0 0.0.0.3 area 0
R1(config-router)#network 192.168.13.0 0.0.0.3 area 0
```

② 在 R2 和 R3 上配置 OSPF 协议。

```
R2(config)#router ospf 1
R2(config-router)#network 192.168.2.0 0.0.0.255 area 0
R2(config-router)#network 192.168.12.0 0.0.0.3 area 0
R2(config-router)#network 192.168.23.0 0.0.0.3 area 0
R3(config)#router ospf 1
R3(config-router)#network 192.168.3.0 0.0.0.255 area 0
R3(config-router)#network 192.168.13.0 0.0.0.3 area 0
```

```
R3(config-router)#network 192.168.23.0 0.0.0.3 area 0
```

③ 检验 OSPF 协议邻居和路由信息。用 show ip ospf neighbor 命令检验每台路由器是否将网络中的其他路由器列为邻居,如在 R1 上的命令如下。

```
R1#show ip ospf neighbor
Neighbor ID      Pri   State          Dead Time    Address         Interface
192.168.23.2      0    FULL/  -       00:00:33     192.168.13.2    Serial0/0/1
192.168.23.1      0    FULL/  -       00:00:30     192.168.12.2    Serial0/0/0
```

状态为 FULL,表示与邻居路由器建立了邻接关系,可以交换 OSPF 链路信息。

用 show ip route 命令检验 R1 路由器的路由表中是否显示所有网络,如在 R1 上的命令如下。

```
R1#show ip route
Codes: L - local, C - connected, S - static, R - RIP, M - mobile, B - BGP
D - EIGRP, EX - EIGRP external, O - OSPF ...
Gateway of last resort is not set
     192.168.1.0/24 is variably subnetted, 2 subnets, 2 masks
C    192.168.1.0/24 is directly connected, GigabitEthernet0/0
L    192.168.1.1/32 is directly connected, GigabitEthernet0/0
O    192.168.2.0/24 [110/65] via 192.168.12.2, 00:32:33, Serial0/0/0
O    192.168.3.0/24 [110/65] via 192.168.13.2, 00:31:48, Serial0/0/1
     192.168.12.0/24 is variably subnetted, 2 subnets, 2 masks
C    192.168.12.0/30 is directly connected, Serial0/0/0
L    192.168.12.1/32 is directly connected, Serial0/0/0
     192.168.13.0/24 is variably subnetted, 2 subnets, 2 masks
C    192.168.13.0/30 is directly connected, Serial0/0/1
L    192.168.13.1/32 is directly connected, Serial0/0/1
     192.168.23.0/30 is subnetted, 1 subnets
O    192.168.23.0/30 [110/128] via 192.168.12.2, 00:31:38, Serial0/0/0
                     [110/128] via 192.168.13.2, 00:31:38, Serial0/0/1
```

左边为 O,就是 OSPF 协议动态形成的路由表信息。有 3 条 OSPF 路由信息,R1 到所有网络都有路由。R2 和 R3 路由器的路由表信息根据同样的方法可以得到,读者自己可以做一些分析。

(2) IS-IS。IS-IS 的全称是 intermediate system to intermediate system routing protocol,即中间系统到中间系统的路由选择协议。

IS-IS 是由 ISO 提出的一种路由选择协议,是一种链路状态协议。IS-IS 类似于 OSPF。

4.2.5 广域网协议

广域网链路层协议定义了数据帧如何在广域网的线路上进行帧的封装、传输和处理。常用的广域网链路及封装的协议有以下几种:

(1) 点到点协议(point to point protocol,PPP);

(2) 高级数据链路控制(high level data link control,HDLC)协议;

(3) X.25 协议;

(4) 帧中继(frame relay,FR)。

1. PPP

广域网协议

PPP 是为相同层次单元之间传输数据包而设计的链路层协议。该协议提供全双工操作,并按照一定顺序传递数据包。常见的 PPP 应用场合是 Modem 通过拨号或专线方式将用户计算机接入 ISP 网络,也就是把用户计算机与 ISP 服务器连接。另一个 PPP 应用领域是局域网之间的互联。前几年,PPP 是各种主机、网桥和路由器之间通过拨号或专线方式建立点对点连接的首选方案。

PPP 具有协议简单、动态 IP 地址分配、可对传输数据进行压缩和对入网用户进行认证等优点。其主要用于家庭拨号上网、ADSL 上网、局域网的点对点连接等。

PPP 一方面定义了封装多种网络层协议的规范;另一方面制定了一组用于建立、配置不同网络层协议的网络控制协议(network control protocol,NCP),它包括 IPCP 和 IPXCP,它们都是 IP 的控制协议。此外,由于 PPP 要在多种接入网的数据链路上运行,因此需要制定用于建立、配置测试和释放数据链路连接的数据链路控制协议(link control protocol,LCP)。由此可见,PPP 包括了封装规范、网络控制协议和数据链路控制协议。

PPP 的认证是可以选择的。通信双方在建立链路连接后,先进行认证协议的选择,然后进行协议认证。一旦通过认证,双方将建立网络层的连接进行通信,否则将断开相应连接。常用的认证协议有口令验证协议(password authentication protocol,PAP)和挑战—握手验证协议(challenge-handshake authentication protocol,CHAP)。PAP 是一种明文验证方式,用户名和密码都以明文形式传输,很容易被不法分子非法截取,因而使用 PAP 协议的安全性很差,一般不予以采用。CHAP 不发送明文密码,而是发送经过摘要算法加密过的随机序列,称为挑战口令。网络接入服务器 NAS 向远程用户发送一个挑战口令,这个口令包括会话 ID 和一个任意生成的挑战字串,也就是平时我们经常遇见的随机码,远程客户将使用 MD5 算法加密用户名、用户口令和接收的挑战口令,并以密文的形式返回给网络接入服务器,网络接入服务器对接收的数据进行比对,如果正确,验证就通过且连接成功。由于 CHAP 以密文方式传送口令,因此安全性较好,但在使用过程中需要多次进行身份询问及响应,会耗费较多的 CPU 资源,因此,CHAP 用在安全性要求较高的环境中。

2. HDLC 协议

HDLC(high level data link control,高级数据链路控制)协议是一个工作在链路层的点对点的数据传输协议,其帧结构有两种类型:一种是 ISO HDLC 帧结构,有物理层及 LLC 两个子层,采用 SDLC(同步数据链路控制协议)的帧格式,支持同步、全双工操作;另一种是 Cisco HDLC 帧结构,无 LLC 子层,只进行物理帧封装,没有应答、重传机制,所有的纠错处理由上层协议处理。因此,ISO HDLC 与 Cisco HDLC 是相互不兼容的协议。

HDLC和PPP虽然都是点对点的广域网传输协议,但是在具体组网时都有各自的应用环境：在Cisco路由器与Cisco路由器之间用专线连接时,采用Cisco HDLC协议,因为此时使用Cisco HDLC比使用PPP具有更高的效率；在Cisco路由器与非Cisco路由器之间用专线连接时,不能用Cisco HDLC,因为非Cisco路由器不支持Cisco HDLC,此时就只能用PPP。

3. X.25协议

X.25协议是CCITT关于公用数据网上以分组方式工作的DTE与DCE之间的接口标准,其功能是为公用数据网在分组交换方式下提供终端操作,它不涉及分组交换网的内部结构。X.25协议以虚电路为基础,描述了连接建立、数据传输和连接终止的全过程控制。它定义了物理层、数据链路层、分组层3层协议,对应OSI 7层模型中的下3层。

4. 帧中继

帧中继与X.25协议在很多方面都相似,但X.25协议不提供高速服务,而帧中继则提供高速服务。X.25协议主要是针对模拟电话网络的链路质量差的特点,同时又要保证数据的正确传输,因而在传输过程中每个节点要对收到的数据做大量的检查和处理,同时保留原始帧的副本,进行从源端到目的端错误的检查和处理。这样的检查和处理在保证数据正确传输的同时,增大了数据在传输过程中的时间延迟,从而降低了网络的传输效率。目前,帧中继充分利用光纤网络降低误码率、简化差错控制的高质量网络的特点,在网络通信过程中,中间节点只转发帧而不回送确认帧,只在目的节点收到帧后才回送端到端的确认,即使用了快速分组交换的工作方式,从而减少了中间检查和处理的环节,大大提高了网络的传输速率。

帧中继的基本工作原理是：节点收到帧的目的地址后便立即转发,而无须等待收到整个帧后才转发,这种正在接收一个帧时就对其转发的方式称为快速分组交换。如果帧在传输过程中出现差错,当节点见到该帧有错误时,节点立即停止转发,并发一个指示到下一个节点；下一个节点接到指示后立即终止转发,将该帧丢弃,并请求源节点重发。

4.2.6 ARP/RARP和ICMP

1. ARP/RARP

ARP(address resolution protocol,地址解析协议)用于将网络中的协议地址(IP地址)解析为本地的硬件地址(MAC地址)。TCP/IP中IP地址与物理地址之间的映射如图4-12所示。

ARP/RARP和ICMP

在TCP/IP网络环境下,每个主机都分配了一个32位的IP地址,被称为主机的逻辑地址。为了让报文在物理网络上顺利传送,就必须知道目的主机的物理地址。为了正确地向目的主机传送报文,就必须把目的主机的32位IP地址转换成为48位的以太网MAC地址,这就必须通过地址解析协议获得。

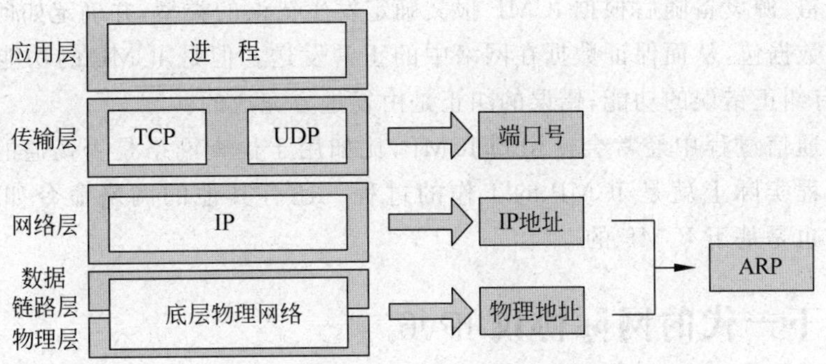

图 4-12　TCP/IP 中 IP 地址与物理地址之间的映射

ARP 的基本功能就是通过目标设备的 IP 地址获得目标设备的 MAC 地址，以保证通信的顺利进行。

下面介绍 ARP 的工作原理。

首先，每台安装了 TCP/IP 的主机都会在自己的 ARP 缓冲区(ARP Cache)中建立一个 ARP 列表，以确定 IP 地址和 MAC 地址的对应关系，列表里的 IP 地址与 MAC 地址是一一对应的。

其次，当源主机需要将一个数据包发送到目的主机时，会首先检查自己的 ARP 列表中是否存在该 IP 地址对应的 MAC 地址，如果有，就直接将数据包发送到这个 MAC 地址；如果没有，就向本地网段发起一个 ARP 的请求数据包(数据包包括源主机的 IP 地址、硬件地址以及目的主机的 IP 地址和目的主机的物理地址)，用于查询此目的主机对应的 MAC 地址。网络中所有的主机收到这个 ARP 请求后，会检查数据包中的目的 IP 地址是否和自己的 IP 地址一致，如果不同就忽略此数据包；如果相同，该主机首先将发送端的 MAC 地址和 IP 地址添加到自己的 ARP 列表中。如果 ARP 表中已经存在该 IP 地址的信息，则将其覆盖，然后向源主机发送一个 ARP 响应数据包，告诉对方自己是它需要查找的 MAC 地址。源主机收到这个 ARP 响应数据包后，将得到的目的主机的 IP 地址和 MAC 地址添加到自己的 ARP 列表中，并利用此信息开始数据的传输。如果源主机一直没有收到 ARP 响应数据包，就表示 ARP 查询失败。

RARP(reverse address resolution protocol，反向地址转换协议)用于通过 MAC 地址获得 IP 地址。RARP 用于将本地的硬件地址解析为网络中的协议地址。

2. ICMP

ICMP(Internet control message protocol，Internet 控制报文协议)是 TCP/IP 族的一个子协议，是一种面向连接的协议，用来检查网络，并在 IP 主机、路由器之间传递错误报告控制消息。其中的控制消息是指网络是否畅通、主机是否可达、路由器是否可用等网络本身的消息，这些控制消息虽然并不传输用户数据，但是对于用户数据的传递起非常重要的作用。ICMP 并不是高层协议，而仍被视为网络层协议。

当出现 IP 数据无法访问目标、IP 路由器无法按当前的传输速率转发数据包等情况时，ICMP 会自动发送消息，提供一种易懂的出错报告信息，发出的出错报文返回到发送数据的源设备,源设备随后根据ICMP报文确定发生错误的类型,并确定如何才能更好地重发失败的数据包,从而保证数据在网络中的正常发送。但是ICMP的功能只是报告问题,而不具有纠正错误的功能,错误的纠正是由发送方完成的。

在网络通信过程中经常会使用到ICMP,比如用于检查网络是否畅通的ping命令,它的工作过程实际上就是ICMP的工作的过程。还有其他的网络命令如跟踪路由的tracert命令也是基于ICMP的。

4.2.7 下一代的网际协议IPv6

网际协议IPv4已经有三四十年的历史,但是在Internet不断壮大的过程中,IPv4也充分暴露出潜在的危机——IP地址的分配枯竭和路由表的急剧膨胀。为了解决现行IPv4存在的问题,1995年年底推出了新一代的网络协议IPv6。IPv6由IETF设计,在IPv4的基础上进行相应的改进,对IPv4兼容的同时替代了IPv4。IPv6是Internet protocol version 6的缩写,被称作下一代互联网协议。

下一代的网际协议

1. IPv6概述

IPv6采用128位地址长度,几乎可以不受限制地提供地址,彻底解决IPv4地址不足的问题。IPv6实际可分配的地址可以达到整个地球的每平方米分配1000多个地址。IPv6的设计除了解决了地址短缺的问题以外,还考虑了在IPv4中存在端到端IP连接、服务质量、安全性、多播、移动性、即插即用等问题。

2. IPv6地址表示法

IPv6地址扩展到128bit,为便于理解协议,设计者用冒号将其分割成8个16bit的数组,每个数组表示成4位的十六进制数。例如,FECD:BA98:7654:3210:FEDC:BA98:7654:3210。

在每个4位一组的十六进制数中,如其高位为0,则可省略。例如,将0800写成800,0008写成8,0000写成0。所以1080:0000:0000:0000:0008:0800:200C:417A可缩写成1080:0:0:0:8:800:200C:417A。

为了进一步简化,规范中导入了重叠冒号的规则,即用重叠冒号置换地址中的连续16bit的0。例如,将上例中的连续3个16bit的0置换后,可以表示成1080::8:800:200C:417A的缩写形式,重叠冒号的规则在一个地址中只能使用一次。

当涉及IPv4和IPv6节点的混合环境时,有时使用×:×:×:×:×:×:d.d.d.d这种替代形式更为便利,其中×是地址中6个16bit的最高位的十六进制值,d是4个8bit的最低位的十进制值(标准IPv4表示法)。例如,0:0:0:0:0:0:13.1.68.3或用压缩形式"::13.1.68.3"。

3. IPv6的地址类型

IPv6地址整体上分为以下3类。

（1）单播地址：一单播地址对应一接口，发往单播地址的数据包被对应的接口接收。

（2）任播地址：一个任播地址对应一组接口，发往任播地址的数据包会被这组接口的其中一个接收，被哪个接口接收由具体的路由协议确定。

（3）组播地址：一组播地址对应一组接口，发往组播地址的数据包被这组接口接收。

任播地址存在于单播地址之中，没有专门的区分，具体的地址分配如表4-3所示。

表4-3　IPv6地址分类

地址类型	二进制前缀	IPv6表示
未指定地址	00…00（全0）	::/128
环回地址	00…1（最后一位是1）	::1/128
组播地址	11111111	FF00::/8
本地链路单播地址	1111111010	FE80::/10
全球单播地址	/64（一般是64位前缀）	?:?:?:?::?/64

特别说明如下。

① 未指定地址主要用于系统刚启动且尚未分配IP地址时，此时对外请求的IP地址将作为源地址使用，不能用作数据包的目的地址。比如，当IPv6主机的IPv6地址是需要从DHCPv6获取，那么当IPv6主机向DHCPv6服务器发起地址请求或者由DAD（地址冲突检测）发出一个数据包时，所使用的源地址就为“IPv6未指定地址”。而该地址的全格式为0000:0000:0000:0000:0000:0000:0000:0000，压缩格式为“::”。

② 环回地址用于向自己发送数据包时使用，在日常网络排错中可以测试网络层协议的状态。类似于IPv4地址127.0.0.1，其作用在于测试本地设备的TCP/IP簇是否被正确安装，而通过该地址发出的数据不会经过网络传输。IPv6的环回地址全格式为0000:0000:0000:0000:0000:0000:0000:0001，压缩格式为“::1”。

③ IPv6组播地址类似于IPv4组播地址224.0.0.0/3，其作用是源节点发送单个数据包，而该数据包可以到达多个目标地址。

④ 本地链路单播地址的前缀为FE80::/64，它的作用是在没有路由（网关）存在的网络中，主机通过MAC地址自动配置生成IPv6地址，仅能在本地网络中使用。

⑤ IPv6全球单播地址是指用于Internet上的地址，类似于IPv4的“公有”IP地址，如202.202.1.1/30。而一个IPv6地址是由提供商提供的48bit的路由前缀、组织机构使用的16bit的划分子网以及64bit的接口标识符组成。

注意： 接口标识符是指64bit的MAC地址（未来网络适配器的MAC地址），或者是基于48bit MAC地址扩展为64bit。

4. IPv6分组结构与基本报头

每个IPv6分组都有一个IPv6基本报头。基本报头长度固定为40字节。IPv6数据报可以没有扩展报头，也可以有一个或多个扩展报头，扩展报头可以具有不同的长度。如图4-13所示。IPv6基本报头结构如图4-14所示。

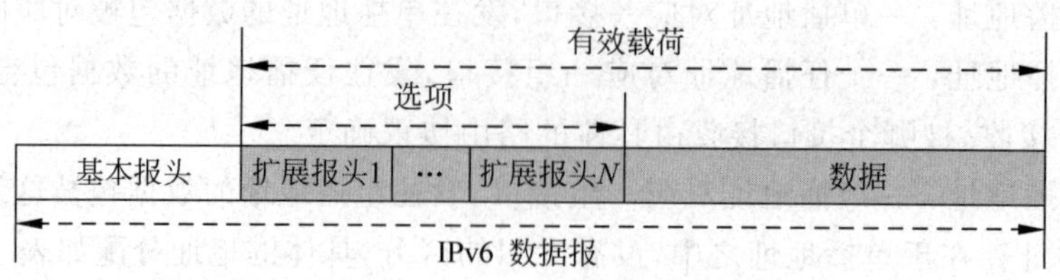

图 4-13　IPv6 分组结构

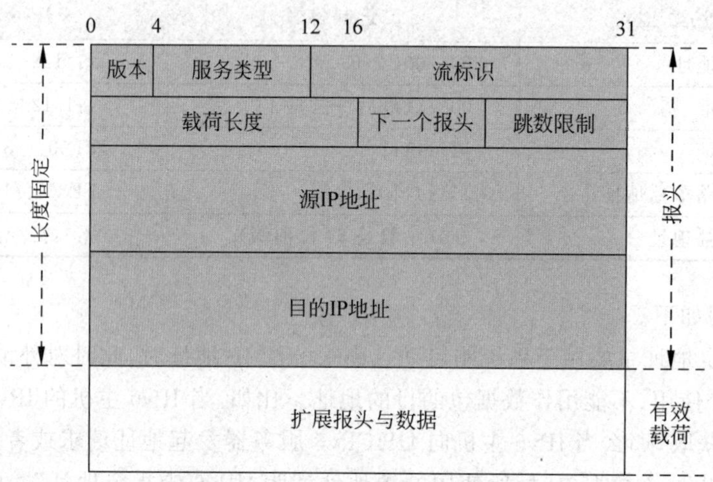

图 4-14　IPv6 基本报头结构

IPv6 基本报头各个字节的意义如下。

(1) 版本(version)。版本字段为 6 位,表示使用 IPv6。

(2) 通信(服务)类型(traffic class)。通信类型字段为 8 位,表示数据包的类或优先级。

(3) 流标识(flow label)。

① 流标识字段为 20 位,表示分组属于源节点和目标节点之间的一个特定数据包序列,它需要由中间 IPv6 路由器进行特殊处理。

② 流标识用于非默认的 QoS 连接,如实时数据(音频和视频)的连接。

(4) 载荷长度(payload length)。

① 载荷长度字段为 16 位,表示 IPv6 有效载荷的长度。

② 有效载荷的长度包括扩展报头和高层 PDU。

③ 由于有效载荷长度字段为 16 位,它可以表示最大长度为 65535 字节的有效载荷。

④ 如果有效载荷的长度超过 65535 字节,则将有效载荷长度字段的值置为 0,而有效载荷长度用逐跳选项扩展报头中的超大有效载荷选项表示。

(5) 下一个报头(next header)。

① 下一个报头字段为 8 位,如果存在扩展报头,下一个报头值表示下一个扩展报头的类型。

② 如果不存在扩展报头,下一个报头值表示传输层报头是 TCP、UDP 或 ICMP 报头。

(6) 跳数限制(hop limit)。

① 跳数限制字段为 8 位,表示 IPv6 分组可以通过的最大路由器转发数。

② 分组每经过一个路由器,数值减 1。

③ 当跳数限制字段的值减为 0,路由器向源节点发送"超时—跳数限制超时"ICMPv6 报文,并丢弃该分组。

(7) 源地址(source address)。

① 源地址字段为 128 位。

② 表示源主机的 IPv6 地址。

(8) 目的地址(destination address)。

① 目标地址字段为 128 位。

② 在大多数情况下,目的地址字段值为最终目的节点地址。

③ 如果存在路由扩展报头,目的地址字段值可能为下一个转发路由器的地址。

5. IPv6 的特点

(1) 地址容量扩大。IPv4 中规定 IP 地址长度为 32 位,共有 2^{32} 个地址;而 IPv6 中 IP 地址的长度为 128 位,共有 2^{128} 个地址。可见,IPv6 彻底解决了 IPv4 地址不足的问题,同时 IPv6 还支持分层地址结构,更易于寻址;同时 IPv6 扩展支持组播和任意播地址,使得数据包可以发送给任何一个或一组节点。

(2) 路由表更小。IPv6 的地址分配遵循聚类原则,这使路由器能在路由表中用一条记录表示一片子网,大大减小了路由器中路由表的长度,提高了路由器转发数据包的速度。

(3) 增强的组播支持以及流标签的使用。IPv6 增强的组播支持使网络上的多媒体应用有了长足发展的机会,为服务质量控制提供了良好的网络平台,流标签的使用可以为数据包提供个性化的网络服务,同时保证了良好的服务质量。

(4) 自动配置能力(即支持即插即用功能)。IPv6 大容量的地址空间能够真正地实现无状态地址的自动配置能力,使 IPv6 终端能够快速连接到网络上,无须人工配置,真正实现即插即用,从而简化了移动主机和局域网的系统管理。

(5) 报头格式简化。IPv6 简化的报头格式有效地减少了路由器或交换机对报头的开销,此外,IPv6 加强了对扩展报头和选项部分的支持,使转发更加可靠,同时,对网络在未来加载新的应用提供了支持。

(6) 安全性更高。IPv6 具有更高的安全性。IPv6 把 IPSec 作为备用协议,以保证网络层端到端通信的完整性和机密性。同时,在 IPv6 网络中,用户可以对网络层的数据进行加密并对 IP 报文进行认证,极大地增强了网络的安全性。

4.2.8 支持 IPv6 的路由协议

1. IPv6 静态路由

IPv6 静态路由与 IPv4 静态路由类似,不同的是地址从 32 位扩展到了 128 位。下面用一个实例说明 IPv6 静态路由的实施过程。

(1) IPv6 route 命令。命令中大多数参数与 IPv4 版本相同。在直连 IPv6 静态路由中,路由条目会指定路由器的传出接口。直连静态路由通常用于点到点的串行接口。要配置直连 IPv6 静态路由,请使用如下的第一种命令形式:

支持 IPv6 的路由协议

```
Router(config)# ipv6 route ipv6 前缀/前缀长度 {下一跳地址或出去的接口}
```

其中,

① ipv6 前缀:加入路由表的远程 IPv6 目的网络。

② 前缀长度:相当于 IPv4 目标网络的子网掩码长度,区分网络号和主机号。

③ 下一跳地址:下一跳路由器的 IPv6 地址,通常用在路由器连接的广播网络(以太网)。

④ 出去的接口:使用送出接口将数据包转发到目的网络,该接口用在点到点连接的串行接口。

配置直连 IPv6 默认静态路由,请使用如下的第二种命令形式:

```
Router(config)# ipv6 route ::/0 {下一跳地址或出去的接口}
```

其中,

"::/0":匹配任何 IPv6 前缀。

(2) 配置示例。图 4-15 所示的网络拓扑中(路由器选用 Cisco 1941 或同类及以上路由器),R1 是客户端的路由器,R2 是 ISP 端的路由器。在 R1 上配置 IPv6 默认静态路由,在 R2 上配置直连 IPv6 静态路由。

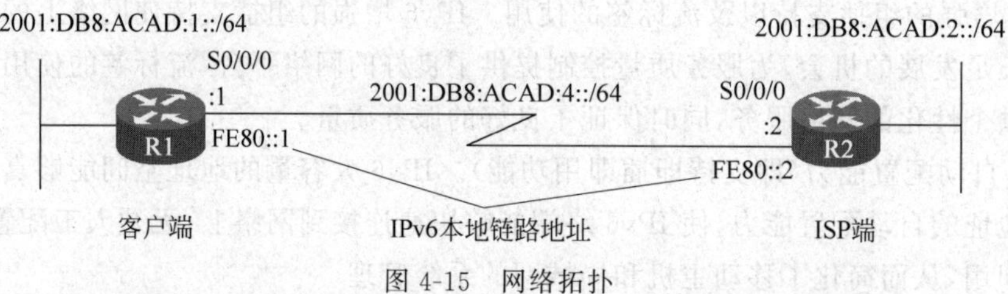

图 4-15 网络拓扑

```
R1(config)# ipv6 route ::/0 s0/0/0
R2(config)# ipv6 route 2001:db8:acad:1::/64 s0/0/0
```

在 R1 上用 show ipv6 route static 命令,可见如图 4-16 所示的路由条目。

```
        D - EIGRP, EX - EIGRP external
        ND - ND Default, NDp - ND Prefix,
        DCE - Destination, NDr - Redirect
        O - OSPF Intra, OI - OSPF Inter, OE1 - OSPF ext 1,
        OE2 - OSPF ext 2
        ON1 - OSPF NSSA ext 1, ON2 - OSPF NSSA ext 2
S    ::/0 [1/0]
         via 2001:DB8:ACAD:4::2
R1#
```

图 4-16 路由条目

(3) IPv6 路由表条目。IPv6 路由表的要素与 IPv4 路由表非常相似(直连接口、静态路由和动态获知路由)。因为 IPv6 在设计上无类,所以所有路由都是有效的第一级最终路由。

路由表条目组成如图 4-17 所示,说明如下。

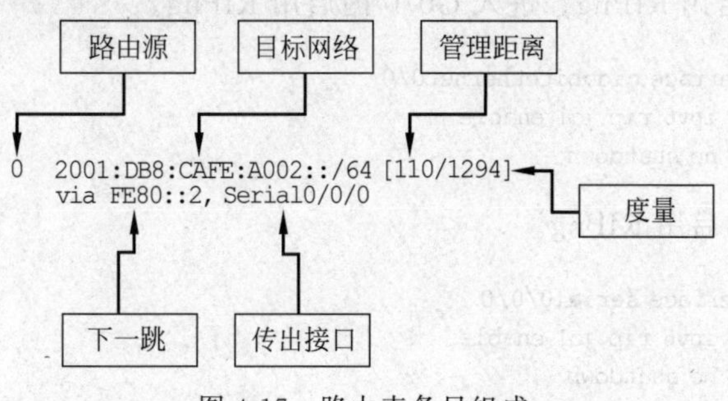

图 4-17 路由表条目组成

① 路由源:标识如何获知该路由,通常包括 O(OSPF)、D(EIGRP)、R(RIP)和 S(静态路由)。

② 目标网络:远程目的网络的 IPv6 地址。

③ 管理距离:标识路由源的可信度,IPv6 使用与 IPv4 相同的距离。

④ 度量:标识到达目标网络的开销。不同的路由协议计算的方式不同,值越低此路由越佳。

⑤ 下一跳:是指接收所转发数据包的下一跳路由器的 IPv6 地址。

⑥ 传出接口:使用送出接口将数据包转发到目的网络。

数据包达到路由器后,查找与 IPv6 数据包的目的地址最佳匹配(最长匹配)的路由转发数据包。

2. RIPng 协议

在 IPv6 网络中使用 RIP,就需要使用 RIPng 协议。与 RIP 一样,RIPng 协议很少用于现代网络,但作为理解距离矢量路由协议的基础,还是很有用的。

图 4-18 所示的网络拓扑图中(路由器选用 Cisco 1941 或同类及以上路由器),假设基本配置已经完成,没有配置静态路由和其他动态路由,在 R1 上用 RIPng 协议的配置如下。

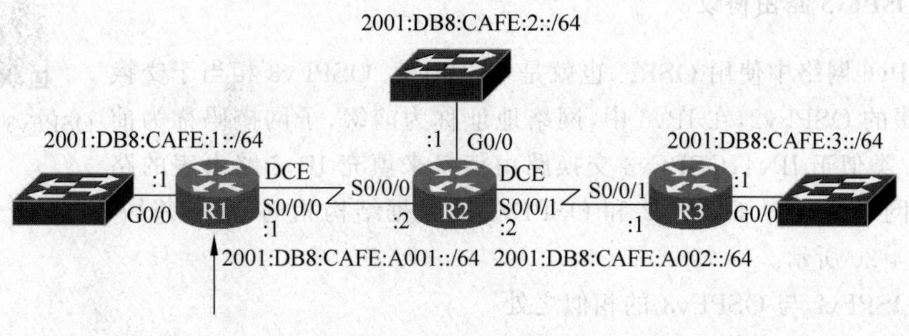

图 4-18 RIPng 网络拓扑

(1) 启用IPv6单播路由。

RIPng 协议

```
R1(config)#ipv6 unicast-routing
```

(2) 在接口上启用RIPng。进入G0/0内启用RIPng。

```
R1(config)#interface gigabitethernet0/0
R1(config-if)#ipv6 rip jc1 enable
R1(config-if)#no shutdown
```

进入S0/0/0内启用RIPng。

```
R1(config)#interface serial0/0/0
R1(config-if)#ipv6 rip jc1 enable
R1(config-if)#no shutdown
```

注意：jc1是具有本地意义的进程名称，R2和R3上的RIPng协议配置参见R1的配置。

(3) 检查RIPng配置。用show ipv6 route rip命令显示R1的RIPng路由表如图4-19所示。有3条RIPng协议形成的IPv6远程网络的路由。值得注意的是，按前面RIP协议计算跳数的方法，这里多了1跳，这是因为在RIPng中，发送路由器已将其本身视为一跳的距离。

```
R1# show ipv6 route rip
IPv6 Routing Table - default - 8 entries
Codes: C - Connected, L - Local, S - Static, U - Per-user
Static route
       B - BGP, R - RIP, I1 - ISIS L1, I2 - ISIS L2
       IA - ISIS interarea, IS - ISIS summary, D - EIGRP,
       EX - EIGRP external, ND - ND Default,
       NDp - ND Prefix, DCE - Destination, NDr - Redirect,
       O - OSPF Intra, OI - OSPF Inter, OE1 - OSPF ext 1,
       OE2 - OSPF ext 2, ON1 - OSPF NSSA ext 1,
       ON2 - OSPF NSSA ext 2
R    2001:DB8:CAFE:2::/64 [120/2]
      via FE80::FE99:47FF:FE71:78A0, Serial0/0/0
R    2001:DB8:CAFE:3::/64 [120/3]
      via FE80::FE99:47FF:FE71:78A0, Serial0/0/0
R    2001:DB8:CAFE:A002::/64 [120/2]
      via FE80::FE99:47FF:FE71:78A0, Serial0/0/0
R1#
```

图4-19 显示R1的RIPng路由表

3. OSPFv3路由协议

OSPFv3 路由协议

在IPv6网络中使用OSPF，也就是OSPFv3。OSPFv3相当于交换IPv6前缀的OSPFv2，在IPv6中，网络地址称为前缀，子网掩码称为前缀长度。类似于IPv4，OSPFv3交换路由信息来填充IPv6路由表的路由前缀(网络地址)。OSPFv2和OSPFv3的数据结构相同，都有邻居表、拓扑表和路由表，如图4-20所示。

1) OSPFv2与OSPFv3的相似之处

OSPFv2与OSPFv3的相似之处如表4-4所示。

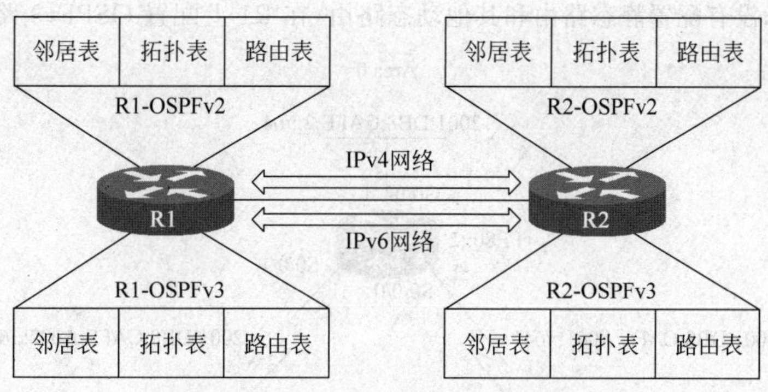

图 4-20 OSPFv2 和 OSPFv3 的数据结构

表 4-4 OSPFv2 与 OSPFv3 的相似之处

类　别	说　　明
协议类型	无类链路状态路由协议
路由算法	SPF 最短路径优先(到目标网络的开销最低)
度量	接口链路的开销(开销＝参考带宽÷接口带宽),与接口的带宽成反比
区域	均支持两级层次区域、主干区域(区域 0)和常规区域
数据包类型	相同的 Hello、DBD、LSR、LSU 和 LSAck 数据包
邻居发现	使用 Hello 数据包了解相邻路由器并形成邻接关系
DR 和 BDR 选举	功能和选择过程相同
路由器 ID	均使用 32 位数字,类似 IPv4 地址

2）OSPFv2 与 OSPFv3 的不同之处

OSPFv2 与 OSPFv3 的不同之处如表 4-5 所示。

表 4-5 OSPFv2 与 OSPFv3 的不同之处

类　别	OSPFv2	OSPFv3
通告	IPv4 网络	IPv6 前缀
源地址	IPv4 源地址	IPv6 本地链路地址
目的地址	选项： ① 邻居 IPv4 单播地址。 ② 224.0.0.5 all-OSPF-routers 组播地址。 ③ 224.0.0.6 DR/BDR 组播地址	选项： ① 邻居 IPv6 本地链路地址。 ② FF02::5 all-OSPFv3-routers 组播地址。 ③ FF02::6 DR/BDR 组播地址
通告网络	使用 network 路由器配置命令进行配置	使用接口配置命令 ipv6 ospf process-id area area-id 进行配置
IP 单播路由	默认情况下启用 IPv4 单播路由	默认情况下不启用 IPv6 单播转发。必须用配置全局配置命令 ipv6 unicast-routing
身份验证	明文和 MD5	IPv6 身份验证

3）配置 OSPFv3

图 4-21 所示的网络拓扑图中(路由器选用 Cisco 1941 或同类及以上路由器),假设基本

配置已经完成,没有配置静态路由和其他动态路由,在R1上配置OSPFv3路由协议如下。

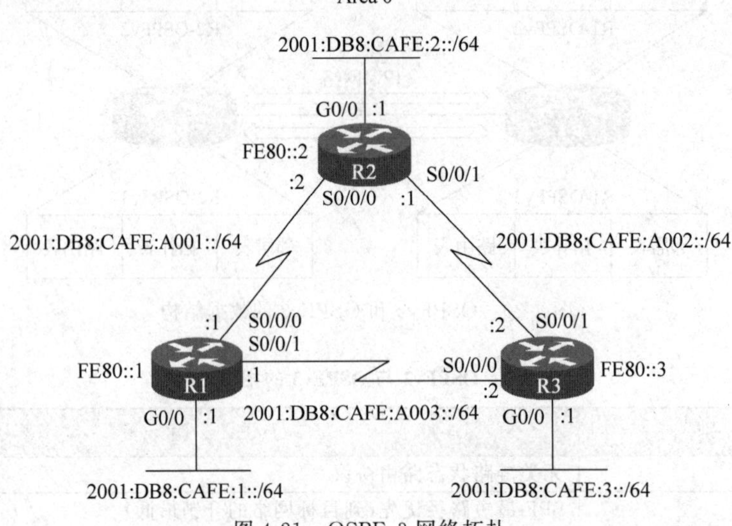

图4-21　OSPFv3网络拓扑

(1) 配置路由器上的全球单播地址。如图4-22所示,配置R1上的全球单播地址,R2和R3上的配置参见R1的配置方法。

```
R1(config)# ipv6 unicast-routing
R1(config)#
R1(config)# interface GigabitEthernet 0/0
R1(config-if)# description R1 LAN
R1(config-if)# ipv6 address 2001:DB8:CAFE:1::1/64
R1(config-if)# no shut
R1(config-if)#
R1(config-if)# interface Serial0/0/0
R1(config-if)# description Link to R2
R1(config-if)# ipv6 address 2001:DB8:CAFE:A001::1/64
R1(config-if)# clock rate 128000
R1(config-if)# no shut
R1(config-if)#
R1(config-if)# interface Serial0/0/1
R1(config-if)# description Link to R3
R1(config-if)# ipv6 address 2001:DB8:CAFE:A003::1/64
R1(config-if)# no shut
R1(config-if)# end
R1#
```

图4-22　配置R1上的全球单播地址

(2) 本地链路地址。本地链路地址是在同一子网或链路上的邻居之间交换消息,IPv6本地链路地址只能在该链路(子网)上通信。将IPv6全局单播地址分配给接口时,自动创建本地链路地址。本例中,配置了R1、R2和R3上的全球单播地址后,自动创建本地链路地址。

使用FE80::/10前缀和EUI-64过程创建本地链路地址,方法是在FE80::/10后64位中使用48位以太网MAC地址,在中间插入FFFE 16位。

也可以配置本地链路地址,使得创建的地址便于识别和记忆。

(3) 配置OSPFv3路由器ID。R1配置路由器ID的命令如图4-23所示。

与 OSPFv2 类似，10 是进程号，仅在本地有效，范围为 1～65535。OSPFv3 中用于分配路由器 ID 的命令与 OSPFv2 相同。

```
R1(config)# ipv6 router ospf 10
R1(config-rtr)#
*Mar 29 11:21:53.739: %OSPFv3-4-NORTRID: Process OSPFv3-1-IPv6 could not pick a router-id, please configure manually
R1(config-rtr)#
R1(config-rtr)# router-id 1.1.1.1
R1(config-rtr)#
```

图 4-23 R1 配置路由器 ID

R2 和 R3 上的配置参见 R1 的配置方法。

(4) 启用接口的 OSPFv3。将 OSPFv3 直接配置在接口上，而不是使用 network 路由器配置模式命令指定匹配的接口地址。如图 4-24 所示的命令序列为 R1 上 OSPFv3 的配置。

```
R1(config)# interface GigabitEthernet 0/0
R1(config-if)# ipv6 ospf 10 area 0
R1(config-if)#
R1(config-if)# interface Serial0/0/0
R1(config-if)# ipv6 ospf 10 area 0
R1(config-if)#
R1(config-if)# interface Serial0/0/1
R1(config-if)# ipv6 ospf 10 area 0
R1(config-if)#
R1(config-if)# end
R1#
```

图 4-24 R1 上 OSPFv3 的配置

同样，R2 和 R3 上的配置参见 R1 的配置方法。

(5) 检验 OSPFv3。

① 检验 OSPFv3 邻居，如图 4-25 所示。

```
R1# show ipv6 ospf neighbor

OSPFv3 Router with ID (1.1.1.1) (Process ID 10)

Neighbor ID  Pri  State      Dead Time  Interface ID Interface
3.3.3.3        0  FULL/  -   00:00:39   6            Serial0/0/1
2.2.2.2        0  FULL/  -   00:00:36   6            Serial0/0/0
R1#
```

图 4-25 检验 OSPFv3 邻居

FULL 状态表示与邻居路由器 2.2.2.2 和 3.3.3.3 建立了邻接关系。建立了邻接关系后，才可以相互交换链路状态信息。

② 检验 IPv6 路由表。在 R1 上已经有 OSPFv3 形成的路由 3 条，如图 4-26 所示。用相同的方法可以查看 R2 和 R3 上的 OSPFv3 路由条目。

```
R1# show ipv6 route ospf
IPv6 Routing Table - default - 10 entries
Codes: C - Connected, L - Local, S - Static, U - Per-user
Static route
       B - BGP, R - RIP, H - NHRP, I1 - ISIS L1
       I2 - ISIS L2, IA - ISIS interarea, IS - ISIS
summary, D - EIGRP
       EX - EIGRP external, ND - ND Default, NDp - ND
Prefix, DCE - Destination
       NDr - Redirect, O - OSPF Intra, OI - OSPF Inter,
OE1 - OSPF ext 1
       OE2 - OSPF ext 2, ON1 - OSPF NSSA ext 1, ON2 - OSPF
NSSA ext 2
O    2001:DB8:CAFE:2::/64 [110/657]
      via FE80::2, Serial0/0/0
O    2001:DB8:CAFE:3::/64 [110/1304]
      via FE80::2, Serial0/0/0
O    2001:DB8:CAFE:A002::/64 [110/1294]
      via FE80::2, Serial0/0/0
R1#
```

图 4-26 查看 R1 上的 OSPFv3 路由条目

4.3 项目实训

任务1：路由器的基本配置

实训目标

(1) 认识路由器。

(2) 能熟练地进行网络设备的连接。

(3) 理解路由器基本配置的步骤和命令。

(4) 掌握配置路由器的常用命令。

路由器的基本配置

实训环境

(1) 网络实训室。

(2) 5类非屏蔽console双绞线1根,装有配置软件的PC 1台,路由器(Cisco 1941或锐捷RG-RSR20)1台；或装有Cisco模拟软件或锐捷模拟器的PC 1台。

操作步骤

下面以Cisco 1941路由器为例,介绍其配置命令。

Cisco IOS提供了普通模式和特权模式两种基本的命令执行级别,同时还提供了全局配置、接口配置、line配置和VLAN数据库配置等多种级别的配置模式,以允许用户对路由器的资源进行配置和管理。

(1) 搭建路由器配置环境。与交换机类似,通过console端口连接路由器。首次配置路由器时必须采用该方式。对路由器设置管理IP地址后,就可以采用Telnet登录方式来配置路由器。

可管理的路由器一般都提供有一个名为console的控制台端口(或称配置口),该端口采用RJ-45接口,是一个符合EIA/TIA-232异步串行规范的配置口,通过该控制端口可实现对路由器的本地配置。

路由器一般都随机配送了一根控制线,它的一端是RJ-45接口的水晶头,用于连接路由器的控制台端口；另一端提供了DB-9(针)和DB-25(针)串行接口插头,用于连接PC的COM1串行接口。连接图如图4-27所示。

图4-27　路由器的基本配置

通过该控制线将路由器与PC相连,并在PC上运行超级终端仿真程序,即可实现将PC仿真成路由器的一个终端,从而实现对路由器的访问和配置。

此步即可进入普通模式。

```
router>
```

(2) 进入特权模式。

```
router> enable
```

```
router#
```

(3) 进入全局配置模式。

```
router #configure terminal
router (config)#
```

(4) 配置路由器名称。

```
router(config)#hostname RouterA                    //改路由器的名称为 RouterA
RouterA(config)#
```

(5) 设置进入特权模式的暗文密码。

```
RouterA (config)#enable secret 123456              //设置路由器的暗文密码为 123456
```

(6) 禁用 DNS 查找,防止路由器将输入有误的命令视为域名进行转换。

```
RouterA(config)#no ip domain-lookup
```

(7) 进入路由器某一端口,并设置端口 IP 地址信息。

```
RouterA(config)# interface GigabitEthernet0/1               //进入路由器的以太网端口 1
RouterA(conf-if)#ip address 192.168.1.1 255.255.255.0       //配置路由器 IP 地址和子网掩码
RouterA(conf-if)#no shutdown                                //开启端口
RouterA (conf-if)#end                                       //返回到特权模式
router #
```

(8) 将运行配置保存到启动配置文件中。

```
router #copy running-config startup-config
```

(9) 使用查看命令 show。

```
RouterA# show version                                //查看系统中的所有版本信息
RouterA# show running-config                         //查看路由器当前起作用的配置信息
RouterA# show interface GigabitEthernet 0/1          //查看路由器以太网接口的配置信息
RouterA# show ip route                               //查看路由器的路由表
```

任务 2: 静态路由的基本配置

实训目标

(1) 进一步认识路由器。

(2) 能熟练地进行网络的搭建。

(3) 进一步理解路由器基本配置的步骤和命令。

(4) 掌握静态路由的配置命令和方法。

静态路由的基本配置

实训环境

(1) 网络实训室。

(2) 5 类非屏蔽 console 双绞线 1 根,装有 Windows 系统的 PC 2 台,路由器(Cisco

1941 或锐捷 RG-S2910)2 台,双绞线 4 根,连接两台路由器的串行电缆 1 根,交换机(Cisco 2960 或锐捷 RG-S2910)2 台,或装有 Cisco 模拟软件或锐捷模拟器的 PC 1 台。

操作步骤

(1) 设备连接如图 4-28 所示。

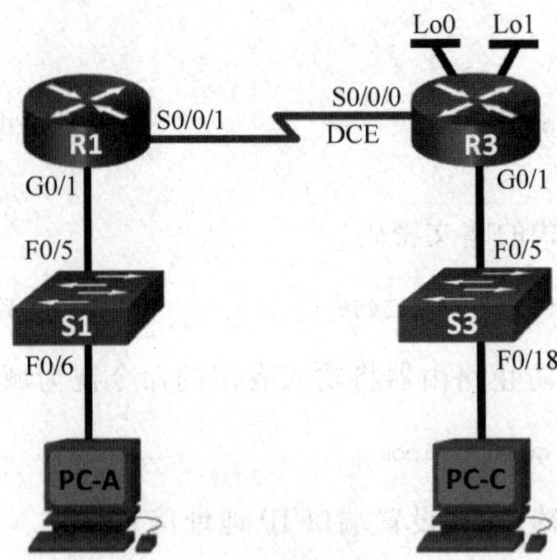

图 4-28 静态路由的基本配置

(2) 按地址规划表(表 4-6)进行基本配置。

表 4-6 地址规划表

设备	接口	IP 地址	子网掩码	默认网关
R1	G0/1	192.168.0.1	255.255.255.0	N/A
	S0/0/1	10.1.1.1	255.255.255.252	N/A
R3	G0/1	192.168.1.1	255.255.255.0	N/A
	S0/0/0(DCE)	10.1.1.2	255.255.255.252	N/A
	Lo0	209.165.200.225	255.255.255.224	N/A
	Lo1	198.133.219.1	255.255.255.0	N/A
PC-A	NIC	192.168.0.10	255.255.255.0	192.168.0.1
PC-C	NIC	192.168.1.10	255.255.255.0	192.168.1.1

① 配置 PC 接口。

② 配置路由器的基本设置。

- 按网络拓扑结构和地址分配表配置设备名称。
- 禁用 DNS 查找,防止路由器将输入有误的命令视为域名进行转换。
- 指定 123456 作为进入特权模式的加密密码。
- 将运行配置保存到启动配置文件中。

③ 配置路由器上的 IP 设置。

- 根据地址分配表为 R1 和 R3 接口配置 IP 地址。
- S0/0/0 的连接为 DCE 连接,要求使用 clock rate 命令。R3 S0/0/0 的配置显示如下。

```
R3(config)# interface s0/0/0
```

```
R3(config-if)# ip address 10.1.1.2 255.255.255.252
R3(config-if)# clock rate 128000
R3(config-if)# no shutdown
```

④ 检验 LAN 连接。

- 从每台 PC 为该主机配置的默认网关执行 ping 操作来测试连接。

  在 PC-A 上能否对默认网关执行 ping 操作？________

  在 PC-C 上能否对默认网关执行 ping 操作？________

- 通过在直接连接的路由器之间执行 ping 操作来测试连接。

  从 R1 上能否对 R3 的 S0/0/0 接口执行 ping 操作？________

  如果有问题的答案是否定的，请纠正错误的配置。

- 测试未直接连接的设备之间的连通性。

  在 PC-A 上是否能对 PC-C 执行 ping 操作？________

  在 PC-A 上是否能对 Lo0 执行 ping 操作？________

  在 PC-A 上是否能对 Lo1 执行 ping 操作？________

  这些 ping 操作是否成功？原因是什么？

  ____

  ____

注意：PC 之间执行 ping 操作可能需要禁用 PC 防火墙。

⑤ 收集信息。

- 使用 show ip interface brief 命令检查 R1 的接口状态。

  R1 上激活了多少个接口？________

- 检查 R3 的接口状态。

  R3 上激活了多少个接口？________

- 使用 show ip route 命令查看 R1 的路由表信息。

  哪些网络存在于本实验的地址分配表中而不存在 R1 的路由表中？

  ____

- 查看 R3 的路由表信息。

  哪些网络存在于本实验的地址分配表中而不存在 R3 的路由表中？

  ____

  为什么并非所有网络都在这些路由器的路由表中？

  ____

(3) 配置静态路由。

① 配置递归静态路由。在递归静态路由中会指定下一跳 IP 地址。由于只指定了下一跳 IP 地址，因此路由器必须在路由表中执行多次查找才能转发数据包。要配置递归静态路由，请使用以下语法：

```
Router(config)# ip route 目标网络　子网掩码　下一跳 IP 地址
```

- 在 R1 路由器上配置通往 192.168.1.0 网络的静态路由（使用 R3 Serial 0/0/0 接口的 IP 地址作为下一跳地址）。在下面空白处写下你使用的命令。

____

- 查看路由表,检验新添加的静态路由条目。

  新的路由如何列在路由表中?

____

在主机 PC-A 上是否能对主机 PC-C 执行 ping 操作? ______

这些 ping 操作会失败。如果递归静态路由配置正确,ping 可到达 PC-C。PC-C 将对 PC-A 发回 ping 应答。然而,ping 应答在 R3 上将被丢弃,因为 R3 的路由表中没有通往 192.168.0.0 网络的返回路由。

② 配置直连静态路由。使用直连静态路由时,会指定送出接口(exit-interface)参数,允许路由器通过一次查找做出转发决策。直连静态路由通常用于点对点串行接口。要使用指定的送出接口配置直连静态路由,请使用以下语法:

```
Router(config)# ip route 目标网络  子网掩码  送出接口
```

- 在 R3 路由器上使用 S0/0/0 作为送出接口配置通往 192.168.0.0 网络的静态路由。在下面空白处写下你使用的命令。

____

- 查看路由表,检验新添加的静态路由条目。

  新的路由如何列在路由表中?

____

- 在主机 PC-A 上是否能对主机 PC-C 执行 ping 操作? ______

  此 ping 命令应该成功。

注意:PC 之间执行 ping 操作可能需要禁用 PC 防火墙。

③ 配置并检验默认路由。在没有获取路由时,默认路由用于确定发送所有 IP 数据包的网关。默认静态路由是将 0.0.0.0 作为目的 IP 地址和子网掩码的静态路由,通常将其称为"全零"路由。

在默认路由中,可以指定下一跳 IP 地址或送出接口。要配置默认静态路由,请使用以下语法:

```
Router(config)# ip route 0.0.0.0 0.0.0.0 {下一跳 IP 地址或送出接口}
```

- 使用送出接口 S0/0/1 作为 R1 路由器配置默认路由。在下面空白处写出使用的命令。

____

- 查看路由表,检验新添加的静态路由条目。

  新的路由如何列在路由表中?

____

  最后选用的网关是什么?

____

- 从主机 PC-A 能否对 209.165.200.225 执行 ping 操作? ______
- 从主机 PC-A 能否对 198.133.219.1 执行 ping 操作? ______

这些 ping 操作都应该成功。

思考题：

（1）如果一个新网络 192.168.3.0/24 连接到 R1 上的 G0/0 接口，可以使用什么命令配置从 R3 指向该网络的静态路由？

（2）配置直连静态路由而非递归静态路由有什么优点？

（3）在路由器上配置默认路由有什么作用？

任务3：在大型企业中配置基本的 OSPFv2

实训目标

在大型企业中配置基本的OSPFv2

（1）能熟练地进行网络的搭建。

（2）熟悉动态路由 OSPF 的配置命令和方法。

（3）理解 OSPF 实现单区域网络连通的原理。

（4）具有在大中型网络中配置 OSPFv2 的能力。

实训环境

（1）网络实训室。

（2）5类非屏蔽 console 双绞线 1 根，装有 Windows 系统的 PC 3 台，路由器 3 台（Cisco1941 或锐捷 RG-RSR20），双绞线 6 根，连接两台路由器的串行电缆 3 根，交换机 3 台（Cisco2960 或锐捷 RG-S2910），或装有 Cisco 模拟软件或锐捷模拟器的 PC 1 台。

操作步骤

（1）网络设备连接。本大型企业有 3 个厂区，分别用 3 台路由器连接，并用动态路由 OSPF 实现互通。网络设备连接如图 4-29 所示。

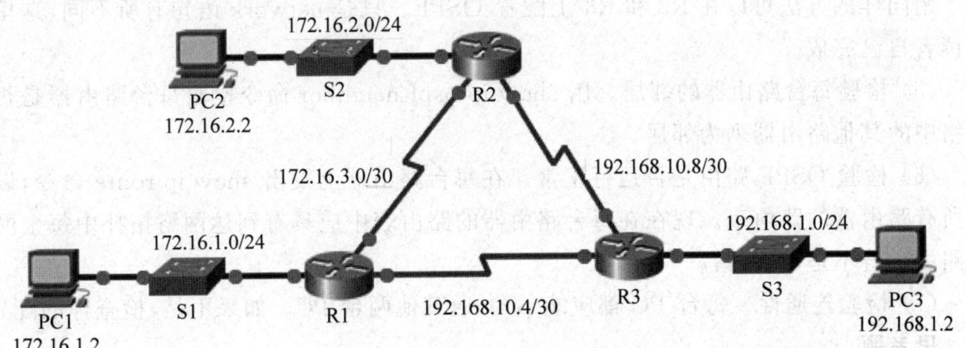

图 4-29　OSPF 动态路由网络图

（2）地址规划表如表 4-7 所示。

表 4-7　地址规划表

设　备	接　口	IP 地址	子网掩码	默认网关
R1	G0/0	172.16.1.1	255.255.255.0	N/A
	S0/0/0	172.16.3.1	255.255.255.252	N/A
	S0/0/1	192.168.10.5	255.255.255.252	N/A

续表

设　备	接　口	IP 地址	子网掩码	默认网关
R2	G0/0	172.16.2.1	255.255.255.0	N/A
	S0/0/0	172.16.3.2	255.255.255.252	N/A
	S0/0/1	192.168.10.9	255.255.255.252	N/A
R3	G0/0	192.168.1.1	255.255.255.0	N/A
	S0/0/0	192.168.10.6	255.255.255.252	N/A
	S0/0/1	192.168.10.10	255.255.255.252	N/A
PC1	网卡	172.16.1.2	255.255.255.0	172.16.1.1
PC2	网卡	172.16.2.2	255.255.255.0	172.16.2.1
PC3	网卡	192.168.1.2	255.255.255.0	192.168.1.1

(3) 网络的基本配置。按照 OSPF 动态路由网络图和地址规划表进行 3 台路由器和 3 台 PC 的基本配置,配置方法参见任务 2。

(4) 在 R1、R2 和 R3 上配置 OSPF。在 R1 上配置 OSPF,OSPF 进程 ID 设为 1。

① 在 R1 上,在全局配置模式下使用 router ospf 命令启用 OSPF。

```
R1(config)# router ospf 1
```

② 为 R1 上的网络配置 network 语句,使用区域 ID 0。

```
network 172.16.1.0 0.0.0.255 area 0
network 172.16.3.0 0.0.0.3 area 0
network 192.168.10.4 0.0.0.3 area 0
```

用同样的方法可以在 R2 和 R3 上配置 OSPF。只是 network 语句有所不同,这里留给读者自己完成。

(5) 检验每台路由器的邻居。用 show ip ospf neighbor 命令检验每台路由器是否将网络中的其他路由器列为邻居。

(6) 检验 OSPF 路由是否运行正常。在每台路由器上发出 show ip route 命令,以检验所有路由器的路由表。现在在每台路由器的路由表中应具有到达网络拓扑中每个网络的路由。若不是,请排错。

(7) 检验连通性。每台 PC 都应能 ping 通其他两台 PC。如果不是,检查你的配置。

思考题:

1. 描述 OSPF 路由协议的优势?

2. 度量标识到达目标网络的开销,OSPF 路由协议的度量是怎么计算的?描述 OSPF 路由协议的工作过程。

任务 4: IPv6 静态路由的基本配置

实训目标

(1) 能熟练地进行 IPv6 网络的搭建。

（2）进一步理解路由器基本配置的步骤和命令。

（3）掌握 IPv6 静态路由的配置命令和方法。

IPv6 静态路由的基本配置

实训环境

（1）网络实训室。

（2）5 类非屏蔽 console 双绞线 1 根，PC 2 台，路由器（Cisco 1941 或锐捷 RG-S2910 以上）2 台，双绞线 4 根，连接 2 台路由器的串行电缆 1 根，交换机（Cisco 2960 或锐捷 RG-S2910）2 台；或装有 Cisco 模拟软件或锐捷模拟器的 PC 1 台。

操作步骤

（1）设备连接如图 4-30 所示。

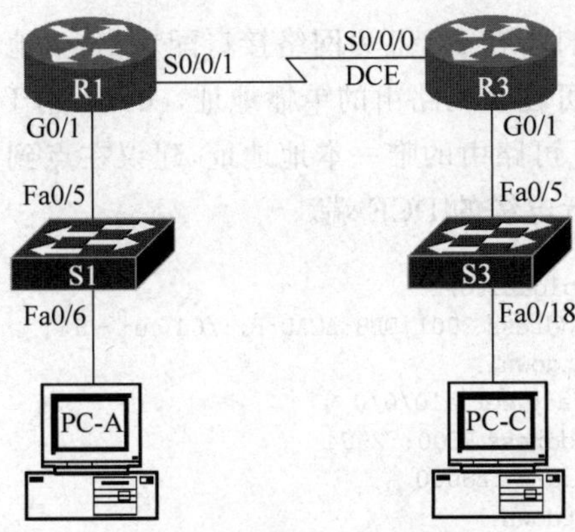

图 4-30　静态路由网络拓扑

（2）按地址规划表（表 4-8）进行基本设置。

表 4-8　地址规划表

设　备	接　口	IPv6 地址/前缀长度	默认网关
R1	G0/1	2001:DB8:ACAD:A::/64 eui-64	N/A
	S0/0/1	FC00::1/64	N/A
R3	G0/1	2001:DB8:ACAD:B::/64 eui-64	N/A
	S0/0/0	FC00::2/64	N/A
PC-A	NIC	SLAAC（无状态地址自动配置）	SLAAC
PC-C	NIC	SLAAC	SLAAC

① 使用配置软件，通过控制台连接到在网络拓扑中标记为 R1 的路由器，并将路由器名称指定为 R1（Router(config)＃hostname R1）。

② 在全局配置模式下，在 R1 上启用 IPv6 路由。

```
R1(config)＃ipv6 unicast - routing
```

③ 按表 4-8 的地址规划，在 R1 上为网络接口配置 IPv6 地址。注意每个接口上已启用 IPv6。G0/1 接口具有可在全局路由的单播地址，eui-64 用于创建地址的接口标识符部

分。S0/0/1接口具有私下可路由的唯一本地地址，建议在点到点的串行连接中使用。

```
R1(config)# interface g0/1
R1(config-if)# ipv6 address 2001:DB8:ACAD:A::/64 eui-64
R1(config-if)# no shutdown
R1(config-if)# interface serial 0/0/1
R1(config-if)# ipv6 address FC00::1/64
R1(config-if)# no shutdown
R1(config-if)# exit
```

④ 为路由器R3分配一个设备名称(Router(config)# hostname R3)。

⑤ 在全局配置模式下，在R3上启用IPv6路由。

```
R3(config)# ipv6 unicast-routing
```

⑥ 按表4-8的地址规划，在R3上为网络接口配置IPv6地址。注意每个接口上已启用IPv6。G0/1接口具有可在全局路由的单播地址，eui-64用于创建地址的接口标识符部分。S0/0/0接口具有私下可路由的唯一本地地址，建议在点到点的串行连接中使用。设置时钟频率，因为它是串行电缆的DCE端。

```
R3(config)# interface gigabit0/1
R3(config-if)# ipv6 address 2001:DB8:ACAD:B::/64 eui-64
R3(config-if)# no shutdown
R3(config-if)# interface serial0/0/0
R3(config-if)# ipv6 address FC00::2/64
R3(config-if)# clock rate 128000
R3(config-if)# no shutdown
R3(config-if)# exit
```

(3) 禁用IPv4编址并启用PC网络接口的IPv6 SLAAC(无状态自动配置)。

① 在PC-A和PC-C上，选择“开始”→“控制面板”命令，在打开的控制面板中单击“网络和共享中心”链接，同时查看图标。在“网络和共享中心”窗口中单击左侧的“更改适配器设置”选项，打开“网络连接”窗口。

② 在“网络连接”窗口可以看到网络接口适配器的图标。双击连接交换机的PC网络接口的“本地连接”图标。单击“属性”选项，打开“本地连接属性”对话框窗口。

③ 打开“本地连接属性”窗口，向下滚动条目，取消选中“Internet协议第四版(TCP/IPv4)”复选框，以禁用网络接口上的IPv4协议。

④ 再次打开“本地连接属性”窗口，勾选“Internet协议第六版(TCP/IPv6)”复选框，然后单击“属性”选项。

⑤ 打开“Internet协议第六版(TCP/IPv6)属性”窗口，查看“自动获取IPv6地址”和“自动获取DNS服务器地址”单选按钮是否选中。如果未选中，则请选中它们。

将PC配置为自动获取IPv6地址后，它们将联系路由器获取网络子网和网关信息，并自动配置其IPv6地址信息。

(4) 配置IPv6静态路由和默认路由并查看路由表。将配置两种类型的IPv6静态路由。

• 直连IPv6静态路由：在指定传出接口时会创建一条直连静态路由。

- 默认 IPv6 静态路由：类似于全零 IPv4 路由，通过将目的 IPv6 前缀和前缀长度设为全零(::/0)，创建默认 IPv6 静态路由。

① 在路由器 R1 上添加默认静态路由。

```
R1(config)#ipv6 route ::/0 serial0/0/1
```

② 查看 R1 的 IPv6 路由表，检验新添加的静态路由条目。

```
R1#show ipv6 route
IPv6 Routing Table - default - 6 entries
Codes: C - Connected, L - Local, S - Static, U - Per-user Static route
    ...<省略部分内容>
S   ::/0 [1/0]
     via Serial0/0/1, directly connected
C   2001:DB8:ACAD:A::/64 [0/0]
     via GigabitEthernet0/1, directly connected
L   2001:DB8:ACAD:A:6273:5CFF:FE0D:1A61/128 [0/0]
     via GigabitEthernet0/1, receive
...<省略部分内容>
```

路由表中新添加的默认路由使用 S 代码。

③ 在路由器 R3 上使用传出接口 S0/0/0 配置指向 2001:DB8:ACAD:A::/64 网络的 IPv6 静态路由。

```
R3(config)#ipv6 route 2001:DB8:ACAD:A::/64 serial 0/0/0
```

(5) 检验连通性。现在 2 台路由器都具有静态路由，请从 PC-A 对 PC-C 的全局单播 IPv6 地址执行 IPv6 ping -6 操作。

```
C:\Users\User1>ping -6 2001:db8:acad:b:8cf0:f8ab:f36e:dfa8
Pinging 2001:db8:acad:b:8cf0:f8ab:f36e:dfa8 with 32 bytes of data:
Reply from 2001:db8:acad:b:8cf0:f8ab:f36e:dfa8: time=17ms
Reply from 2001:db8:acad:b:8cf0:f8ab:f36e:dfa8: time=6ms
Reply from 2001:db8:acad:b:8cf0:f8ab:f36e:dfa8: time=6ms
Reply from 2001:db8:acad:b:8cf0:f8ab:f36e:dfa8: time=6ms

Ping statistics for 2001:db8:acad:b:8cf0:f8ab:f36e:dfa8:
    Packets: Sent = 4, Received = 4, Lost = 0 (0% loss),
Approximate round trip times in milli-seconds:
    Minimum = 6ms, Maximum = 17ms, Average = 8ms
```

由于 R1 和 R3 上都正确配置了静态路由，因此 ping 命令操作成功。

思考题：

① 本实验重点介绍了 IPv6 直连静态路由和默认路由的配置。你能否想到一个需要在路由器上同时配置 IPv6 和 IPv4 静态路由与默认路由的情形吗？

② 实际上，配置 IPv6 静态路由和默认路由与配置 IPv4 静态路由和默认路由非常相似。与 IPv4 静态路由相比，配置和检验 IPv6 静态路由时除了 IPv6 和 IPv4 编址之间有明显的区别外，还有哪些区别？

任务 5：配置基本的单区域 OSPFv3

实训目标

(1) 能熟练地进行 IPv6 网络的搭建。

(2) 理解 OSPFv3 协议的原理。

(3) 掌握动态路由 OSPFv3 的配置命令和方法。

配置基本的单区域

实训环境

(1) 网络实训室。

(2) 5 类非屏蔽 console 双绞线 1 根，装有 Windows 操作系统的 PC 3 台，路由器(Cisco 1941 或锐捷 RG-RSR20)3 台，双绞线 3 根，连接两台路由器的串行电缆 3 根；或装有 Cisco 模拟软件或锐捷模拟器的 PC 1 台。

操作步骤

(1) 设备连接如图 4-31 所示。

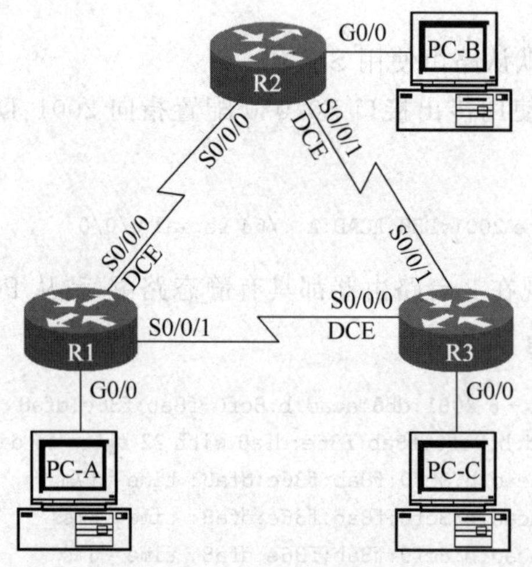

图 4-31 OSPFv3 网络拓扑

(2) 按地址规划表进行基本设置。根据地址规划表(表 4-9)，在设备上配置 IPv6 地址并检验连通性。请参见任务 4 中的方法进行配置。

表 4-9 地址规划表

设　备	接　口	IPv6 地址	默认网关
R1	G0/0	2001:DB8:ACAD:A::1/64 FE80::1 link-local	未提供
	S0/0/0 (DCE)	2001:DB8:ACAD:12::1/64 FE80::1 link-local	未提供
	S0/0/1	2001:DB8:ACAD:13::1/64 FE80::1 link-local	未提供

续表

设　备	接　口	IPv6 地址	默认网关
R2	G0/0	2001:DB8:ACAD:B::2/64 FE80::2 link-local	未提供
	S0/0/0	2001:DB8:ACAD:12::2/64 FE80::2 link-local	未提供
	S0/0/1 (DCE)	2001:DB8:ACAD:23::2/64 FE80::2 link-local	未提供
R3	G0/0	2001:DB8:ACAD:C::3/64 FE80::3 link-local	未提供
	S0/0/0 (DCE)	2001:DB8:ACAD:13::3/64 FE80::3 link-local	未提供
	S0/0/1	2001:DB8:ACAD:23::3/64 FE80::3 link-local	未提供
PC-A	网卡	2001:DB8:ACAD:A::A/64	FE80::1
PC-B	网卡	2001:DB8:ACAD:B::B/64	FE80::2
PC-C	网卡	2001:DB8:ACAD:C::C/64	FE80::3

① 对于每个路由器接口,从地址分配表中配置全局和本地链路地址。

② 在每台路由器上启用 IPv6 路由。

③ 请参考地址分配表配置 PC 主机的地址信息。

④ 每台工作站都应该能够对连接的路由器执行 ping 操作。如果 ping 失败,请检验并排除故障。

⑤ 路由器应该能够相互执行 ping 操作。如果 ping 失败,请检验并排除故障。

(3) 配置路由器 ID。OSPFv3 与 OSPFv2 一样,为路由器 ID 使用 32 位标识。需要使用 router -id 命令手动分配路由器 ID。

① 用 ipv6 router ospf 命令启用路由器的 OSPFv3。

```
R1(config)# ipv6 router ospf 1
```

注意:OSPF 进程 ID“1”仅具有本地意义,对网络中的其他路由器没有任何意义。

② 为 R1 分配路由器 ID 1.1.1.1。

```
R1(config-rtr)# router-id 1.1.1.1
```

③ R2 和 R3 与 R1 一样,开启 OSPFv3 路由进程,并为 R2 分配路由器 ID 2.2.2.2,为 R3 分配路由器 ID 3.3.3.3。

④ 使用 show ipv6 ospf 命令检验所有路由器上的路由器 ID。

```
R2# show ipv6 ospf
Routing Process "ospfv3 1" with ID 2.2.2.2
Event-log enabled, Maximum number of events: 1000, Mode: cyclic
Router is not originating router-LSAs with maximum metric
...<省略部分内容>
```

(4) 配置并检验 OSPFv3 路由。在 IPv6 中,通常一个接口配置了多个 IPv6 地址,故 OSPFv3 路由中取消了 network 语句,而 OSPFv3 路由在接口上启用。

① 对 R1 上参与 OSPFv3 路由的每个接口配置 ipv6 ospf 1 area 0 命令。

```
R1(config)#interface g0/0
R1(config-if)#ipv6 ospf 1 area 0
R1(config-if)#interface s0/0/0
R1(config-if)#ipv6 ospf 1 area 0
R1(config-if)#interface s0/0/1
R1(config-if)#ipv6 ospf 1 area 0
```

注意:进程 ID 必须与第(3)步①中使用的进程 ID 匹配。

② 与 R1 一样,将 R2 和 R3 的接口分配到 OSPFv3 区域 0。当向区域 0 添加接口时,将在 R1 上看到邻居邻接消息。

```
R1#
*Mar 19 22:14:43.251: %OSPFv3-5-ADJCHG: Process 1, Nbr 2.2.2.2 on Serial0/0/0 from
LOADING to FULL, Loading Done
R1#
*Mar 19 22:14:46.763: %OSPFv3-5-ADJCHG: Process 1, Nbr 3.3.3.3 on Serial0/0/1 from
LOADING to FULL, Loading Done
```

③ 检验 OSPFv3 路由邻居。使用 show ipv6 ospf neighbor 命令检验该路由器是否已与其相邻路由器建立邻接关系。如果未显示相邻路由器的路由器 ID,或未显示 FULL 状态,则表明两台路由器未建立 OSPF 邻接关系。

```
R1#show ipv6 ospf neighbor

OSPFv3 Router with ID (1.1.1.1) (Process ID 1)

Neighbor ID   Pri  State        Dead Time   Interface ID    Interface
3.3.3.3         0   FULL/  -    00:00:39     6              Serial0/0/1
2.2.2.2         0   FULL/  -    00:00:36     6              Serial0/0/0
```

④ 检验 OSPFv3 协议设置。使用 show ipv6 protocols 命令可以快速检验重要的 OSPFv3 路由配置信息,其中包括 OSPF 进程 ID、路由器 ID 和启用 OSPFv3 的接口。

```
R1#show ipv6 protocols
IPv6 Routing Protocol is "connected"
IPv6 Routing Protocol is "ND"
IPv6 Routing Protocol is "ospf 1"
  Router ID 1.1.1.1
  Number of areas: 1 normal, 0 stub, 0 nssa
  Interfaces (Area 0):
    Serial0/0/1
    Serial0/0/0
    GigabitEthernet0/0
```

```
Redistribution:
  None
```

⑤ 检验 IPv6 路由表。使用 show ipv6 route 命令检验所有网络是否都显示在路由表中。

```
R2# show ipv6 route
IPv6 Routing Table - default - 10 entries
Codes: C - Connected, L - Local, S - Static, U - Per-user Static route
       B - BGP, R - RIP, I1 - ISIS L1, I2 - ISIS L2
       ...<省略部分内容>
       O - OSPF Intra, OI - OSPF Inter
O   2001:DB8:ACAD:A::/64 [110/65]
     via FE80::1, Serial0/0/0
C   2001:DB8:ACAD:B::/64 [0/0]
     via GigabitEthernet0/0, directly connected
L   2001:DB8:ACAD:B::2/128 [0/0]
via GigabitEthernet0/0, receive
O   2001:DB8:ACAD:C::/64 [110/65]
     via FE80::3, Serial0/0/1
C   2001:DB8:ACAD:12::/64 [0/0]
     via Serial0/0/0, directly connected
L   2001:DB8:ACAD:12::2/128 [0/0]
     via Serial0/0/0, receive
O   2001:DB8:ACAD:13::/64 [110/128]
     via FE80::3, Serial0/0/1
     via FE80::1, Serial0/0/0
...<省略部分内容>
```

(5) 检验连通性。每台 PC 都应该能够对网络拓扑中的其他 PC 执行 ping 操作。如果 ping 不成功，请检验并排除故障。

思考题：

① 使用什么命令可以只查看路由表中的 OSPF 路由？

② 如果 R1 的 OSPFv3 配置使用进程 ID 1，而 R2 的 OSPFv3 配置使用进程 ID 2，那么这两个路由器之间能否交换路由信息？为什么？

4.4 扩展知识：物联网简介

物联网知识请扫描二维码阅读。

扩展知识：物联网简介

小　结

本项目的目的是组建大型局域网,因此为了充分完成此项目的学习,首先介绍了网络层设备路由器的相关知识,然后介绍了网络层的作用及提供的服务、TCP/IP互联层、IPv4路由协议、广域网协议、ARP/RARP和ICMP,并对下一代的网际协议IPv6及支持IPv6的路由协议进行了较详细的介绍;最后设置了5个实训任务,将组建大型局域网所需要的网络搭建及配置化解在这5个实训任务里,从而通过这5个实训任务充分掌握组建大型局域网所需要的知识和技能。

习　题

1. 路由器的配置文件保存在(　　)存储器中。

A. RAM　　B. ROM　　C. NVRAM　　D. FLASH

2. 对于RIP,与路由器直连的网络,其最大距离定义为(　　)跳。

A. 1　　B. 0　　C. 16　　D. 15

3. 能实现不同的网络层协议转换功能的互联设备是(　　)。

A. 路由器　　B. 交换机　　C. 网桥　　D. 集线器

4. 路由协议中的管理距离是指(　　)。

A. 路由线路的好坏　　B. 路由信息的等级

C. 路由传输距离的远近　　D. 路由可信度的等级

5. 默认路由是指(　　)。(选两项)

A. 一种静态路由　　B. 最后求助的网关

C. 一种动态路由　　D. 所有非路由数据包在此进行转发

6. 当RIP向相邻的路由器发送更新时,使用的更新计时的时间值是(　　)。

A. 25　　B. 30　　C. 20　　D. 15

7. (　　)是距离矢量路由协议。

A. RIP　　B. IGRP和EIGRP

C. OSPF　　D. IS-IS

8. (　　)是链路状态路由协议。(选两项)

A. RIP　　B. OSPF

C. IGRP和EIGRP　　D. IS-IS

9. 在路由表中IP地址0.0.0.0 0.0.0.0代表(　　)。

A. 静态路由　　B. 动态路由

C. RIP路由　　D. 匹配所有网络的默认路由

10．如果需要将一个新的办公子网加入原来的网络中，需要手动配置静态路由，则使用(　　)命令。

A．sh ip route　　B．sh route　　C．route ip　　D．ip route

11．OSPF 的管理距离是(　　)。

A．120　　B．100　　C．110　　D．90

12．配置 OSPF 路由必须具有的网络区域是(　　)。

A．ares3　　B．area2　　C. area1　　D. area0

13．OSPF 网络的最大跳数是(　　)。

A．没有限制　　B．15 跳　　C．24 跳　　D．18 跳

14．配置 OSPFv2 路由，最少需要(　　)个命令。

A．4　　B．3　　C．2　　D．1

15．IPv6 使用的 IP 地址是(　　)位。

A．32　　B．64　　C．96　　D．128

16．IP 地址到物理地址的映射是由(　　)完成的。

A．IP　　B．TCP　　C．RARP　　D．ARP

17．Internet 的核心协议是(　　)。

A．X. 25　　B．TCP/IP

C．ICMP　　D．UDP

18．下列关于 IP 说法正确的是(　　)。(选两项)

A．IPv4 规定 IP 地址由 128 位二进制数构成

B．IPv4 规定 IP 地址由 4 段 8 位二进制数构成

C．目前 IPv4 和 IPv6 共存

D．IPv6 规定 IP 地址由 4 段 8 位二进制数构成

19．路由协议最根本的特征是(　　)。

A．向不同网络转发数据　　B．向同个网络转发数据

C．向网络边缘转发数据　　D．向网络中心转发数据

20．下列命令提示符中属于接口配置模式的是(　　)。

A．router(config)#　　B．router(config-if)#

C．router#(congfig)　　D．router(congfig-vlan)#

21．IPv6 路由表的要素与 IPv4 路由表相比为(　　)。

A．相似　　B．非常相似　　C．部分相似　　D．完全不同

22. 查看路由器的路由表所使用的命令是(　　)。

A．router#show version　　B．router#show running-config

C．show interface GigabitEthernet 0/1　　D．router#show ip route

项目5　组建无线网络

钉子有两个长处：一个是“挤”劲，一个是“钻”劲。

——周恩来

项目目标

(1) 了解常用无线传输介质；

(2) 熟悉 IEEE 802.11 标准；

(3) 熟悉无线网络接入设备；

(4) 了解无线局域网组网模式；

(5) 了解无线城域网、无线个域网和无线广域网技术；

(6) 具有组建无线局域网的职业能力和职业素养。

项目背景

(1) 网络机房；

(2) 校园网络；

(3) 家庭网络。

5.1　用户需求与分析

如今，网络已经成为大多数企业日常办公的一个必备工具，大多企业对网络的要求和依赖性也逐渐增强。目前，一些企业要求在办公室、会议室及会客室等办公场所可以非常方便地接入互联网，而这只能是无线网络所能实现的。

用户需求与分析

企业对于网络的要求，除了实用之外更注重稳定和安全，这也是企业无线网络与家用无线网络的本质差别。

如同组建企业有线网络一样，组建企业无线网络时也要以企业的需求为原则，因为组建无线网络的目的就是让网络更好地为企业办公服务。无线网络与有线网络虽然都是网络，但企业对其的需求却不尽相同。归纳起来，企业对无线网络的需求主要有以下几点。

1. 安全稳定

众所周知，无线网络的性能会受到障碍物、传输距离等因素的影响，而企业对于网络的最基本要求就是稳定。目前，无线网络的主流传输速率为 54Mbps，与有线网络相比有一定的差距，加上无线网络易受综合环境的影响，企业组建无线网络时，稳定成为企业必须考虑的问题。

另外，无线网络具有很强的开放性，任何一台拥有无线网卡的 PC 都可以登录企业的无线网络，这对企业来说是一种威胁，为此，企业无线网络必须要安全。

2. 覆盖范围

一般来说，一个企业会拥有多个公众办公区域、多个会议室以及公共会客室。既然企业要搭建无线网络，必须要让无线网络信号覆盖企业的每个角落，使员工在办公区内的任何一个地方都可以接入互联网。由于无线网络的覆盖范围有限，组建企业无线网络时，必须考虑无线网络的覆盖范围，让无线网络信号覆盖企业的每一个地方，实现无缝覆盖。

3. 可扩充性

对发展中的企业而言，经营过程中有可能会扩充办公区域，其网络也必须预留出扩充的空间。部署无线网络不需要铺设双绞线，如果没有预留扩充位置，无线网络依然无法扩充。为了企业发展的需要，组建企业无线网络时，可扩充性也是企业的一个需求。

5.2　相关知识

5.2.1　无线网络基础知识

1. 无线技术

除了有线网络之外，还有各种不需要线缆即可在主机之间传输信息的技术，即无线技术。

无线网络
基础知识

无线技术使用电磁波在设备之间传送信息。电磁波是通过空间传送无线电信号的一种介质。电磁频谱包括无线电和电视广播波段、可见光、X 射线和伽马射线等。它们各有其特定的波长及相关能量的范围，如图 5-1 所示。其中，部分类型的电磁波不适合传送数据；部分波段受政府管制，由政府授权不同的组织用于特殊用途；另有一些特定波段则供公众使用，无须专门申请许可。公共无线通信最常用的波长包括红外线(IR)和无线电射频(RF)波段部分，如图 5-2 所示。

红外线的能量非常低，无法穿透墙壁或其他障碍物。但它常用于连接个人数字助理(PDA)和 PC 等设备并传送数据。一种称为红外直接访问(IrDA)的专用通信端口便使用红外线在设备之间交换信息。IR 只支持一对一类型的连接。IR 还可用于遥控设备、无线鼠标和无线键盘，但通常只适合视线范围内的近距离通信。

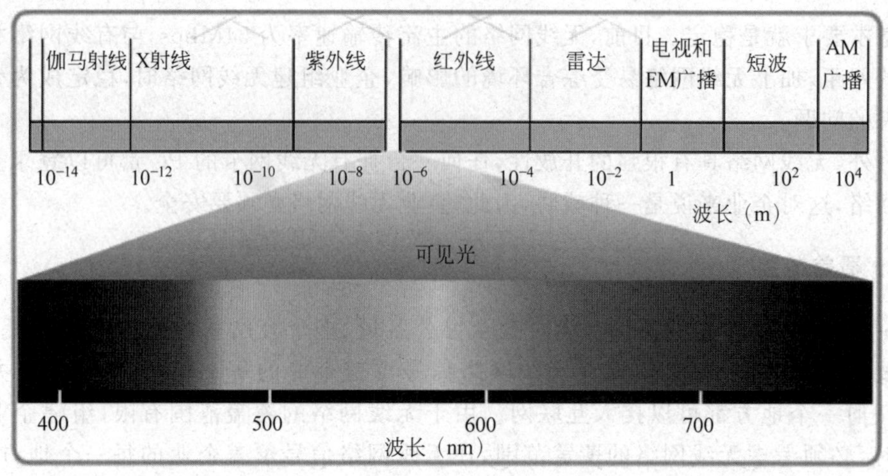

图 5-1　电磁波谱

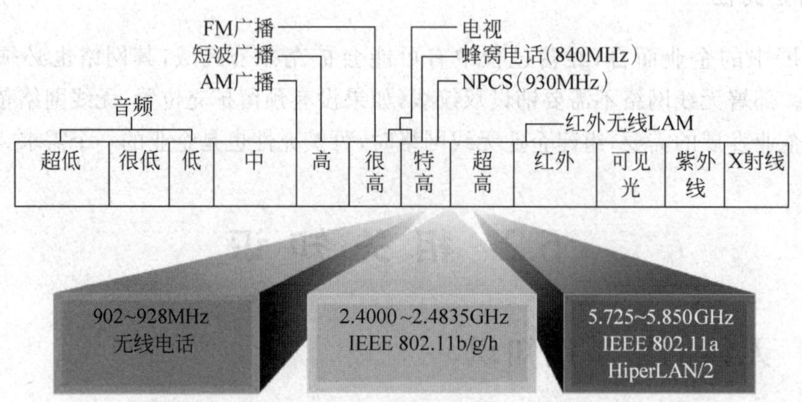

图 5-2　红外线和无线电射频(RF)波段部分

RF 波可以穿透墙壁及其他障碍物,传输距离比 IR 远。RF 波段的特定区域预留给没有许可证的设备使用,例如无线局域网、无线电话、计算机外围设备等。这些频段包括 900MHz、2.4GHz 和 5GHz 频率范围。这些范围被称为工业科学和医疗(ISM)波段,其使用受到较少限制。蓝牙是一种利用 2.4GHz 频带的技术,它仅限于低速、近距离通信,但优势是可以同时与许多设备通信。在用于连接计算机外围设备(例如鼠标、键盘和打印机)时,这种一对多的通信能力就体现出了蓝牙技术相对于 IR 的优势。另有一些利用 2.4GHz 和 5GHz 频带的现代无线局域网技术,它们符合 IEEE 802.11 标准。这些技术与蓝牙技术的区别在于其发射功率更高,因此传输距离也更远。

2. 无线技术的优缺点

(1) 优点。与传统的有线网络相比,无线技术具有诸多优点。

① 能够随时随地进行连接。广泛分布在公共场合中的无线接入点(称为热点),使人们能够轻松连接 Internet,下载信息和交换电子邮件与文件。

② 无线技术的安装非常简单经济,而且家庭和企业无线设备的价格也在不断下降。随

着这些设备价格的下降，其数据速率和功能却在提高，并能支持更快、更可靠的无线连接。

③ 由于不受电缆连接的限制，网络可以利用无线技术轻易地扩展。新用户和来访者可以快速而轻松地加入网络。

(2) 缺点。无线技术非常灵活，有很多优点，但也有一定的局限性和风险。

① 无线 LAN(WLAN)技术使用 RF 频谱中无须许可证的频段。由于这些频段不受管制，因此被许多不同的设备使用。许多设备使用后会使这些频段非常拥挤，且来自不同设备的信号经常相互干扰。此外，微波炉和无线电话等设备也使用这些频率，因而可能会干扰 WLAN 通信。

② 无线的主要问题是安全。无线提供了便捷的访问，其广播数据的方式让任何人都能访问数据。但是，这种功能也削弱了无线技术对数据的保护能力。因为任何人(包括非预定的接收者)都可以截取通信流。为解决安全性问题，人们开发了许多保护无线通信的技术，例如加密和身份验证。

3. 无线网络的分类

根据采用不同技术和协议的无线连接的传输范围，可以将无线网络分为 4 类，如图 5-3 所示。

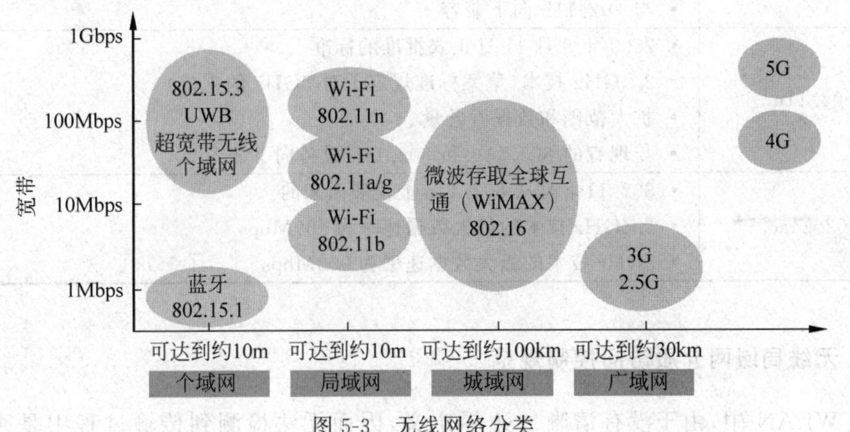

图 5-3 无线网络分类

- Wi-Fi：无线局域网；
- WiMAX：无线城域网；
- UWB：超宽带无线个域网；
- 3G、4G 或 5G：无线广域网。

5.2.2 无线局域网(Wi-Fi)

1. 无线局域网标准

无线局域网(Wi-Fi)

为了确保无线设备之间能互相通信，因此产生了许多标准，这些标准规定了使用的 RF 频谱、数据速率、信息传输方式等。负责创建无线技术标准的主要组织是IEEE。IEEE 802.11标准用于管理WLAN环境,目前可用的标准有802.11a、802.11b、802.11g和802.11n,这些技术统称为无线保真(Wi-Fi,Wireless Fidelity)。表5-1简要地比较了当前的WLAN标准及其技术特征。

表5-1 WLAN标准及其技术特征

标准	特征
802.11a	• 使用5GHz RF频谱 • 最大数据速率为54Mbps • 与2.4GHz频谱(即802.11b/g/n设备)不兼容 • 范围大约是802.11 b/g的33% • 与其他技术相比,实施此技术非常昂贵 • 802.11a标准的设备越来越少
802.11b	• 首次采用2.4GHz的技术 • 最大数据速率为11Mbps • 范围大约是室内46m、室外96m
802.11g	• 2.4GHz技术 • 最大数据速率为54Mbps • 范围与802.11b相同 • 与802.11b向下兼容
802.11n	• 2009年9月11日正式批准的标准 • 2.4GHz技术(草案标准规定了对5GHz的支持) • 扩大范围和数据吞吐量 • 与现有的802.11g和802.11b设备向下兼容
802.11ac	• 802.11ac是从802.11n上发展而来的 • 2.4GHz技术的最大数据速率为400Mbps • 5GHz技术的最大数据速率为900Mbps

2. 无线局域网介质访问控制规范

在WLAN中,由于没有清晰的边界定义,因而无法检测到传输过程中是否发生冲突。因此,必须在无线网络中使用可避免发生冲突的访问方法。

无线技术使用的访问方法称为"载波侦听多路访问/冲突避免"(carrier sense multiple access with collision avoidance,CSMA/CA)。CSMA/CA可以预约供特定通信使用的通道。在预约之后,其他设备就无法使用该通道传输,从而避免冲突。

这种预约过程是如何运作的呢?如果一台设备需要使用BSS中的特定通信通道,就必须向AP申请权限。这称为"请求发送"(request to send,RTS)。如果通道可用,AP将使用"允许发送"(clear to send,CTS)报文响应该设备,表示设备可以使用该通道传输。CTS将广播到BSS中的所有设备。因此,BSS中所有设备都知道所申请的通道正在使用中。

通信完成之后,请求该通道的设备将给AP发送另一条消息,称为"确认"(acknowledgement,ACK)。ACK告知AP可以释放该通道。此消息也会广播到WLAN中的所有设备。BSS中所有设备都会收到ACK,并知道该通道重新可用。

3. 无线网络硬件设备

采用某种标准后，WLAN 中的所有组件都必须遵循该标准或与该标准兼容。需要考虑的组件主要包括无线客户端、无线接入点、无线网桥，如图 5-4 所示。

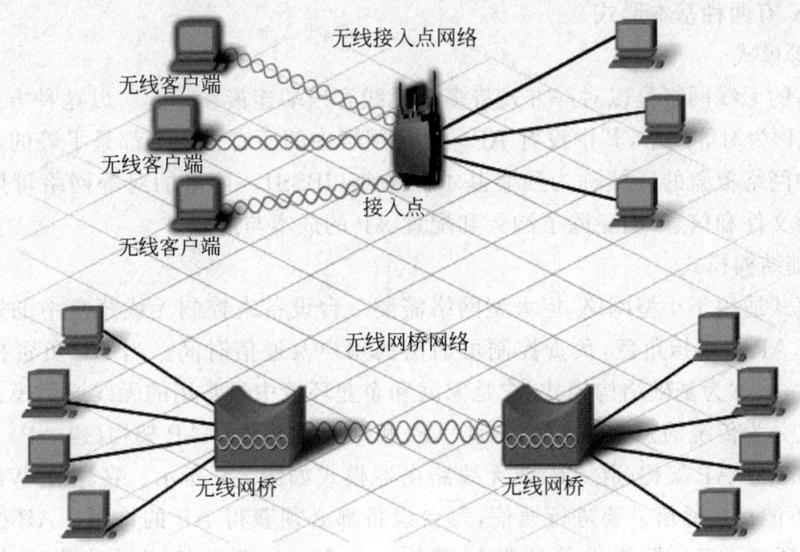

图 5-4　无线网络组件

无线客户端也被称为 STA。STA 是无线网络中任何可编址的主机。与以太网一样，无线网卡也使用 MAC 地址来标识终端设备。STA 是实际终端设备，如笔记本电脑或 PDA。客户端软件运行在 STA 中，让 STA 能够连接无线网络。无线 STA 可以是固定的，也可以是移动的。

无线接入点(AP)是将无线网络和有线 LAN 相连的设备。

(1) 胖 AP(fat AP)除了无线接入功能外，一般具备 WAN 和 LAN 两个接口，多数支持 DHCP 服务器、DNS 和 MAC 地址克隆，以及 VPN 接入、防火墙等安全功能。典型的例子为无线路由器。

(2) 瘦 AP(fit AP)是自身不能单独配置或者使用的无线 AP 产品，这种产品仅仅是一个 WLAN 系统的一部分，要 AC 控制器对其进行管理和控制。

对于中大型的 WLAN，更倾向于采用集中控制性 WLAN 组网(瘦 AP＋AC 控制器)，从而实现 WLAN 系统设备的可运维、可管理。AC 控制器和瘦 AP 之间运行的协议一般为 CAPWAP 协议(无线接入点的控制和配置协议)。

无线网桥用于提供远距离的点到点或点到多点连接，它们很少用于连接 STA，而使用无线技术将两个有线 LAN 网段连接起来。使用无须许可的 RF 频率时，桥接技术可连接相隔 40km 甚至更远的网络。

天线用于 AP、STA 和无线网桥中，以提高无线设备输出的信号强度。发射功率的提高被称为增益。一般而言，发射信号越强，覆盖范围越大，传输距离越远。根据发射信号的方式可将天线分为定向和全向天线。定向天线将信号强度集中到一个方向发射，可实现远距离传输,如常用于实现点到点桥接,即将两个相隔遥远的场点连接起来。而全向天线则朝所有方向均匀发射信号,如AP通常使用全向天线,以便在较大的区域内提供连接性。

4. 无线网络的组网模式

WLAN有两种基本形式。

1）对等模式

最简单的无线网络是以对等方式将多个无线客户端连接在一起。以这种方式组建的无线网络被称为对等网络,其中没有AP。对等网络中的所有客户端都是平等的,如图5-5所示。这种网络覆盖的区域称为独立基本服务集(IBSS)。简单的对等网络可用于在设备之间交换文件和信息,而免除了购买和配置AP的成本与麻烦。

2）基础结构模式

对等模式适用于小型网络,但大型网络需要一台设备来控制无线蜂窝中的通信。如果存在AP,AP将承担角色,负责控制可通信的用户及通信时间。当AP负责控制蜂窝内的通信时,被称为基础结构模式,它是家庭和企业环境中最常用的无线通信模式。基础结构模式又分为传统的独立AP架构(胖AP)和基于控制器的AP架构(瘦AP)。

传统的独立AP架构(胖AP)或无线路由器模式如图5-6所示。在这种WLAN中,STA之间不能直接通信。要进行通信,每台设备都必须获得AP的许可。AP控制所有通信,确保所有STA都能平等地访问媒体。单个AP覆盖的区域称为基本服务集(BSS)。

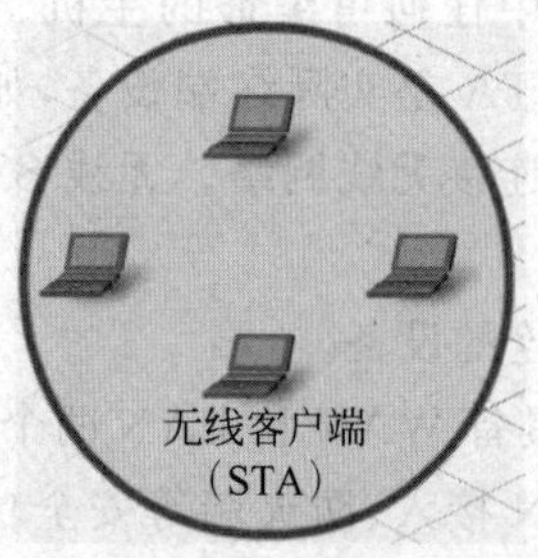

图5-5　独立基本服务集

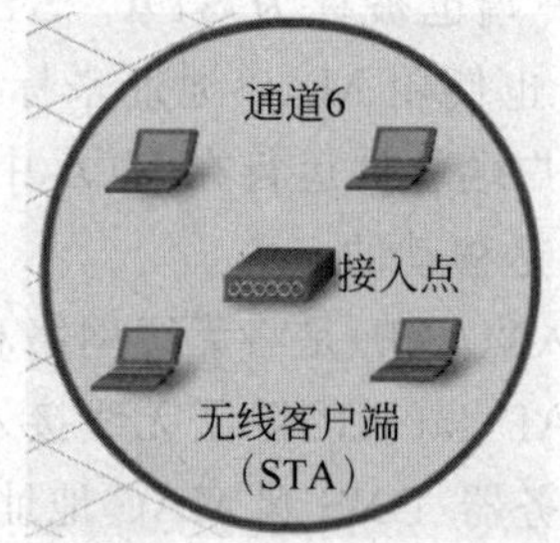

图5-6　独立AP架构

(1) 胖AP的特点如下。

① 需要每台AP单独进行配置,无法进行集中配置,管理和维护比较复杂;

② 支持二层漫游;

③ 不支持信道自动调整和发射功率自动调整;

④ 集安全、认证等功能于一体,扩展能力不强;

⑤ 对于漫游切换存在很大的时延。

胖AP的应用场合仅限于SOHO或小型无线网络。

基于控制器的AP架构(瘦AP)。由于单个AP覆盖的区域有限,经常将多个BSS连接起来构成一个扩展服务集(ESS)。ESS由多个通过分布系统连接在一起的BSS组成。ESS使用多个AP,其中每个AP都位于一个独立的BSS中,如图5-7所示。

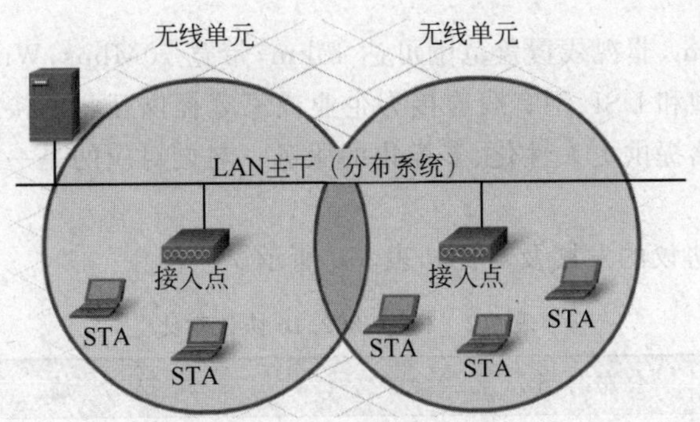

图 5-7 扩展服务集

(2) 瘦 AP 的特点如下。

① 统一管理。

② 消除干扰。瘦 AP 工作在不同的信道，不存在干扰问题。AC 控制器自动调节其发射功率，减小了多个 AP 的信号重叠区域，即使两个 AP 工作在相同信道，受干扰的范围也会大大缩小，增强了 WLAN 的稳定性。

③ 自动负载均衡。当很多用户连接在同一个 AP 上时，AC 控制器根据负载均衡算法，自动将工作分摊到不同的 AP 上，提高了 WLAN 的可用性。

④ 消除单点故障。AC 控制器自动调节发射功率，减小多个 AP 的信号重叠范围，当一个 AP 出现故障时，其他 AP 自动增大发射功率，覆盖信号盲点。

⑤ 漫游问题。用户从一个 AP 的覆盖区域走到另一个 AP 的覆盖区域，无须重新进行认证，也无须重新获取 IP 地址，消除了断网现象。

瘦 AP 通常用作大规模的无线网络部署，在餐饮业、旅游业、交通业、生产制造业、零售业、校园等各大型场所均可使用“AC 控制器＋瘦 AP”的组网方式进行无线组网，应用十分广泛。

5. 服务区域认证 ID(SSID)

SSID 用于标识无线设备所属的 WLAN 以及能与其相互通信的设备。无论是哪种类型的 WLAN，同一个 WLAN 中的所有设备必须使用相同的 SSID 配置才能进行通信。

在构建无线网络时，需要将无线组件连接到适当的 WLAN，这可以通过使用 SSID 来选择适当的 WLAN。

SSID 是一个区分大小写的字母数字字符串，最多可以包含 32 个字符。它包含在所有帧的报头中，并通过 WLAN 传输。

5.2.3 无线城域网(WiMAX)

1. WiMAX 概述

WiMAX(worldwide interoperability for microwave access)旨在为广阔区域内的无线网络用户提供高速无线数据传输业务，视线覆

无线城域网(WiMAX)

盖范围可达112.6km,非视线覆盖范围可达40km,带宽70Mbps,WiMAX技术的带宽足以取代传统的T1型和DSL型有线连接为企业或家庭提供互联网接入业务,可取代部分互联网有线骨干网络提供更人性化、多样化的服务。与之对应的是一系列的IEEE 802.16协议。

IEEE 802.16协议的发展及对比如表5-2所示。

表5-2　IEEE 802.16协议对比

协　议	公布时间	描　　述
IEEE 802.16	2001年	使用10～63GHz频段进行视线无线宽带传输
IEEE 802.16c	2002年	使用10～63GHz频段进行非视线无线宽带传输
IEEE 802.16a	2003年	定义了2～11GHz介质访问和物理层使用标准
IEEE 802.16d	2003年	在802.16a的基础上兼容多个不同标准
IEEE 802.16e	2005年	移动无线宽带接入系统
IEEE 802.11i	2007年	基于信息的移动管理
IEEE 802.16-2009	2009年	支持固定和移动无线宽带接入系统的空中接口
IEEE 802.16j	2009年	多跳接力架构
IEEE 802.16m	2009年	支持移动100Mbps带宽,固定1Gbps带宽的高级空中接口

2. WiMAX架构

WiMAX架构与802.11基站模式类似,基站以点到多点连接为用户提供服务,这段被称为"最后一公里"。基站之间或与上层网络以点到点连接(光纤、电缆、微波)相连,称为"回程",如图5-8所示。

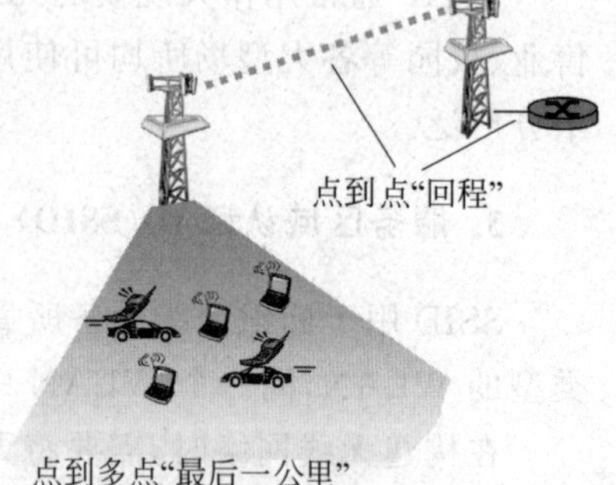

图5-8　WiMAX架构

3. 频段

(1) 10～66GHz(适合视线传输,作为回程连接载波)。

(2) 2～11GHz(适合非视线传输,用于最后一公里传输)。

4. WiMAX介质访问控制协议

WiMAX介质访问控制包含了全双工信道传输、点到多点传输的可扩展性以及对QoS的支持等特征。

(1) 全双工信道利用WiMAX的宽频特性提供更高效的宽带服务。

(2) 可扩展性是指单个WiMAX基站可为多个用户同时提供服务。

(3) QoS是针对不同用户的不同需求提供更优质的数据流服务。

无线宽带技术可为家庭、校园/企业、城市甚至全球范围内的用户提供广泛存在的互联互通。物联网所需的更广泛的互联互通势必缺少不了无线宽带的支持。

5.2.4 无线个域网(WPAN)

1. 无线个域网

无线个域网是在个人周围空间形成的无线网络,现通常是指覆盖范围在 10m 半径以内的短距离无线网络,尤其是指能在便携式消费者电器和通信设备之间进行短距离特别连接的自组织网。

WPAN 被定位于短距离无线通信技术,但根据不同的应用场合又分为高速 WPAN(HR-WPAN)和低速 WPAN(LR-WPAN)两种。

无线个域网(WPAN)

2. 高速 WPAN(HR-WPAN)

发展高速 WPAN 是为了连接下一代便携式消费者电器和通信设备,支持各种高速率的多媒体应用,包括高质量声像配送、多兆字节音乐和图像文档传送等。这些多媒体设备之间的对等连接要提供 20Mbps 以上的数据速率以及在确保的带宽内提供一定的服务质量(QoS)。高速 WPAN 在宽带无线移动通信网络中占有一席之地。

3. 低速 WPAN(LR-WPAN)

发展低速 WPAN 是因为在日常生活中并不是都需要高速应用。在家庭、工厂与仓库自动化控制,安全监视、保健监视、环境监视,军事行动、消防队员操作指挥、货单自动更新、库存实时跟踪以及在游戏和互动式玩具等方面都可以开展许多低速应用。

5.2.5 无线广域网(3G、4G 或 5G)

1. 移动通信技术概述

移动通信(mobile communication)是指通信双方或至少有一方处于运动中进行信息传输和交换的通信方式。移动体可以是人,也可以是汽车、火车、轮船、收音机等在移动状态中的物体。

无线广域网(3G、4G 或 5G)

移动通信系统包括无绳电话、无线寻呼、陆地蜂窝移动通信、卫星移动通信等。移动体之间通信联系的传输手段只能依靠无线电通信,因此,无线电通信是移动通信的基础。

移动通信包括无线传输、有线传输、信息的收集、处理和存储等,使用的主要设备有无线收发信机、移动交换控制设备和移动终端设备。

2. 第三代移动通信技术(3G)

第三代移动通信技术(3rd-generation,3G)是指支持高速数据传输的蜂窝移动通信技术。3G技术发展历程如图5-9所示。

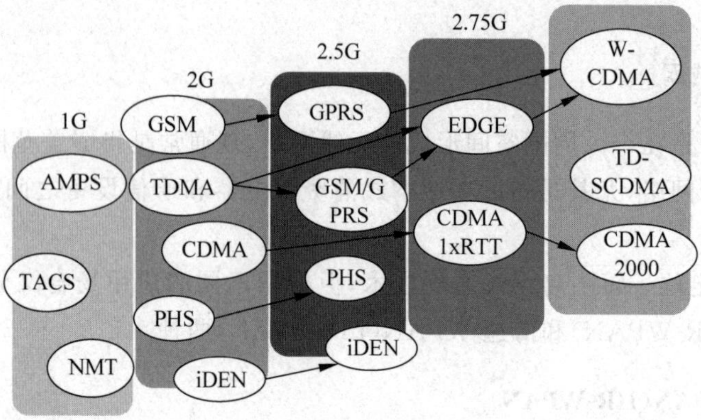

图5-9 3G技术发展历程

3G服务能够同时传送声音及数据信息,速率一般在几百kbps以上。第三代移动通信(3G)可以提供所有2G的信息业务,同时保证更快的速度,以及更全面的业务内容,如移动办公、视频流服务等。

3G的主要特征是可提供移动宽带多媒体业务,包括高速移动环境下支持144kbps速率,步行和慢速移动环境下支持384kbps速率,室内环境则应达到2Mbps的数据传输速率,同时保证高可靠服务质量。

人们发现从2G直接跳跃到3G存在较大的难度,于是出现了一个2.5G(也有人称后期2.5G为2.75G)的过渡阶段。

目前我国主要采用TD-SCDMA、W-CDMA和CDMA2000 3种3G标准,关于3种3G标准的内容如表5-3所示。

表5-3 3种3G标准主要技术对比

技术标准	TD-SCDMA	W-CDMA/HSPA	CDMA2000 EV-DO
上行速率	2.8Mbps	14.4Mbps(HSPA+28Mbps)	3.1Mbps
下行速率	384kbps	5.76Mbps	
部署国家	中国;缅甸、非洲建有试验网,小规模放号	100多个国家,258张网络	62个国家
简评	中国自有3G技术,获政府支持	产业链最广,全球用户最多,技术最完善	本身技术优秀,但因产业链一家独占发展不乐观

3. 第四代移动通信技术(4G)

4G是第四代移动通信及其技术的简称,是集3G与WLAN于一体并能够传输高质量视频图像以及图像传输质量与高清晰度电视不相上下的技术产品。4G系统能够以100Mbps的速度下载,比拨号上网快2000倍,上传的速度也能达到20Mbps。而在用户最为关注的价格方面,4G 与固定宽带网络在价格方面不相上下。此外,4G 可以在 DSL 和有线电视调制解调器没有覆盖的地方部署,然后扩展到整个地区。

1) 4G 移动系统网络结构及其关键技术

(1) 4G 移动系统网络结构可分为三层,即物理网络层、中间环境层、应用网络层。第四代移动通信系统主要是以正交频分复用(OFDM)为技术核心。

(2) OFDM(orthogonal frequency division multiplexing)即正交频分复用技术。其主要思想是将信道分成若干正交子信道,将高速数据信号转换成并行的低速子数据流,调制在每个子信道上进行传输。

2) 4G 通信具有的特征

- 通信速度更快,网络频谱更宽;
- 通信更加灵活,智能性能更高;
- 兼容性能更平滑;
- 提供各种增值服务;
- 更高质量的多媒体通信;
- 频率使用效率更高;
- 通信费用更加便宜。

下面对 4G 通信技术列表进行简单的比较,帮助大家了解移动通信技术,如表 5-4 所示。

表 5-4 4G 通信技术比较

代 际	1G	2G	2.5G	3G	4G
信号类型	模拟	数字	数字	数字	数字
通信制式		GS、CDMA	GPRS	WCDMA、CDMA2000、TD-SCDMA	TD-LTE
主要功能	语音	数据	窄带	宽带	广带
典型应用	通话	短信—彩信	蓝牙	多媒体	高清

4. 第五代移动通信技术(5G)

5G 网络将是 4G 网络的真正升级版,它将在 4G 网络速度的基础上带来更高网速的提升,具有传输速率更高,低时延、高可靠、低功耗的特点。两者的比较如表 5-5 所示。

表 5-5 5G 网络和 4G 网络的比较

代 级	速 度	时 延	连接数	移动性
4G	100Mbps	30～50ms	10000	350km/h
5G	10Gbps	1ms	1000000	500km/h
两者的差距	100 倍	30～50 倍	100 倍	1.5 倍

5G 关键技术有高频段传输、新型多天线传输、同时同频全双工、D2D、密集网络和新型网络架构等。

华为 5G 技术

5G 网络并不会独立存在,它将是多种技术的结合,包括 3G、LTE、LTE-A、Wi-Fi、M2M 等。

5G 设计的初衷是去支持多种不同的应用,比如物联网、联网可穿戴设备、增强现实和沉浸式游戏。

5.3 案例分析：无线网络的组建实例

1. 用户需求分析

1) 客户规模

- 客户有一个总部,约有 300 名员工;
- 一个分支机构,约有 20 名员工。

2) 客户需求

- 组建安全可靠的总部和分支机构无线局域网;
- 总部和分支的无线 AP 能够统一管理,统一配置;
- 方便、图形化的无线网络管理;
- 整体方案将来要能够支持访客接入、语音、定位等服务,以利于投资保护。

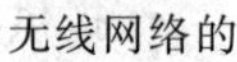

无线网络的组建实例

3) 设计方案

- 部署集中式无线局域网,构建安全的无线网络;
- 部署无线控制器,实现统一的图形化管理和配置;
- 部署统一无线方案,能够支持访客接入、无线语音、定位服务。

2. 设计方案图

某小型无线网络的设计方案如图 5-10 所示。

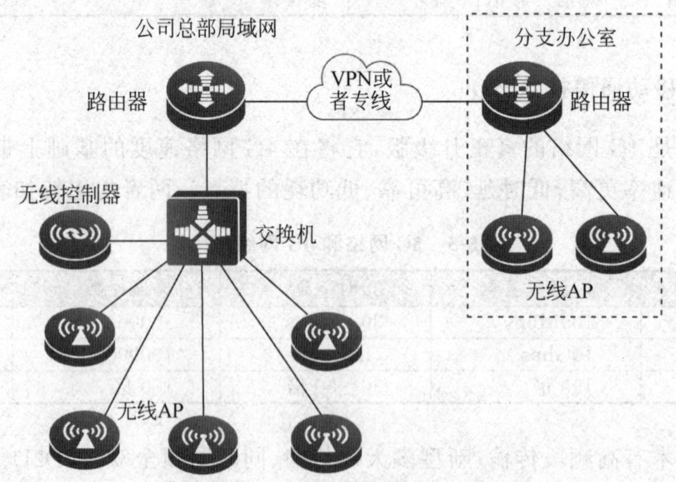

图 5-10 某小型无线网络设计方案

注意:具体 AP 数目和控制器型号要综合实际情况选择,可按照每个 AP 覆盖半径 25m 来计算。

3. 设计方案总体配置概述

(1) 安全和智能的总部与分支网络。

- LAN：总部局域网提供约300个用户的接入；同时提供AP接入的端口，建议使用以太网供电交换机。
- WAN：广域网要求延时小于100ms，否则影响控制器和分支办公室AP之间的通信。

(2) 总部和分支用户的无线服务。

- 总部可能有几个楼面，为整个办公区域提供无线接入服务。一般按照每个无线AP覆盖半径25m来计算需要AP的数量。
- 除了无线数据接入，也可以在无线基础上提供无线IP电话服务、访客接入服务。
- 如果增加定位服务器和无线网络管理软件，还能够提供无线定位服务。

(3) 网络管理。

- 所有AP都集中在无线控制器上进行管理。
- 无线控制器提供基于网页的图形化管理界面；每个AP所在的信道(Channel)和发射功率都由无线控制器自动管理。
- 不需要对每个AP单独配置，所有的软件同步和配置同步都由无线控制器来完成。

4. 总部方案产品配置详述

(1) LAN。采用锐捷RG-E-120(GE)POE或同等配置的其他主流品牌交换机为无线AP提供以太网供电及交换端口。

(2) WAN。采用锐捷RG-RSR20-14E或同等配置的其他主流品牌设备路由器，广域网链路需要提供比较好的带宽和延时，分支办公室之间的延时不能大于100ms。

(3) 无线局域网。选用锐捷RG-AP720-L办公室无线覆盖接入AP，根据实际情况，可以在某些区域单独放置AP，例如会议室；也可以选择其他型号的无线AP。

根据AP的数量选择无线控制器型号。如锐捷的控制器型号为RG-WS6108，可实现对32个AP的控制。

5. 分支机构方案产品配置描述

(1) LAN。LAN方面采用锐捷RG-RSR20-14E或同等配置的其他主流品牌设备路由器，为用户提供100Mbps的接入，同时提供AP所需的电源供应。分支办公室与总部的连接延时不大于100ms。

(2) 无线局域网。选择锐捷RG-AP720-L作为分支办公室的无线AP，由总部的无线控制器进行管理和配置。当广域网链路中断时，AP仍然能够转发本地数据。

5.4 项目实训

任务1：小型无线网络的组建

实训目标

(1) 熟悉 IEEE 802.11 标准。

(2) 掌握 SSID 的作用。

(3) 掌握无线路由器和无线客户端的配置方法。

(4) 掌握小型无线网络的设计组建方法。

小型无线网络的组建

实训环境

(1) 网络实训室。

(2) 多功能设备 Linksys WRT300N 1 台(包含 1 个集成的 4 端口交换机、1 个路由器和 1 个无线接入点),无线 PC 3 台,有线 PC 1 台。

操作步骤

1) 小型无线网络规划设计

在实施无线网络解决方案时,必须先进行规划,然后执行安装配置。规划设计的具体内容如下。

(1) 确定无线标准。在确定要使用的 WLAN 标准时,必须考虑多项因素。最常见的因素包括:带宽要求、覆盖范围、现有部署和成本。

BSS 中可用的带宽须由该 BSS 内的所有用户共享。如果多个用户同时连接,则即使具体应用不需要高速连接,也可能需要一种速度较高的技术。

不同的标准支持不同的覆盖范围。802.11b/g/n 技术中使用的 2.4GHz 信号传输范围比 802.11a 技术中使用的 5GHz 信号传输范围更大。因此,802.11b/g/n 支持更大的 BSS,实施时所需的设备更少,成本更低。

现有网络还对实施新的 WLAN 标准有影响。例如,802.11n 与 802.11g 向下兼容,但 802.11b 与 802.11a 不兼容。

(2) 规划无线设备的安装。在家庭或小型企业环境中,安装通常只涉及少量的设备,这些设备可以轻松地重新部署,以获取最佳的覆盖范围和吞吐量。

为了完成这一任务,通常需要进行现场勘测。现场勘测的人必须精通 WLAN 设置,并且配有可以测量信号强度和干扰的先进设备。规模小的 WLAN,通常只需使用无线 STA 以及大多数无线网卡随附的实用程序进行简单的现场勘测。

在确定 WLAN 设备的部署位置时,任何情况下都必须考虑已知的干扰源,例如高压电线、电动机及其他无线设备。

(3) 估算成本。成本也是一个因素。在考虑成本时,应考虑总拥有成本,包括设备购买成本以及安装和支持成本。

如图 5-11 所示为小型无线办公室网络的逻辑图。Linksys WRT300N 是无线路由器，该无线路由器共有 4 个 LANEthernet 口，1 个 WAN 口；WAN 端口接 ADSL modem，ADSL modem 连接到 Internet；计算机都配置有无线网卡，一台计算机与无线路由器的 LANEthernet 端口相连，对 Linksys WRT300N 进行配置和有线上网，其余 3 台计算机无线上网。无线设备的安装根据现场而定。

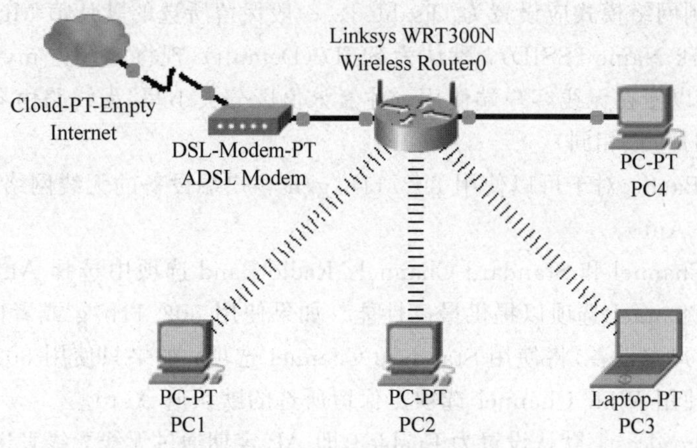

图 5-11　小型无线办公室网络

2）无线网络的基本配置

(1) 配置无线路由器的步骤如下。

① 将计算机连接到 Linksys WRT300N 的一个交换机端口，将该机的 IP 地址设为 192.168.0.2，子网掩码必须是 255.255.255.0。

② 打开 Web 浏览器。在地址行中输入 http://ip_address，其中 ip_address 是无线路由器的 IP 地址(默认地址为 192.168.0.1)。在提示对话框中将用户名和密码均输入为 admin(默认)，单击"确定"按钮，出现的配置界面如图 5-12 所示。

图 5-12　AP 配置界面

③ 在主菜单中选择 Wireless 选项卡,Basic Wireless Settings 界面中参数的作用介绍如下。

- Network Mode:默认显示 Mixed,因为 AP 支持 802.11 中的 b、g 和 n 等类型的无线设备。可以使用其中任何一个标准连接 AP。如果多功能设备的无线部分未使用,则网络模式应设置为 Disabled。一般保留所选的默认值 Mixed。
- Network Name (SSID):默认为 SSID (Default),现将其设为 mywx01(注意要记录下来以便在无线客户端使用。注意该值区分大小写,无线路由器与无线客户端的 SSID 应该相同)。
- Radio Band:对于可以使用 802.11b/g/n 客户端设备的无线网络,Radio Band 默认值为 Auto。
- Wide Channel 和 Standard Channel:Radio Band 选项中选择 Auto 后,便可选择 Wide Channel 选项以提供最高性能。如果使用 802.11b/g 或者同时使用 b 和 g 无线客户端设备,将使用 Standard Channel 选项;如果只使用 802.11n 客户端设备,则使用 Wide Channel 选项。保留所选的默认值 Auto。
- SSID Broadcast:默认设置为 Enabled,即 AP 定期通过无线天线发送 SSID。区域中的所有无线设备都可以检测到此广播,这就是客户端检测附近无线网络的方式。

④ 当设置完成之后,单击 Save Settings 按钮保存设置,如图 5-13 所示。

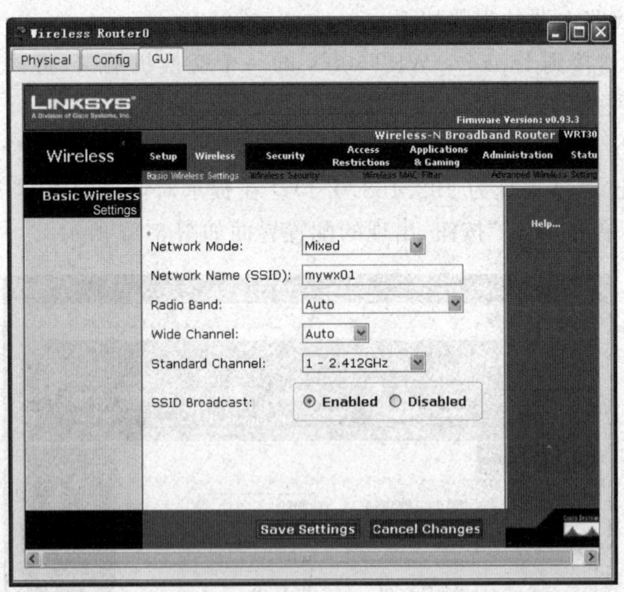

图 5-13 AP 中 SSID 的设置

(2) 配置无线客户端 STA。无线客户端自动检测区域内的 AP,并根据信号强弱自动选择 AP 进行连接。若未能自动连接,则应进行手动配置(通常情况)。以 PC1 为例,单击 PC1,打开配置界面,单击打开 Config 选项卡,在左边单击 Wireless0 选项,在 SSID 文本框内输入 mywx01,如图 5-14 所示,则无线客户端的 STA 可以连接到无线 AP。以同样的方法可以配置 PC2 和 PC3 的 SSID。

(3) 验证。使用 ping 命令验证无线客户端到无线路由器,应该能 ping 成功。

3) 设置无线网络验证和加密方式

为保护无线通信安全,通常在 Security 选项卡中启用加密和身份验证,设置网络验证和加密方式及接入密钥。

(1) 配置无线路由器验证和加密。单击 Wireless 选项卡,再单击 Wireless Security 选项。出现如图 5-15 所示的无线路由器的 Wireless Security 配置界面。在 Security Mode 选项中选择 WEP;在 Encryption 选项中选择 40/64-Bit;在 Key1 文本框中输入 10 个数字和字母作为加密密钥。

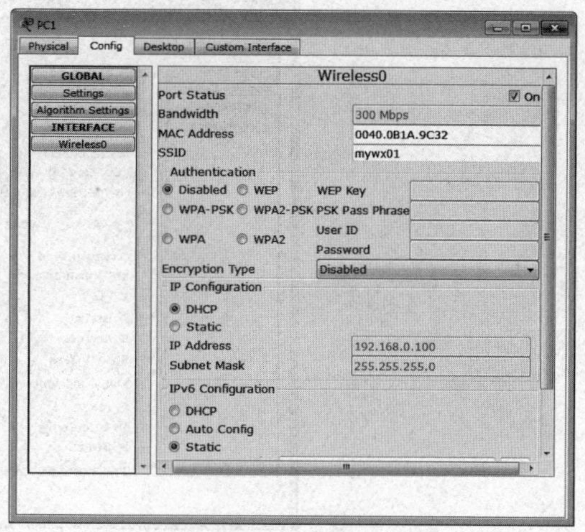

图 5-14　配置无线客户端 STA

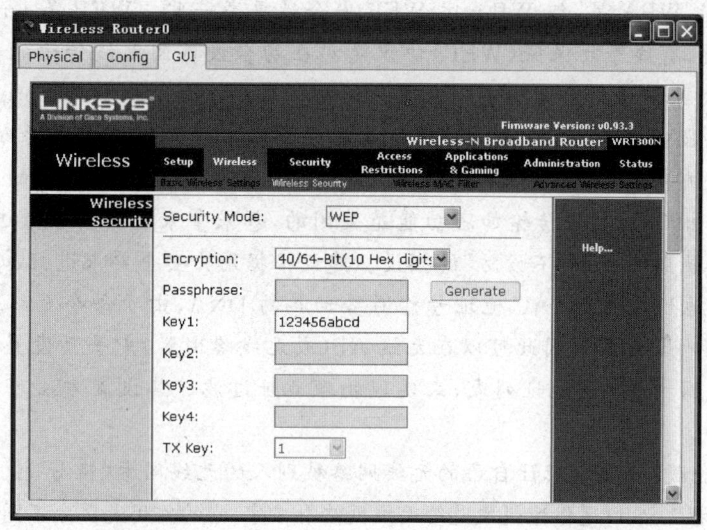

图 5-15　无线 AP 的 Wireless Security 界面

当设置完成之后,单击 Save Settings 按钮保存设置。

(2) 配置无线客户端验证和加密。同样以 PC1 为例,单击 PC1,打开配置界面,在 Config 选项卡中单击 Wireless0 选项,在 Authentication 选项区中选择 WEP,再在 WEP Key 文本框内输入 123456abcd,如图 5-16 所示,即完成无线客户端的验证和加密配置,这样无线客户端的 STA 将能自动连接到无线 AP。以同样的方法可以配置 PC2 和 PC3 的验证和加密。

(3) 验证无线连接。使用 ping 命令验证无线客户端到无线路由器能否传输数据。如果 ping 成功,则表示可以传输数据。

注意:

① 无线网络加密是通过对无线电波里的数据加密提供安全性,主要用于无线局域网中链路层信息数据的保密,现在大多数的无线设备具有 WEP 加密和 WPA 加密功能,

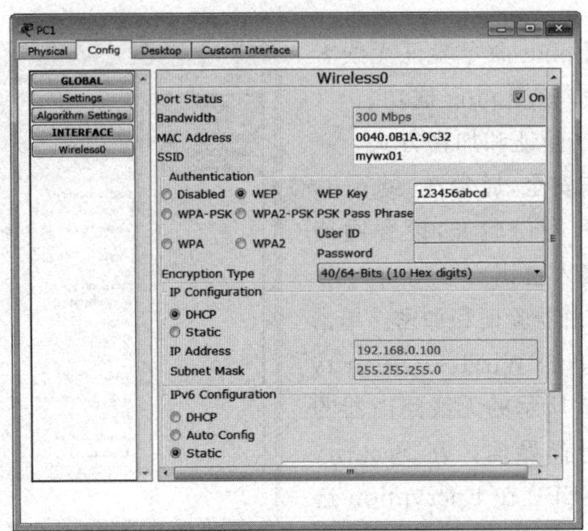

图 5-16　配置无线客户端验证和加密

WEP 出现得比 WPA 早，但 WPA 比 WEP 安全性更高一些。WEP 是 wired equivalent privacy 的简称，有线等效保密(WEP)协议是对在两台设备间无线传输的数据进行加密的方式，用以防止非法用户窃听或侵入无线网络。WPA 全名为 Wi-Fi protected access，有 WPA 和 WPA2 两个标准，是一种保护无线计算网络(Wi-Fi)安全的系统，它是研究者在前一代的系统有线等效加密(WEP)中找到的几个严重的弱点而产生的。许多无线路由器或 AP 在出厂时，数据传输加密功能是关闭的，如果拿来就用而不做进一步的设置，那么无线网络就成为一个“不设防”的摆设。建议根据用户安全要求进行加密方式选择。

② MAC 地址过滤：MAC 地址号称网络世界的 DNA，由于每个无线网卡都有世界上唯一的物理地址 MAC，因此可以在无线 AP(或无线路由器)中手动设置一组允许访问的主机的无线网卡 MAC 地址列表，来实现物理地址过滤。其设置方法可参考说明书或有关资料进行。

③ SSID 隐藏：如果不想让自己的无线网络被别人的无线网卡“轻易”搜索到，那么最好“禁止 SSID 广播”，SSID 通俗地说便是给无线网络取名字，它的作用是区分不同的无线网络。

任务 2：用瘦 AP 组建中小型无线网络

实训目的

(1) 掌握瘦 AP 网络架构的基本配置。

(2) 理解瘦 AP 网络架构实现的基本原理。

(3) 掌握本地转发和集中转发的配置要点及数据转发原理。

用瘦 AP 组建中小型无线网络

实训环境

(1) 校园无线网络或网络实训室。

(2) 环境描述：某客户购买锐捷公司无线设备，现需要部署无线网络，考虑到有大量的 AP 需要部署，为实现 AP 配置的统一下放和集中管理，将 AP 部署为瘦 AP 组网，DHCP 地址池以及无线用户的网关均放置在核心交换机上，据此请实现网络部署。

操作步骤

1）需求分析

（1）规划实训网络拓扑如图 5-17 所示。本实训使用锐捷的网络设备，如核心交换机用 S5750E，POE 交换机可以用 RG-E-120（GE），AC 用的是 RG-WS6008，AP 用的是 RG-AP720-L。

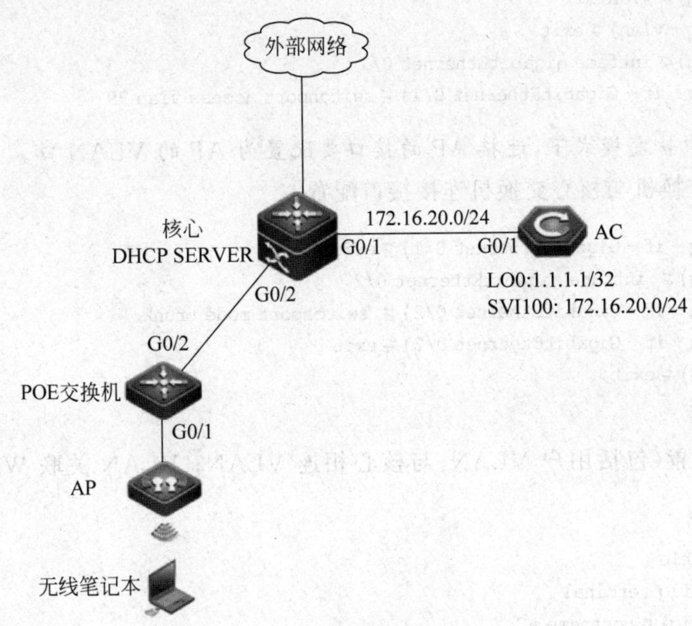

图 5-17　瘦 AP 网络拓扑

（2）规划 SSID、VLAN、网段等信息。

（3）用户及 AP 均动态获取 IP 地址，DHCP 服务器网关均在 S5750E 上。

（4）在集中转发模式下，从 PC1 上 ping 网关地址（在交换机上），观察数据流走向。

2）端口划分、IP 地址确定、VLAN 划分

- AP VLAN99：10.10.10.0/24；
- User VLAN10：172.16.1.0/24；
- AC-HX VLAN100：172.16.20.0/24（HX 是核心交换机）。

3）实训配置

（1）AP 配置（模式切换）。

```
Ruijie > enable
Ruijie # configure terminal
Ruijie(config) # hostname AP
AP (config) # ap mode fit
AP (config) # end
AP (config) # write
```

注意：瘦 AP 组网时，AP 为零配置上线，只需将 AP 配置为瘦模式即可。

(2) POE交换机配置。

① 创建AP VLAN；连接AP接口配置。

```
Ruijie>enable
Ruijie#config terminal
Ruijie(config)#hostname POES
POES(config)#vlan 99
POES(config-vlan)#exit
POES(config)#intface gigabitEthernet 0/1
POES(config-if-GigabitEthernet 0/1)#switchport access vlan 99
```

注意：集中转发模式下，连接AP的接口要配置为AP的VLAN口。

② POE交换机与核心交换机连接接口配置。

```
POES(config-if-GigabitEthernet 0/1)#exit
POES(config)# intface gigabitEthernet 0/2
POES(config-if-GigabitEthernet 0/2)# switchport mode trunk
POES(config-if-GigabitEthernet 0/2)#exit
POES(config)#exit
POSE#write
```

(3) AC配置(包括用户VLAN，与核心相连VLAN；VLAN关联WLAN；路由和AC接口)。

```
Ruijie>enable
Ruijie#config terminal
Ruijie(config)#hostname AC
AC(config)#vlan 10
AC(config-vlan)#vlan 100
AC(config-vlan)#exit
AC(config)#int vlan 100
AC(config-vlan 100)#ip address 172.16.20.2 255.255.255.0
AC(config-vlan 100)exit
```

注意：配置与核心通信的SVI接口，否则无法转发用户数据。

```
AC(config)wlan-config 10 uservlan
AC(config-wlan)#enable-broad-ssid
AC(config-wlan)#exit
AC(config)#ap-group default
AC(config-group)#interface-mapping 10 10 (WLAN与VLAN关联)
AC(config-group)#exit
AC(config)#ip route  0.0.0.0  0.0.0.0  172.16.20.1
```

注意：在AC上要使默认路由指向核心。

```
AC(config)#intface loopback 0
AC(config-if-loopback 0)#ip address 1.1.1.1 255.255.255.0 (option138 指向的地址)
AC(config-if-loopback 0)#exit
AC(config)#interface gigabitEthernet 0/1
AC(config-if-gigabitEthernet 0/1)#switchport mode trunk
```

注意：连接核心的物理口设置为 trunk 口，否则用户数据无法到达 AC。

```
AC(config-if-gigabitEthernet 0/1)# end
AC(config)# exit
AC# write
```

(4) HX(与 AC 接口、路由，VLAN 网关，DHCP)。

```
Ruijie> enable
Ruijie# config terminal
Ruijie(config)# hostname HX
HX(config)# vlan 10
HX(coanfig-vlan)# vlan 99
HX(config-vlan)# vlan 100
HX(config-vlan)# exit
HX(config)# int vlan 10
HX(onfig-vlan 10)# ip address 172.16.1.254 255.255.255.0
HX(config-vlan 10)# exit
HX(config)# int vlan 99
HX(config-vlan 99)# ip address 10.10.10.254 255.255.255.0
HX(config-vlan 99)# exit
HX(config)# int vlan 100
HX(config-vlan 100)# ip address 172.16.20.1 255.255.255.0
HX(config-vlan 100)# exit
HX (config)# ip route 1.1.1.1  255.255.255.0  172.16.20.2 (指向 AC 的静态路由)
```

注意：核心交换机静态路由到 AC，否则 AP 与 AC 无法建立 capwap 隧道。

```
HX (config)# interface gigabitEthernet 0/1
HX (config-if-gigabitEthernet 0/1)# switchport mode trunk
HX (config-if-gigabitEthernet 0/1)# exit
HX (config)# interface gigabitEthernet 0/2
HX (config-if-gigabitEthernet 0/2)# switchport mode trunk
HX (config-if-gigabitEthernet 0/2)# exit
HX(config)# service dhcp
HX(config)# ip dhcp pool AP
HX(config-dhcp)# option 138 ip 1.1.1.1
```

注意：配置 AP 地址池时要配置 option138 字段，否则 AP 找不到 AC。

```
HX(config-dhcp)# network 10.10.10.0 255.255.255.0
HX (config-dhcp)# default-route 10.10.10.254
HX(config-dhcp)# exit
HX(config)# ip dhcp pool USER
HX(config-dhcp)# network 172.16.1.0 255.255.255.0
HX(config-dhcp)# default-route 172.16.1.254
HX (config-dhcp)# exit
HX(config)# exit
HX# write
```

4）实训结果

（1）查看 AC 上在线的 AP，如图 5-18 所示。

```
AC# show ap - config summary
```

```
AC#show ap-config summary
========= show ap status =========
Radio: Radio ID or Band: 2.4G = 1#, 5G = 2#
       E = enabled, D = disabled, N = Not exist
       Current Sta number
       Channel: * = Global
       Power Level = Percent

Online AP number: 1
Offline AP number: 0

AP Name                                    IP Address      Mac Address    Radio                  Radio                  Up/Off time  State
------------------------------------------ --------------- -------------- ---------------------- ---------------------- ------------ -----
5869.6cb9.fe1e                             10.10.10.1      5869.6cb9.fe1e 1  E   0   11*  100 2  E   0  161*  100   0:12:00:10 Run
AC#
```

图 5-18　查看 AC 上在线的 AP

（2）查看接入无线的终端信息，如图 5-19 所示。

```
AC# show ac - config client by - ap - name
```

```
AC#show ac-config client by-ap-name
========= show sta status =========
AP    : ap name/radio id
Status: Speed/Power Save/Work Mode/Roaming State/MU MIMO, E = enable power save, D = disable power save

Total Sta Num : 2
STA MAC        IPV4 Address    AP                                       Wlan Vlan Status          Asso Auth       Net Auth        Up time
-------------- --------------- ---------------------------------------- ---- ---- --------------- --------------- --------------- ----------
5800.e34e.8811                 5869.6cb9.fe1e/2                         10   10     86.5M/D/ac    OPEN            OPEN            0:00:05:40
a08d.1641.7bf1 172.16.1.2      5869.6cb9.fe1e/1                         10   10     52.0M/E/bgn   OPEN            OPEN            0:00:01:41
AC#
```

图 5-19　查看接入无线的终端信息

5.5　扩展知识：移动互联网技术简介

扩展知识：移动互联网技术简介

小　结

本项目首先分析了用户对组建无线网络的需求，然后介绍了无线网络常用的传输介质，分析了组建无线网络的优缺点，并对无线局域网（Wi-Fi）技术、无线城域网（WiMAX）技术、宽带无线个域网技术和无线广域网技术（3G、4G 或 5G）进行了较详细的介绍，对某小型无线网络的组建方案进行了简单叙述；为了更好地熟悉和理解无线组网技术，安排了小型无线网络规划配置实验和用瘦AP组建中小型无线网络实验，为今后的学习和应用打下一定的基础。

习　题

1. 安全性在无线网络中如此重要的原因是(　　)。
   A. 无线网络的速度通常比有线网络慢
   B. 电视及其他设备可能干扰无线信号
   C. 无线网络采用了非常易于接入的介质来广播数据
   D. 雷暴等环境因素可能影响无线网络
2. 与有线LAN相比，无线技术的优势是(　　)。(选三项)
   A. 维护成本更低　　B. 传输距离更长
   C. 易于安装　　D. 易于扩展
   E. 安全性更高　　F. 主机适配器更便宜
3. (　　)标准的无线局域网传输速率可以达到540Mbps。
   A. 802.11ac　　B. 802.11n　　C. 802.11a　　D. 802.11g
4. (　　)无线技术标准与旧无线标准的兼容性最强，且性能更高。
   A. 802.11a　　B. 802.11g　　C. 802.11n　　D. 802.11ac
5. (　　)是网络中的CSMA/CA。
   A. 无线技术为避免SSID重复而使用的访问方法
   B. 任何技术都可使用的、缓解过多冲突的访问方法
   C. 有线以太网技术为避免冲突而使用的访问方法
   D. 无线技术为避免冲突而使用的访问方法
6. (　　)WLAN组件通常被称为STA。
   A. 移动电话　　B. 天线
   C. 接入点　　D. 无线网桥
   E. 无线客户端
7. 下列关于无线网桥的陈述，正确的是(　　)。
   A. 通过无线链路连接两个网络　　B. 连接无线局域网的固定设备
   C. 允许无线客户端连接到有线网络　　D. 增强无线信号的强度
8. 下列关于无线对等网络的陈述，正确的是(　　)。
   A. 由点到点网络的无线客户端互联组成
   B. 由无线客户端与一个中央接入点互联组成
   C. 由多个无线基本服务集通过分布系统互联组成
   D. 由无线客户端通过ISR与有线网络互联组成
9. 下列关于服务集标识符(SSID)的陈述中，正确的是(　　)。(选两项)
   A. 服务集标识符是标识无线设备所属的WLAN

B. 服务集标识符是一个包含32字符的字符串,不区分大小写

C. 服务集标识符是负责确定信号强度

D. 同一WLAN中的所有无线设备必须具有相同的SSID

E. 用于加密通过无线网络发送的数据

10. 根据图5-20中显示的信息,正确的是(　　)。

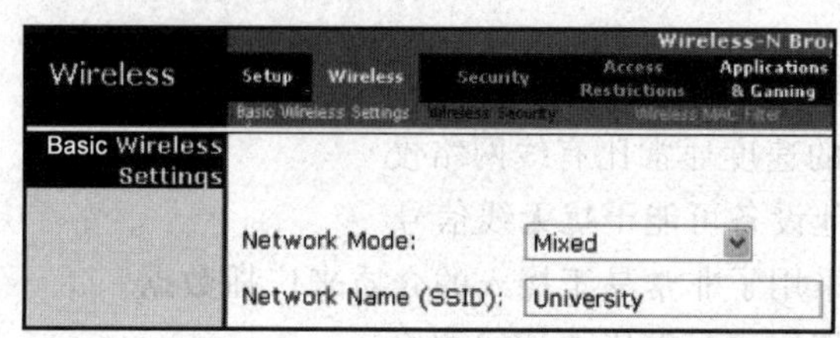

图5-20　网络模式和网络名称的设置

A. 连接到此接入点的任何无线客户端必须使用同一个IP地址和SSID

B. 必须将连接到此接入点的所有无线设备的SSID指定为University

C. 此接入点没有与本地LAN通过物理电缆相连

D. 此配置只适用于无线对等网络

11. 将Linksys集成路由器上的安全模式设置为WEP的作用(图5-21)是(　　)。

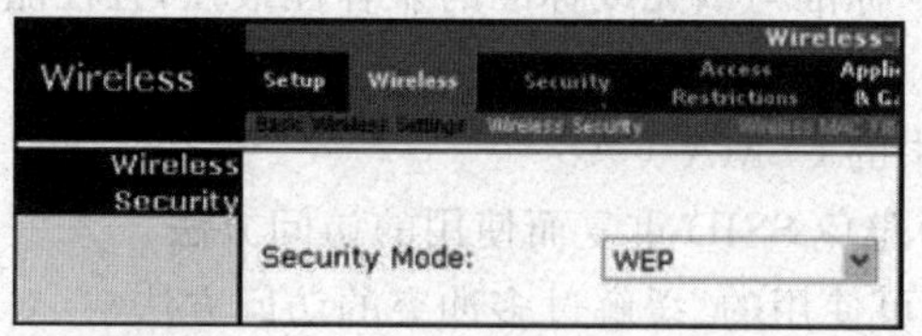

图5-21　安全模式设置为WEP

A. WEP安全模式能够使接入点向客户端告知它的存在

B. WEP安全模式可用来标识WLAN

C. 每次客户端与接入点建立连接时,WEP安全模式都会生成一个动态密钥

D. WEP安全模式能够加密在接入点和无线客户端之间传输的网络流量

12. 单个AP覆盖的区域称为(　　)。

A. 独立的基本服务集　　B. 对等网络

C. 扩展服务集　　D. 基本服务集

13. 无线网络的基础结构模式包括的两种类型为(　　)。(选两项)

A. 独立胖AP架构　　B. 交换机架构

C. 对等架构　　D. 基于控制器的瘦AP架构

14. 5G关键技术主要有(　　)。

A. 高频段传输　　B. 新型多天线传输

C. 同时同频全双工　　D. D2D

项目 6　通过 ISP 接入 Internet

情况是在不断地变化，要使自己的思想适应新的情况，就得学习。

——毛泽东

项目目标

（1）熟悉 Internet 基础知识；

（2）理解接入网技术；

（3）掌握接入 Internet 的技术和方法；

（4）具有接入 Internet 的职业能力和职业素养。

项目背景

（1）家庭网络；

（2）校园网络；

（3）机房网络。

6.1　用户需求与分析

当今社会，计算机网络的长足发展已经把整个地球通过网络有机地联系在了一起，而 Internet 在这个过程中扮演着举足轻重的角色。

用户需求与分析

有了 Internet 的接入，人们的生活便更加丰富多彩。

（1）收发 E-mail，这是 Internet 最早也是最广泛的网络应用。不论身在何方，只要有 Internet，通信就是分秒的事情。

（2）网络的广泛应用会创造一种叫作 SOHO 的小型家庭办公的数字化的生活与工作方式。

（3）上网浏览或网上冲浪。用户可以根据兴趣在网上畅游，能足不出户尽知天下事。

（4）查询信息。可以利用网络上的一些搜索引擎和一些网页查询自己空白的知识和查询相关的信息（比如考试、旅游信息等）。

（5）通过网络人们可以享受“网络购物”带来的乐趣，可以不用逛商场就能在网上商城中购买到自己称心如意、价廉物美的商品。

（6）网络可以丰富人们的闲暇生活。人们可以通过网络欣赏音乐、看电影、看电视、跳舞等，还可以通过网络在线学习、在线交流知识、参加社会活动、从事艺术创造和科学发明活动等。

(7) 可以通过网络结识世界各地的网上朋友,相互交流思想,相互学习,真正实现“海内存知己,天涯若比邻”。

要接入Internet,需要向当地的相关部门提出申请,由这些机构向用户提供Internet接入的服务。把提供因特网服务的机构称为因特网服务供应商(Internet service provider,ISP)。ISP的服务主要是指因特网接入服务,即通过网络连接把用户的计算机或其他终端设备连入Internet,如中国电信、网通、联通等数据业务部门。因此,接入Internet的方式和技术在不断发展,许多用户也很想知道采用什么技术、怎样接入Internet。

随着Internet在各领域的广泛应用,其作用越来越重要。因此,我国许多家庭、企业、学校、医院、政府等通过ISP接入Internet还在不断增长。

6.2 相关知识

6.2.1 Internet的基础知识

1. 因特网

Internet的基础知识

因特网即Internet,是全球最大的、开放的、由众多网络互联而成的国际型计算机网络。狭义的Internet是指上述网中所采用IP的网络互联而成的网络,即IP网;广义的Internet是指IP网加上所有能通过路由选择至目的地的网络,包括使用诸如电子邮件之类应用层网关的网络、各种存储转发的网络以及采用非IP的网络。

2. 万维网WWW

WWW是World Wide Web的缩写,通常简写为3W,称为万维网。WWW集文字、图形、声音、动态图像等表达形式为一体,结合超链接技术,使用户可以轻松获得Internet上各种各样的资源。WWW的主要目的是建立一个统一管理各种资源、文件及多媒体的系统,使用户能够迅速取得不同的资源。

3. IP地址

IP地址就是连接在Internet上的每台主机都需要分配的一个32位的地址。Internet上的每台主机都需要有一个唯一的IP地址。IP地址其实就好比邮寄住址一样,当要传递信件时,就需要知道目的地的地址,这样邮递员才能把信送到,计算机传递数据就好比是邮递员传送信件一样,必须知道唯一的IP地址才能把数据传送到目的地,只不过邮寄地址是用文字表示的,计算机的“邮寄地址”用十进制数字表示。

4. 域名系统(DNS)

DNS是域名系统(domain name system)的缩写,是指在Internet中使用的分配名字和地址的机制。域名系统允许用户使用友好的名字而不是难以记忆的数字——IP 地址来访问 Internet 上的主机。

5. 电子邮件

电子邮件的英文名称为 E-mail,即俗称的"伊妹儿"。电子邮件是一种利用计算机的存储、转发原理等电子手段,克服时间和地理上的差距,通过计算机终端和通信网络进行文字、语音、图像等信息的传递,提供信息交换的通信方式。

用户通过 E-mail,可以用非常低廉的价格,与世界上任何一个角落的网络用户保持书信来往,只是此时的书信来往已经由早期的"纸式"变成如今的"电子式",同时,这些电子邮件可以是文字、图像、语音等各种方式。

用户可以在提供电子邮箱的网站上申请自己的邮箱地址,电子邮件的地址格式为:用户名@域名,即 USER@SERVER.COM。其中,USER 代表用户信箱的账号,对于同一个邮件接收服务器来说,这个账号必须是唯一的;@是分隔符;SERVER.COM 是用户信箱的邮件接收服务器域名,用于标志其所在的位置。例如,wangluo@sina.com。

6. 网络新闻与公告板服务

网络新闻,又称为电子新闻或新闻组。网络新闻突破传统的新闻传播,在视觉、听觉、感受方面给人们全新的体验。它将无序化的新闻进行有序的整合,让人们在最短的时间内获得最有效的新闻信息。

公告板服务(bulletin board system,BBS),又称为电子布告栏系统或电子公告板系统。BBS 是一项受广大用户欢迎的服务项目,用户可以在 BBS 上留言、发表文章、阅读文章等。

7. Internet 闲谈

Internet 闲谈就是 IRC,即 Internet relay chat,是因特网上的一项实时通信业务,它可以使接收者和发送者都处于联机状态,使他们直接在因特网上进行交谈。可以利用这种方式召开网上会议,并提出问题的解决方案。目前国内较著名的中文聊天软件有 QQ、微信和钉钉等。

6.2.2 接入网技术

接入网技术

接入网(access network,AN)又称为用户环路,是指骨干网络到用户终端之间的所有通信设备,主要用于完成用户接入核心网的任务。根据国际电联 G.902 标准,接入网由业务节点接口(service node interface,SNI)和相关用户网络接口(user to network interface,UNI)构成,具有传输、复用、交叉连接等功能,可以被看作是与业务和应用无关的传送网,同时可作为传送电信业务提供所需承载能力的系统,如图 6-1 所示。

图 6-1 核心网与用户接入网示意图

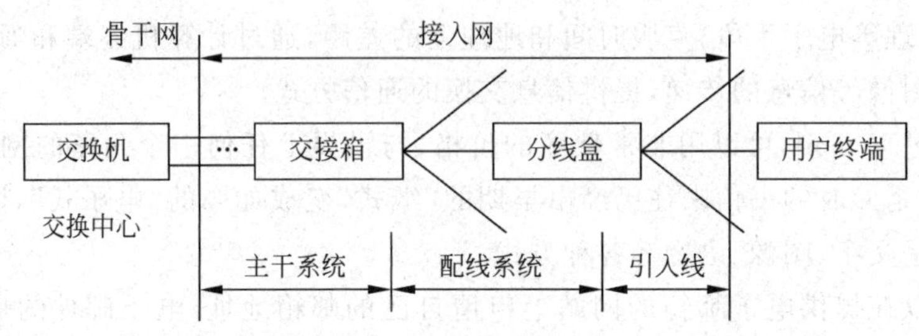

图 6-2 接入网的逻辑结构

Internet 接入网分为主干系统、配线系统和引入线 3 个部分,如图 6-2 所示。其中主干系统一般为传统电缆和光缆,目前逐步实现用光缆代替传统电缆;配线系统是电缆或光缆,长度一般为几百米;引入线多采用铜线,通常为几米到几十米。

接入网根据使用的媒介可以分为有线接入网和无线接入网两大类,其中有线接入网又可分为铜线接入网、光纤接入网和光纤同轴电缆混合接入网等;无线接入网又可分为固定接入网和移动接入网。

6.2.3 接入 ISP 的方法

接入 ISP 的方法

下面介绍几种常用的接入 Internet 的技术。

1. 通过 ADSL 接入 Internet

ADSL(asymmetrical digital subscriber Line,非对称数字用户线路)是 xDSL(HDSL、SDSL、VDSL、ADSL 和 RADSL)家族中的一种宽带技术,是前几年应用最广泛的一种宽带接入技术。它利用现有的双绞电话铜线提供独享“非对称速率”的下行速率(从端局到用户)和上行速率(从用户到端局)的通信宽带。ADSL 上行速率达到 640kbps～1Mbps,下行速率达到 6～8Mbps,有效传输距离在 3～5km 范围内,从而克服了传统用户在“最后一公里”的瓶颈问题,实现高速接入。

1) ADSL 的工作原理

传统的电话系统使用的是铜线的低频部分(4kHz 以下频段),而 ADSL 采用 DMT(离散多音频)技术,将原先电话线路 0Hz 到 1.1MHz 频段划分成 256 个频宽为 4.3kHz 的子频带。其中,4kHz 以下频段仍用于传送 PSTN(传统电话业务),20～138kHz 的频段用来传送上行信号,138～1.1MHz 的频段用来传送下行信号。

ADSL2+(G.992.5)标准在 ADSL2(G.992.3)的基础上进行扩展,将工作频段频谱范围从 1.1MHz 扩展至 2.2MHz，相应地，最大子载波数也由 256 个增加至 512 个；使用的频谱做了扩展，传输性能比 ADSL 1/2 有明显的提高（下行最大传输速率可达 25Mbps）。

下面以用户接收信号时的情况为例，介绍 ADSL 的工作过程（用户发送信号时工作过程与之相反），如图 6-3 所示。

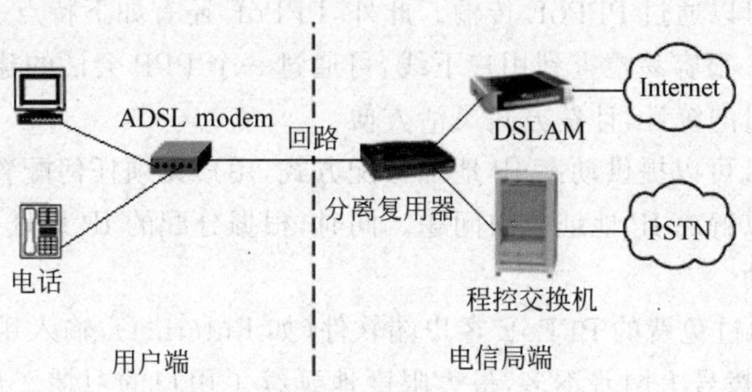

图 6-3　ADSL 系统构成

（1）Internet 发送端用户的网络主机数据经光纤传输到电信局。

（2）电信局的访问多路复用器调制并编码用户数据，然后整合来自普通电话线路的语音信号。

（3）被整合后的语音和数据信号经普通电话线传输到 Internet 接收的网络用户端。

（4）由该用户端的 ADSL modem 分离出数字信号和语音信号，然后数字信号通过解调和解码后传送到用户的计算机中，而语音信号则传送到电话机上，两者互不干扰。

2）ADSL 的优缺点

（1）ADSL 的优点如下。

① 充分利用现有的电话线，保护了现有的投资。

② 传输速率高。其下行传输速率为 2～25Mbps，上行传输速率为 640kbps～1Mbps，可以满足绝大多数用户的带宽需求。

③ 技术成熟，标准化程度高，ADSL 安装、连接简单。

④ 采用频分多路复用技术。ADSL 数据信号和电话音频信号以频分复用原理调制于各自频段，互不干扰。

⑤ 由于每根线路由每个 ADSL 用户独有，因而带宽也由每个 ADSL 用户独占，不同 ADSL 用户之间不会共享带宽，可获得更佳的通信效果。

（2）ADSL 的缺点如下。

① 传输距离较近。目前 ADSL 的传输距离还比较短，通常要求在 5km 以内，也就是说，用户端到电信公司的 ADSL 端距离在 5km 以内。

② 传输速度不够快。前面提到的 ADSL 的上行传输速率和下行传输速率都是理论值，实际上要受到许多因素的制约，远不如这个值。因此，ADSL 仅适用于家庭用户和中小型商业用户。

3) ADSL 通信协议

PPPoE(PPP over Ethernet)是在以太网上建立 PPP 连接,由于以太网技术十分成熟且使用广泛,而 PPP 在传统的拨号上网应用中显示出良好的可扩展性和优质的管理控制机制,二者结合而成的 PPPoE 得到了宽带接入运营商的认可并广为采用。

PPPoE 不仅有以太网的快速简便的特点,同时还有 PPP 的强大功能,任何能被 PPP 封装的协议都可以通过 PPPoE 传输。此外,PPPoE 还有如下特点。

(1) PPPoE 很容易检查到用户下线,可通过一个 PPP 会话的建立和释放对用户进行基于时长或流量的统计,计费方式灵活方便。

(2) PPPoE 可以提供动态 IP 地址分配方式,用户无须任何配置,网管维护简单,无须添加设备就可以解决 IP 地址短缺问题。同时,根据分配的 IP 地址,可以很好地定位用户在本网内的活动。

(3) 用户通过免费的 PPPoE 客户端软件(如 Enternet),输入用户名和密码后就可以上网,跟传统的拨号上网差不多,最大限度地延续了用户的习惯。从运营商的角度来看,PPPoE 对其现存的网络结构进行变更也很小。

4) ADSL 的接入类型

(1) 单用户 ADSL modem 直接连接。

(2) 多用户 ADSL modem 连接。

- 小型网络用户 ADSL 路由器直接连接几台计算机。
- 较多用户 ADSL 路由器连接交换机。

ADSL 技术的主要特点是充分利用了现有的电话网络,只需在线路两端加装 ADSL 设备,即可为用户提供高速接入 Internet 服务。

2. 通过宽带 Cable 接入 Internet

为了解决终端用户通过普通电话线入网速率低的问题,人们一方面通过 xDSL 技术提高电话线路的传输速率,另一方面尝试利用目前覆盖范围广、较具潜力、具有很高带宽的有线电视(CATV)网络。有线电视网络拥有庞大的用户群,同时它可以提供极快的接入速度和相对低的接入费用。目前在全球已形成 ADSL 和 cable modem 两大主流家庭宽带接入技术。

1) HFC 简介

光纤同轴电缆混合网(hybrid fiber coaxial,HFC)是以现有的 CATV 网络为基础,采用光纤到服务区,而在用户的"最后一公里"采用同轴电缆的新型有线电视网。HFC 的高带宽为数据提供了传输空间。还有一种更为实用的方式,光纤到楼宇单元的光纤 ADSL modem,再经光纤 modem 接到各户。HFC 逻辑连接图如图 6-4 所示。

在 HFC 网络中,前端设备通过路由器与数据网相连,并通过专用数据端机与公用电话网(PSTN)相连。有线电视台的电视信号、公用电话网来的话音信号和数据网的数据信号送入合路器形成混合信号后,由这里通过光缆线路送至各个小区节点,再经过同轴分配网络送至用户本地综合服务单元,或经光纤 ADSL modem 接到各户。

HFC 接入系统为树状结构,同轴的带宽是由所有用户公用的,而且有一部分带宽要

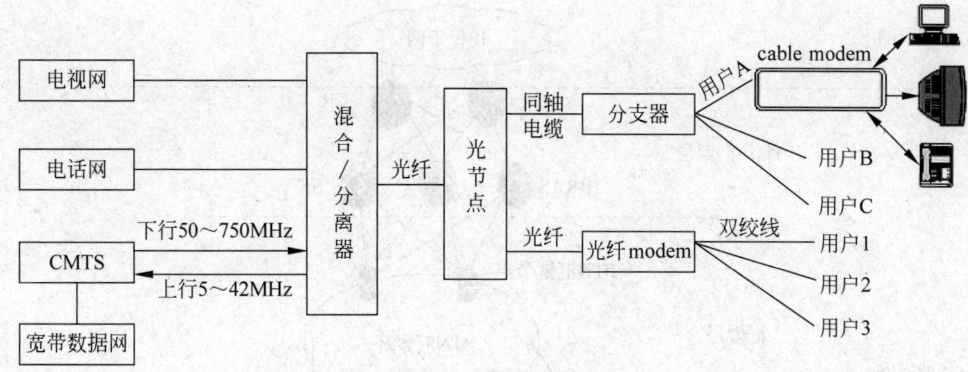

图 6-4　HFC 的逻辑连接图

用于传送电视节目,因此用于数据通信的带宽受到限制。目前,一般一个同轴网络内至多连接 500 个用户。

2）cable modem 的种类

（1）从传输方式的角度,可分为双向对称式传输和非对称式传输。双向对称式传输速率为 2～4Mbps、最高能达到 10Mbps；非对称式传输下行速率为 36Mbps,上行速率为 500kbps～10Mbps。

（2）从接口角度分,可分为外置式、内置式、通用串行总线 USB 式和交互式机顶盒。

3）HFC 接入的主要特点

（1）cable modem 是通过有线电视网来接入互联网的宽带接入设备,它不用电话线,但需要有线电视电缆。

（2）cable modem 是集 modem、调谐器、加/解密设备、桥接器、网络接口卡、虚拟专网代理和以太网集线器的功能于一身的专用设备。

（3）始终在线连接,用户不用拨号,打开计算机即可以与互联网连接,就像打开电视机就可以收看电视节目一样。

（4）cable modem 的传输距离可达 100km 以上,连接速度高。

（5）cable modem 采用总线型的网络结构,是一种带宽共享上网方式,具有一定的广播风暴风险。

（6）服务内容丰富,不仅可以连接互联网,而且可以直接连接到有线电视网,如在线电影、在线游戏、视频点播等。

通过 cable modem 上网,不用拨号,也不占用电话线,也不影响收看电视,并且网络连接稳定,速率较快,与电话拨号占用电话线路、常掉线、速率慢等相比具有明显的优势。

3. 通过光纤接入 Internet

用 xDSL 和 cable modem 接入 Internet 虽然在一定程度上拓宽了接入带宽,但是它们都有很大的局限性,不适应融合网络的高带宽需求。随着光纤技术的不断发展,光缆越来越便利,前面两种接入方式会逐渐淘汰。

运营商通信网络的一个整体结构如图 6-5 所示。

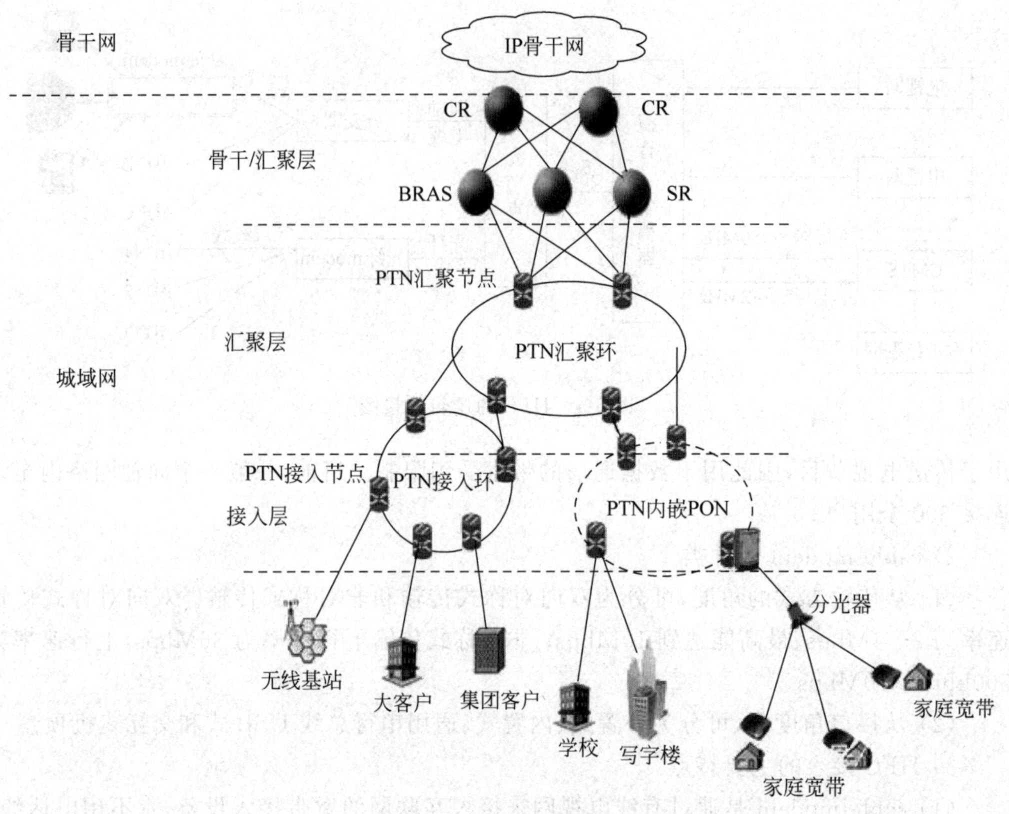

图 6-5 运营商通信网络结构

最顶上的就是 IP 骨干网,简单来说,就是运营商最核心的网络。骨干网和其他运营商相连(如中国电信和中国移动)。不同运营商的骨干网组成了互联网的骨干。它和别的服务网络相连,例如 PSTN 网络(电话网)、IPTV 网络等,为用户提供多种业务(电话、电视和上网等)。

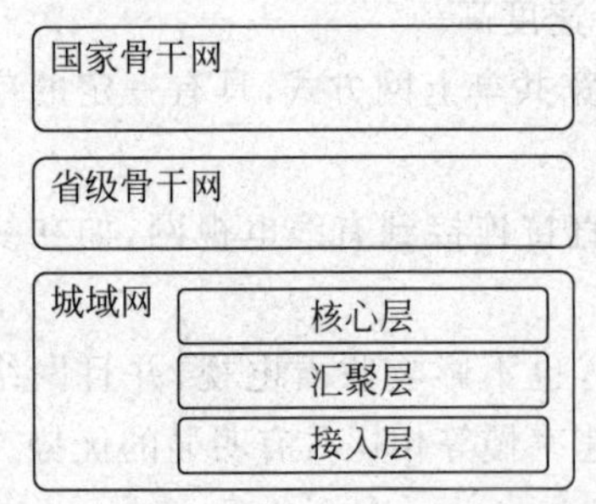

图 6-6 通信网络的层次结构

国家骨干网往下是省级骨干网,再往下就是城域网(metropolitan area network),如图 6-6 所示。

城域网又分为三层,即核心层、汇聚层和接入层。

接入层就是离用户端最近的一层,接入层这部分的网络也称为接入网。"光进铜退"就在于这个接入层。

真正解决宽带接入的是 FTTx(光纤到办公室 FTTO、到小区/单位 FTTZ、到楼 FTTB、到家 FTTH 等)。随着城域网的快速发展和市场需求的驱动,FTTx 已成为接入网市场的热点,企事业单位、住宅社区、网吧等单位和场所纷纷采用 FTTx+LAN 的互联网接入方式。

光纤接入技术是指从网络服务提供商处租用光纤接入单位的内部或家中,中间全部使用光纤传输介质,实现高速稳定的 Internet 接入。光纤网络传输带宽为 100Mbps~1000Gbps。

目前最主流的光纤接入技术是 PON(passive optical network,无源光网络)。

什么是无源？这个“源”就是指电源、能量源、功率源。没有此类“源”的电子设备就叫无源设备。无源光网络与有源光网络相比，最大优点就是降低了故障率。

PON 的网络架构如图 6-7 所示。

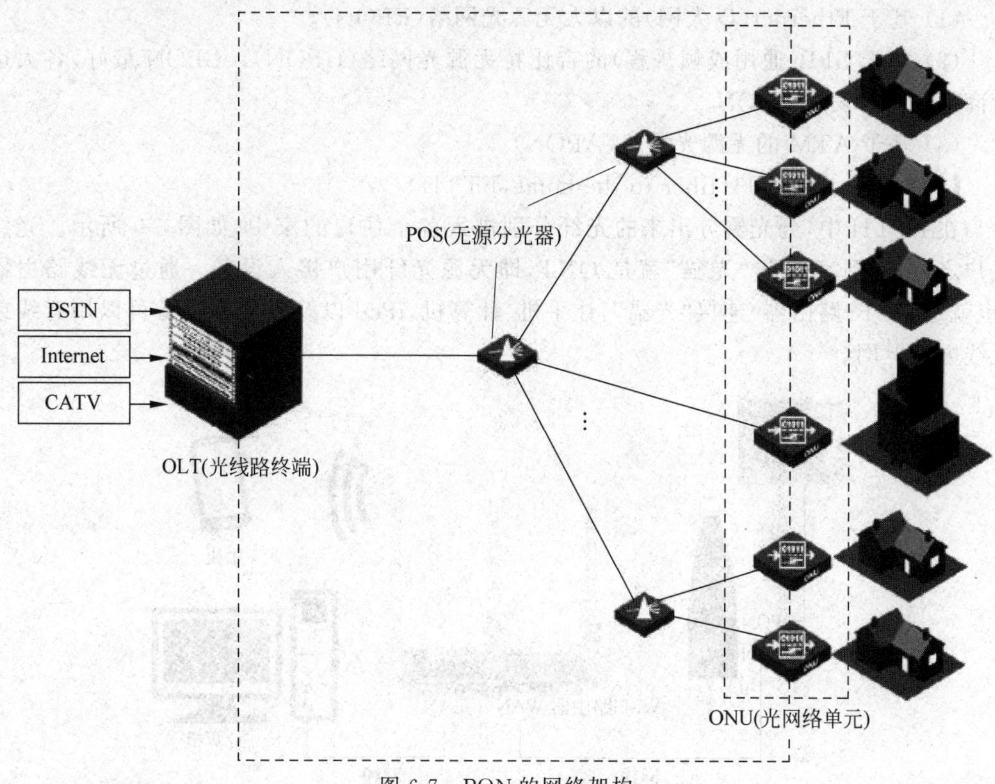

图 6-7　PON 的网络架构

PON 由以下部分组成。

- OLT(光线路终端)：一方面将承载各种业务的信号在局端进行汇聚，按照一定的信号格式送入接入网络，以便向终端用户传输；另一方面将来自终端用户的信号按照业务类型分别送入各种业务网中。
- POS(无源分光器)：分发下行数据，汇聚上行数据。
- ONU(光网络单元)/ONT(光网络终端)：最靠近用户侧的设备。ONT 是 ONU 的一种，ONT 只有一个口，给一个家庭用户服务，ONU 给多个家庭用户服务。家庭中用的“光猫”就是 ONT。

PON 采用的是 WDM(波分复用，类似频分复用，波长×频率＝光速)技术，实现单纤双向传输，上行波长为 1310nm，下行波长为 1490nm，如图 6-8 所示。

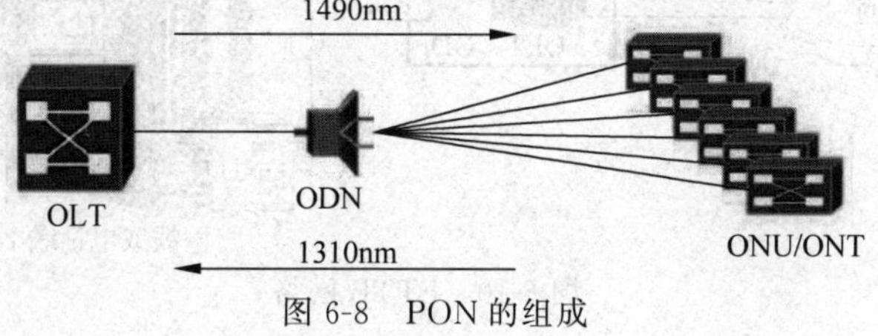

图 6-8　PON 的组成

PON具有高带宽、高效率、大覆盖范围、用户接口丰富等众多优点，是目前最受欢迎的光接入技术。

按承载的内容，PON主要分为以下几种。

(1) 基于Ethernet(以太网)的以太无源光网络(EPON)。

(2) 基于GFP(通用成帧规程)的吉比特无源光网络(GPON)。GPON最好，各大运营商都在努力发展GPON。

(3) 基于ATM的无源光网络(APON)。

【例6-1】 光纤到户(fiber to the home，FTTH)

在FTTH中，分光器分出来的光纤分别进入各个住户的家中，如图6-9所示。光纤入户之后，连到家里的“光猫”就是ONT，即无源光纤用户接入设备。通过无线路由器(也就是Wi-Fi路由器)连接“光猫”，让手机、计算机、iPad以及电视等设备可以用有线或无线方式上网。

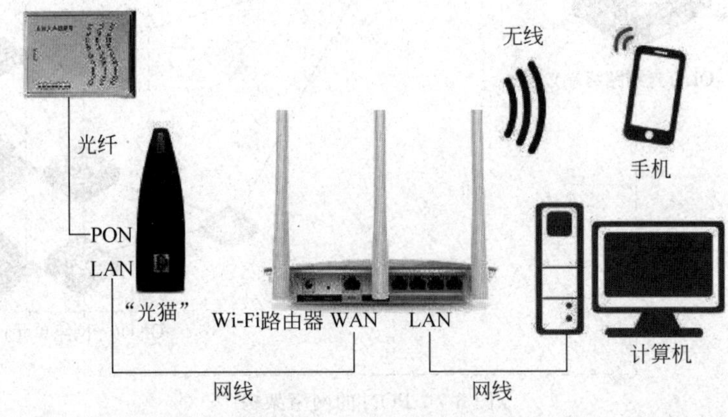

图6-9 FTTH网络

【例6-2】 光纤到楼宇(fiber to the building，FTTB)

以FTTB为例，如图6-10所示，当OLT出来的光纤经过ODF光纤配线架和分光器到了大楼里，就直接进入了大楼弱电间的ONU。

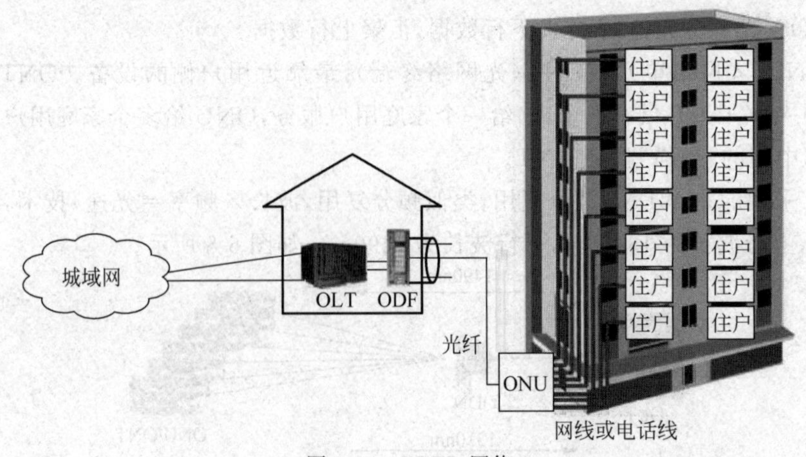

图6-10 FTTB网络

ONU 具备多种接入方式,简单来说,就是把光纤方式变成“光猫”方式或 LAN 方式。目前使用光纤以太网接入 PC 的时代已经到来。

使用光纤传输信息,一般在传送两端各使用一个光接收器,并将其安装在交换机或路由器设备上,大部分交换机或路由器带有光纤模块接口。发送方的光模块负责将数据转换为光信号,并发送到光纤上;接收方的光模块负责接收光信号,并将光信号还原为数据。

光纤以太网接入技术应用已经十分广泛,它有以下特点:

(1) 可靠性好、安全性高、扩展性强;

(2) 网络结构简单,可以和现有网络无缝连接;

(3) 采用波分复用技术,具备高接入带宽;

(4) 接入距离长,维护及管理方便。

4. 通过代理服务器接入 Internet

家庭网络、办公网络等,绝大多数都要与互联网相连。由于上网费用高、通信线路资源有限、IPv4 网络地址资源有限、网络安全等原因,同一局域网中的用户一般都要共享同一账号、同一线路、同一 IP 地址等接入互联网。

共享上网的方式主要分为代理服务器和路由器两种入网方式。下面主要介绍代理服务器。

代理服务器(proxy server)是建立在 TCP/IP 应用层上的一种服务软件,是把局域网内的所有需要访问网络的需求,统一提交给局域网出口的代理服务器,由代理服务器与 Internet 上的 ISP 的设备联系,然后将信息传递给提出需求的设备。

1) 代理服务器的主要功能

(1) 共享上网。代理服务器是局域网与外部网络连接的出口,起到网关的作用。

(2) 作为防火墙。代理服务器可以保护局域网的安全,起到防火墙的作用。

(3) 提高访问速度。代理服务器将远程服务器提供的数据保存在自己的缓存中,可供多个用户共享,可以节约带宽、提高访问速度。

2) 代理服务器工作过程

使用代理服务器浏览 WWW 网络信息时,IE 浏览不是直接到 Web 服务器去取回网页,而是向代理服务器发出请求,由代理服务器取回 IE 浏览器所需要的信息,再反馈给申请信息的计算机。代理服务器的工作过程如图 6-11 所示。

由于代理服务器是介于计算机和网络服务器之间的一台中间设备,需要满足局域网内部所有计算机访问 Internet 服务的请求,因此大部分代理服务器都是一台高性能的计算机,具有高速运转的 CPU(甚至是多 CPU),具有高速缓冲存储器(Cache),Cache 容量比较大,用于存放最近从 Internet 上取回的信息。用户浏览某一曾经浏览过的网页时,不重新从网络服务器上取数据,而是直接将 Cache 上的数据传送给用户的浏览器,这样就能显著提高浏览速度,如图 6-12 所示。

3) 代理服务器软件的种类

(1) 第一种代理服务器软件是操作系统自带的。Windows 操作系统自带有 Internet

连接共享(Internet connection sharing,ICS)软件。

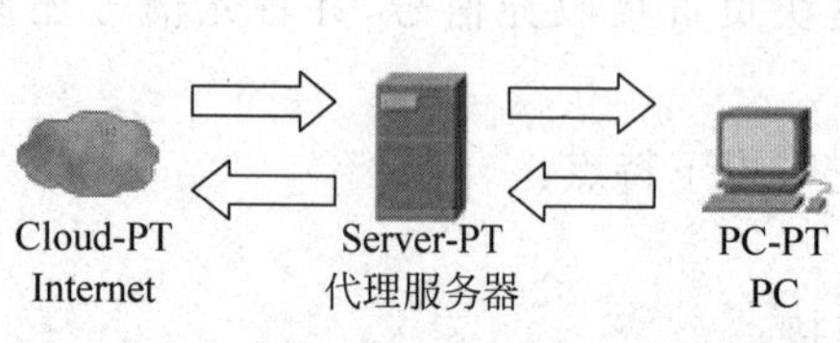

图 6-11　代理服务器的工作过程

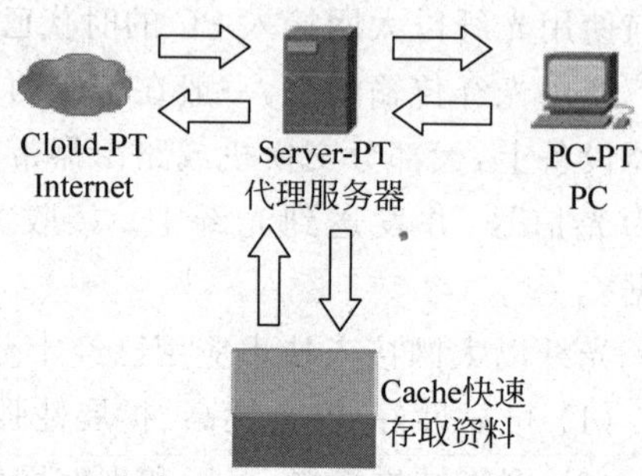

图 6-12　代理服务器(添加了 Cache)的工作过程

(2) 第二种是第三方代理服务器软件。第三方代理服务器软件又分为两种：一种是通常意义上的代理服务器软件,如 Wingate、Winproxy 等；另一种是网关代理软件,该方式在代理服务器上设置一个软网关,利用软网关来完成上网数据的转换和中继的任务,而客户机通过这个网关上网,如 Sygate、WinRoute 等。

5. 通过无线接入 Internet

无线接入是指从交换节点到用户终端部分或全部采用无线手段接入技术,无线接入技术可以分为移动接入和固定接入两大类。

移动无线接入网包括蜂窝区移动电话网、集群电话网、卫星全球移动通信网等,是当今通信行业中最活跃的领域之一,如移动设备(手机)通过 3G、4G、5G 接入。

固定接入是从交换节点到固定用户终端采用无线接入,它实际上是 PSTN 的无线延伸。其目标是为用户提供透明的 PSTN 业务,固定无线接入系统的终端不含或仅含有限的移动性。接入方式有微波一点多址、蜂窝区移动接入的固定应用、无线用户环路及卫星 VSAT 网等(项目 5 中已有叙述)。

值得注意的是 5G 时代的无线接入技术。5G 弥补了 4G 技术的不足,在吞吐率、时延、连接数量、能耗等方面进一步提升系统性能。它采取数字全 IP 技术,支持分组交换,它既不是单一的技术演进,也不是几个全新的无线接入技术,而是整合了新型无线接入技术和现有无线接入技术,通过集成多种技术来满足不同的需求,是一个真正意义上的融合网络。并且由于融合的特点,5G 可以延续使用 4G、3G 的基础设施资源,并实现与 4G、3G、2G 的共存。

6.2.4　网络地址转换

网络地址转换

为了节省 IPv4 地址空间,出现了网络地址转换(NAT)。用于将私有地址转换为可路由 Internet 地址的过程称为网络地址转换。目前,无论什么网络规模,使用 NAT 是一种常见的做法。

1. 小型企业网络地址转换

网络地址转换允许大量私有用户通过共享一个公有 IP 地址池来访问 Internet。节省注册的 IP 地址是开发 NAT 的主要目的之一。NAT 还可以对直接的 Internet 访问隐 PC、服务器和网络设备的实际 IP 地址，从而为它们提供保护。如图 6-13 所示，在一个企业内部网络和 Internet 之间使用了 NAT。只有 5 个公有地址，内部有近 100 个用户都要上互联网。

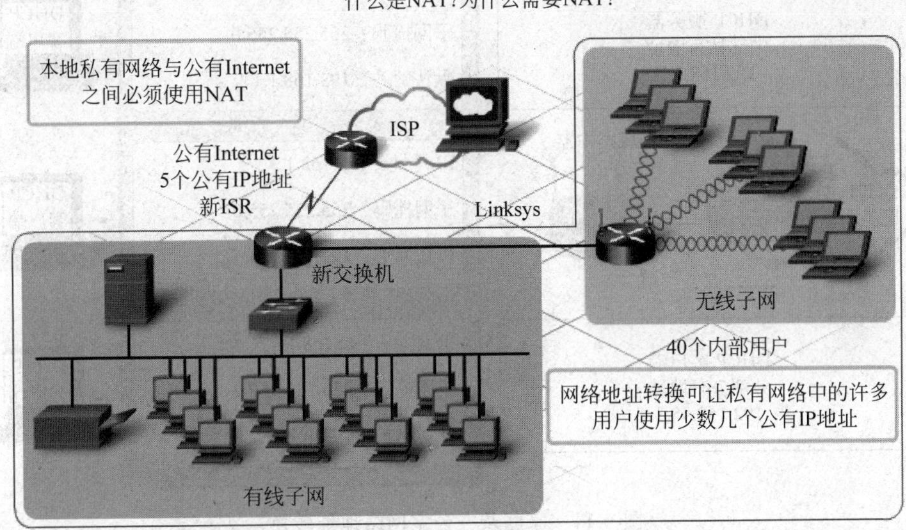

图 6-13　内部网络和 Internet 之间 NAT 的部署

访问 ISP 的数据包借助 NAT，可将私有(本地)源 IP 地址转换为外部公有(全局)地址池中的一个地址。ISP 回复给客户端的数据包转换过程与之相反，响应数据流将发送到转换后的 IP 地址，路由器表中列明了转换为外部地址的内部 IP 地址，响应数据流被发送到外部地址，经过地址转换，响应数据流得以发往合适的内部地址。

2. 家庭及办公室网络地址转换(PAT)

家庭及办公室中的集成路由器从 ISP 接收公有地址，这使它能够通过 Internet 发送和接收数据包。另外，它又为本地网络客户端提供私有地址。由于 Internet 上不允许使用私有地址，因此，需要通过某种过程将私有地址转换为唯一的公有地址，本地客户端才能在 Internet 上通信。

由于只有一个外部公有(全局)地址，将结合使用 IP 地址和端口号来跟踪与目标主机的会话。通过 NAT，集成路由器将多个内部 IP 地址转换为同一公有地址和不同的端口号。在 PAT 中，集成路由器将数据包中本地源地址和端口组合在一起，然后转换为一个全局 IP 地址和大于 1024 的唯一端口号，形成的数据包发给 ISP。响应数据流将发送到转换后的 IP 地址和主机所用端口，路由器表中列明了转换为外部地址的内部 IP 地址和端口号组合，响应数据流被发送到外部地址，经过地址转换，响应数据流得以发往合适的内部地址和端口号。

如图6-14所示,访问ISP的数据包借助NAT可将私有(本地)源IP地址(192.168.1.2：7000)转换为外部公有(全局)地址(192.150.45.3：7223)。ISP回复给客户端的数据包转换过程与之相反,响应数据流被发送到外部地址(192.150.45.3：7223),经过地址转换,响应数据流得以发往私有(本地)源IP地址(192.168.1.2：7000)。

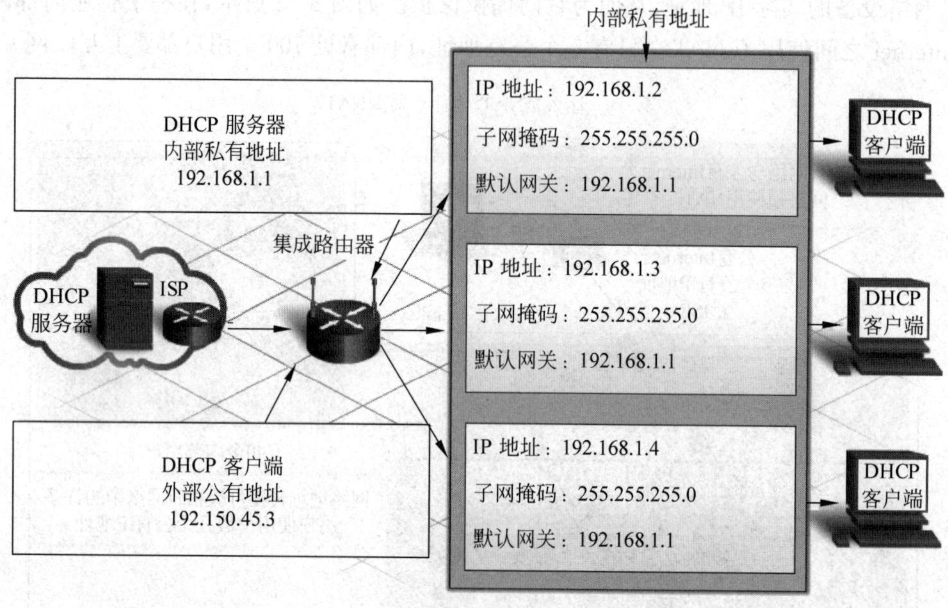

图6-14　家庭及办公室网络地址转换

3. NAT的优缺点

1）优点

- 共享公有IP地址；
- 对最终用户透明；
- 更加安全；
- 扩展或升级LAN方便；
- 可以在本地控制,包括ISP连通性。

2）缺点

- 与某些应用程序不兼容；
- 阻碍合法的远程访问；
- 路由器处理量增加而导致性能下降。

6.3 案例分析：接入Internet方案实例

电话、计算机和电视机只有接入网络(三网融合)才能充分发挥其强大的通信作用,享受网络中无穷无尽的共享资源。对一般家庭来说,使用光纤通过"光猫"接入三网是最适合的上网方式，因为选择这样的方式上网可以直接架构在光纤线路上，可以根据自家的经济情况购买不同的带宽，目前的带宽能很好地满足用户的需求，且价格适中，适合大众消费者。

【例 6-3】 小型家庭网络接入 Internet。

王先生家里添置了 3 台计算机（2 台台式机和 1 台笔记本电脑）和 1 台打印机，要将 3 台计算机互联，组成简单的对等网络环境，可以共享打印机、刻录机以及程序文件等，3 台计算机还可以同时上网。

1. 王先生家联网的主要应用需求

接入 Internet 方案实例

（1）证券交易、财经资讯、网上购物等。

（2）王先生是某学院的老师，要进行在线课程建设和制作、课表查询、录入成绩、网上辅导答疑、技术咨询、技术合作、学术交流等。

（3）图书查询、检索、在线阅读等。

（4）家庭办公和娱乐。

2. 方案设计与实施

（1）采用快速以太网 100BASE-T 或千兆以太网 1000BASE-T，并以星形结构联网。图 6-15 所示的是逻辑拓扑图。“光猫”（由电信部门提供）一端通过光纤接 ISP（如当地的电信或移动公司），电话端口可以接有线电话，一个 LAN（百兆或千兆）端口接无线宽带路由器。无线宽带路由器有有线和无线两种连接，PC1 用有线连接，PC2 和 PC3 用无线连接，手机也可以与无线网络连接。打印机连接在 PC1 上，可实现共享。另一个 LAN（百兆或千兆）端口接电视机顶盒，电视机顶盒的 HDMI 口接电视机。

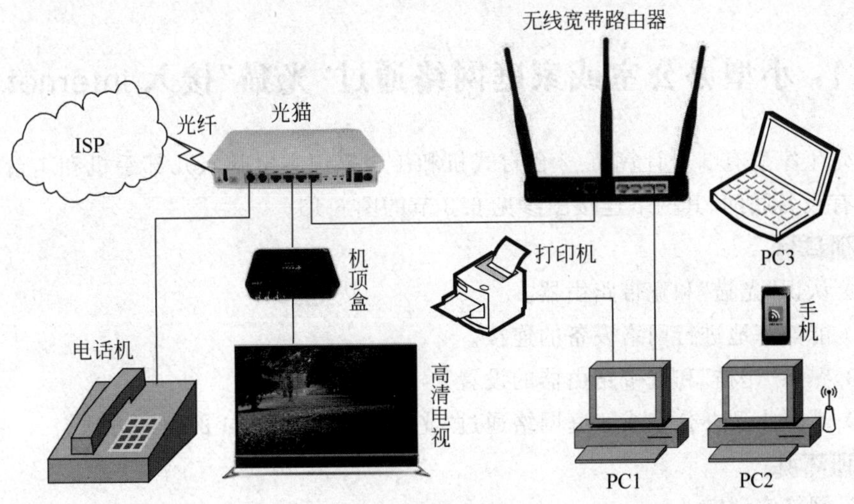

图 6-15　逻辑拓扑图

（2）要安装“光猫”，需要到当地网络运营商申请宽带业务。目前吉比特以太网无源光网络（GPON）可以提供 10/100Mbps、1Gbps 的业务，而且可以提供 VLAN 业务和语音业务,事实上可以适应任何现有业务和未来新业务的适配要求。在FTTH应用中,吉比特以太网无源光网络(GPON)通常为单纤系统,单纤系统的上下行分别采用不同波长,典型上行波长为1310nm,下行波长为1550nm,传输距离为15km,因而互操作性较好,网络复杂性较低。

(3) 无线宽带路由器实际是一种硬件和软件充分结合的共享上网设备,无线路由器与纯AP不同,除无线接入功能外,一般具备WAN、LAN两个接口,支持DHCP服务器、DNS和MAC地址克隆、VPN接入和防火墙等安全功能。它们通过内置的硬件芯片来完成互联网和局域网之间数据包的交换管理,实质上就是在芯片中固化了共享上网软件,当然,功能强大的大型路由器不在此列。由于是硬件工作,不依赖于操作系统,因此该种方式的稳定性较好,但是可更新性相对于软件来说显得差一些,并且需要另外购买共享上网路由器。

通常硬件共享上网也有两种方式:一种是通过"光猫"的路由功能共享上网;另一种是通过SOHO宽带路由器共享上网,本例属于后者。

(4) IP地址的获取。宽带路由器固化了DHCP软件,可以给主机自动分配IP地址,一般IP地址为192.168.1.0/24这个私有网段。宽带路由器与外网连接的IP地址的设置参见宽带路由器的说明书,设置是不难完成的,只是外网连接的IP地址等由网络服务提供商提供。

值得说明的是,共享打印机及文件的配置和无线宽带路由器的配置将在后面的项目中详细介绍,这里仅关注SOHO网络的构建方法和技术。

6.4 项目实训

任务1:小型办公室或家庭网络通过"光猫"接入Internet

王先生家里有3台计算机(2台台式机和1台笔记本电脑)、几部手机和1台电视机,要将所有设备联网,其网络连接图参见6.3节的图6-15。

实训目标

(1) 认识"光猫"和宽带路由器。

(2) 能熟练地进行网络设备的连接。

(3) 熟悉"光猫"和宽带路由器的设置。

(4) 掌握小型办公室或家庭网络通过"光猫"接入Internet的组网方法。

实训环境

(1) 网络实训室。

(2) 计算机3台,连接ISP的光纤1根,"光猫"宽带账号1个,调制解调器1台(带语音分离器),宽带路由器1台,高清电视1台,电话机1部,手机1部,双绞线6根,电话线1根,高清线1根。

操作步骤

PON 终端，俗称“光猫”，作用类似于前面的 ADSL modem，是光纤到户家庭的必备网络设备。根据不同的技术和标准，PON 产品又分为 EPON 和 GPON。TL-EP110 属于 EPON 终端产品，满足 IEEE 802.3ah 标准，兼容电信、联通、移动、广电等运营商技术标准，与主流局端设备厂商互通性良好，是光纤到户理想的接入终端。

下面以 TP-LINK 的 TL-EP110 v2.0 为例，介绍 EPON 产品接入前段网络的详细配置过程。

注意：使用 EPON 之前，请先向运营商确认当地光纤线路是否为 EPON 线路，以及运营商是否允许用户自行购买“光猫”接入（部分地区运营商不允许用户自行购买、安装 PON 产品）。

（1）“光猫”连接。如图 6-16 所示，将入户的光纤插入 TL-EP110 的光纤接口，计算机使用网线连接到 LAN 口。连接好后打开电源，此时设备的 power 灯、LAN 灯会常亮。

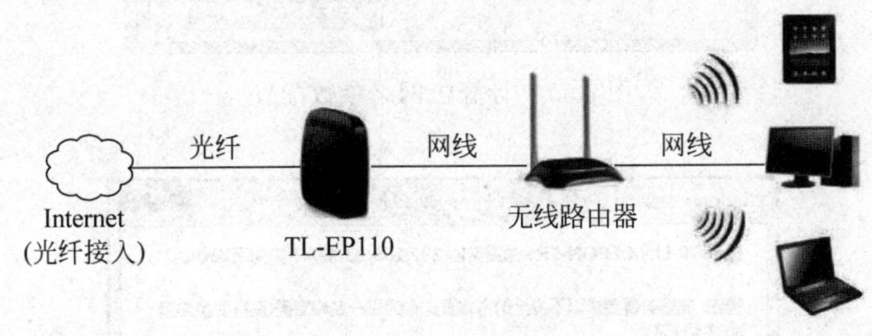

图 6-16　网络连接图

如果一段时间后，TL-EP110 的 LOS 灯常亮或者闪烁（红色），则代表光纤线路异常，请检查设备与光纤的连接是否正常，并联系运营商确认线路是否为 EPON 线路以及线路是否正常。

（2）配置计算机的网络参数。通常情况下，物理线路连接好之后，EPON 产品下连接的计算机并不能立即上网，需要对 EPON 进行设置后方可上网。要想设置 EPON 产品，需要首先指定计算机的 IP 地址来登录管理界面。右击计算机桌面上的“网上邻居”图标，选择“属性”命令，然后双击“本地连接”后按照图 6-17 将计算机的 IP 地址配置为 192.168.1.×（×为 2～253）后，单击“确定”按钮（或者通过依次选择“开始”→“控制面板”→“网络连接”→双击“本地连接”）。

（3）设置 EPON“光猫”。设置好计算机的 IP 地址后，打开 IE 浏览器，在地址栏中输入 http://192.168.1.1 后按 Enter 键。EPON“光猫”界面如图 6-18 所示，在弹出的用户名和密码文本框中输入默认的用户名和密码 admin 后，即可登录 TL-EP110 的管理界面，如图 6-19 所示。

注意：部分 TL-EP110 v1.0 可能出现无法登录管理界面的现象，此时需登录公司官网下载 TL-EP110 v1.0 的最新版本，并按照升级说明将设备升级后即可登录。

EPON 产品在连接光纤后必须和前端的运营商局端设备进行一个认证、注册后才可以正常接入 Internet。不同地区、不同运营商的认证、注册方式并不相同，在设置 EPON 产品前请和运营商确认 EPON 产品的认证方式。主要的 EPON 认证方式有 LoID 认证、

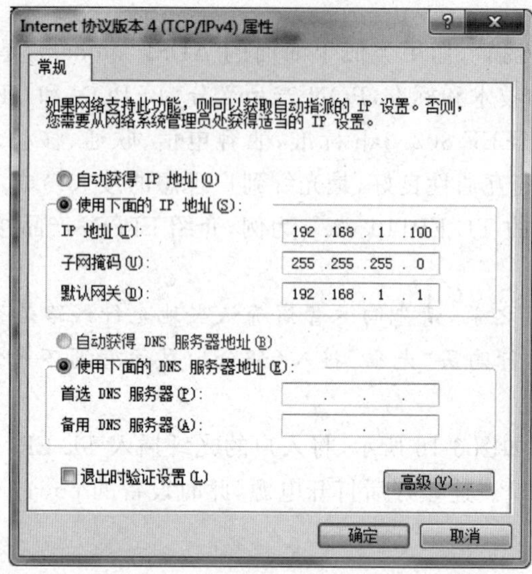

图 6-17　计算机网络参数配置

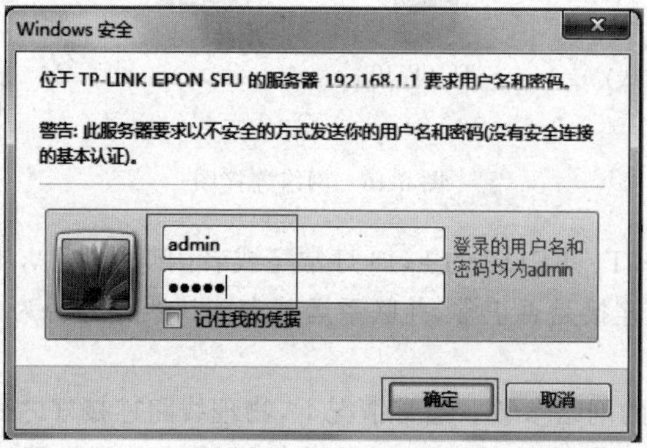

Windows 安全

位于 TP-LINK EPON SFU 的服务器 192.168.1.1 要求用户名和密码。

警告: 此服务器要求以不安全的方式发送你的用户名和密码(没有安全连接的基本认证)。

admin

●●●●●

记住我的凭据

登录的用户名和密码均为admin

确定　取消

图 6-18　EPON“光猫”界面

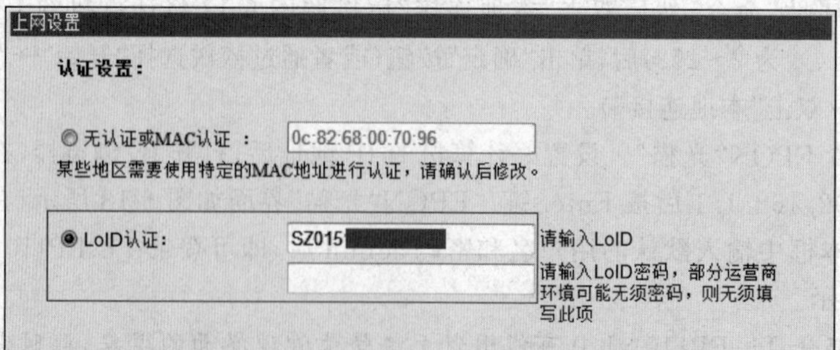

上网设置

认证设置:

无认证或MAC认证 :　0c:82:68:00:70:96

某些地区需要使用特定的MAC地址进行认证，请确认后修改。

LoID认证:　SZ015

请输入LoID

请输入LoID密码，部分运营商环境可能无须密码，则无须填写此项

注意: 由于不同运营商可能采用不同的认证方式，若认证信息设置错误将无法上网。

图 6-19　TL-EP110 的管理界面

MAC 认证等。其中 LoID 最常见，本任务以 LoID 认证为例说明。

登录管理界面后，单击“上网设置”选项，选择 LoID 认证，输入由运营商提供的 LoID，再保存即可(注意一定要区分大小写，否则可能导致注册不成功。部分线路除了 LoID 外还需要输入一个密码)。

输入 LoID 后稍等片刻，TL-EP110 的 PON 指示灯会从闪烁变为常亮，这就代表着“光猫”设备已经和前端设备注册成功了。此时使用计算机或者路由器连接 EPON 后，就可以按照运营商规定的接入方式(比如 PPPoE 拨号、动态 IP 等)上网了。宽带路由器的设置参见项目 5 中的项目实践部分内容。

(4) VLAN 的设置。当 EPON 的 PON 灯常亮后，部分地区的线路上会出现计算机或者路由器仍旧无法上网的情况，此时就需要设置相关的 VLAN 信息了。通常运营商在光纤线路上会开放多种业务，如宽带上网业务、IPTV 业务、语音电话业务等，为区分不同的业务，运营商通常会以不同的 VLAN 来区分。因此，如果出现 EPON 设备认证成功后无法上网的现象，请先联系运营商确认 VLAN 相关信息。

TL-EP110 v2.0 提供了一个探测前端线路 VLAN 信息的小工具，可到公司官网下载，下载后在计算机上运行该软件并单击“VLAN 搜索”按钮，即可探测线路上的 VLAN 信息，如图 6-20 所示。但是探测之前要确认 EPON 设备已经认证成功(PON 灯常亮)。

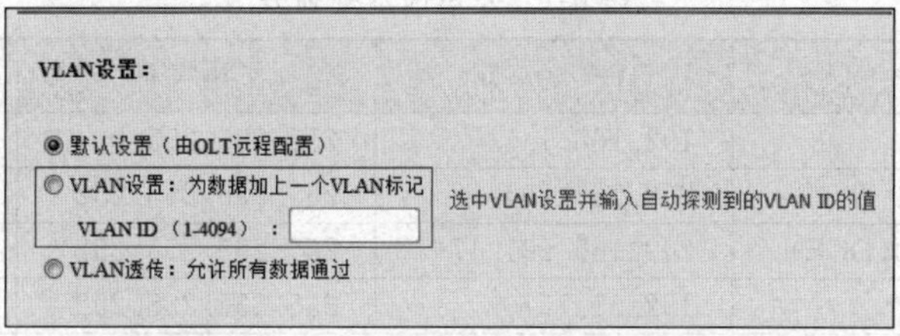

图 6-20　设置 VLAN 信息界面

稍等片刻后如果有搜索到相关的 VLAN 信息，登录 TL-EP110 的管理界面，单击“上网设置”，在 VLAN 设置中选择为数据加上 VLAN 标记，输入相应的 VLAN ID，保存并重启后，尝试使用计算机或者路由器重新连接网络即可(如果有搜索到多个 VLAN 信息，则应一一尝试)。

任务 2：配置小型企业网络地址转换

任务描述

1) 任务要求

ISP 为一个小型公司分配了公有 IP 地址范围 209.165.200.224/29。可为公司提供 6 个公有 IP 地址(209.165.200.225～209.165.200.230)。动态 NAT 地址池过载使用具有多对多关系的 IP 地址池。路由器 NAT 使用池中的第一个 IP 地址，并使用 IP 地址以及唯一端口号分配连接。当路由器(特定于平台和硬件)上的单个 IP 地址达到最大转换数量后，它将使用池中的下一个 IP 地址。

提示：公有IP地址范围209.165.200.224/29仅作为实验使用，不能用于实际网络中。

配置小型企业网络地址转换

2）公司网络拓扑

公司网络拓扑如图6-21所示。

3）公司地址规划表

公司地址规划表如表6-1所示。

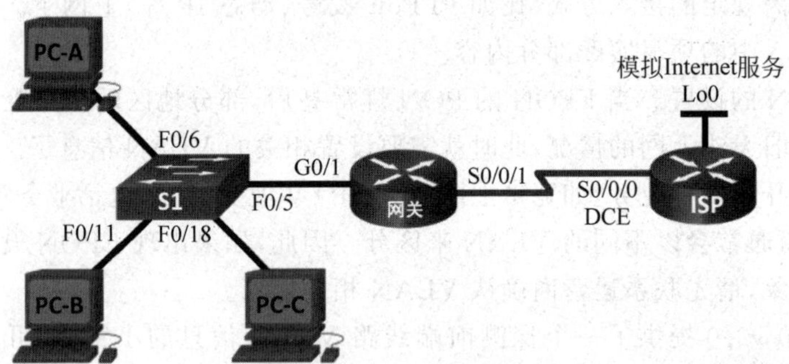

图6-21 公司网络拓扑

表6-1 公司地址规划表

设 备	接 口	IP 地 址	子网掩码	默认网关
Gateway	G0/1	192.168.1.1	255.255.255.0	N/A
	S0/0/1	209.165.201.18	255.255.255.252	N/A
ISP	S0/0/0(DCE)	209.165.201.17	255.255.255.252	N/A
	Lo0	192.31.7.1	255.255.255.255	N/A
PC-A	NIC	192.168.1.20	255.255.255.0	192.168.1.1
PC-B	NIC	192.168.1.21	255.255.255.0	192.168.1.1
PC-C	NIC	192.168.1.22	255.255.255.0	192.168.1.1

提示：Lo0(Lookback0)称为环回接口，是一种逻辑接口，通常用于测试。

实训目标

(1) 构建网络并检验连接。

(2) 配置和检验NAT地址池过载。

实训环境

(1) 网络实训室。

(2) 2台路由器(Cisco 1941或锐捷RG-RSR20以上路由器)，1台交换机(Cisco 2960或锐捷RG-S2910以上交换机)，3台PC(采用Windows 10以上且支持终端模拟程序，比如SecureCRT)，控制台电缆1根、以太网电缆4根和串行电缆1根。也可以选用装有Cisco Packet Tracer模拟软件或锐捷模拟器的PC 1台。

操作步骤

1）创建网络并检验连通性

(1) 建立公司网络拓扑图所示的网络。

(2) 配置 3 台 PC 的 IP 地址和默认网关。

(3) 初始化并重新加载路由器和交换机。

注意：确保所使用的路由器和交换机的启动配置都已擦除。

(4) 配置每个路由器的基本设置。

- 禁用 DNS 查找。
- 按照地址分配表列出的设置配置路由器的 IP 地址。
- 在 DCE 串行接口上将时钟频率设为 128000。
- 按公司网络拓扑图 6-21 所示配置设备名称。

(5) 配置静态路由。

① 在 ISP 路由器上创建到网关路由器的静态路由。

```
ISP(config)# ip route 209.165.200.224 255.255.255.248 209.165.201.18
```

② 在网关路由器上创建到 ISP 路由器的默认路由。

```
Gateway(config)# ip route 0.0.0.0 0.0.0.0 209.165.201.17
```

(6) 检验网络连通性。

① 在 PC 上对网关路由器上的 G0/1 接口执行 ping 操作。如果 ping 操作不成功，请排除故障。

② 检验两台路由器上的静态路由是否都已配置正确。

2) 配置并检验 NAT 地址池过载

配置网关路由器，将来自 192.168.1.0/24 网络的 IP 地址转换为 209.165.200.224/29 范围内的 6 个可用地址中的一个。

(1) 定义与 LAN 私有 IP 地址相匹配的访问控制列表。

ACL 1 用来允许对 192.168.1.0/24 进行转换。

```
Gateway(config)# access-list 1 permit 192.168.1.0 0.0.0.255
```

(2) 定义可用的公有 IP 地址池。

```
Gateway(config)# ip nat pool public_access 209.165.200.225 209.165.200.230 netmask 255.
255.255.248
```

(3) 定义从内部源列表到外部地址池的 NAT。

```
Gateway(config)# ip nat inside source list 1 pool public_access overload
```

(4) 指定地址转换的内部和外部接口。对接口发出 ip nat inside 和 ip nat outside 命令。

```
Gateway(config)# interface g0/1
Gateway(config-if)# ip nat inside
Gateway(config-if)# interface s0/0/1
Gateway(config-if)# ip nat outside
```

(5) 检验 NAT 地址池过载配置。

① 从每台 PC，对 ISP 路由器上的 192.31.7.1 地址执行 ping 操作。

② 显示网关路由器上的NAT统计数据。

```
Gateway# show ip nat statistics
Total active translations: 3 (0 static, 3 dynamic; 3 extended)
Peak translations: 3, occurred 00:00:25 ago
Outside interfaces:
  Serial0/0/1
Inside interfaces:
  GigabitEthernet0/1
Hits: 24  Misses: 0
CEF Translated packets: 24, CEF Punted packets: 0
Expired translations: 0
Dynamic mappings:
-- Inside Source
[Id: 1] access-list 1 pool public_access refcount 3
 pool public_access: netmask 255.255.255.248
        start 209.165.200.225 end 209.165.200.230
        type generic, total addresses 6, allocated 1 (16%), misses 0

Total doors: 0
Appl doors: 0
Normal doors: 0
Queued Packets: 0
```

③ 显示网关路由器上的NAT。

```
Gateway# show ip nat translations
Pro Inside global           Inside local         Outside local       Outside global
icmp 209.165.200.225:0      192.168.1.20:1       192.31.7.1:1        192.31.7.1:0
icmp 209.165.200.225:1      192.168.1.21:1       192.31.7.1:1        192.31.7.1:1
icmp 209.165.200.225:2      192.168.1.22:1       192.31.7.1:1        192.31.7.1:2
```

注意:执行ping操作后,请立即用show ip nat translations命令显示网关路由器上的NAT,原因是ICMP转换的超时值很短。

以上示例输出中列出了多少个内部本地IP地址(内部私有地址)?________列出了多少个内部全局IP地址(转换后的公有地址)?________使用了多少个与内部全局地址配对的端口号?________

从ISP路由器对PC-A的内部本地地址执行ping操作会产生什么结果?为什么?

____

____

思考一下NAT具有哪些优点。

____

____

小　　结

随着Internet在各领域的广泛应用,通过ISP接入Internet的技术也在不断创新和进步。本项目首先介绍了Internet基础知识,然后介绍了接入网技术,并对接入ISP的方法进行了较详细的介绍，还介绍了两种常用的地址转换方式；通过实例进一步说明小型家庭网络接入 Internet 的方法。最后，通过 2 个实训任务来充分理解接入 Internet 所需要的知识和技能。

习 题

1. PON 的中文意思是什么？（　　）

   A. 调制解调器　　B. 非对称数字用户线路

   C. 交换机　　D. 无源光纤网络

2. 目前 EPON 的最大速率可以达到（　　）Mbps。

   A. 100　　B. 200　　C. 400　　D. 1000

3. 在通信中，调制解调器的作用是（　　）。

   A. 转发数据　　B. 为数据转发提供寻址

   C. 提供数模之间的转换　　D. 为计算机供电

4. 目前家庭主流接入 Internet 的方式是（　　）。

   A. ADSL　　B. cable modem

   C. frame-relay　　D. FTTH（光纤到家）

5. 目前校园网中主流接入 Internet 的方式是（　　）。

   A. ADSL　　B. FTTZ（光纤以太网接入）

   C. frame-relay　　D. cable modem

6. 利用 Sygate 代理服务器软件访问 Internet 时，以下（　　）不是必需的。

   A. 服务器至少要两块网卡

   B. 操作系统必须是 Windows 2003 Server

   C. 服务器必须有一块网卡可以连接到 Internet

   D. 服务器连接内网的网卡作为内网主机的网关

7. 家庭网络中的地址转换通常是在哪个设备上完成的？（　　）

   A. EPON　　B. ADSL　　C. 无线路由器　　D. 电视机顶盒

8. 通过光纤接入 Internet 即 FTTx，包括（　　）。

   A. FTTO（光纤到办公室）　　B. FTTZ（光纤到小区/单位）

   C. FTTB（光纤到楼）　　D. FTTH（光纤到家）

项目7 搭建中小型企业数据中心服务器

不积跬步，无以至千里；不积小流，无以成江海。

——《荀子·劝学》

项目目标

(1) 了解常见的网络操作系统；

(2) 掌握 Windows Server 2019 的安装和基本设置；

(3) 熟悉网络服务器的分类和特点；

(4) 理解客户/服务器模型及原理；

(5) 知道 DNS 和 DHCP 的基本功能及原理；

(6) 掌握常用服务器(DNS、DHCP 和 Web)的安装与配置；

(7) 具有搭建数据中心服务器的职业能力和职业素养。

项目背景

(1) 网络机房；

(2) 数据中心。

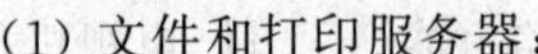

7.1 用户需求与分析

随着各企业网络的发展，企业数据中心服务器越来越多，服务器的搭建就非常重要，用户常用的网站服务器主要有以下几种：

用户需求与分析

(1) 文件和打印服务器；

(2) Web 服务器和 FTP 服务器；

(3) DNS 服务器；

(4) DHCP 服务器；

(5) 邮件服务器等。

例如，某小型企业网络有计算机 320 余台，现需要动态管理全网 IP 地址，并实现 DNS 的 IP 地址、默认网关的 IP 地址等自动分配；还要提供企业内文件下载和域名解析服务；另外，企业本身有 Web 网站需要在 Internet 上发布等，企业数据中心至少需要搭建 DHCP 服务器、DNS 服务器、Web 服务器和 FTP 服务器等。

7.2 相关知识

7.2.1 数据中心服务器(硬件)

数据中心服务器(硬件)

服务器(server)是专指某些高性能计算机,其安装了不同的服务软件,能够通过网络对外提供服务,如文件服务器、数据库服务器和应用程序服务器等。相对于普通PC来说,服务器在稳定性、安全性、性能等方面都要高很多,因此服务器的CPU、芯片组、内存、磁盘系统、网卡等硬件和普通PC有所不同。

现在经常看到的服务器,从外观类型可以分成3种,分别是塔式服务器、机架式服务器和刀片式服务器。由于企业机房空间有限等因素,刀片服务器和机架服务器越来越受用户的欢迎,那么它们到底有什么特点,刀片服务器和机架服务器到底哪种更好呢?

1. 机架服务器及其特点

机架服务器可以直接安装到标准19英寸机柜中,通常这种服务器的大小类似交换机,因此机架服务器实际上是工业标准化下的产品,其外观按照统一标准来设计,配合机柜统一使用,以满足企业服务器密集部署的需求。一个普通机柜的高度是42U(1U=1.75英寸或4.4厘米),机架服务器的宽度为19英寸,而大多数机架服务器是1~4U高,如图7-1所示。

图7-1 机架服务器

机架服务器的优点是占用空间小,便于统一管理,但由于内部空间的限制,其扩充性受到限制,例如1U的服务器大都只有1~2个PCI扩充槽;此外,散热性能也是一个需要注意的问题;另外,还需要有机柜等设备。因此,这种服务器多用于服务器数量较多的大型企业,也有不少中小型企业采用这种类型的服务器,但将服务器交付给专门的服务器托管机构来托管。目前很多网站的服务器都采用托管方式。

2. 刀片服务器及其特点

刀片服务器是一种高可用、高密度的低成本服务器平台,是专门为特殊应用行业和高密度计算机环境设计的,其主要结构为一大型主体机箱,内部可插上许多"刀片",而每块刀片实际上就是一块系统母板,类似于一台台独立的服务器,它们可以通过本地硬盘启动自己的操作系统,如图7-2所示。每一块刀片可以运行自己的系统,服务于指定的不同用户群,相互之间没有关联。而且也可以用系统软件将这些主板集合成一个服务器集群。在集群模式下,所有的刀片可以连接起来提供高速的网络环境、共享资源,为相同的用户群服务。在集群中插入新的刀片就可以提高整体性能。由于每块刀片都是热插拔的,所

图 7-2　刀片服务器

以,系统可以轻松地进行替换,并且将维护时间减少到最小。

根据所需要承担的服务器功能,可分成服务器刀片、网络刀片、存储刀片、管理刀片、光纤通道 SAN 刀片、扩展 I/O 刀片等不同功能的刀片服务器。刀片服务器公认的特点有两个:一是克服了芯片服务器集群的缺点,被称为集群的终结者;另一个是实现了机柜优化。

7.2.2　服务器操作系统(软件)

1. 服务器操作系统的定义和功能

网络系统是由硬件和软件两部分组成,软件中最为重要的是网络操作系统。

网络操作系统(network operation system,NOS)是指能使网络上多台计算机方便而有效地共享网络资源,为用户提供所需的各种服务的操作系统软件。

网络操作系统的功能如下。

(1) 提供高效、可靠的网络通信能力。

(2) 提供多项网络服务功能。

(3) 提供网络资源管理、系统管理功能。

(4) 提供对网络用户的管理。

服务器操作系统(软件)

2. 常见的网络操作系统

目前,服务器操作系统主要有3大类:①Windows Server,其较新产品就是 Windows Server 2019;②UNIX,代表产品包括 HP-UX、IBM AIX 等;③Linux,虽说它发展得比较晚,但由于其开放性和高性价比等特点,近年来获得了长足发展。

下面选择其中的一些代表产品进行介绍。

(1) Windows 网络操作系统。Windows NT 是 Microsoft 公司推出的网络操作系统。Windows NT 被设计成一种具有高可靠性的操作系统,这种系统易于维护和扩展,可以随着系统的升级扩展新的技术。同时,其操作界面十分友好,容易被用户接受。

2000 年微软公司推出了 Windows 2000,包括专业版和服务器版;2003 年及以后又相继推出 Windows Server 2003、Windows Server 2012、Windows Server 2016 和 Windows Server 2019,而 2019 版本是微软公司较新的服务器操作系统,它建立在 Windows Server 2016 强大基础之上。

(2) UNIX。UNIX 是一种重要的网络操作系统,它的主要功能是多任务、多用户进行联网。UNIX 是一个命令行驱动平台,通过其他操作系统或相同机器上的终端会话进行访问,Windows 客户端可通过终端模拟程序访问 UNIX,UNIX 客户端能与其他网络操作系统配合。UNIX 具有良好的稳定性、健壮性、安全性等优秀的特性。

UNIX 系统从一个非常简单的操作系统发展成为性能先进、功能强大、使用广泛的操作系统，并已成为事实上的多用户、多任务操作系统的标准。

(3) Linux。Linux 是与 UNIX 相关的网络操作系统，它是作为开放源代码操作系统开发的。Linux 是目前世界上较强大并且较可靠的操作系统。Linux 的版本很多，另外，TCP/IP 已集成到 Linux 内核中。

3. Windows Server 2019 简介

Windows Server 2019 可以帮助信息部门的 IT 人员来搭建功能强大的网站、应用程序服务器、高度虚拟化的云环境与容器。大、中或小型的企业网络都可以利用 Windows Server 2019 的强大管理功能与安全措施来简化网站与服务器的管理，改善资源的可用性，减少成本支出，保护企业应用程序与数据，让 IT 人员更轻松有效地管理网站、应用程序服务器与云环境。

(1) 版本介绍。Windows Server 2019 包括以下三个许可版本。

① Datacenter Edition(数据中心版)：适用于高虚拟化数据中心和云环境。

② Standard Edition(标准版)：适用于物理或低密度虚拟化环境。

③ Essentials Edition(基本版)：适用于最多 25 个用户或最多 50 台设备的小型企业。

(2) Windows Server 2019 新功能。Windows Server 2019 功能创新主要分为四个方面。

① 混合数据中心。Windows Server 2019 可以提供一致的混合服务，包括具有 Active Directory 的通用身份平台、基于 SQL Server 技术构建的通用数据平台，以及混合管理和安全服务。

② 超融合基础架构。Windows Server 2019 中的技术增强了超融合基础架构(HCI)的规模、性能和可靠性。它允许部署扩展到使用集群技术的多达 100 台服务器，从而使其在任何情况下都能负担得起部署规模。Windows Server 2019 中的 Windows Admin Center 是一个基于轻量浏览器且为本地部署的平台，可整合资源以提高可见性和可操作性，进而简化 HCI 部署的日常管理。

③ 增强的安全性。Windows Server 2019 中的安全性方法包括三个方面：保护、检测和响应。

④ 应用程序。Windows Server 2019 中的容器技术可帮助 IT 专业人员和开发人员进行协作，从而更快地交付应用程序。通过将应用从虚拟机迁移到容器，还可以将容器优势转移到现有应用，而只需最少量的代码更改。

总之，Windows Server 2019 进一步融合了更多云计算、大数据时代的新特性，包括更先进的安全性，广泛支持容器基础，支持混合云扩展，提供低成本的超融合架构，让用户在本地数据中心也可以连接未来趋势的创新平台。

7.2.3 客户机/服务器模型

客户机/服务器模型

1. 什么是客户机/服务器模式

应用程序之间为了能顺利地进行通信,一方通常需要处于守候状态,等待另一方请求的到来。在分布式计算中,一个应用程序被动地等待,而另一个应用程序通过请求启动通信的模式就是客户机/服务器模式。

2. 客户机/服务器模型的特性

一台主机上通常可以运行多个服务器程序,每个服务器程序需要并发地处理客户的请求,并将处理的结果返回给客户。因此,服务器程序通常比较复杂,对主机的硬件资源(如CPU的处理速度、内存的大小等)及软件资源(如分时、多线程网络操作系统等)都有一定的要求。

而客户程序由于功能相对简单,通常不需要特殊的硬件和高级的网络操作系统。

3. C/S模型

C/S模型即Client/Server模型,中文称为客户机/服务器模型。C/S模型是由客户机、服务器构成的一种网络计算环境,它把应用程序分成两部分:一部分运行在客户机上,另一部分运行在服务器上。两者各司其职,共同完成任务。

C/S模型的运作过程如下:

(1) 服务器监听相应窗口的输入;

(2) 客户机发出请求;

(3) 服务器接收请求;

(4) 服务器处理请求,并将结果返回给客户机;

(5) 重复上述过程,直至完成一次会话过程。

4. B/S模型

Web三层体系结构即客户端浏览器/Web服务器/数据库存服务器(B/W/D)结构,该体系结构就是所谓的B/S模型。当客户机有请求时,向Web服务器提出请求服务。当需要查询服务时,Web服务器某种机制请求数据库服务器的数据服务,然后Web服务器把查询结果转变为HTML的网页并返回浏览器上显示出来。

7.2.4 DNS

DNS(domain name system,域名系统)是管理域的命名和主机域名,以及实现主机域名与IP地址解析的系统。域名系统允许用户使用友好的名字而不是难以记忆的数字(IP地址)来访问Internet上的主机,它使得各种互联网应用成为可能,因此它是互联网所有应用层协议的基础。图 7-3 较详细地列出了第一次上网时 DNS 与 HTTP 的 Web 服务关系。

1. DNS 的基本功能

- 名字空间定义：系统必须提供一个所有可能出现的节点命名的名字空间；
- 名字注册：系统必须为每台主机分配一个在全网具有唯一性的名字；
- 名字解析：系统要为用户提供一种有效的完成主机名与网络 IP 地址转换的机制。

2. DNS 域名空间树状结构

DNS 域名空间树状结构如图 7-4 所示。

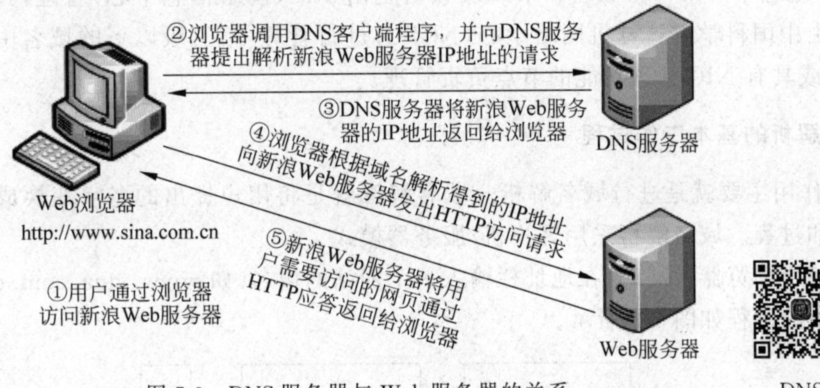

图 7-3　DNS 服务器与 Web 服务器的关系

DNS

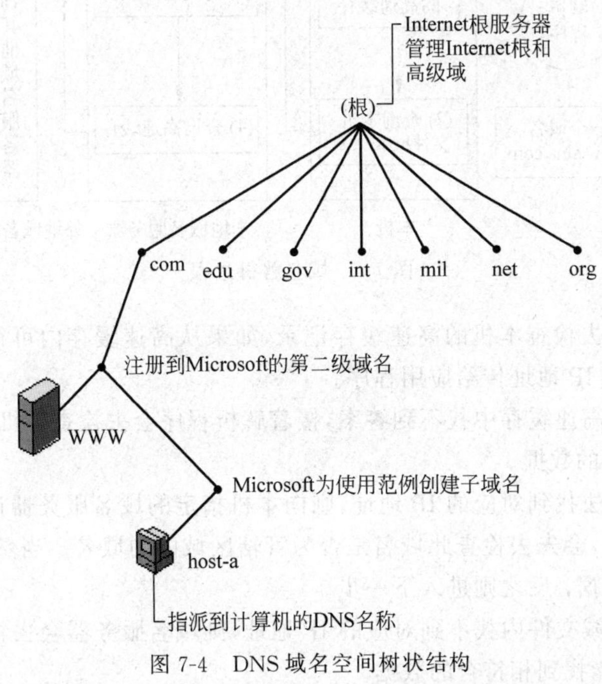

图 7-4　DNS 域名空间树状结构

目前所使用的域名是一种层次型命名法,可分为一级域名、二级域名及多级域名。

一级域名又称为顶级域名,包括国家顶级域名和国际顶级域名。国家顶级域名主要表示国家名称,如cn(中国)、us(美国)、jp(日本);国际顶级域名主要表示网站性质,如com(工商企业)、net(网络提供商)、org(非营利组织)、edu(教育机构)、gov(政府部门)、mil(军事部门)、firm(公司企业)、store(销售公司或企业)、Web(突出WWW活动的单位)、arts(突出文化、娱乐活动的单位)、rec(突出消遣、娱乐活动的单位)、info(提供信息服务的单位)、nom(个人)。

二级域名是指一级域名之下的域名。在国际顶级域名下,二级域名指域名注册人的网上名称,如ibm、yahoo、microsoft等;在国家顶级域名下,二级域名是表示注册企业类别的符号,如com、edu、gov、net等。

Internet地址中的第一级域名和第二级域名是由NIC(网络信息中心)管理,我国的国家级域名由中国科学院计算机网络中心(NCFC)进行管理,第三级以下的域名由各个子网的NIC或具有NIC管理功能的节点负责管理。

3. 域名解析的基本工作过程

DNS的作用主要就是进行域名解析。域名解析就是将用户提出的名字变换成网络地址的方法和过程。域名解析采用客户机/服务器模式。

当用户使用浏览器上网时,在地址栏输入一个网站的域名(如www.sina.com.cn)即可。域名解析的过程如图7-5所示。

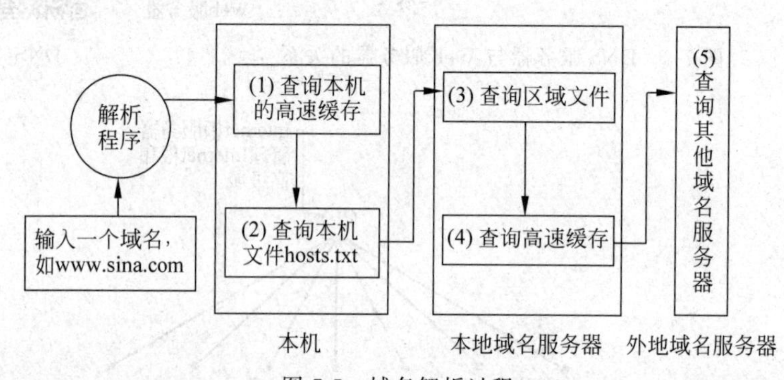

图7-5 域名解析过程

(1) 解析程序去检查本机的高速缓存记录,如果从高速缓存内可得知该域名所对应的IP地址,就将此IP地址传给应用程序。

(2) 若在本机高速缓存中找不到答案,接着解析程序会去检查本机文件hosts.txt,看是否能找到相对应的数据。

(3) 若还是无法找到对应的IP地址,则向本机指定的域名服务器请求查询。域名服务器在收到请求后,会先去检查此域名是否为管辖区域内的域名。当然会检查区域文件,看是否有相符的数据;反之则进入下一步。

(4) 如果在区域文件内找不到对应的IP地址,则域名服务器会去检查本身所存放的高速缓存,看是否能找到相符合的数据。

(5) 如果还是无法找到对应的数据，就需要借助外部的域名服务器，这时就会开始进行域名服务器与域名服务器之间的查询操作。

上述 5 个步骤可分为两种查询模式，即客户端对域名服务器的查询(第 3、4 步)及域名服务器和域名服务器之间的查询(第 5 步)。

DNS 还可以完成反向查询操作，即客户机利用 IP 地址查询其主机的完整域名。

7.2.5 DHCP

DHCP

1. DHCP 的概念

DHCP(dynamic host configuration protocol，动态主机配置协议)是一个简化主机 IP 地址分配管理的 TCP/IP 标准协议，它能够动态地向网络中每台设备分配独一无二的 IP 地址，并提供安全、可靠、简单的 TCP/IP 网络配置，确保不发生地址冲突，可以维护 IP 地址的使用。

要使用 DHCP 方式动态分配 IP 地址，整个网络必须至少有一台安装了 DHCP 服务的服务器。其他使用 DHCP 功能的客户端也必须支持自动向 DHCP 服务器索取 IP 地址的功能。当 DHCP 客户机第一次启动时，它就会自动与 DHCP 服务器通信，并由 DHCP 服务器分配给 DHCP 客户机一个 IP 地址，直到租约到期(并非每次关机释放)，这个地址就会由 DHCP 服务器收回，并将其提供给其他的 DHCP 客户机使用。

动态分配 IP 地址的一个好处就是可以解决 IP 地址不够用的问题。因为 IP 地址是动态分配的，而不是固定给某个客户机使用的，所以，只要有空闲的 IP 地址可用，DHCP 客户机就可以从 DHCP 服务器取得 IP 地址。当客户机不需要使用此地址时，就由 DHCP 服务器收回，并提供给其他的 DHCP 客户机使用。

动态分配 IP 地址的另一个好处是用户不必自己设置 IP 地址、DNS 服务器地址、网关地址等网络属性，甚至绑定 IP 地址与 MAC 地址，不存在盗用 IP 地址的问题，因此，可以减少管理员的维护工作量，用户也不必关心网络地址的概念和配置。

表 7-1 中列出了 DHCP 中的一些常见术语及其描述。

表 7-1 DHCP 中的术语及其描述

术　语	描　　述
作用域	作用域是网络上可能的 IP 地址的完整连续范围，通常定义为接收 DHCP 服务的网络上的单个物理子网。作用域是为网络上的客户端提供服务器对 IP 地址及任何相关配置参数的分发和指派进行管理的主要方法
超级作用域	超级作用域是作用域的管理组合，它可用于支持同一物理子网上的多个逻辑 IP 子网。超级作用域仅包含可同时激活的成员作用域和子作用域列表
排除范围	排除范围是作用域内从 DHCP 服务中排除的有限 IP 地址序列。排除范围确保服务器不会将这些范围中的任何地址提供给网络上的 DHCP 客户端
地址池	在定义了 DHCP 作用域并应用排除范围之后，剩余的地址在作用域内形成可用的地址池。服务器可将池内地址动态地指派给网络上的 DHCP 客户端

续表

术　语	描　　述
租约	租约是由DHCP服务器指定的一段时间,在此时间内客户端计算机可以使用指派的IP地址
保留	可以使用保留创建DHCP服务器指派的永久地址租约。保留可确保子网上指定的硬件设备始终可以使用相同的IP地址
选项类型	选项类型是DHCP服务器在向DHCP客户端提供租约时可指派的其他客户端配置参数。例如,一些常用选项包含用于默认网关(路由器)、WINS服务器和DNS服务器的IP地址
选项类别	选项类别是一种可供服务器进一步管理提供给客户端的选项类型的方式。当选项类别添加到服务器时,可为该类的客户端提供用于其配置的类别特定选项类型。选项类别分为供应商类别和用户类别

2. DHCP服务器位置

充当DHCP服务器的有PC服务器、集成路由器和专用路由器。多数大中型网络中,DHCP服务器通常是基于PC的本地专用服务器;单台家庭PC的DHCP服务器通常位于ISP处,直接从ISP那里获得IP地址;家庭网络和小型企业网络使用集成路由器连接到ISP的调制解调器,在这种情况下,集成路由器既是DHCP客户端又是DHCP服务器。集成路由器作为DHCP客户端从ISP那里获得IP地址,在本地网络中充当内部主机的DHCP服务器,如图7-6所示。

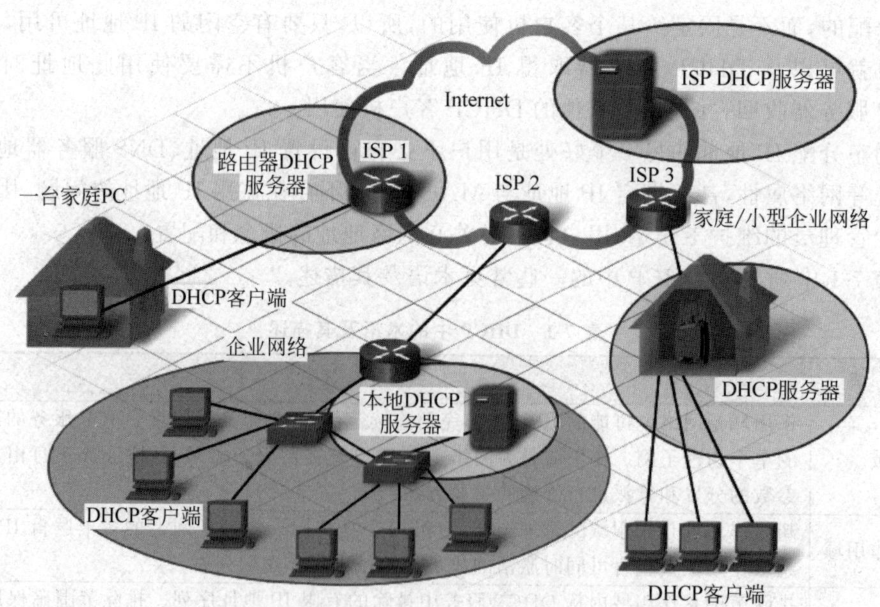

图7-6　DHCP服务器的位置

3. DHCP的工作过程

当主机被配置为DHCP客户端时,要从位于本地网络中或ISP处的DHCP服务器获取 IP 地址、子网掩码和默认网关。通常网络中只有一台 DHCP 服务器，如图 7-7 所示。DHCP 的工作过程如下。

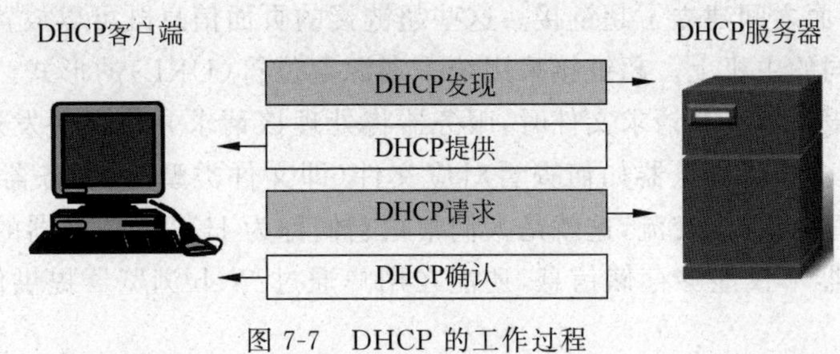

图 7-7　DHCP 的工作过程

(1) DHCP 发现阶段。DHCP 客户机以广播方式(因为 DHCP 服务器的 IP 地址对于客户机来说是未知的)发送 DHCP 发现信息来寻找 DHCP 服务器，其目的 IP 地址为 255.255.255.255，目的 MAC 地址为 FF-FF-FF-FF-FF-FF。网络上每一台主机都会接收到这种广播信息，但只有 DHCP 服务器才会进行响应。

(2) DHCP 提供阶段。在网络中接收到 DHCP 发现信息的 DHCP 服务器才会进行响应，它从尚未出租的 IP 地址中挑选一个分配给 DHCP 客户机，向 DHCP 客户机发送一个包含出租的 IP 地址和其他设置的 DHCP 提供信息。

(3) DHCP 请求阶段。DHCP 客户机向 DHCP 服务器发请求信息，请求使用 DHCP 服务器所提供的 IP 地址。

(4) DHCP 确认阶段。当 DHCP 服务器收到 DHCP 客户机回答的 DHCP 请求信息之后，它便向 DHCP 客户机发送一个确认信息，告诉 DHCP 客户机可以使用它所提供的 IP 地址。

7.2.6　信息服务

Windows Server 2019 集成了互联网信息服务(Internet Information Services 10，IIS 10)，这是一个完整的 Web 服务器，提供方便、快捷地部署功能强大的应用程序和网站的功能。还提供技术支持 IIS 并具有很好的安全性。IIS 是最强大承载 Web 应用程序的 Web 服务器之一，它有自己的流程引擎来处理请求，因此它可以立即给客户反馈信息。

信息服务

Windows Server 2019 的 IIS 10 的模块化功能和详细的管理模型便于服务器管理员创建满足自己需要的服务器，并只允许对站点和内容管理器进行所需级别的访问，可以有效地帮助管理员和应用程序开发人员。

1. HTTP 和 Web 服务器

万维网(World Wide Web，WWW)服务又称为 Web 服务。WWW 服务采用客户机/服务器工作模式，以超文本标记语言(HTML)和超文本传输协议(HTTP)为基础，为用户提供界面一致的信息浏览系统。

(1) Web服务器的概念。Web服务器是指驻留于Internet上某种类型计算机的程序。信息资源以网页的形式存储在Web服务器(站点)上,这些网页采用超文本方式对信息进行组织,页面之间建立了超链接。这些超链接的页面信息既可以放置在同一主机上,也可放置在不同的主机上。超链接采用统一资源定位符(URL)的形式。当Web浏览器(客户端)连到服务器上并请求文件时,服务器将处理该请求并将文件发送到相应浏览器上,附带的信息会告诉浏览器如何查看对应文件(即文件类型)。服务器使用HTTP(超文本传输协议)进行信息交流,这就是人们常把它们称为HTTP服务器的原因。

Web服务器不仅能够存储信息,还能在用户通过Web浏览器提供信息的基础上运行脚本和程序。

(2) HTTP。HTTP(hypertext transfer protocol,超文本传输协议)是客户端(浏览器)和Web服务器交互所必须遵守的格式和规则。HTTP是世界上使用最广泛的互联网通信协议,使用HTTP可以让用户简单地获得需要的信息。

图7-8所示为客户端和Web服务器通过HTTP的会话过程。

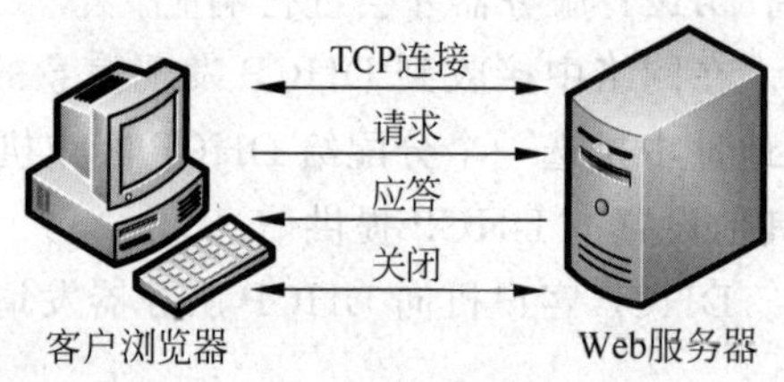

图7-8 通过HTTP的对话过程

- 连接:客户端和Web服务器建立物理网络连接。
- 请求:客户端发送HTTP请求。
- 应答:服务器接收HTTP请求,产生对应的HTTP响应并反馈至客户端。
- 关闭:服务器关闭连接,客户端解析反馈的HTTP响应信息。

还有一个HTTP的安全版本称为HTTPS,HTTPS支持能被页面双方所理解的加密算法。

2. FTP和FTP服务器

FTP也称为文件传输协议,它可以在网络中传输文档、图像、音频、视频以及应用程序等多种类型的文件。如果用户需要将文件从自己的计算机发送给另一台计算机,可以使用FTP进行上传操作,而在更多的情况下,则是用户使用FTP从服务器上下载文件。

一个完整的FTP文件传输需要建立两种类型的连接:一种为控制文件传输的命令,称为控制连接;另一种实现真正的文件传输,称为数据连接。

(1) 控制连接。客户端希望与FTP服务器建立上传下载的数据传输时,它首先向服务器的TCP 21端口发起一个建立连接的请求,FTP服务器接收来自客户端的请求,完成连接的建立,这样的连接就称为FTP控制连接。

(2) 数据连接。FTP控制连接建立之后,即可开始传输文件,传输文件的连接称为FTP数据连接。FTP数据连接就是FTP传输数据的过程。

(3) FTP 数据传输原理。用户在使用 FTP 传输数据时,整个 FTP 建立连接的过程如下。

① FTP 服务器会自动对默认端口(21)进行监听,当某个客户端向这个端口请求建立连接时,便激活了 FTP 服务器上的控制进程。通过这个控制进程,FTP 服务器对连接的用户名、密码以及连接权限进行身份验证。

② 当 FTP 服务器身份验证完成以后,FTP 服务器和客户端之间还会建立一条传输数据的专有连接。

③ FTP 服务器在传输数据过程中的控制进程将一直工作,并不断发出指令控制整个 FTP 传输数据,传输完毕控制进程给客户端发送结束指令。

以上就是 FTP 建立连接的整个过程,在建立数据传输的连接时一般有两种方法,即主动模式和被动模式。

主动模式的数据传输专有连接是在建立控制连接(用户身份验证完成)后,首先由 FTP 服务器使用 20 端口主动向客户端进行连接,建立专用于传输数据的连接,这种方式在网络管理上比较好控制。FTP 服务器上的端口 21 用于用户验证,端口 20 用于数据传输,只要将这两个端口开放就可以使用 FTP 功能了,此时客户端只是处于接收状态。

被动模式与主动模式不同,数据传输专有连接是在建立控制连接(用户身份验证完成)后由客户端向 FTP 服务器发起连接的。客户端使用哪个端口及连接到 FTP 服务器的哪个端口都是随机产生的。服务器并不参与数据的主动传输,只是被动接收。

7.3　案例分析:某学院数据中心服务器架构实例

随着数字化、智能化校园工作的不断推进,校园网数据中心建设越来越复杂和重要。下面简要介绍某学院的校园网数据中心建设情况。图 7-9 是某学院数据中心服务器架构。

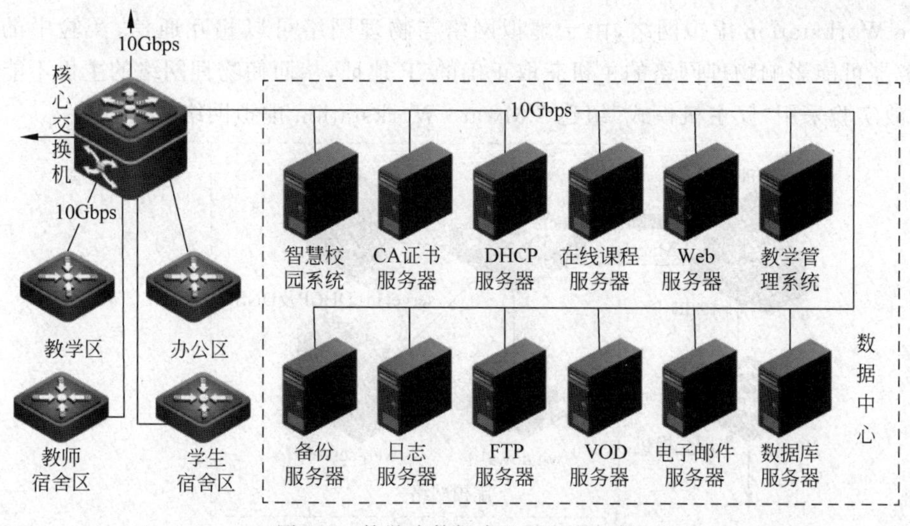

图 7-9　某学院数据中心服务器架构

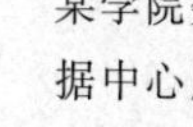

某学院数据中心服务器架构实例

为了完成最基本的网络访问、信息共享和文件存取等功能,该数据中心构建了各种服务器,如DHCP服务器、在线课程服务器、Web服务器、教学管理服务器、电子邮件服务器、VOD(video on demand,视频点播)服务器和智慧校园管理系统服务器群(包括OA服务器、一卡通服务器、智能识别等)等。若要提供校内域名解析服务,则需要安装DNS服务器。

为了保证数据中心的安全,校园网主要架设了防火墙系统、入侵检测系统、CA(certification authority,认证中心)证书服务器、备份服务器、日志服务器等。

7.4 项目实践

作为一个中小型企业网络,如果只需要一些简单的网络服务,那么利用服务器Windows Server 2019的强大功能,一般只需进行基本的安装和配置就可满足中小型企业Windows网络的需求。

本项目实验根据中小企业的数据中心的要求,首先在物理PC上完成VMware Workstation 16以上版本虚拟化软件的安装,再在VMware Workstation 16平台上创建虚拟机Server1(做DNS和DHCP服务)、web-server和win10(虚拟客户机),并在虚拟机上安装Windows Server 2019和Windows10,最后重点完成DHCP服务器的安装与配置、DNS服务器的安装与配置、Web服务器的安装与配置以及测试各服务器。

1. 物理PC和虚拟机的拓扑结构

与物理网络一样,用虚拟交换机建立一个虚拟网络,如图7-10所示。为了不影响物理网络,这里用"仅主机模式"组建VMware Workstation虚拟网络。这种模式可以建立一个完全独立的虚拟网络,以便进行各种网络服务器搭建实验。如果采用"桥接模式"组建VMware Workstation虚拟网络,由于虚拟网络与物理网络可以相互通信,实验中的DHCP服务器可能影响物理网络的主机获取正确的IP地址,从而使物理网络的主机不能正常上网,故实验采用"仅主机模式"组建VMware Workstation虚拟网络较好。

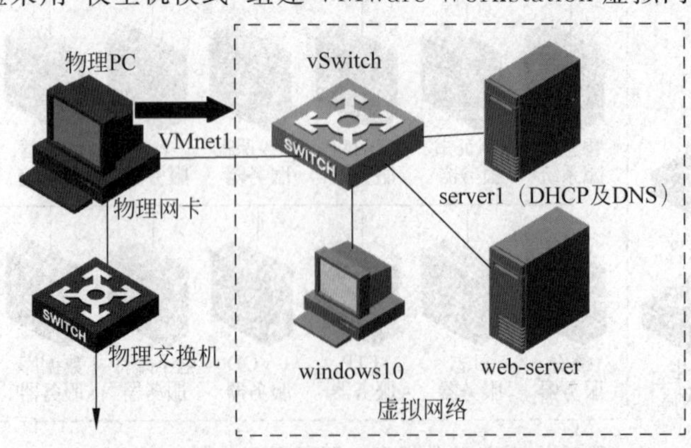

图7-10 物理PC与虚拟网络结构

2. 地址分配表

IPv4 地址规划表如表 7-2 所示。

表 7-2　IPv4 地址规划表

设　备	接口	IPv4 地址	子网掩码	默认网关	备　注
PC 虚拟网卡	VMnet1	192.168.1.1	255.255.255.0	无	VMware Network Adapter VMnet1
物理 PC	NIC	DHCP	DHCP	DHCP	获取物理网络的 IP 地址
server1	NIC	192.168.1.2	255.255.255.0	192.168.1.1	DHCP 和 DNS 虚拟服务器
web-server	NIC	192.168.1.3	255.255.255.0	192.168.1.1	Web 虚拟服务器
windows10	NIC	DHCP	DHCP	DHCP	虚拟 PC(测试)

任务 1：Windows Server 2019 的安装与配置

实训目标

(1) 掌握 Windows Server 2019 的特点。

(2) 能熟练地进行 Windows Server 2019 系统的安装。

(3) 能对 Windows Server 2019 系统进行合理的环境配置。

Windows Server 2019 的的安装与配置

实训环境

(1) PC 一台(至少 2 个内核 64 位 CPU,8GB 以上内存,千兆以上以太网控制器,安装 Windows 10 及以上版本的操作系统)。

(2) Windows Server 2019 Datacenter 或 Standard 版软件。

(3) VMware Workstation 16 Pro 以上版本虚拟化服务器软件。

操作步骤

1) 安装 VMware Workstation 16 Pro 及以上版本

以管理员身份登录 Windows 10 及以上系统(这里以 64 位 Windows 10 为例)。运行 VMware Workstation 16 Pro 的 Windows 安装程序,按照 VMware Workstation 16 Pro 安装向导进行安装。VMware Workstation 16 Pro 主界面如图 7-11 所示。

2) 在 VMware Workstation 上创建虚拟机

(1) 创建新的虚拟机。在主页窗口中单击“创建新的虚拟机”选项,或选择“文件”→“新建虚拟机”命令,启动新建虚拟机向导对话框,如图 7-12 所示,选择“典型(推荐)”选项。

(2) 单击“下一步”按钮,出现“安装客户机操作系统”对话框,如图 7-13 所示,选择默认的“稍后安装操作系统”选项,会创建一个具有空白磁盘的虚拟机。

(3) 单击“下一步”按钮,出现“选择客户机操作系统”对话框,如图 7-14 所示,选择默认的“Microsoft Windows”选项。在版本栏选择“Windows Server 2019”(这里要根据你

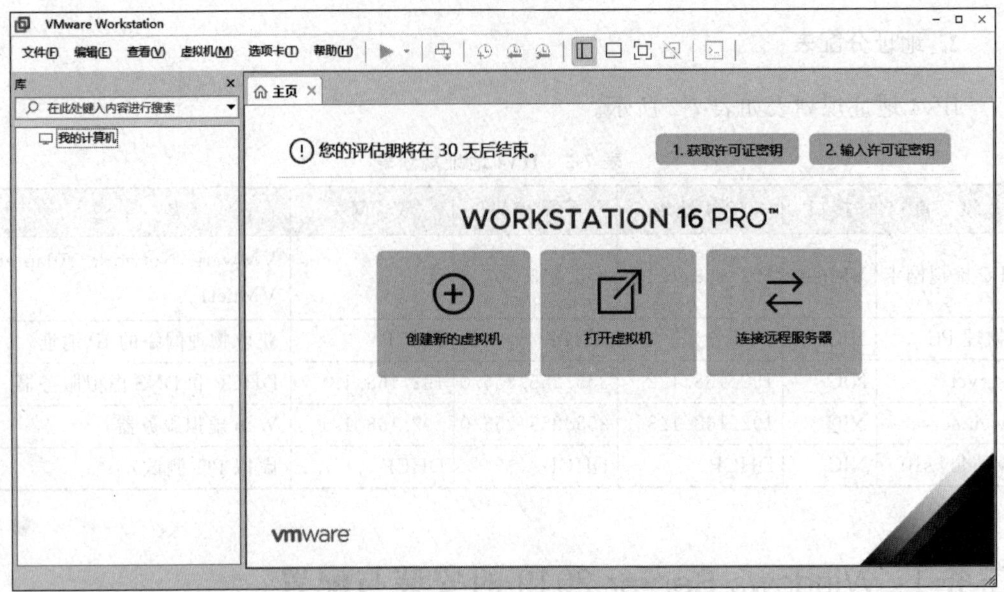

图 7-11　VMware Workstation 16 Pro 主界面

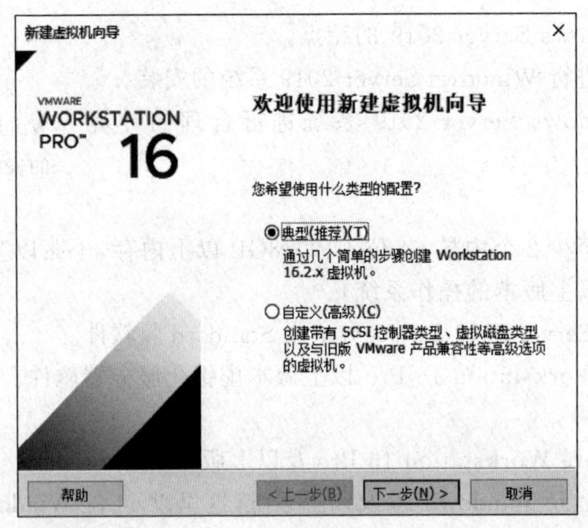

图 7-12　新建虚拟机向导

安装的虚拟机操作系统进行选择,若是安装的 Windows 10 虚拟机,则选 Windows 10 X64 默认选项)。

(4) 单击"下一步"按钮,出现"命名虚拟机"对话框,如图 7-15 所示,在"虚拟机名称"文本框内输入虚拟机名称 server1,在"位置"文本框右边单击"浏览"按钮并选择"D:\虚拟机 server1"。

(5) 单击"下一步"按钮,出现"指定磁盘容量"对话框,如图 7-16 所示,在"最大磁盘大小(GB)"输入框内输入 30.0(如果磁盘容量足够大,可以用默认值 60GB,做实验 30GB 也够用);再选择"将虚拟磁盘拆分成多个文件"选项,方便在计算机之间移动虚拟机。

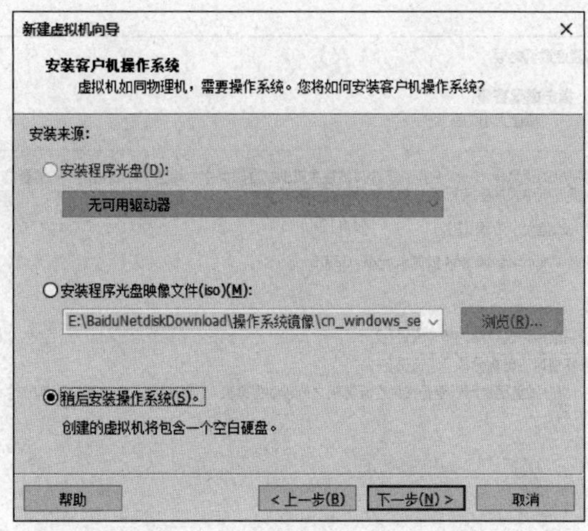

图 7-13　安装客户机操作系统

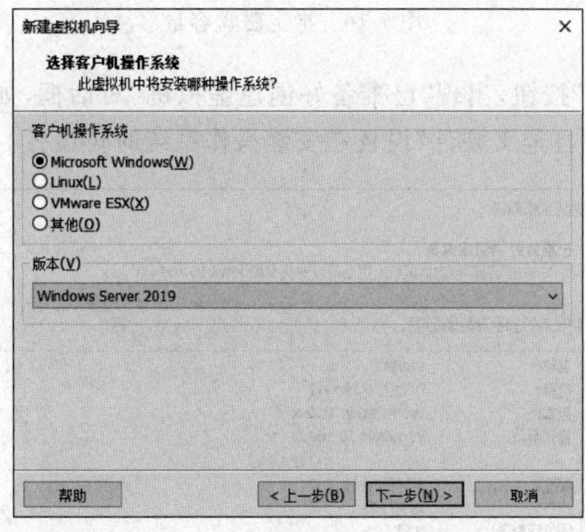

图 7-14　选择客户机操作系统

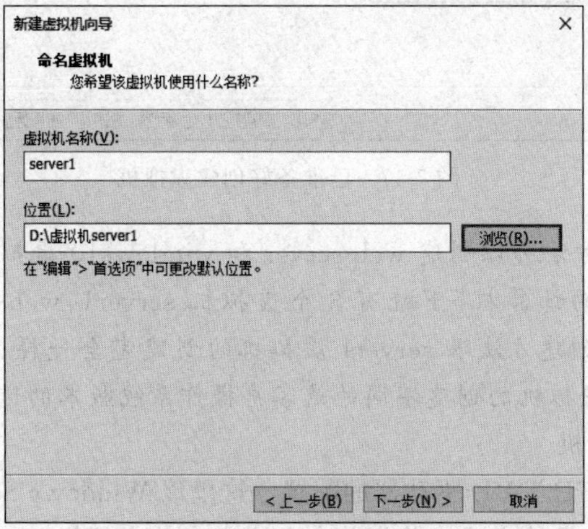

图 7-15　命名虚拟机

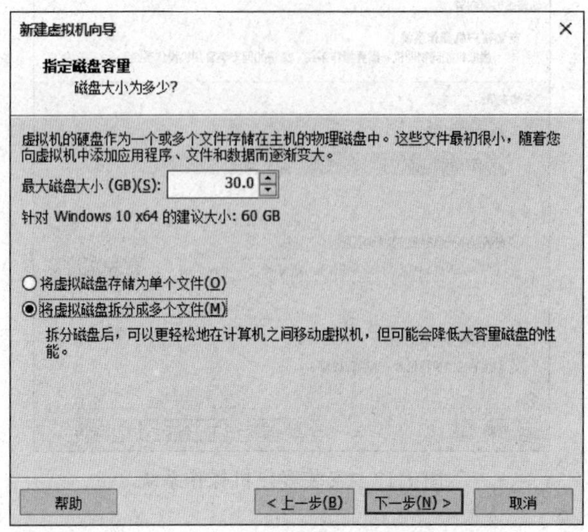

图 7-16 指定磁盘容量

(6) 单击“下一步”按钮，出现“已准备好创建虚拟机”对话框，如图 7-17 所示，给出了虚拟机的设置清单。“自定义硬件”设置在安装操作系统时再设置。

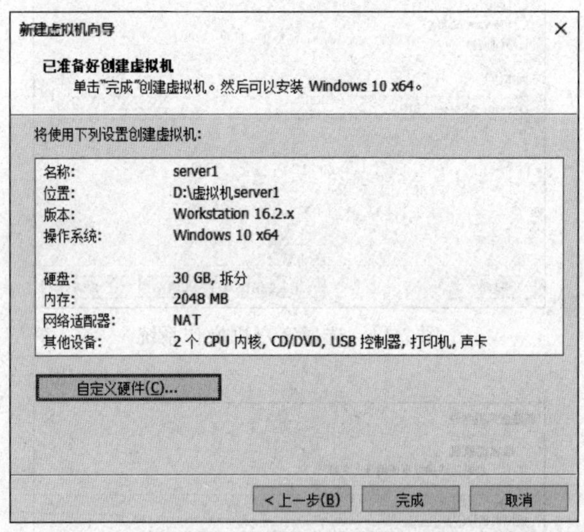

图 7-17 已准备好创建虚拟机

注意：用上面的方法可以创建 web-server 和 windows10 虚拟机，如图 7-18 所示，在界面左边列表框“我的计算机”下就有 3 个虚拟机 server1、web-server 和 windows10。web-server 虚拟机的创建方法跟 server1 虚拟机的创建完全一样；windows10 虚拟机的创建方法跟 server1 虚拟机的创建不同的是客户操作系统版本的选择，在前面已有说明。

3) 编辑设置虚拟机

(1) 虚拟机中的 CD/DVD 驱动器的配置。这里以 Windows Server 2019 ISO 映像文件安装为例，这是最常见的方式。首先单击左边窗口的虚拟机 server1，出现如图 7-19 所

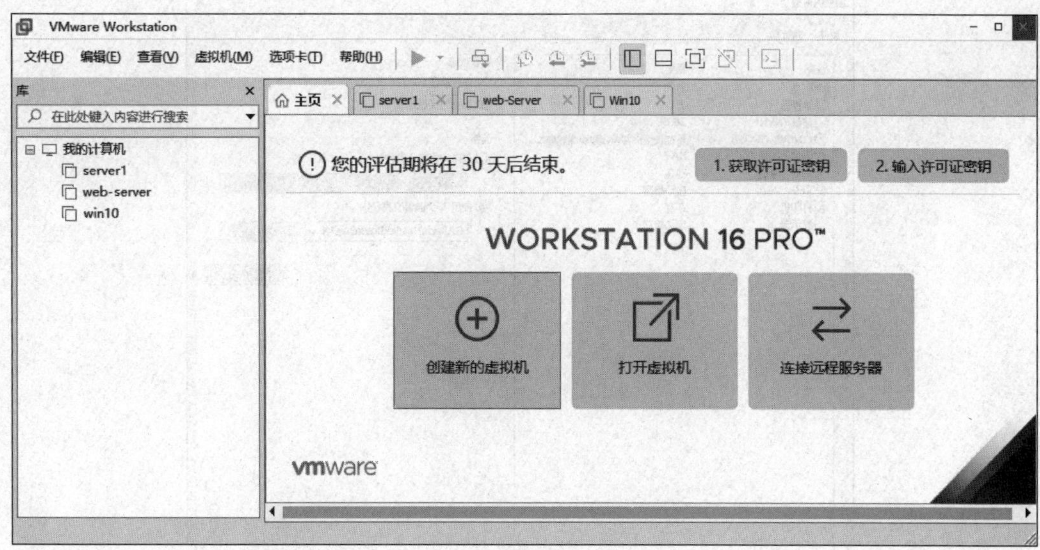

图 7-18　3 个虚拟机

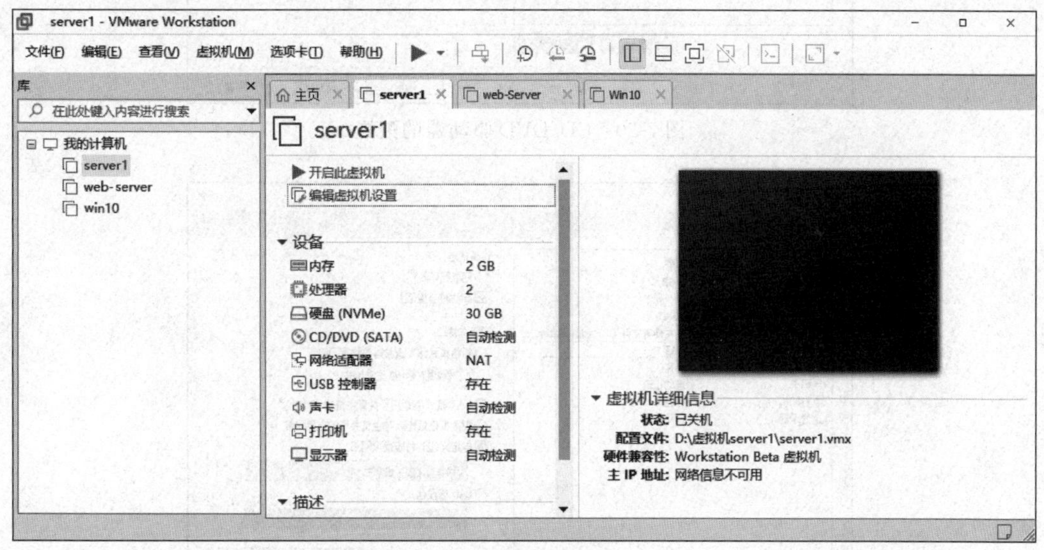

图 7-19　虚拟机 server1

示的对话框，在右边窗口单击“编辑虚拟机设置”，将虚拟机中的 CD/DVD 驱动器配置为指向要安装的 Windows Server 2019 Datacenter ISO 映像文件，并将该驱动器设备状态配置为“启动时连接”，如图 7-20 所示。

(2) 虚拟机的网络适配器的配置。在“虚拟机设置”对话框中“硬件”选项卡下选择“网络适配器”，在右边“网络连接”选项区内选中“自定义：特定虚拟网络”，再在下拉列表框内选 VMnet1(仅主机模式)，如图 7-21 所示。值得注意的是，“选项”选项卡内还可以对前面创建虚拟机时的一些设置做一定的修改，如不修改，单击“确定”按钮，就完成了虚拟机的设置。

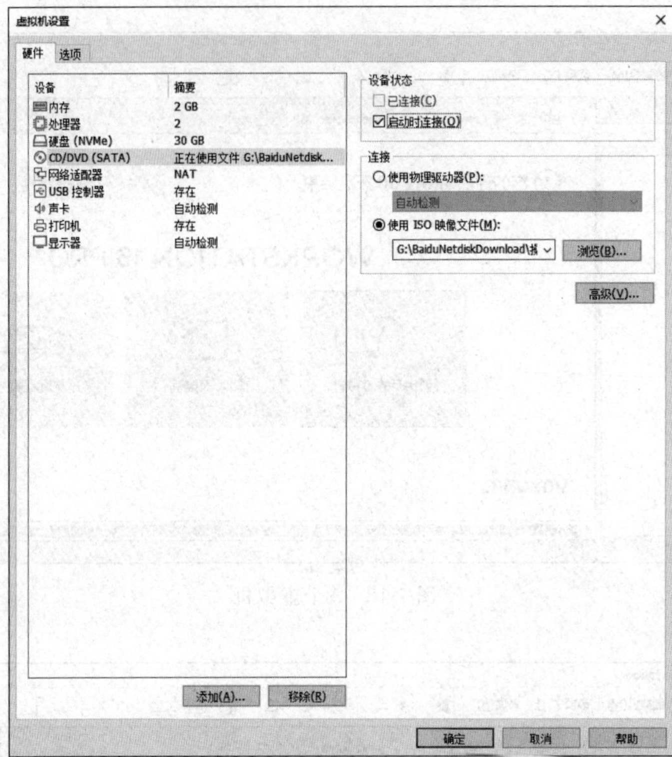

图 7-20　CD/DVD 驱动器的配置

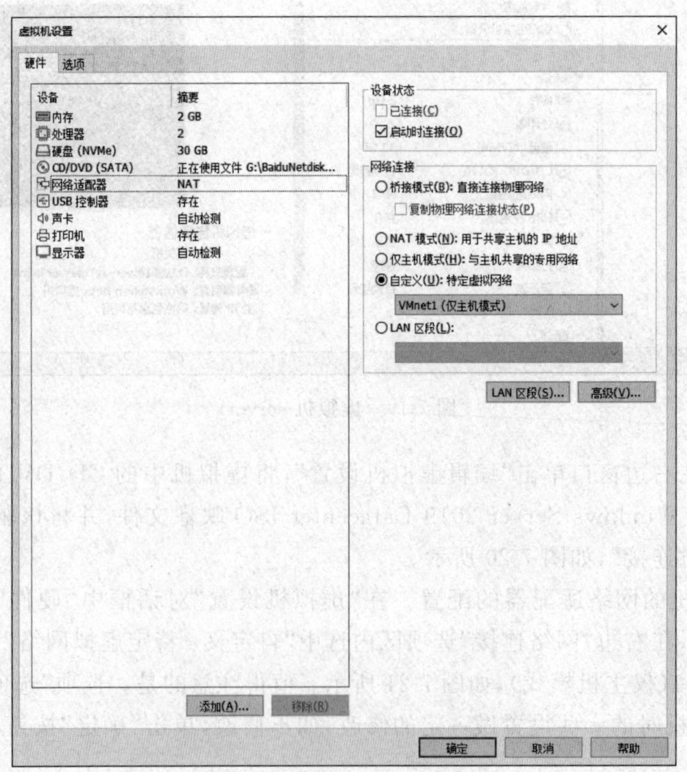

图 7-21　网络适配器的配置

4）在虚拟机上安装操作系统

（1）在“我的计算机”下面单击 server1，如图 7-22 所示，然后在右边单击“开启此虚拟机”，Windows Server 2019 会检查计算机的硬件，直到出现如图 7-23 所示的界面。在该界面中选择“要安装的语言”“时间和货币格式”以及“键盘和输入方法”选项的内容。

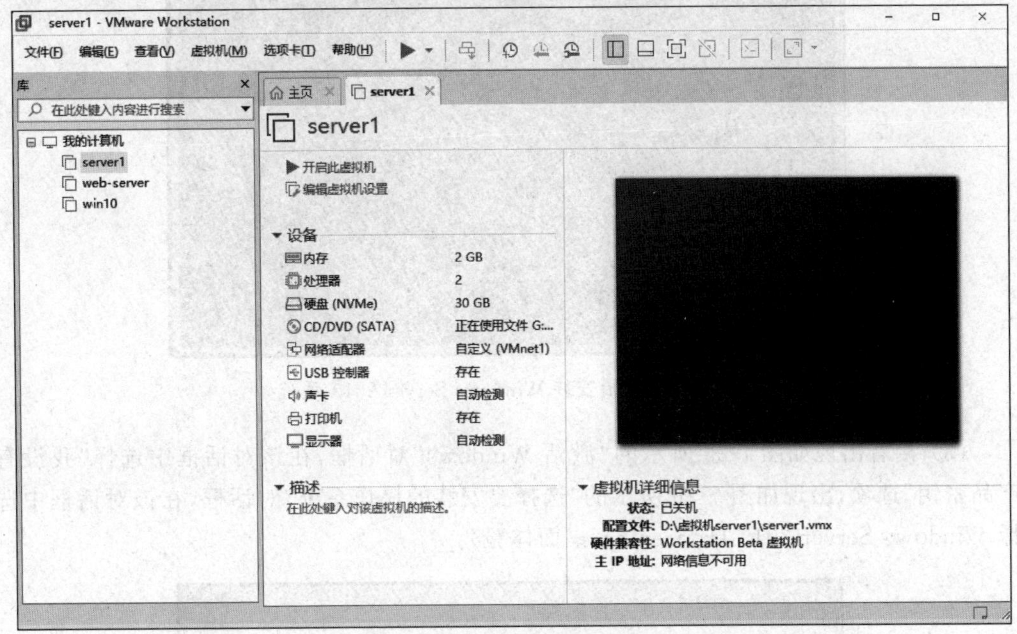

图 7-22　虚拟机 server1

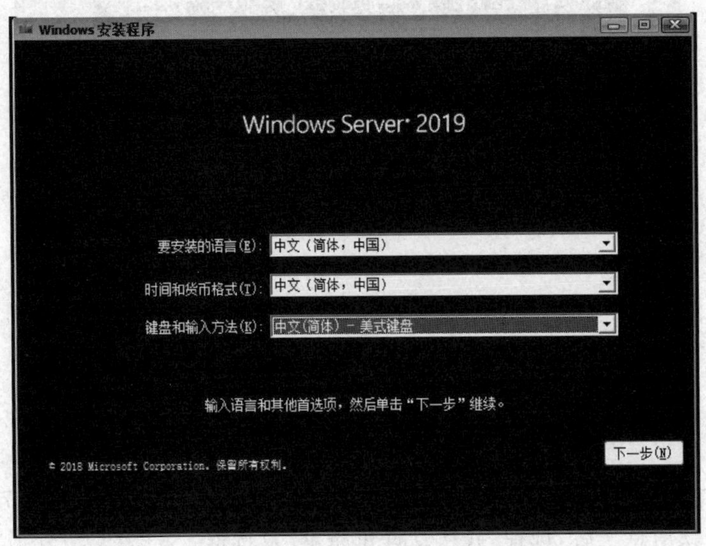

图 7-23　输入语言和其他首选项

（2）单击“下一步”按钮，出现如图 7-24 所示的界面，在该界面中可以修复计算机，在此单击“现在安装”按钮。

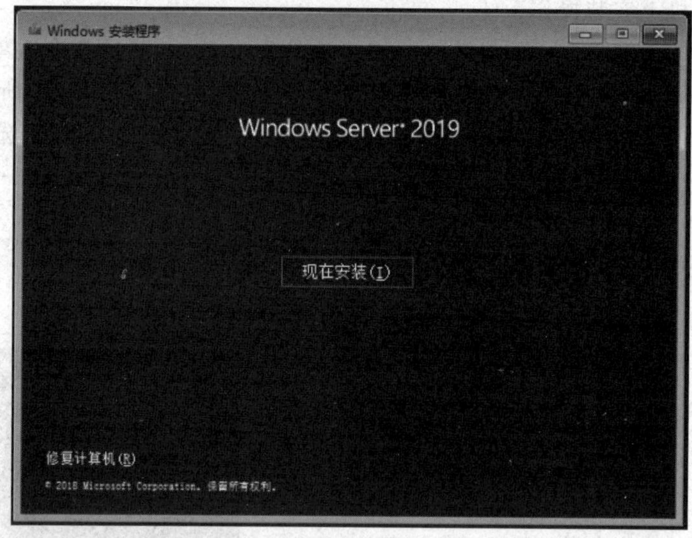

图 7-24 开始安装 Windows Server 2019 系统

(3) 接着出现如图 7-25 所示的“激活 Windows”对话框,在该对话框中选择“我没有产品密钥”选项,出现如图 7-26 所示的“选择要安装的操作系统”对话框,在该对话框中选择 Windows Server 2019 Datacenter(桌面体验)。

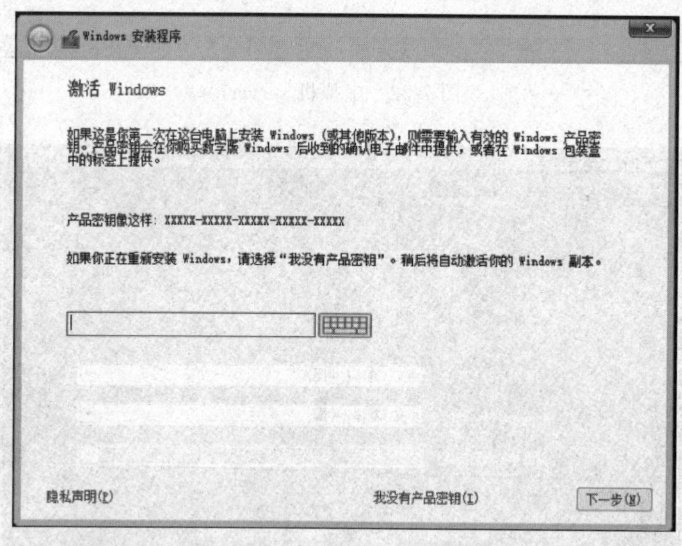

图 7-25 激活 Windows

(4) 单击“下一步”按钮,出现“适用的声明和许可条款” 对话框,如图 7-27 所示,查看声明和许可条款信息之后,选择“我接受许可条款”复选框。

(5) 单击“下一步”按钮,出现如图 7-28 所示的“你想执行哪种类型的安装?”界面,在该界面中选择安装的类型是升级安装还是自定义安装,在此单击“自定义: 仅安装 Windows(高级)” 选项。

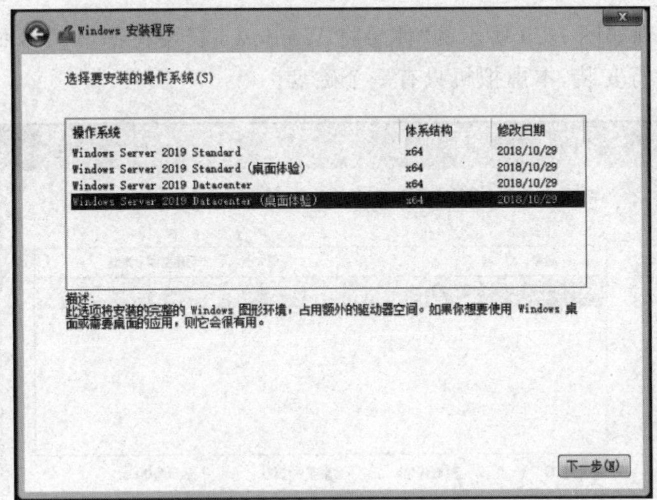

图 7-26　选择要安装的操作系统

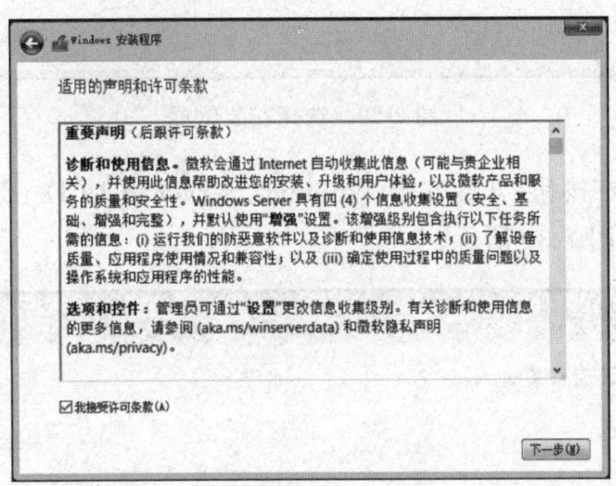

图 7-27　适用的声明和许可条款

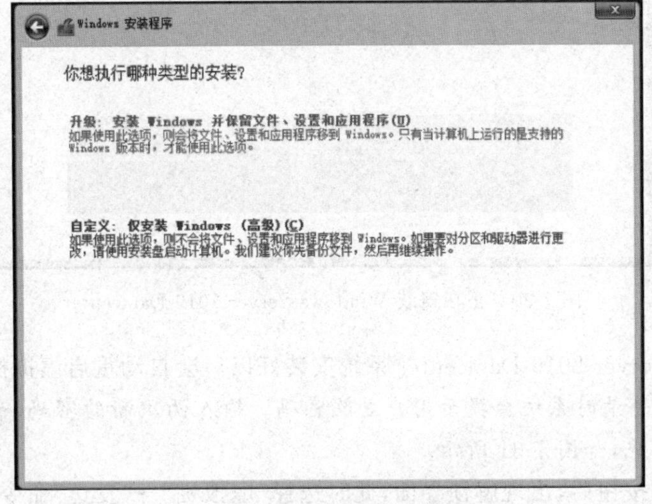

图 7-28　选择安装类型

(6) 接着出现如图7-29所示的“你想将 Windows 安装在哪里?”界面,在该界面中选择相应的磁盘进行安装,本虚拟机只有一个磁盘。

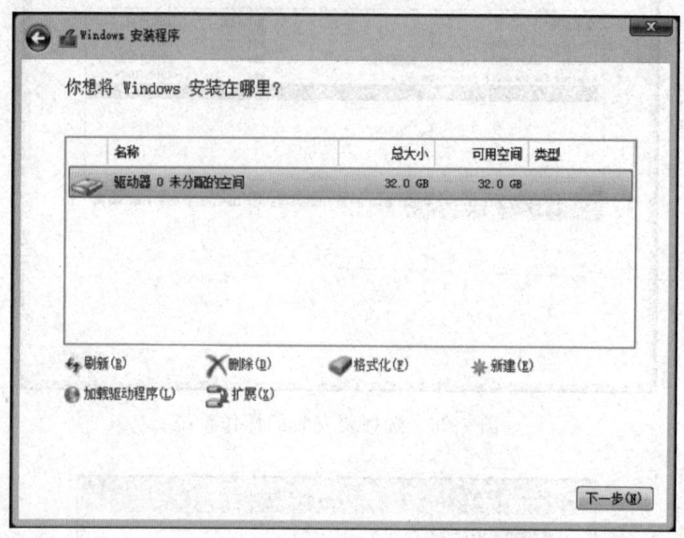

图7-29　选择安装位置

(7) 单击“下一步”按钮,开始安装 Windows Server 2019 Datacenter 系统,安装过程需要15～25分钟,如图7-30所示。

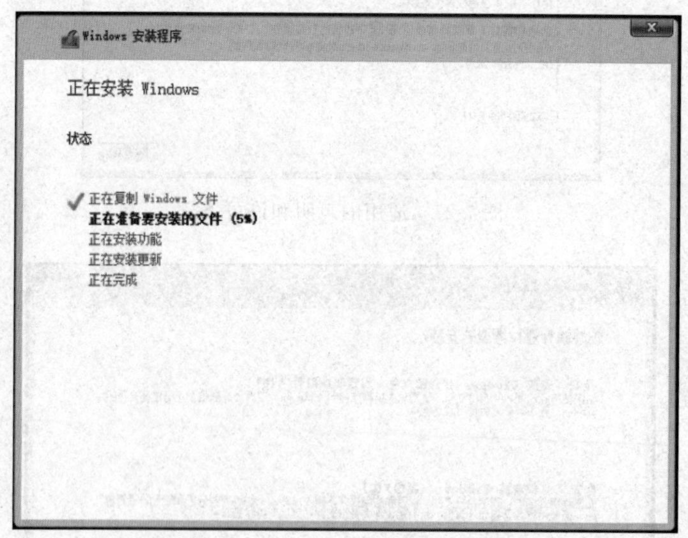

图7-30　正在安装 Windows Server 2019 Datacenter

Windows Server 2019 Datacenter 系统安装好以后会自动重启虚拟机。

注意:首次登录时系统会提示用户更改密码。输入两次新的密码,最后按 Enter 键,即可登录操作系统,如图7-31所示。

单击“完成”按钮后,出现解锁界面,此时选择“虚拟机”→“发送”命令,进入图7-32所示的登录界面，输入密码后就可以进入虚拟机 server1 中了(应注意虚拟机与物理机界面的分界线，可以防止误操作)，如图 7-33 所示。

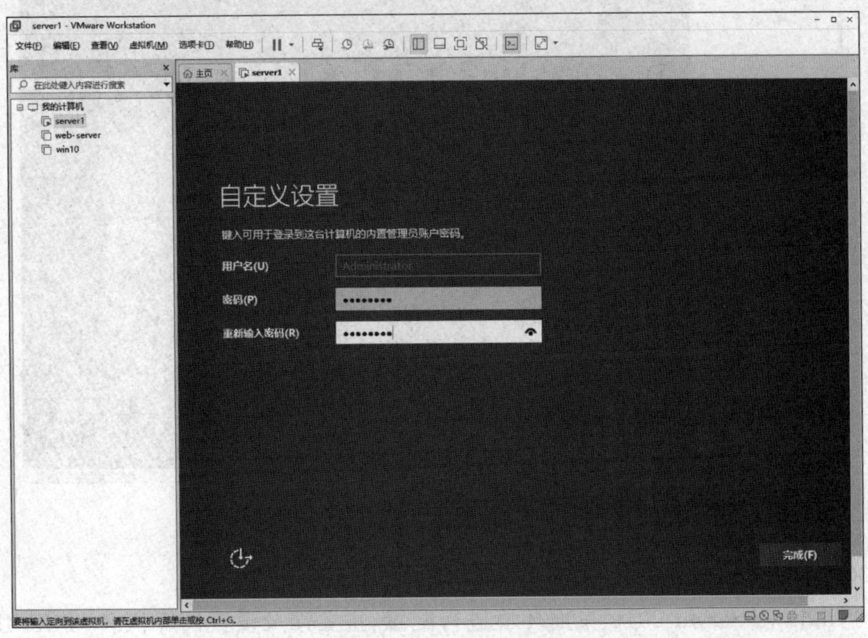

图 7-31　自定义设置

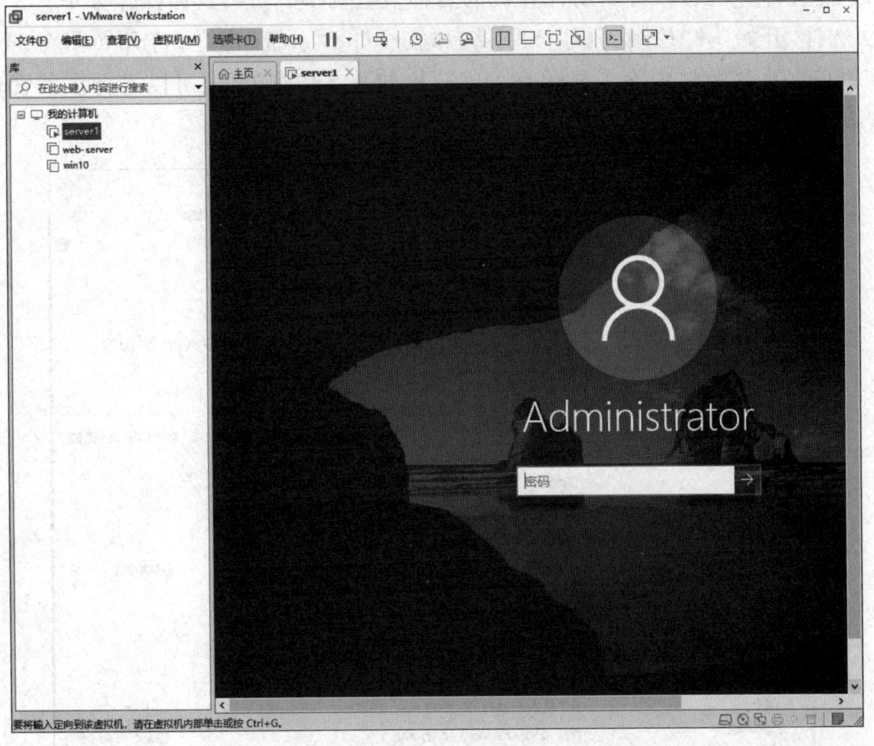

图 7-32　登录界面

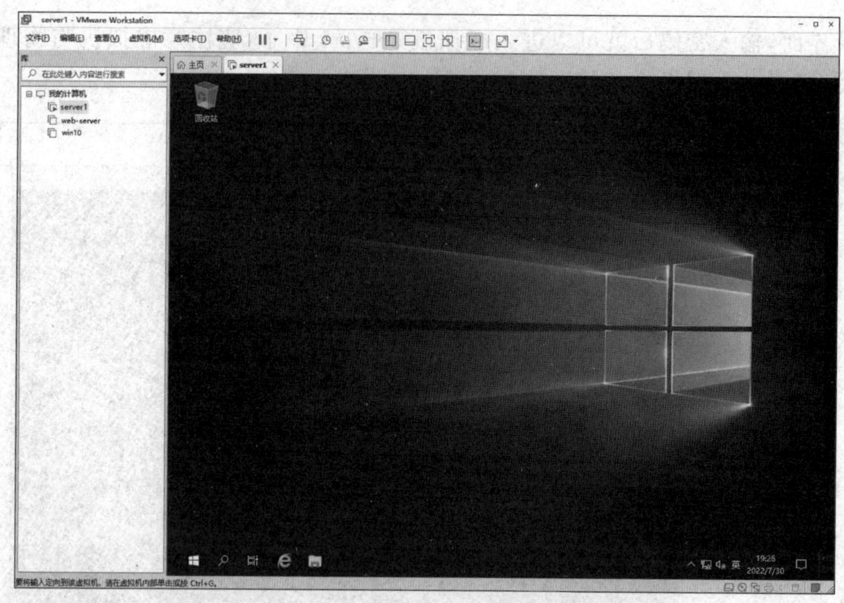

图 7-33　虚拟机 server1 的桌面

5）配置 Windows Server 2019 桌面环境

对 Windows Server 2019 桌面环境进行配置，主要涉及设置计算机名、TCP/IPv4，以及查看系统信息等内容。

(1) 设置计算机名。将当前计算机的名称设置为 server1，具体操作如下。

① 选择"开始"→"控制面板"→"系统和安全"→"系统"命令，打开如图 7-34 所示的"系统"窗口。在该窗口中除了显示有关虚拟机的基本信息外，还可以进行设备管理器、远程设置以及高级系统设置。

图 7-34　"系统"窗口

② 选择“高级系统设置”选项，打开“系统属性”对话框，选择“计算机名”选项卡，可以看到当前计算机名是在安装系统过程中随机生成的，如图 7-35 所示。

③ 单击“更改”按钮，打开“计算机名/域更改”对话框，在“计算机名”文本框中输入计算机新的名称为 server1(与虚拟机名称一样)，如图 7-36 所示，然后单击“确定”按钮。

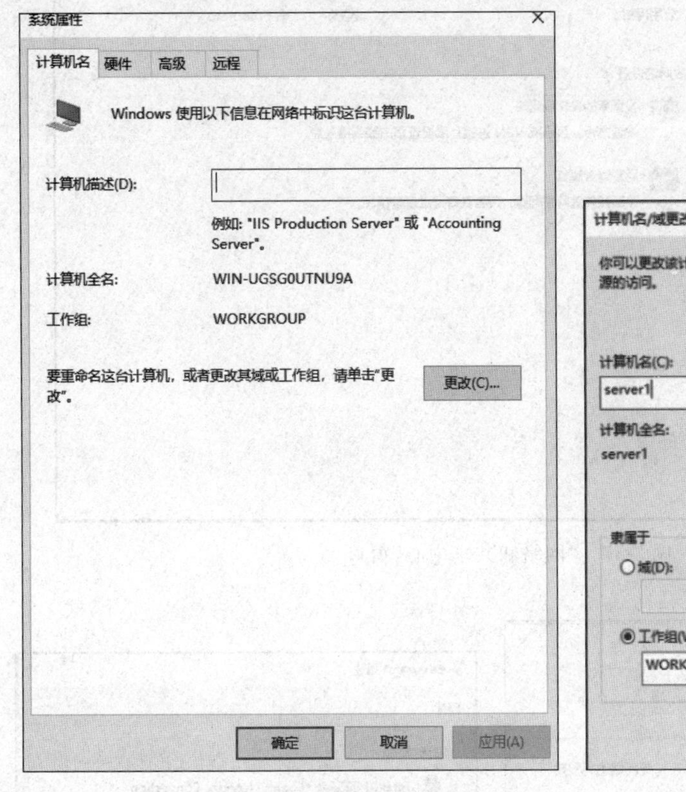

图 7-35　“计算机名”选项卡

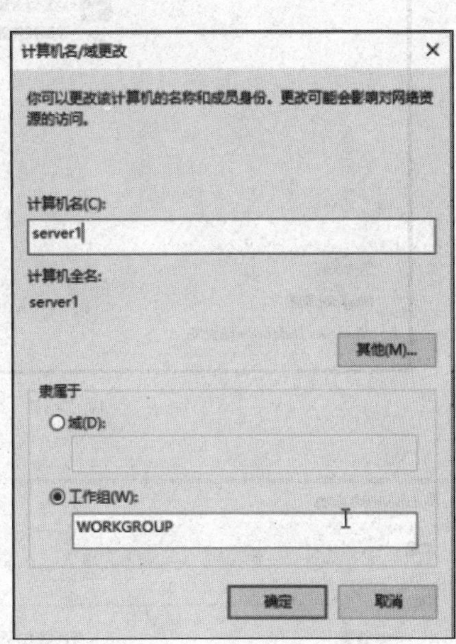

图 7-36　设置计算机名

提示：Windows 网络架构有工作组架构、域架构以及包含前两者的混合架构。本项目实训均采用 Windows 工作组架构。

④ 接着弹出一个确认界面，提示需要重启计算机才能应用计算机名的更改，单击“确定”按钮，即可完成计算机名的设置。

(2) 设置虚拟服务器 server1 的 IPv4 地址。计算机的网络连接可以从动态主机配置协议(DHCP)服务器或点对点协议(PPP)拨号网络访问服务器中动态地获取 IP 地址。此虚拟服务器 server1 连接网络最好使用手动指定的 IP 地址(也叫静态 IP 地址)。其具体操作步骤如下。

① 依次选择“开始”→“控制面板”→“网络和 Internet”→“网络和共享中心”选项，打开如图 7-37 所示的“网络和共享中心”窗口，在该窗口中可以设置 Ethernet0 等选项。

② 单击 Ethernet0 选项，出现 Ethernet0 状态对话框，如图 7-38 所示。单击“属性”按钮，打开“Ethernet0 属性”对话框，如果不需要使用 TCP/IPv6，则取消选中“Internet 协议版本 6(TCP/IPv6)”复选框，如图 7-39 所示。

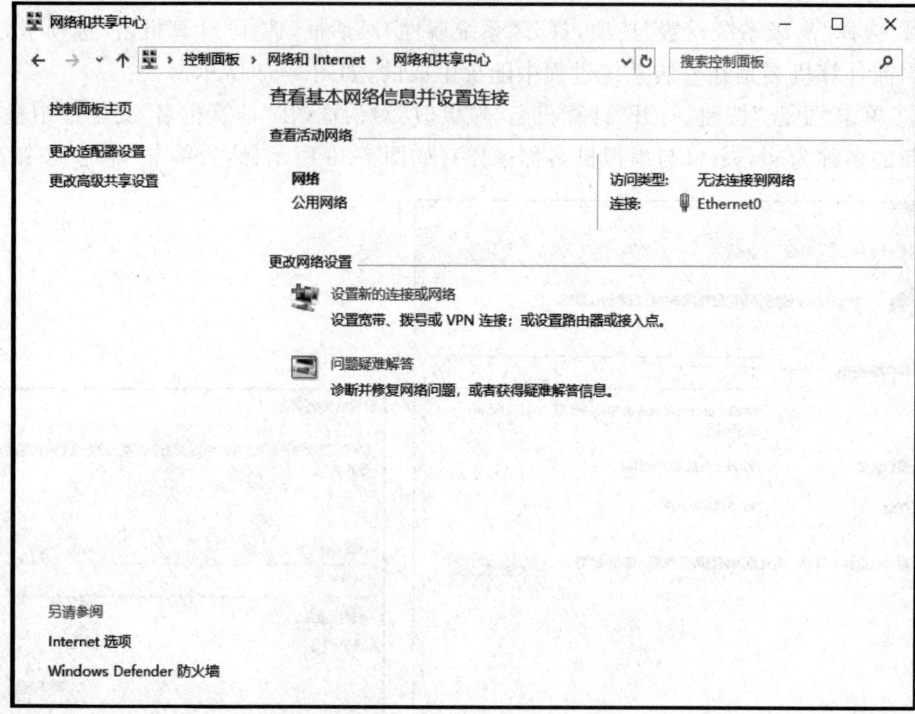

图 7-37 “网络和共享中心”窗口

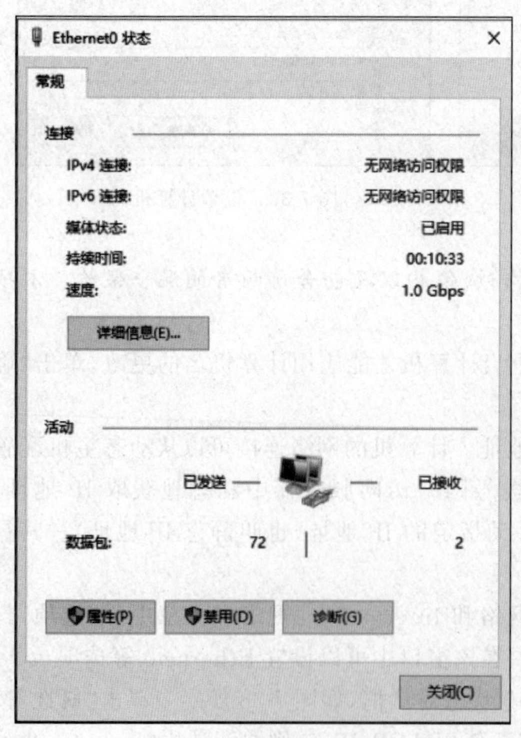

图 7-38 Ethernet0 状态

图 7-39 Ethernet0 属性

③ 双击“Internet 协议版本 4(TCP/IPv4)”选项，打开“Internet 协议版本 4(TCP/IPv4)属性”对话框，在该对话框中设置 IP 地址、子网掩码、默认网关以及首选 DNS 服务器等，如图 7-40 所示，最后单击“确定”按钮即可完成 IP 地址的设置。

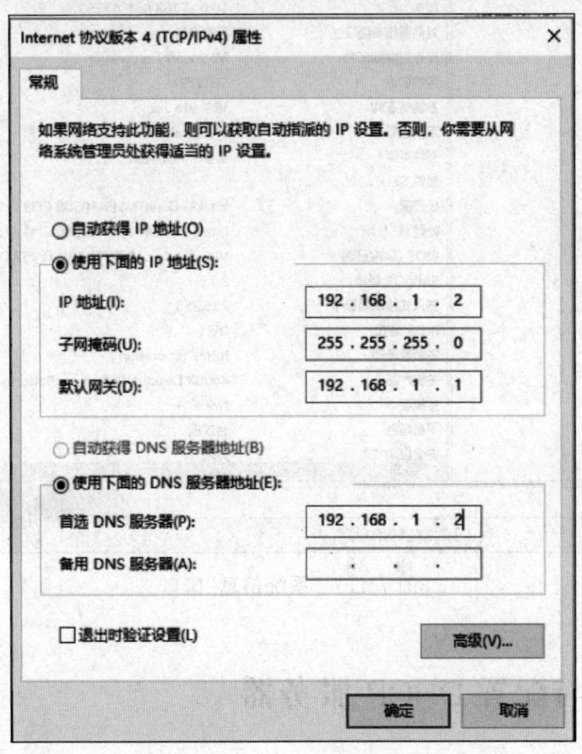

图 7-40　设置 TCP/IPv4 属性

(3) 查看系统信息。系统摘要：包含操作系统和基本的输入/输出系统(BIOS)的名称、版本以及其他相关信息，还包含处理器和可用内存的相关信息。

① 硬件资源：包含有关资源分配信息以及直接内存访问(DMA)、强制硬件、输入/输出(I/O)、中断请求(IRQ)和内存资源之间可能存在的共享冲突信息。

② 组件：包含计算机中每个组件的信息，以及正在使用的设备驱动程序的版本。

③ 软件环境：包含有关系统配置的信息，以及有关系统、设备驱动程序、环境变量和网络连接的详细信息。

查看计算机上系统信息的具体操作步骤如下。

选择“开始”→“Windows 管理工具”→“系统信息”命令，打开如图 7-41 所示的“系统信息”窗口，在该窗口可以查看运行的操作系统、硬件资源、组件以及软件环境信息。

提示：参照以上方法安装一台 web-server 虚拟机和一台 win10 虚拟机，以备任务 2、任务 3 和任务 4 使用，这里不再赘述。

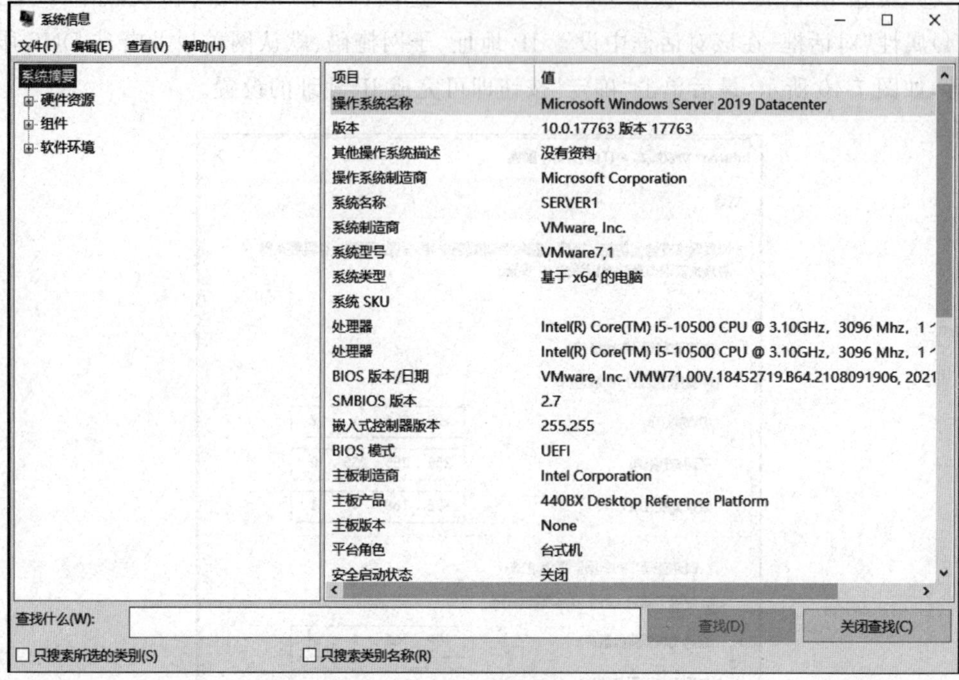

图 7-41 "系统信息"窗口

任务 2：安装与配置 DHCP 服务器

安装与配置 DHCP 服务器

实训目标

(1) 进一步理解 DHCP 服务器的工作原理。

(2) 掌握在 Windows Server 2019 下安装和配置 DHCP 服务的具体步骤和方法。

实训环境

(1) PC 一台(至少 2 个 64 位 CPU 内核,8GB 以上内存,千兆以上以太网控制器,安装 Windows 10 及以上版本)。已经安装了 VMware Workstation 16 Pro 以上版本虚拟化服务器软件并创建了虚拟机 server1。

(2) 在虚拟机 server1 上已经安装了 Windows Server 2019 Datacenter 系统。

操作步骤

在虚拟机 server1 上安装与配置 DHCP 服务器。

1) 规划该企业网络 DHCP 服务器的 IP 地址

该企业网络 DHCP 服务器 IPv4 地址的规划如表 7-3 所示。

2) 安装 DHCP 服务器

(1) 首先开启 server1 虚拟机,打开"服务器管理器"窗口,选择"开始"→"服务器管理器"命令,打开"服务器管理器▶仪表板"窗口,如图 7-42 所示。

表 7-3 DHCP 服务器 IPv4 地址的规划

规划条目	IPv4 地址	子网掩码
DHCP 服务器	192.168.1.2	255.255.255.0
分配的地址范围	192.168.1.1～192.168.1.100	255.255.255.0
排除的地址范围	192.168.1.1～192.168.1.10	
默认网关地址	192.168.1.1	
DNS 服务器地址	192.168.1.2	

图 7-42 开始添加角色

(2) 单击右侧窗格中的“2 添加角色和功能”选项，出现“开始之前”对话框，如图 7-43 所示，在打开的对话框中有相关说明和确认完成的任务(请务必注意)。

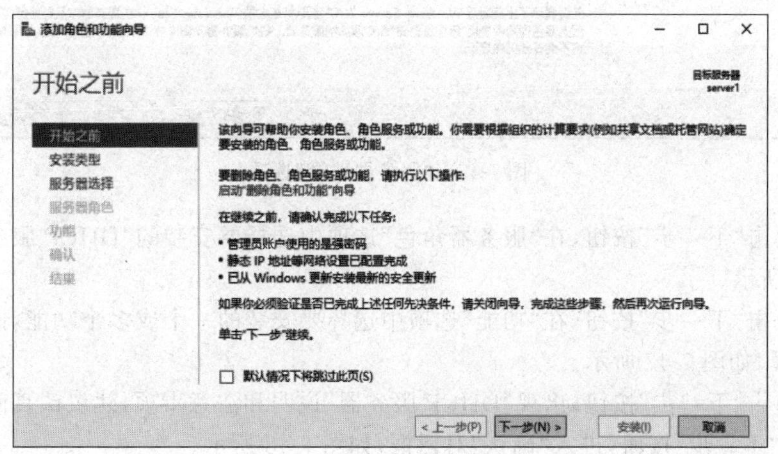

图 7-43 “开始之前”选项

(3) 单击"下一步"按钮,在"安装类型"对应选项中选择"基于角色或基于功能的安装"单选按钮,如图7-44所示。

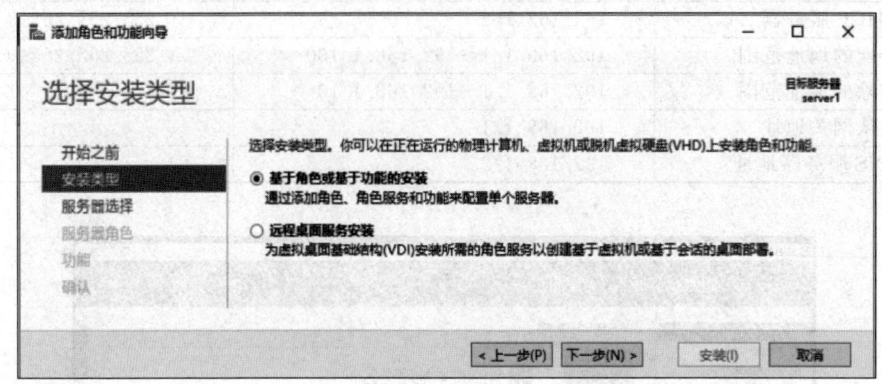

图7-44 选择安装DHCP服务器

(4) 单击"下一步"按钮,在"服务器选择"选项中选择"从服务器池中选择服务器"单选按钮,如图7-45所示。

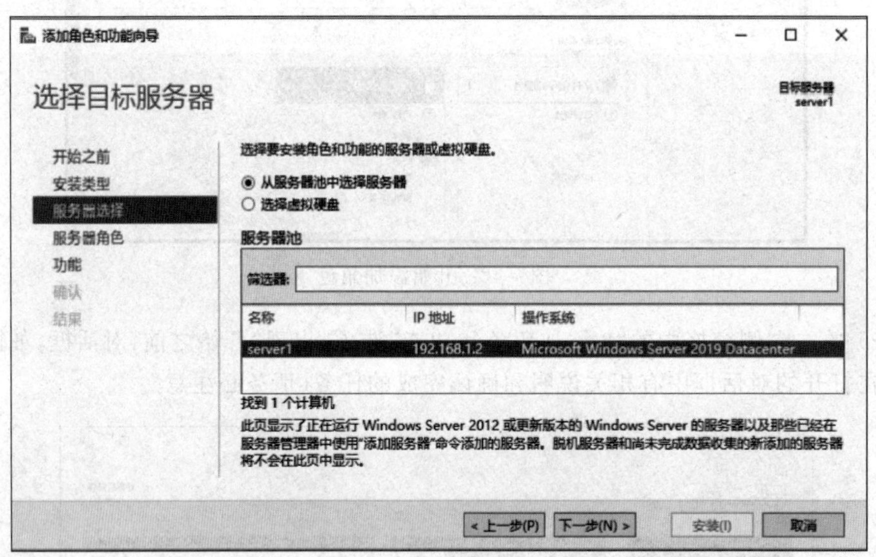

图7-45 "服务器选择"选项

(5) 单击"下一步"按钮,在"服务器角色"选项中选择要安装的"DHCP服务器"角色,如图7-46所示。

(6) 单击"下一步"按钮,在"功能"选项中选择要安装的一个或多个功能,此处使用的是默认选择,如图7-47所示。

(7) 单击"下一步"按钮,出现"DHCP服务器"说明和注意事项,建议认真阅读并确认完成,单击"下一步"按钮,进入"确认"对话框,如图7-48所示。

(8) 单击"安装"按钮,就会进行"功能安装",当出现"需要配置。已在server1上安装成功。"时,安装完成,如图7-49所示。

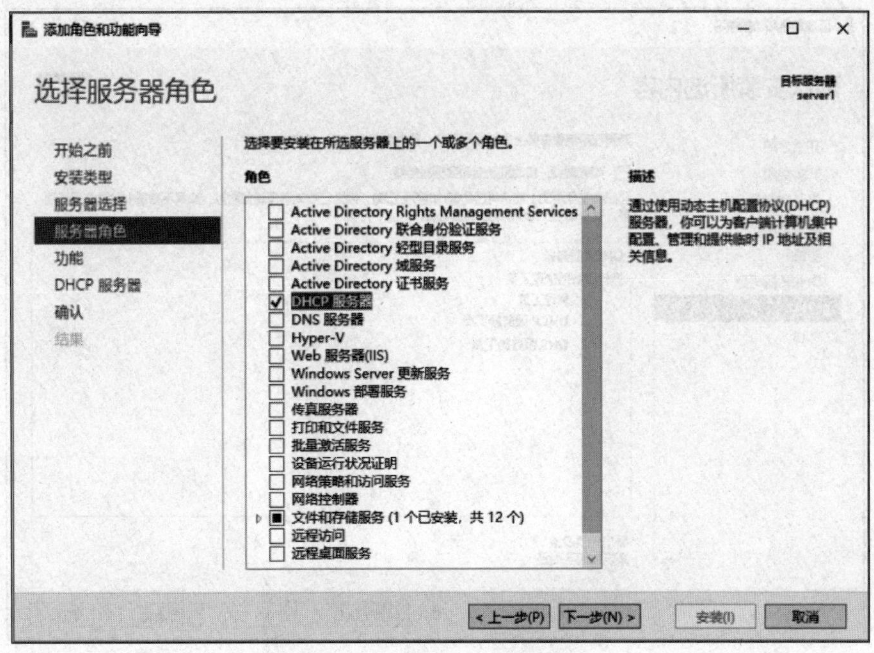

图 7-46　“服务器角色”选项

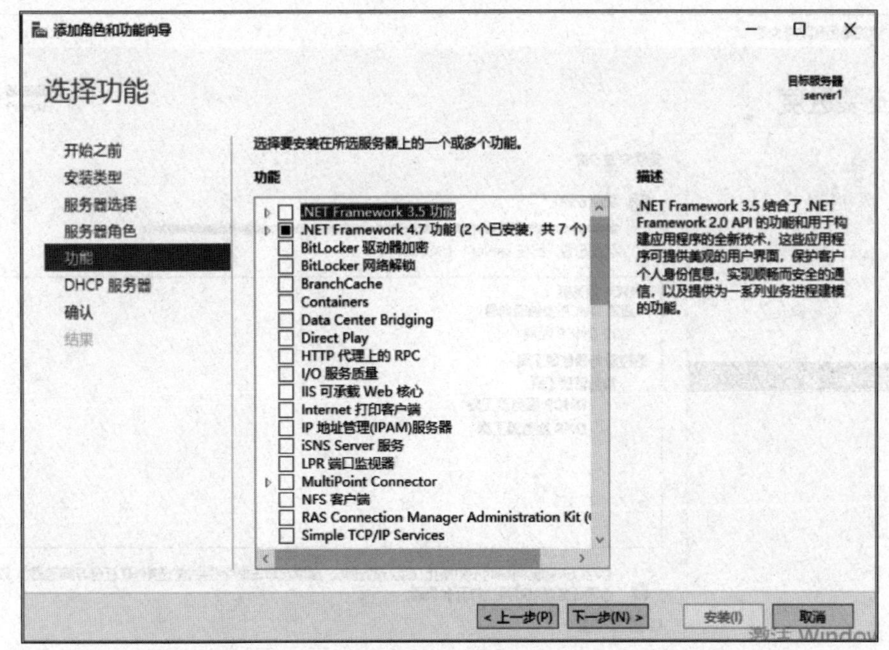

图 7-47　“功能”选项

(9) 单击“关闭”按钮，就会返回“服务器管理器”界面，左边出现 DHCP 时，单击 DHCP 就可进一步完成 server1 中 DHCP 服务器的配置，如图 7-50 所示。

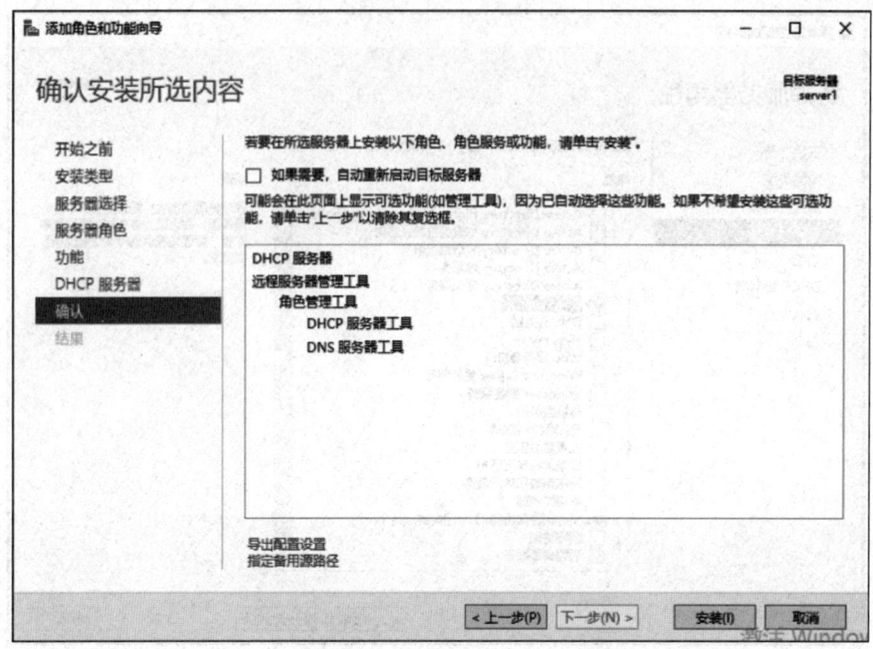

图 7-48 “确认”选项

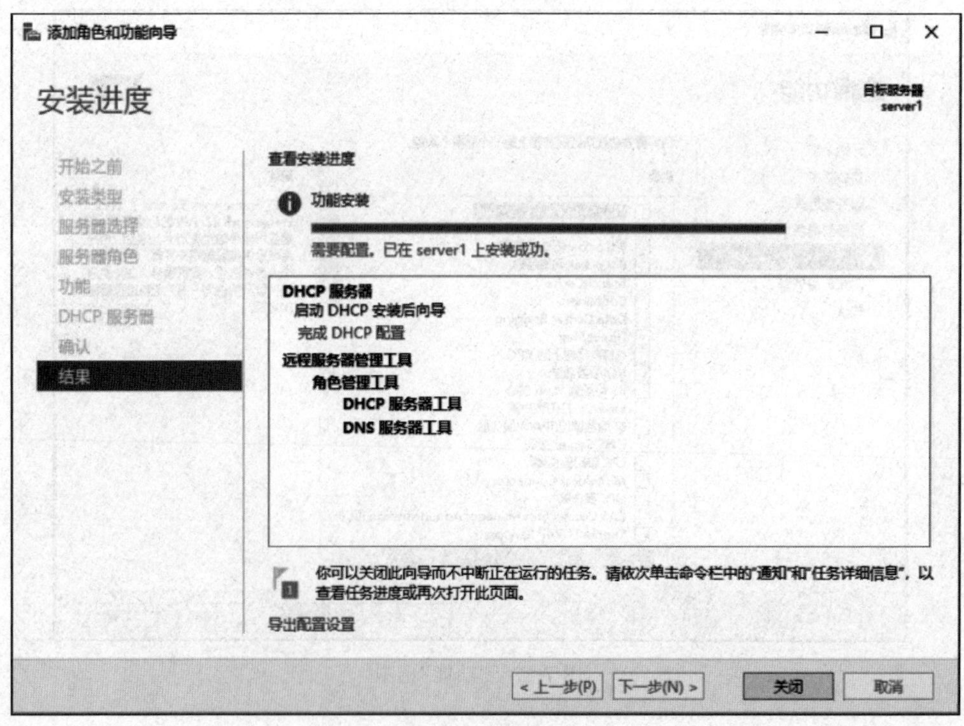

图 7-49 显示结果

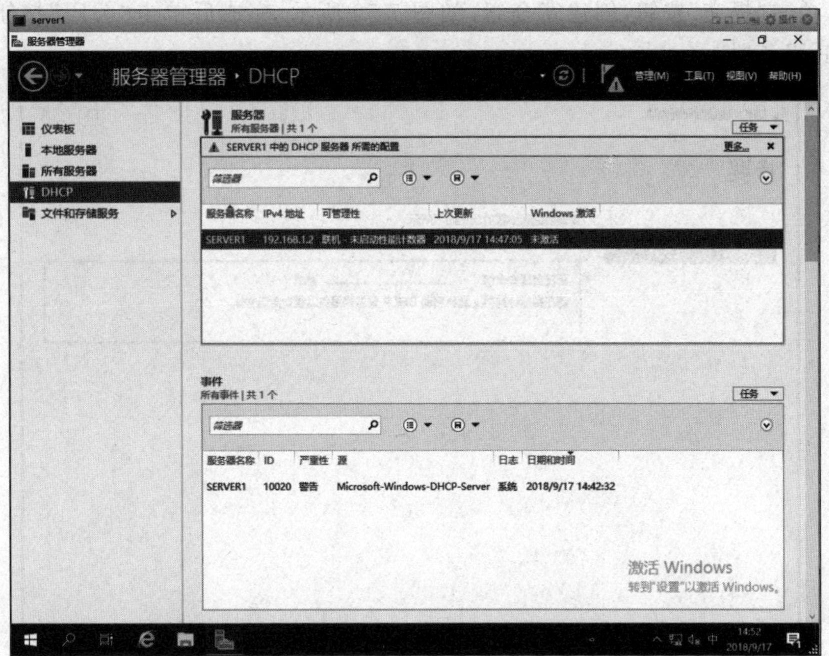

图 7-50　DHCP 服务器

3）配置 DHCP 服务器

（1）单击“服务器管理器▶DHCP”界面右上方的惊叹号图标并单击“完成 DHCP 配置”，出现“DHCP 安装后配置向导”界面，如图 7-51 所示。

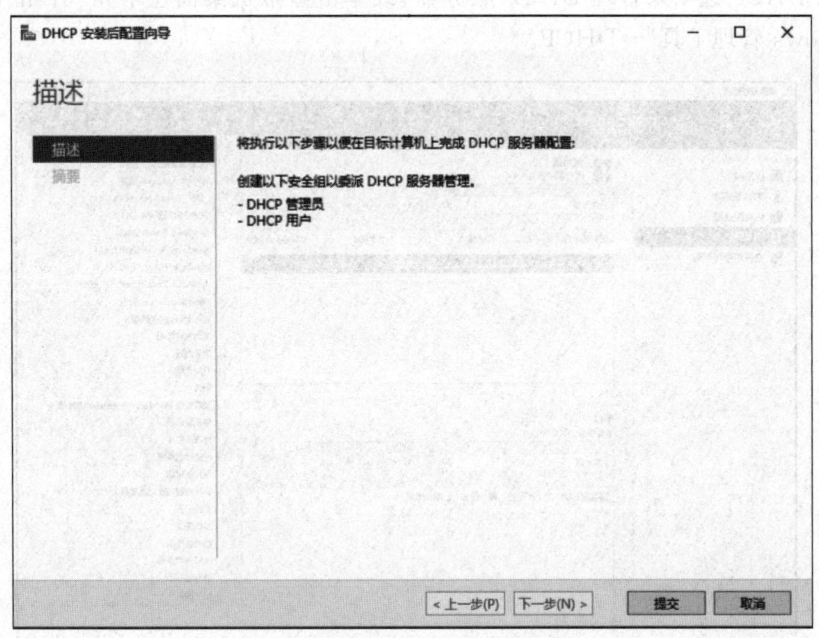

图 7-51　DHCP 安装后配置向导

(2) 单击“提交”按钮,创建安全组,如图 7-52 所示,完成后单击“关闭”按钮,重新启动 DHCP 服务器。

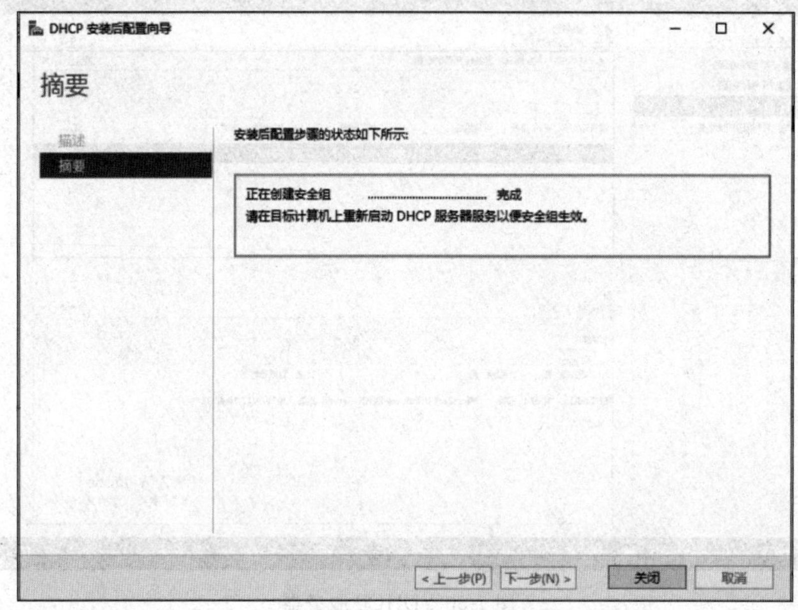

图 7 52　创建安全组

4) 配置 DHCP 服务

(1) DHCP 安装完成后,就可以在“服务器管理器”界面中通过图 7-53 所示界面左侧窗格中的 DHCP 选项来管理 DHCP 服务器,或单击虚拟机桌面左下角“开始”图标并选择“Windows 管理工具”→DHCP。

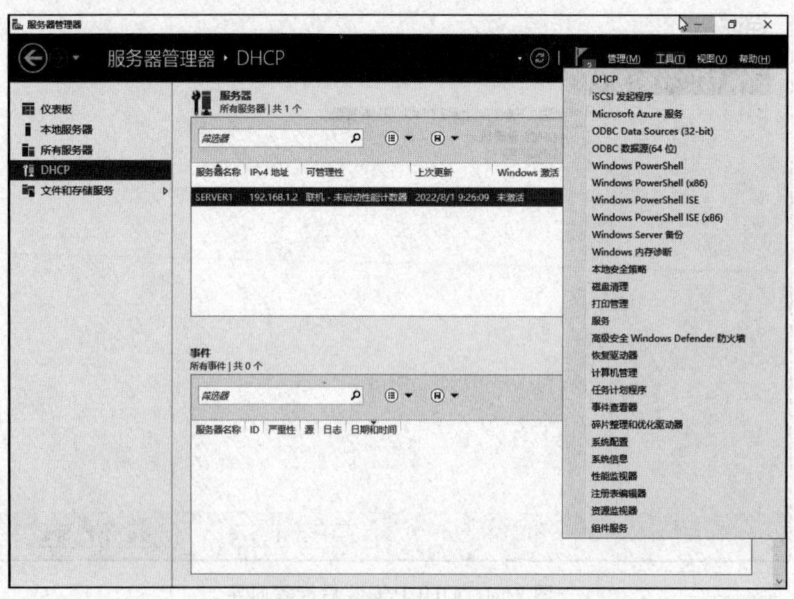

图 7-53　管理 DHCP 服务器

(2) 如图 7-54 所示，在 DHCP 管理器中选中 IPv4 并右击，选择“新建作用域”命令。

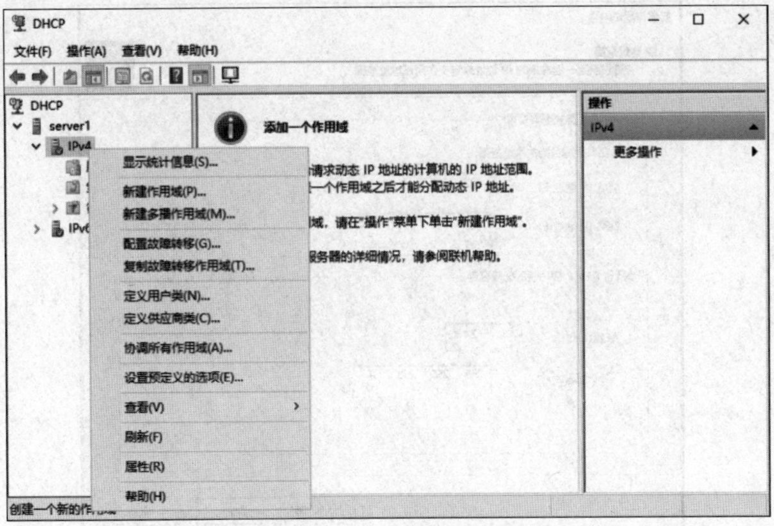

图 7-54　新建作用域

接着出现“新建作用域向导”界面，输入“名称”和“描述”选项内容，如图 7-55 所示，单击“下一步”按钮。

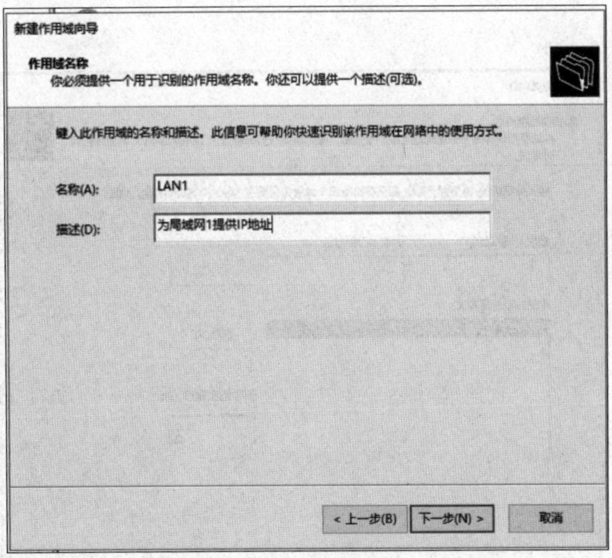

图 7-55　新建作用域向导

提示：在授权 DHCP 服务器之后，首要任务便是创建作用域及配置作用域。作用域实际就是一段 IP 地址的范围，当 DHCP 客户机请求 IP 地址时，DHCP 服务器将从此段范围中选取一个尚未出租的 IP 地址，并将其分配给 DHCP 客户机。

每一个 DHCP 服务器中至少应有一个作用域为一个网络分配 IP 地址。如果要为多个网段分配 IP 地址，就需要在 DHCP 服务器上创建多个作用域，并定义作用域 IP 地址范围,如图7-56所示。

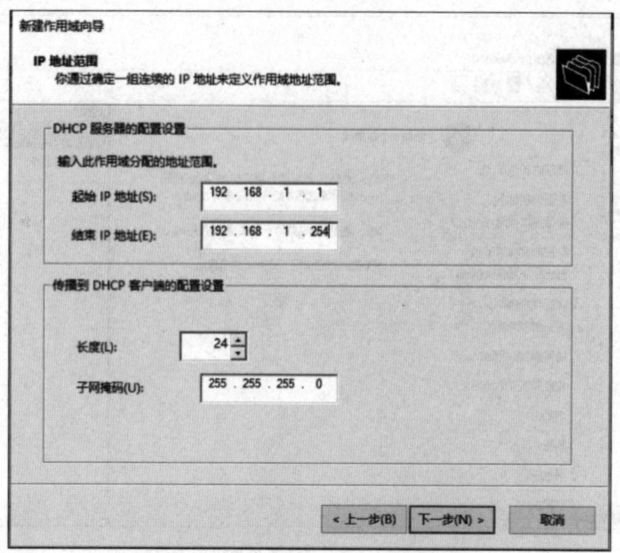

图7-56　作用域分配的地址范围

(3) 单击“下一步”按钮,出现“添加排除和延迟”对话框,如图7-57所示。输入排除的起始和结束的IP地址,单击“添加”按钮,即可完成添加排除,“子网延迟(毫秒)”选项用默认值。

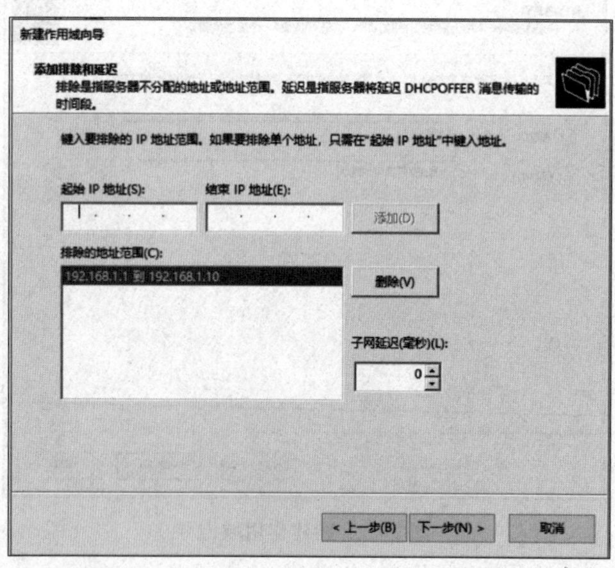

图7-57　添加排除和延迟

(4) 单击“下一步”按钮,出现“租用期限”对话框,如图7-58所示。在“天”选项中输入100。

(5) 单击“下一步”按钮,出现“配置DHCP选项”对话框,如图7-59所示,选择“是,我

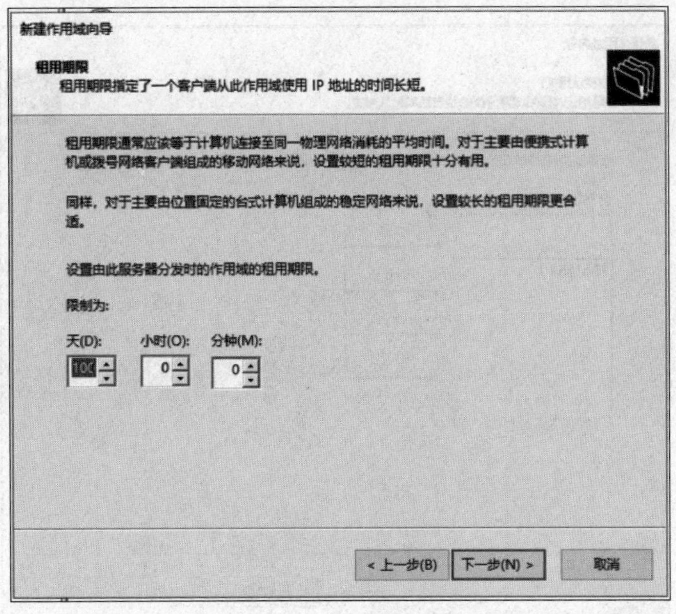

图 7-58　租用期限

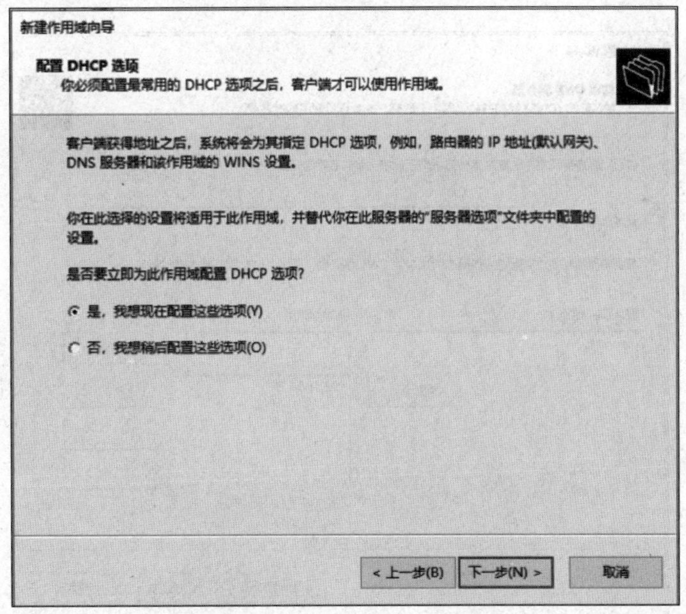

图 7-59　配置 DHCP 选项

想现在配置这些选项”单选按钮。

（6）单击“下一步”按钮，出现“路由器（默认网关）”对话框，如图 7-60 所示，在“IP 地址”选项中输入当前所用网络的默认网关地址（此处网络的网关地址为 192.168.1.1），单击“添加”按钮。

（7）单击“下一步”按钮，出现“域名称和 DNS 服务器”对话框，如图 7-61 所示，在“父

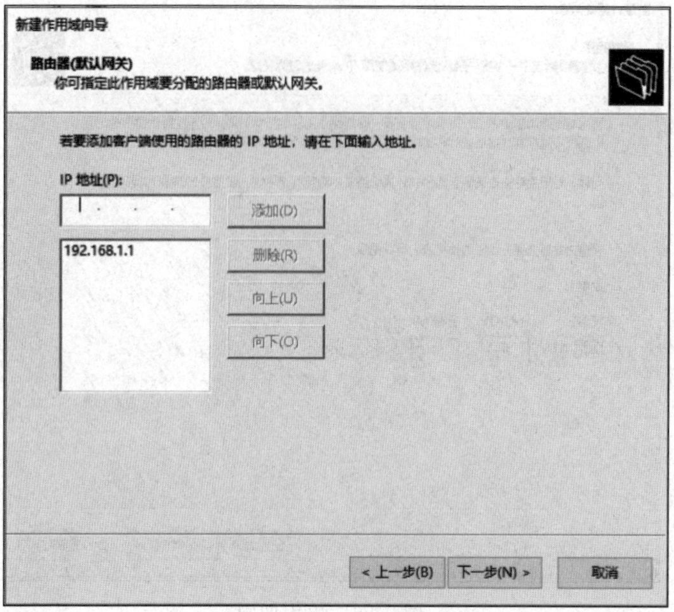

图 7-60　路由器(默认网关)

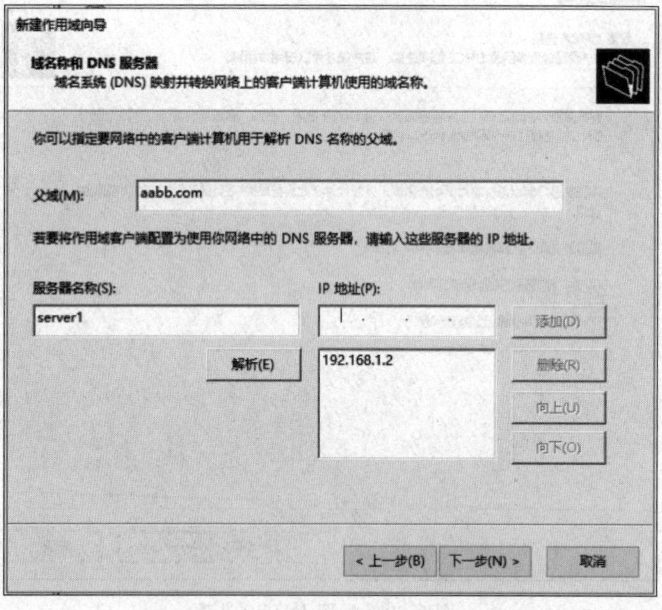

图 7-61　域名称和 DNS 服务器

域”文本框中输入本网络的 DNS 名称的父域 aabb.com,在“服务器名称”选项中输入 server1,在“IP 地址”选项中输入本网络的域名服务器的地址 192.168.1.2(已自动添加)。如果网络中还有第二个域名服务器,也可在此添加(域名服务器的安装与配置详见任务 3)。

(8) 单击“下一步”按钮,出现“WINS 服务器”对话框,如图 7-62 所示,读者可以根据自己情况设置,这里不设置。

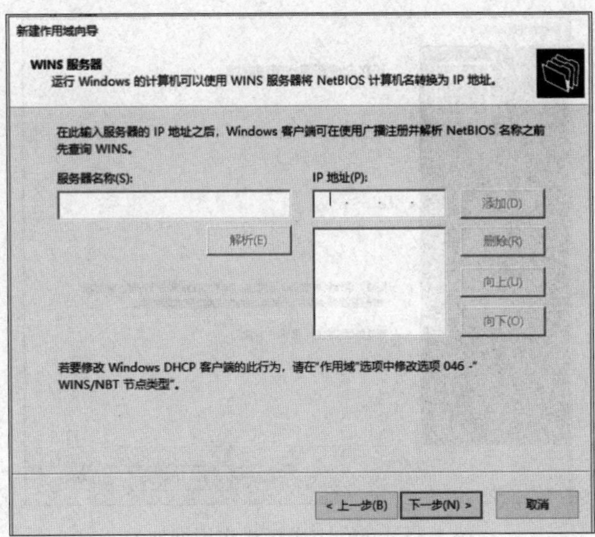

图 7-62　WINS 服务器

(9) 单击"下一步"按钮，出现"激活作用域"对话框，如图 7-63 所示，选择"是，我想现在激活此作用域"单选按钮。

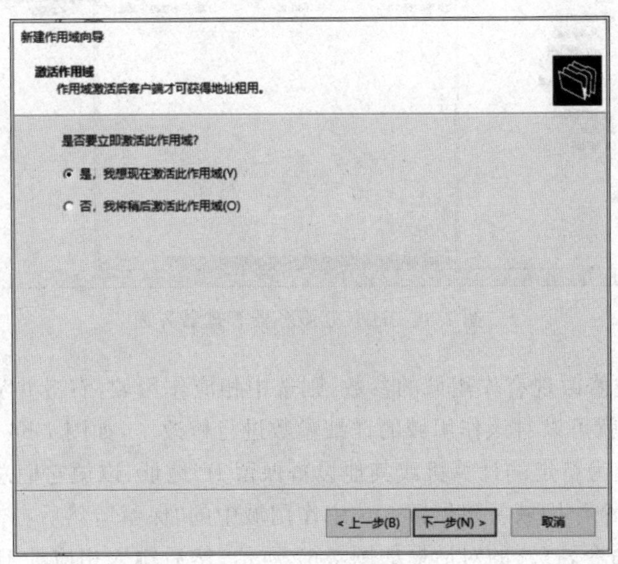

图 7-63　激活作用域

(10) 单击"下一步"按钮，出现"正在完成新建作用域向导"对话框，如图 7-64 所示，单击"完成"按钮，即可完成并激活了新建作用域。

5) 修改 DHCP 服务

在 Windows Server 2019 中提供了一个 DHCP 服务器管理器，成功安装 DHCP 服务器后，选择"开始"→"管理工具"→DHCP 命令，可以启动 DHCP 管理工具，如图 7-65 所示。在如下的 DHCP 服务器管理器界面可以很方便地进行新建、删除和修改 DHCP 服务器的配置项。

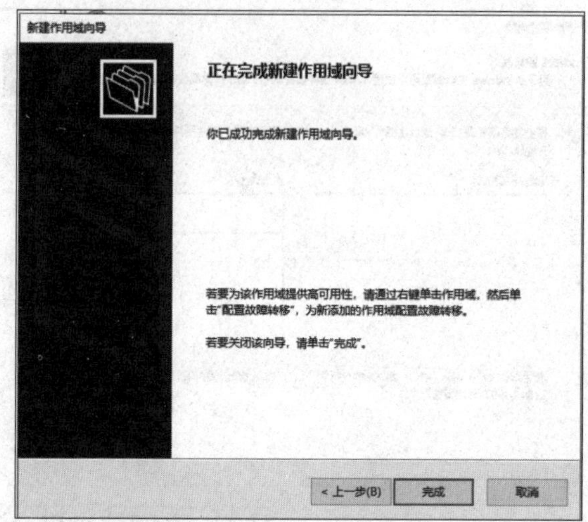

图 7-64　正在完成新建作用域向导

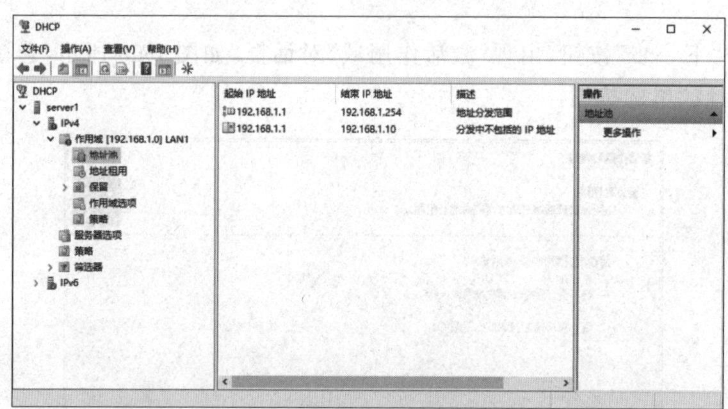

图 7-65　DHCP 服务器管理器界面

(1) 如果希望修改现有作用域的参数,则选中相应作用域,右击并从快捷菜单中选择"属性"命令,然后就可以对该作用域的详细参数进行修改了,如图 7-66 所示。

(2) 如果希望为特定的计算机或其他设备保留 IP 地址,以便它们总是具有相同的 IP 地址,可以针对这个作用域新建保留。选中作用域中的"保留",然后右击并从快捷菜单中选择"新建保留"命令,打开的对话框如图 7-67 所示,然后输入相应的 IP 地址和 MAC 地址,单击"添加"按钮,就可完成建立保留的操作,结果可在 DHCP 服务器中的"保留"界面查看。这里为 win10 虚拟 PC 设置的保留 IP 地址为 192.168.1.11。

总体来说,在 Windows Server 2019 中安装及配置 DHCP 服务器,通过一个智能化的向导就可以轻松在一个界面中完成安装及配置。

6) 验证 DHCP 服务器

在虚拟客户机 win10 上设成自动获取 IP 地址,从虚拟客户机 win10 上就可以获取 IP 地址。在虚拟客户机 win10 上用 ipconfig/all 命令测试,如图 7-68 所示,可以看到虚拟机 win10 自动获取了 IP 地址、子网掩码、默认网关和 DNS 服务器的地址。

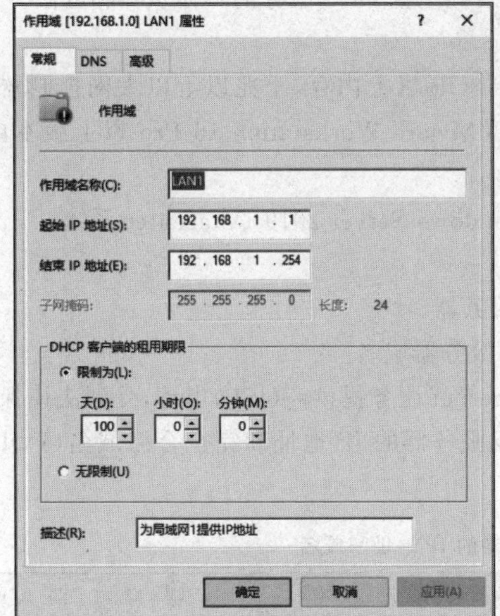

图 7-66　修改作用域参数

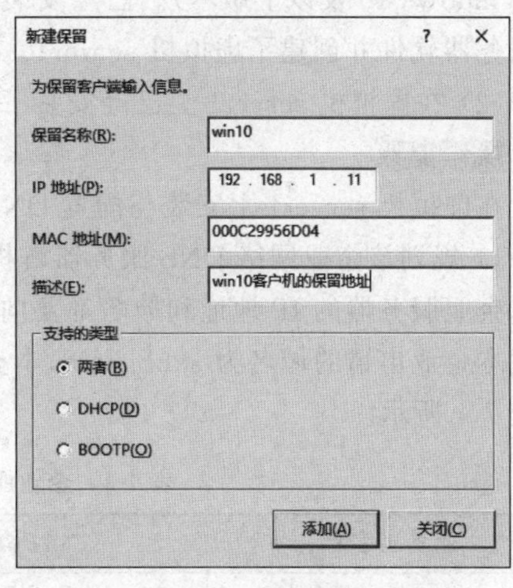

图 7-67　输入保留地址的参数

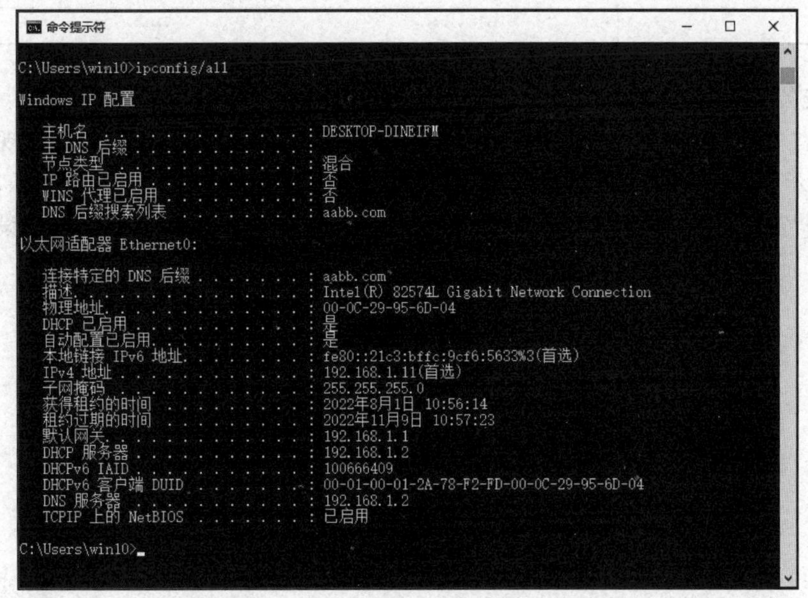

图 7-68　客户机自动获取 IP 地址信息

任务 3：安装与配置 DNS 服务器

安装与配置 DNS 服务器

实训目标

(1) 进一步熟悉 DNS 服务器的工作原理。

(2) 掌握在 Windows Server 2019 下安装和配置 DNS 服务的具体步骤和方法。

实训环境

(1) PC 一台(至少 2 个内核 64 位 CPU,8GB 以上内存,千兆以上以太网控制器,安装 Windows 10 及以上版本)。已经安装了 VMware Workstation 16 Pro 以上版本虚拟化服务器软件并创建了虚拟机 server1。

(2) 在虚拟机 server1 上已经安装了 Windows Server 2019 Datacenter 系统。

操作步骤

在虚拟机 server1 上安装与配置 DNS 服务器。

1) 规划该企业网络 DNS 服务器解析的服务器域名

企业服务器的 IP 地址和域名都要向 Internet 服务提供商(ISP)申请,受到法律保护。假设本企业申请的域名为 aabb. com,本企业服务器的 IP 地址和完全合格域名(FQDN)如表 7-4 所示。

表 7-4 企业服务器的 IP 地址和域名

服务器名称	IPv4 地址	域　名
web-server	192. 168. 1. 3	www. aabb. com
server1(DNS)	192. 168. 1. 2	dns. aabb. com
ftp-server	192. 168. 1. 4	ftp. aabb. com
……	……	……

2) 安装 DNS 服务器

(1) 首先,选择"开始"→"管理工具"→"服务器管理器"→"仪表板"选项,出现的界面如图 7-69 所示。选择"添加角色和功能"选项,打开"添加角色和功能向导"对话框,依次完成"开始之前"→"安装类型"→"服务器选择"的界面的设置(参考安装 DHCP 服务器时的设置)。

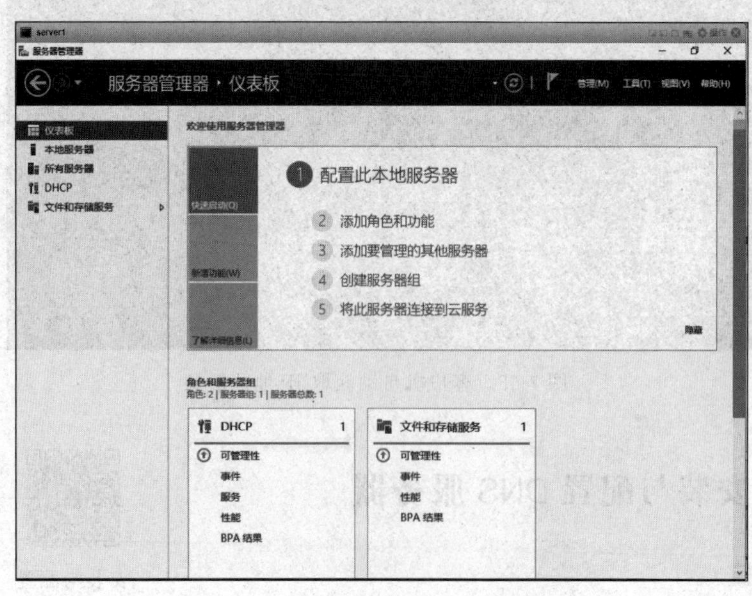

图 7-69 服务器管理器中的仪表板界面

（2）在出现的“选择服务器角色”界面中选择“DNS 服务器”选项，如图 7-70 所示，然后单击“下一步”按钮。在“确认”界面中显示要安装的服务器提示，单击“安装”按钮，会出现“安装进度”界面，安装成功后会在“安装进度”界面显示“已在 server1 上安装成功”的提示，如图 7-71 所示。然后单击“关闭”按钮，就完成了在虚拟机 server1 上安装 DNS 服务器的操作。

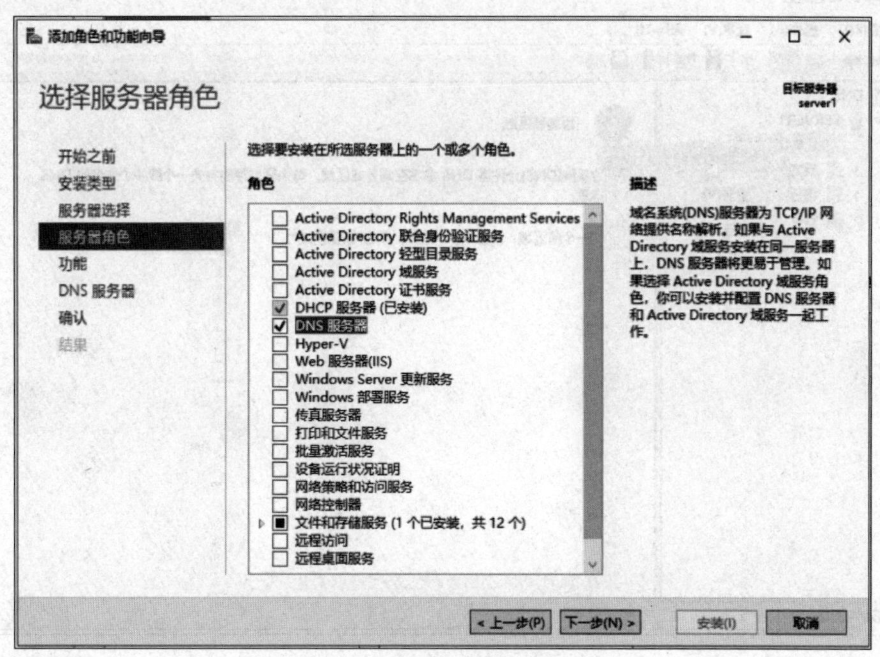

图 7-70　选择“DNS 服务器”选项

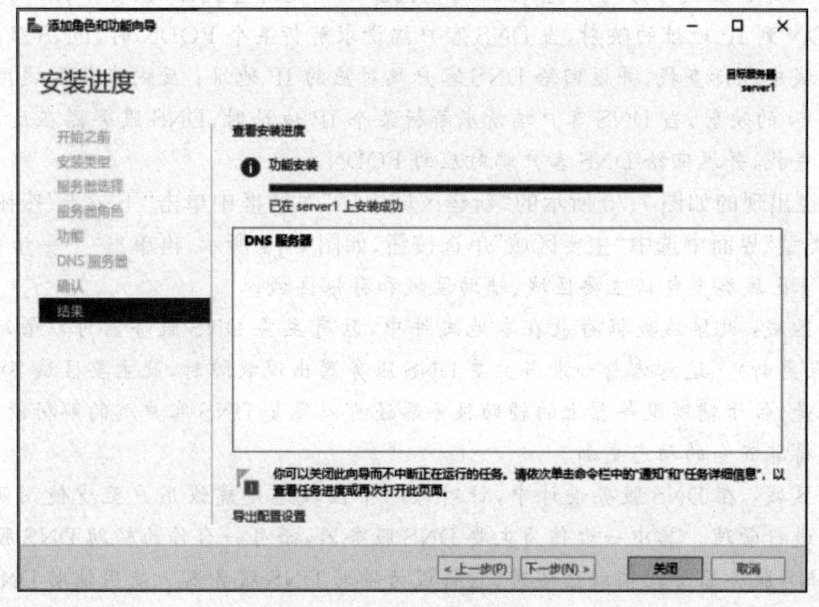

图 7-71　“安装进度”界面

3) 配置 DNS 服务器

在安装好 DNS 之后,还需要对它进行基本的配置。

(1) 选择"开始"→"管理工具"→DNS 命令,打开"DNS 管理器"窗口。在"正向查找区域"选项上右击,在弹出的菜单中选择"新建区域"命令,如图 7-72 所示。

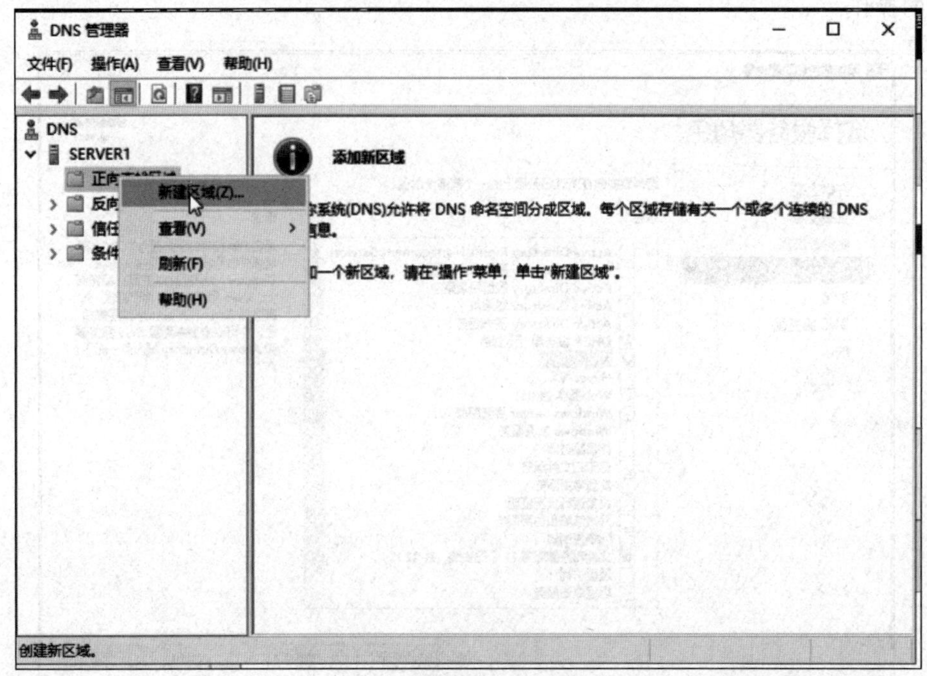

图 7-72 选择"新建区域"命令

提示:DNS 区域分为两大类,即正向查找区域和反向查找区域,其中,正向查找区域用于 FQDN 到 IP 地址的映射,当 DNS 客户端请求解析某个 FQDN 时,DNS 服务器在正向查找区域中进行查找,并返回给 DNS 客户端对应的 IP 地址;反向查找区域用于 IP 地址到 FQDN 的映射,当 DNS 客户端请求解析某个 IP 地址时,DNS 服务器在反向查找区域中进行查找,并返回给 DNS 客户端对应的 FQDN。

(2) 在出现的如图 7-73 所示的"新建区域向导"对话框中单击"下一步"按钮,在出现的"区域类型"界面中选中"主要区域"单选按钮,如图 7-74 所示,再单击"下一步"按钮。

提示:区域类型包括主要区域、辅助区域和存根区域。

主要区域:此区域数据存放在本地文件中,只有主要 DNS 服务器可以管理此 DNS 区域(单点更新)。这意味着如果当主要 DNS 服务器出现故障时,此主要区域不能再进行修改。但是,位于辅助服务器上的辅助服务器还可以答复 DNS 客户端的解析请求。主要区域只支持非安全的动态更新。

辅助区域:在 DNS 服务设计中,针对每一个区域总是建议用户至少使用两台 DNS 服务器来进行管理。其中一台作为主要 DNS 服务器,而另一台作为辅助 DNS 服务器。

当 DNS 服务器管理辅助区域时,它将成为辅助 DNS 服务器。使用辅助 DNS 服务器的好处在于实现负载均衡和避免单点故障。辅助 DNS 服务器用于获取区域数据的源

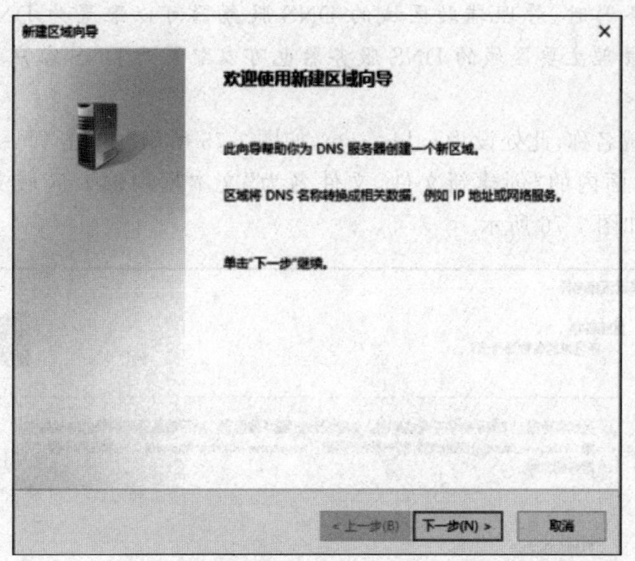

图 7-73 "新建区域向导"对话框

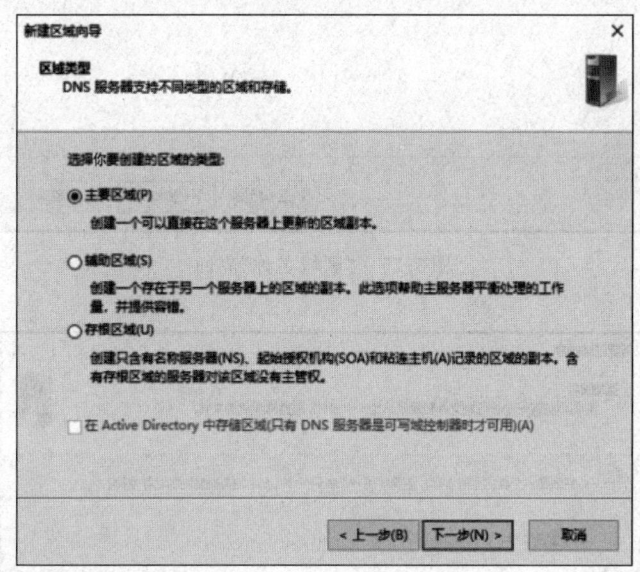

图 7-74 "区域类型"界面

DNS 服务器称为主服务器，主服务器可以由主要 DNS 服务器或者其他辅助 DNS 服务器来担任。当创建辅助区域时，将要求用户指定主服务器。在辅助 DNS 服务器和主服务器之间存在着区域复制，用于从主服务器更新区域数据。

存根区域：管理存根区域的 DNS 服务器称为存根 DNS 服务器。一般情况下，不需要单独部署存根 DNS 服务器，而是和其他 DNS 服务器类型合用。在存根 DNS 服务器和主服务器之间同样存在着区域复制。

注意：这里的辅助区域是根据区域类型的不同而得出的概念，而在配置 DNS 客户端使用的 DNS 服务器时,管理辅助区域的 DNS 服务器可以配置为 DNS 客户端的主要 DNS 服务器,而管理主要区域的 DNS 服务器也可以配置为 DNS 客户端的辅助 DNS 服务器。

(3) 输入区域名称,此处设为 aabb.com,如图 7-75 所示。单击“下一步”按钮,在出现的“区域文件”界面内的“创建新文件,文件名为”文本框中输入区域文件名,此处设为 aabb.com.dns,如图 7-76 所示。

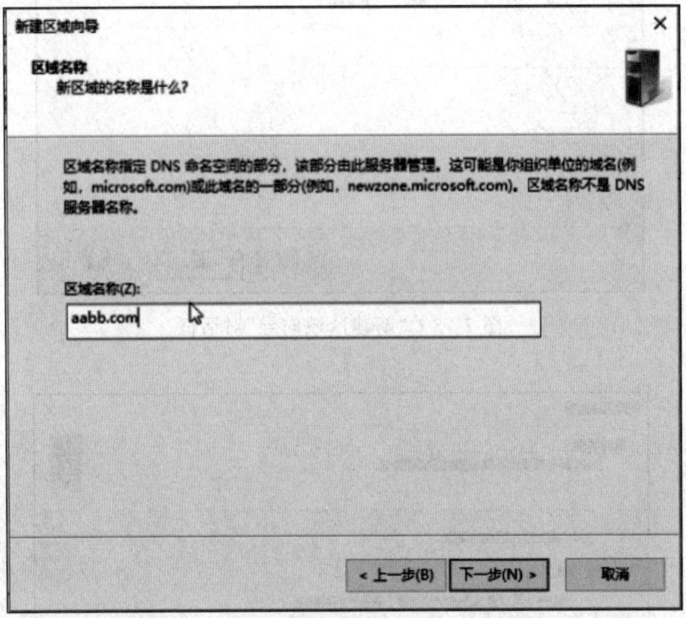

图 7-75 “区域名称”界面

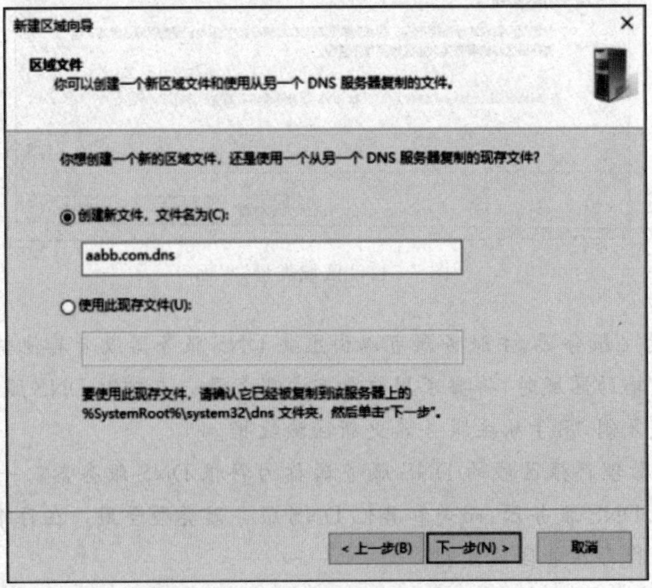

图 7-76 “区域文件”界面

(4) 单击“下一步”按钮,在出现的“动态更新”界面中选中“不允许动态更新”单选按钮,如图 7-77 所示。

如果 DNS 区域在企业内网使用,会允许动态更新。在 Active Directory 的环境下才可以使用活动目录集成区域和动态安全更新。如果用于 Internet,那么一般不需要动态更新。

单击“下一步”按钮完成新建区域的操作,如图 7-78 所示。单击“完成”按钮,“正向查找区域”就创建好了。

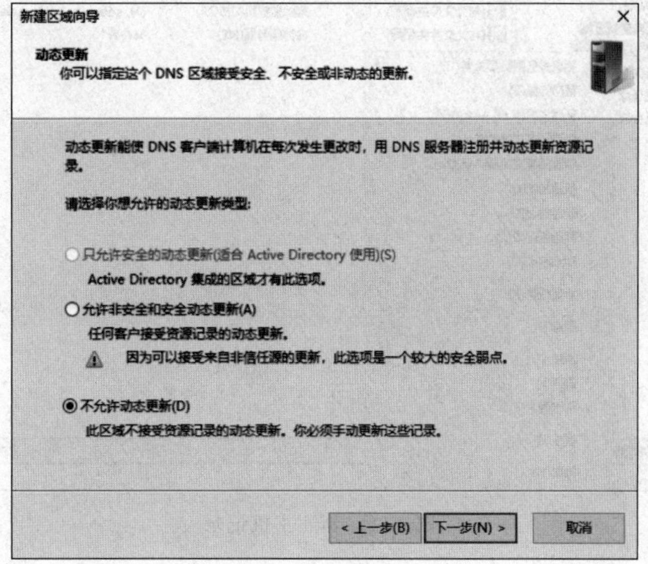

图 7-77　“动态更新”界面

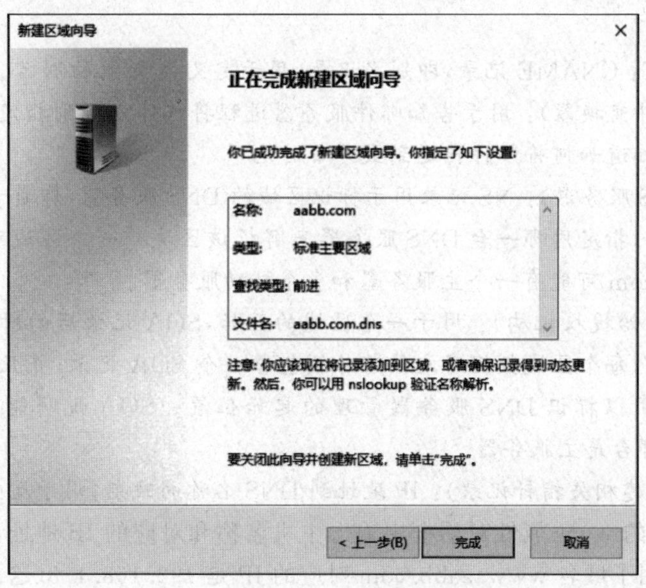

图 7-78　完成新建区域

提示：“反向查找区域”的创建与“正向查找区域”方法类似，是IP地址到DNS名称的映射，用于反向解析。

(5) 在区域内创建适当的DNS记录，首先创建A记录。在刚刚建好的正向区域中右击，在弹出的菜单中选择“新建主机(A或AAAA)”命令，如图7-79所示。

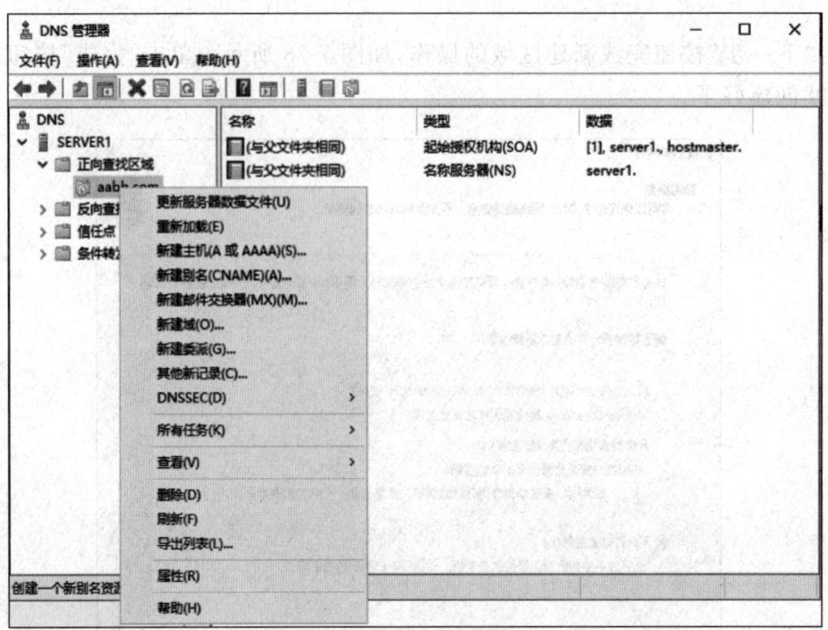

图7-79 新建主机记录

提示：资源记录类型说明如下。

① A或AAAA：即A记录，也称为主机记录，是DNS名称到IP地址的映射，用于正向解析。

② CNAME：CNAME记录，即别名记录，用于定义A记录的别名。

③ MX(邮件交换器)：用于告知邮件服务器进程将邮件发送到指定的另一台邮件服务器(该服务器知道如何将邮件传送到最终目的地)。

④ NS(DNS服务器)：NS记录用于标识区域的DNS服务器，即负责此DNS区域的权威名称服务器，指定用哪一台DNS服务器来解析该区域。一个区域可能有多条ns记录，例如baidu.com可能有一个主服务器和多个辅助服务器。

⑤ SOA(起始授权机构)：用于一个区域的开始，SOA记录后的所有信息均是用于控制这个区域的，每个区域数据库文件都必须包含一个SOA记录，并且必须是其中的第一个资源记录，用以标识DNS服务器管理的起始位置。SOA说明能解析这个区域的DNS服务器中哪台是主服务器。

⑥ PTR(创建相关指针记录)：IP地址到DNS名称的映射，用于反向解析。

(6) 在弹出的www属性对话框中输入主机名称和对应的IP地址，如图7-80所示，在A记录中说明了域名www.aabb.com对应的IP是192.168.1.3(这是Web服务器的IPv4地址)。

单击“确定”按钮，系统弹出“成功地创建了主机记录 www. aabb. com”的信息，如图 7-81 所示，单击“确定”按钮完成创建。

提示：在已经创建了反向区域的情况下，也可以在图 7-80 所示勾选“更新相关的指针(PTR)记录”选项，用于反向解析。

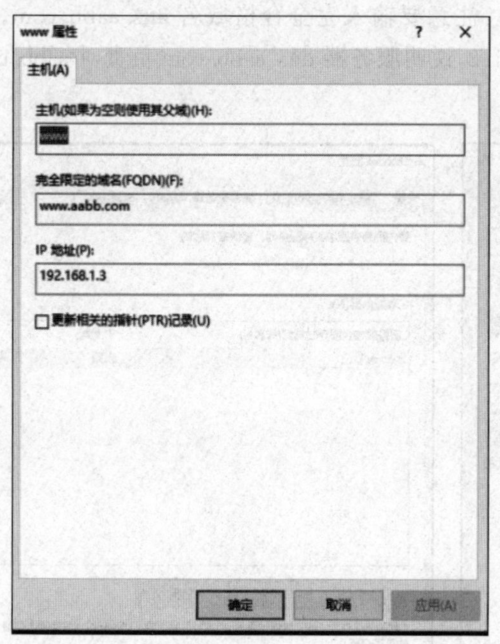

图 7-80　新建主机

图 7-81　成功创建主机

用同样的方法为 DNS 服务器创建 A 记录，如图 7-82 所示。

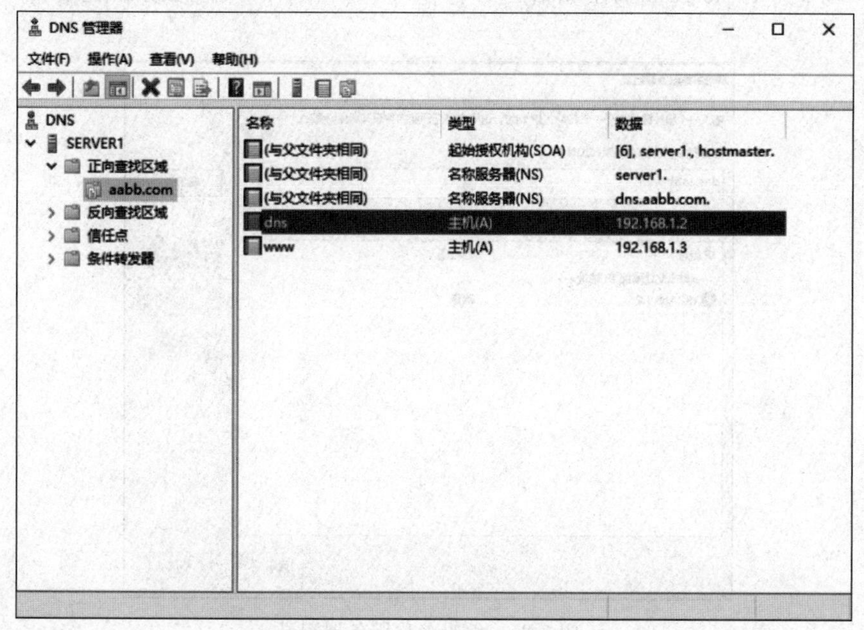

图 7-82　为 DNS 服务器创建 A 记录

(7) 接下来要对区域的名称服务器(ns)记录进行配置。在 aabb.com 区域上右击,在弹出的菜单中选择"属性"命令,打开如图 7-83 所示的"aabb.com 属性"对话框。

先对名称服务器(ns)记录进行配置。选择"名称服务器"选项卡,如图 7-84 所示,单击"编辑"按钮,在弹出的"编辑名称服务器记录"对话框中输入由哪台服务器进行解析,在此设为 dns.aabb.com 来解析,如图 7-85 所示。注意要输入完全合格域名 dns.aabb.com。单击"解析"按钮,下方解析出的 IP 是 192.168.1.2,说明服务器 dns.aabb.com 负责对 aabb.com 的域名解析。

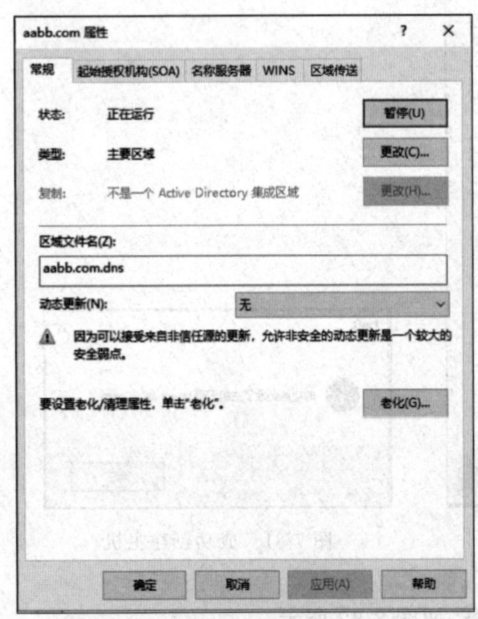

图 7-83 "aabb.com 属性"对话框

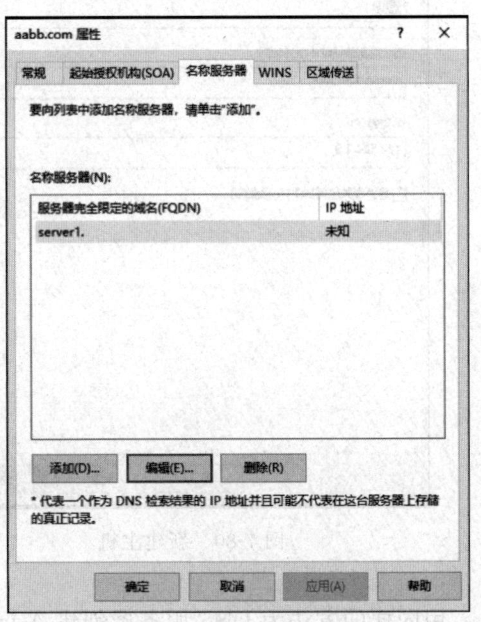

图 7-84 "名称服务器"选项卡

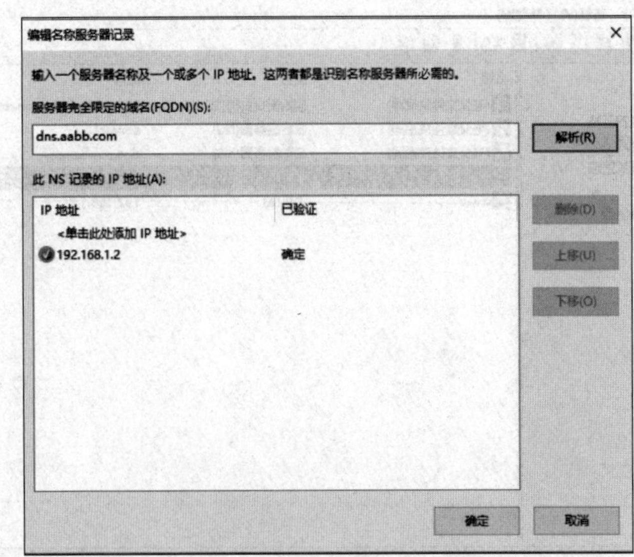

图 7-85 编辑名称服务器记录

(8) 接着对“起始授权机构(SOA)”记录进行配置。SOA 记录中负责说明哪台 DNS 服务器是主服务器。选择“起始授权机构(SOA)”选项卡,如图 7-86 所示,在此将“主服务器”改成 dns. aabb. com,这里也要填完全合格域名。如果有两台服务器对这个域名进行解析,可根据实际情况填写。

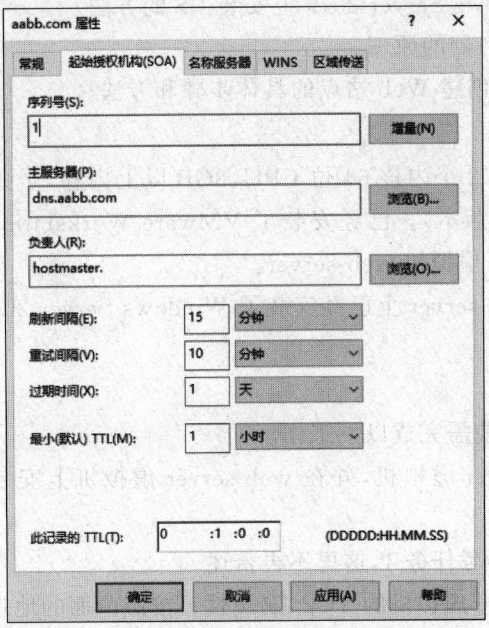

图 7-86　“起始授权机构(SOA)”选项卡

至此完成 DNS 服务器的基本的配置,如需要了解 DNS 服务器进一步的配置,请参考相关书籍,此处不再赘述。

4) 验证 DNS 服务器

在虚拟客户机 win10 上“Internet 协议(TCP/IP)”→“属性”界面中,在“首选 DNS 服务器”文本框中输入上面已配置 DNS 服务器的 IP 地址(192. 168. 1. 2),然后用下面的方法测试。

(1) 用命令“nslookup 域名”,可以看到 DNS 服务器和主机的域名解析情况,如图 7-87 所示。

(2) 用命令“ping 域名”,可以看到能映射到它的 IP 地址(要先关闭防火墙且网络要通)。

图 7-87　nslookup 命令测试结果

任务4：利用IIS安装与配置企业内部Web服务器

利用IIS安装与配置企业内部Web服务器

实训目标

(1) 熟悉在Windows Server 2019上安装IIS的方法。

(2) 理解Web服务器的原理。

(3) 掌握在IIS下创建Web站点的具体步骤和方法。

实训环境

(1) PC一台(至少2个内核64位CPU,8GB以上内存,千兆以上以太网控制器,安装Windows 10及以上版本)。已经安装了VMware Workstation 16 Pro以上版本虚拟化服务器软件并创建了虚拟机web-server。

(2) 在虚拟机web-server上已经安装了Windows Server 2019 Datacenter系统。

操作步骤

1) 准备工作

在部署Web服务前需完成以下工作。

(1) 创建web-server虚拟机,并在web-server虚拟机上安装Windows Server 2019 Datacenter系统。

安装步骤和方法参考任务1,这里不再赘述。

(2) 设置web-server虚拟机的TCP/IP属性。按照前面的地址分配表设置web-server虚拟机的IP地址、子网掩码、默认网关和首选DNS服务器IP地址,如图7-88所示。

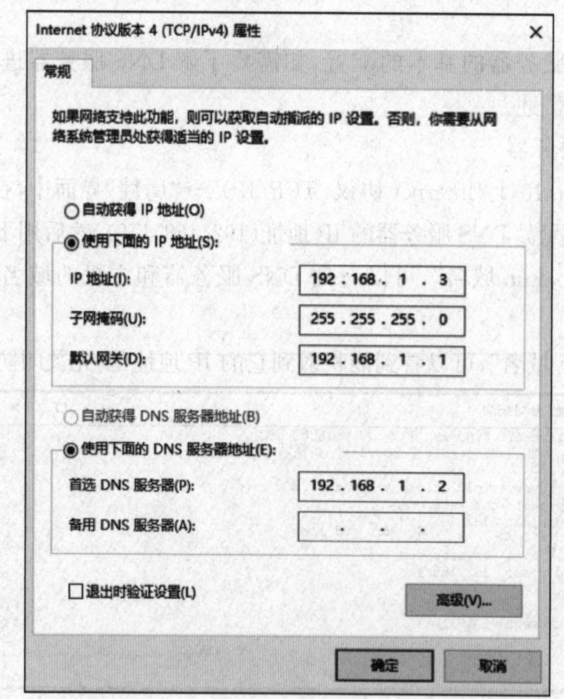

图7-88 web-server虚拟机的TCP/IP属性

（3）更改计算机名与工作组。单击屏幕左下角的“开始”图标并打开服务器管理器。单击图 7-89 所示的“本地服务器”界面右侧的计算机名（由系统自动设置的），出现“系统属性”对话框，在“计算机描述”右侧文本框内输入“Web 服务器”。

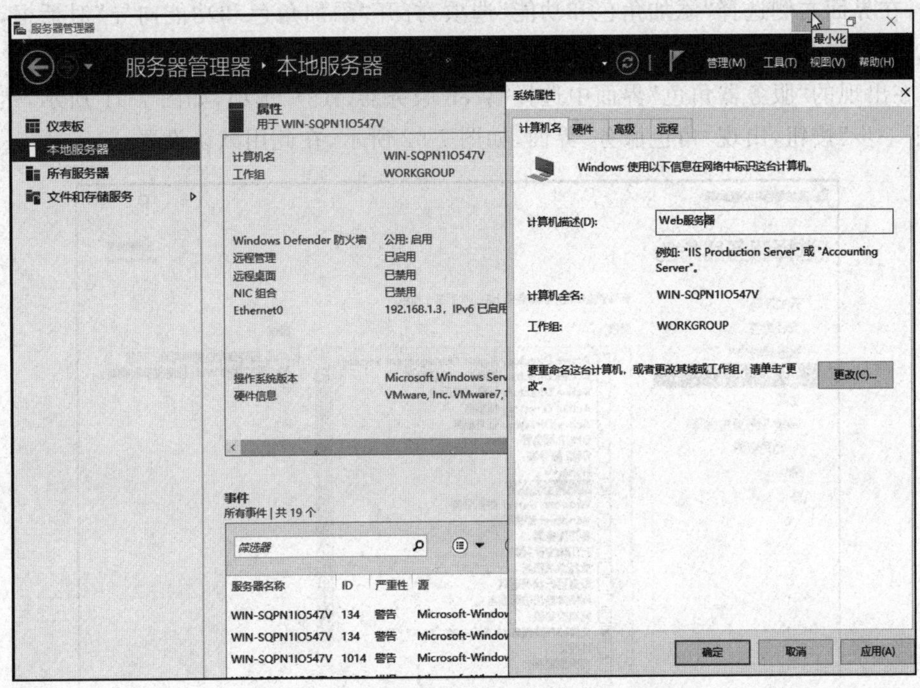

图 7-89　“本地服务器”和“系统属性”界面

单击“更改”按钮，然后更改计算机名为 web-server 并设置工作组，如图 7-90 所示，再单击“确定”按钮，依照提示重新启动虚拟计算机后，这些更改才会生效。

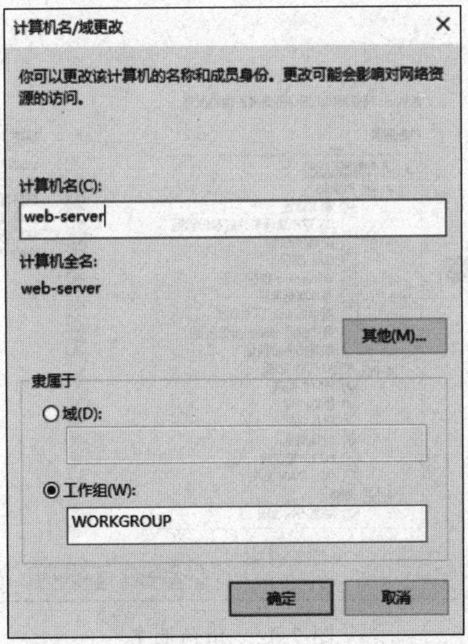

图 7-90　更改计算机名与设置工作组

2) 安装 Web 服务器(IIS)角色

在虚拟机 web-server 上通过服务器管理器安装 Web 服务器(IIS)角色,具体步骤如下。

(1) 在虚拟机 web-server 上选择"开始"→"管理工具"→"服务器管理器"→"仪表板"命令,在界面右侧选择"添加角色和功能"选项,打开"添加角色和功能向导"对话框,依次完成"开始之前"→"安装类型"→"服务器选择"界面的设置。

在出现的"服务器角色"界面中选择"Web 服务器(IIS)"选项,如图 7-91 所示,然后单击"下一步"按钮,出现"角色服务"界面,如图 7-92 所示,在此用默认设置。

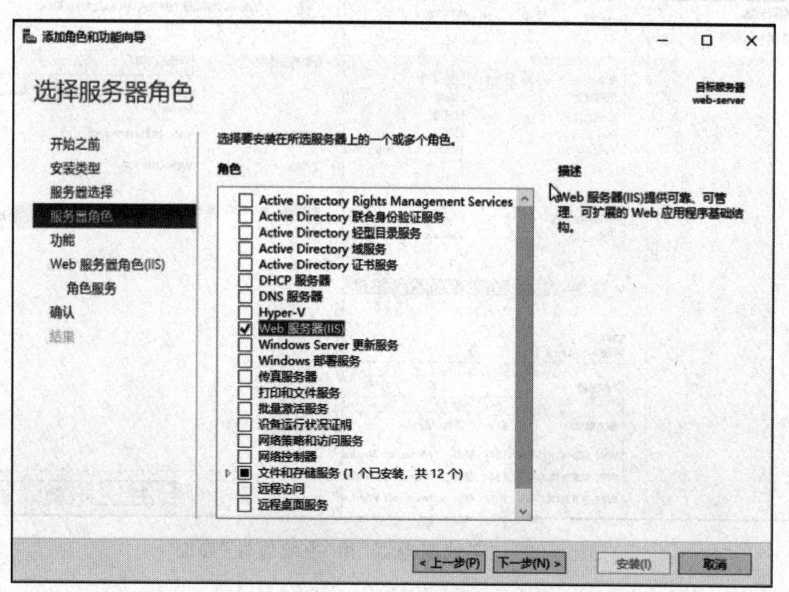

图 7-91　选择"Web 服务器(IIS)"选项

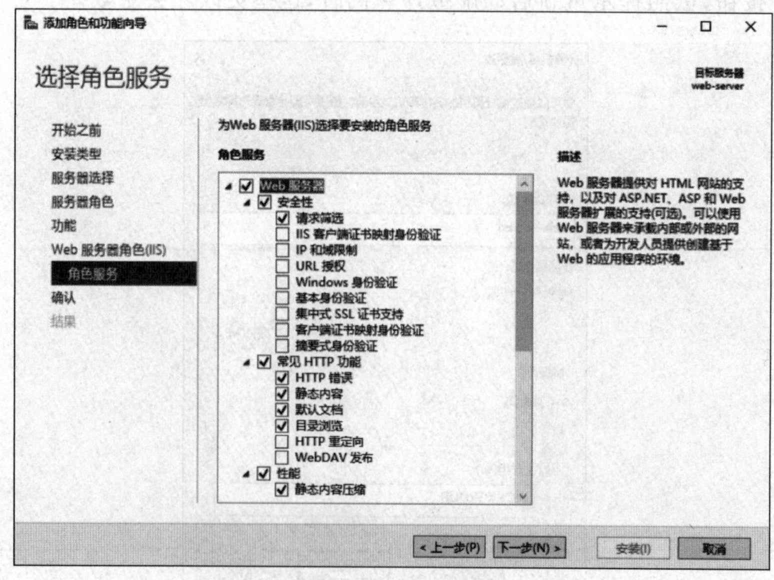

图 7-92　角色服务

(2) 单击“下一步”按钮，再单击“安装”按钮，开始安装 Web 服务器(IIS)角色，安装完毕出现如图 7-93 所示的“已在 web-server 上安装成功”提示。最后单击“关闭”按钮，即可完成 Web 服务器(IIS)角色的安装。

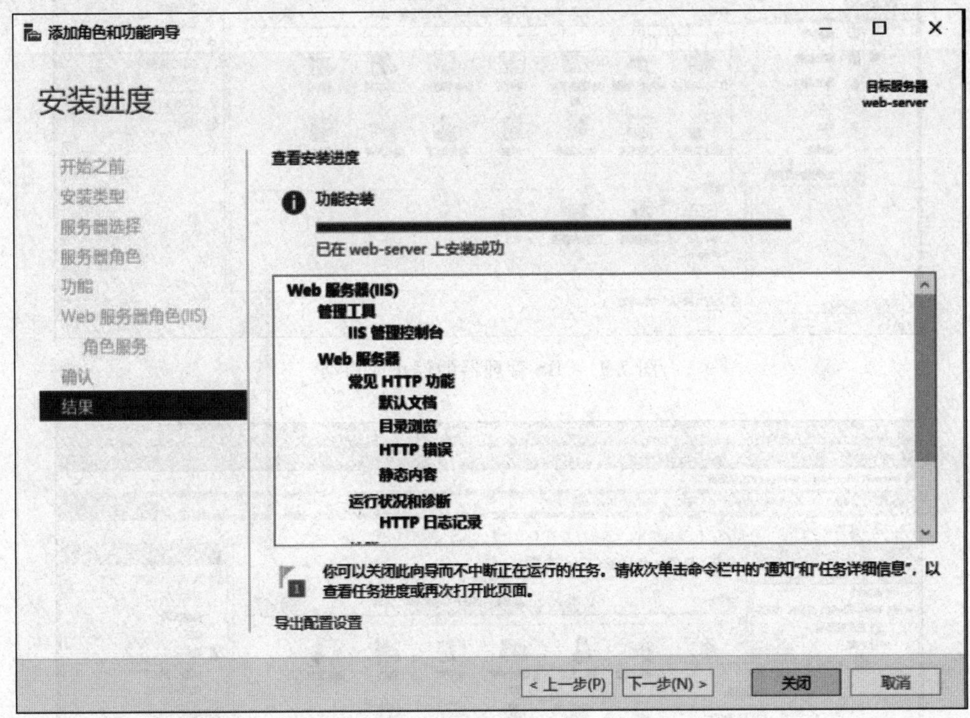

图 7-93　安装结果

3) IIS 服务的停止和启动

要启动或停止 IIS 服务，可以使用“Internet Information Services(IIS)管理器”窗口，具体步骤如下。

选择“服务器管理器”→“工具”→“Internet Information Services(IIS)管理器”选项或者选择“开始”→“管理工具”→“Internet Information Services(IIS)管理器”命令，打开“Internet Information Services(IIS)管理器”窗口，单击服务器，然后在右边“操作”窗格中选择“停止”或“启动”按钮，即可停止或启动万维网服务。或者右击，在弹出的菜单中也可以完成此操作，如图 7-94 所示。

4) 创建 Web 网站并验证

在 Web 服务器上创建一个“Web 网站”，使用户在客户端计算机上能通过 IP 地址或域名进行访问，具体步骤如下。

(1) 停止默认网站。在 Web-server 服务器上打开“Internet Information Services(IIS)管理器”窗口，依次展开服务器和“网站”节点。在安装完 Web 服务器(IIS)角色之后会在 Web 服务器上自动创建一个默认网站。右击网站 Default Web Site，在弹出的菜单中选择“管理网站”→“停止”命令，如图 7-95 所示，即可停止正在运行的默认网站，停止后的效果如图 7-96 所示，其状态为“已停止”。

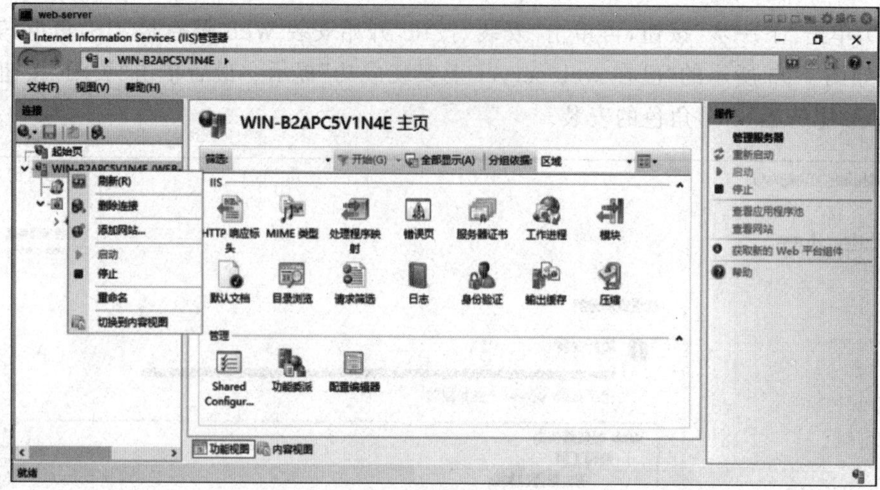

图 7-94　IIS 管理器的停止或启动

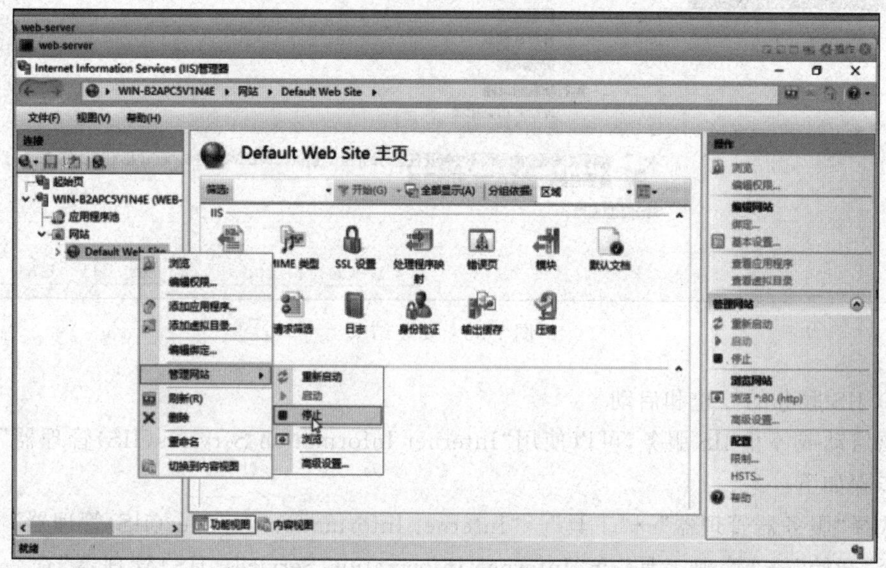

图 7-95　选择“停止”命令

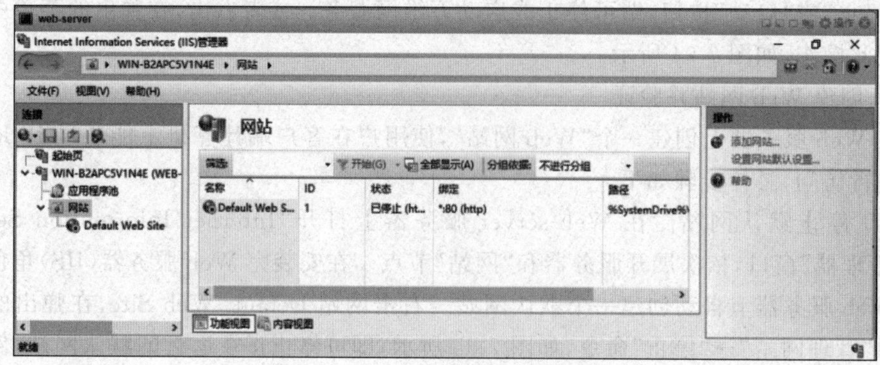

图 7-96　默认网站已经停止

（2）准备 Web 网站内容。在 web-server 虚拟机的 C 盘建一个 web 文件夹，将其作为网站的主目录；再用记事本新建一个文件名为 index. html 的网页文件，如图 7-97 所示，保存后在浏览器中打开文件，如图 7-98 所示。

图 7-97　用记事本新建的网页文件 index. html

图 7-98　打开 index. html 网页的效果

（3）创建 Web 网站。在“Internet Information Services（IIS）管理器”窗口中展开服务器节点，右击“网站”选项，在弹出的菜单中选择“添加网站”命令，如图 7-99 所示，打开“添加网站”对话框。在该对话框中可以指定网站名称、应用程序池、内容目录、传递身份验证、类型、IP 地址、端口、主机名以及是否立即启动网站。在此设置网站名称为“Web 网站”，物理路径为“C：\web”，类型为 http，IP 地址为 192. 168. 1. 3，端口默认为 80，主机名为 www. aabb. com，如图 7-100 所示，单击“确定”按钮，完成 Web 网站的创建。

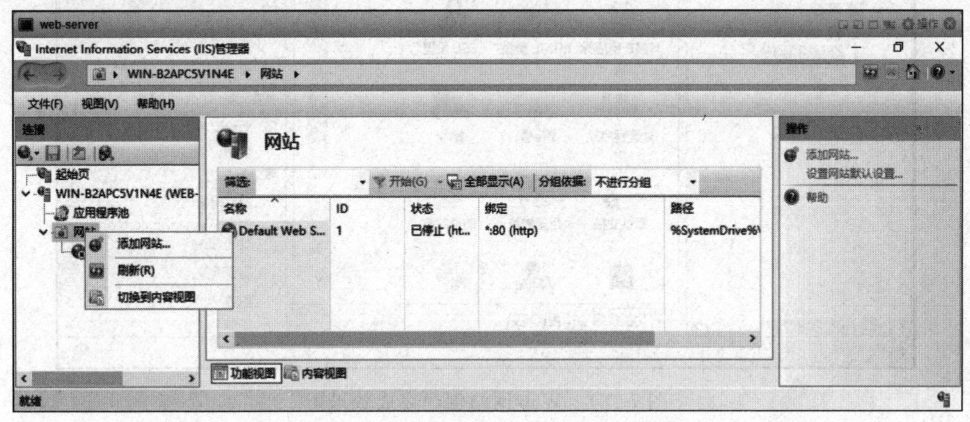

图 7-99　添加网站

返回如图 7-101 所示的“Internet Information Services（IIS）管理器”窗口，可以看到刚才所创建的网站已经启动。单击浏览网站下面的域名链接即可打开主页，用户在客户端 win10 上也可以访问该网站。若不能访问该网站，请用“编辑网站”和“管理网站”下的选项进行修改。

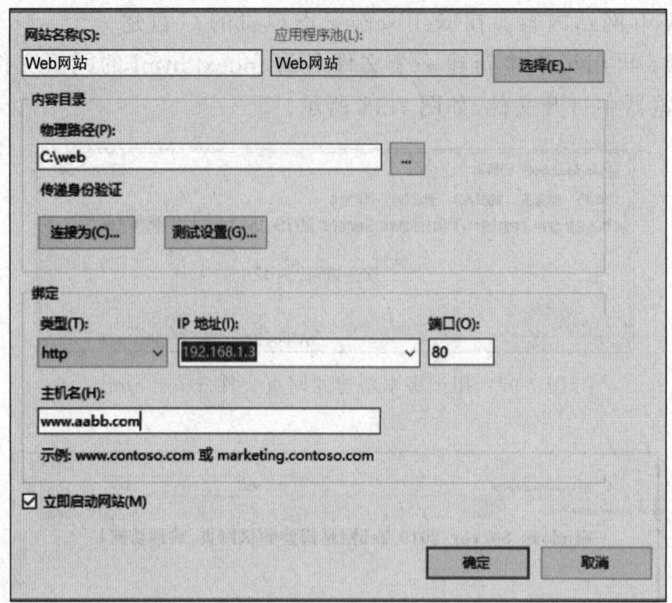

图 7-100　设置网站参数

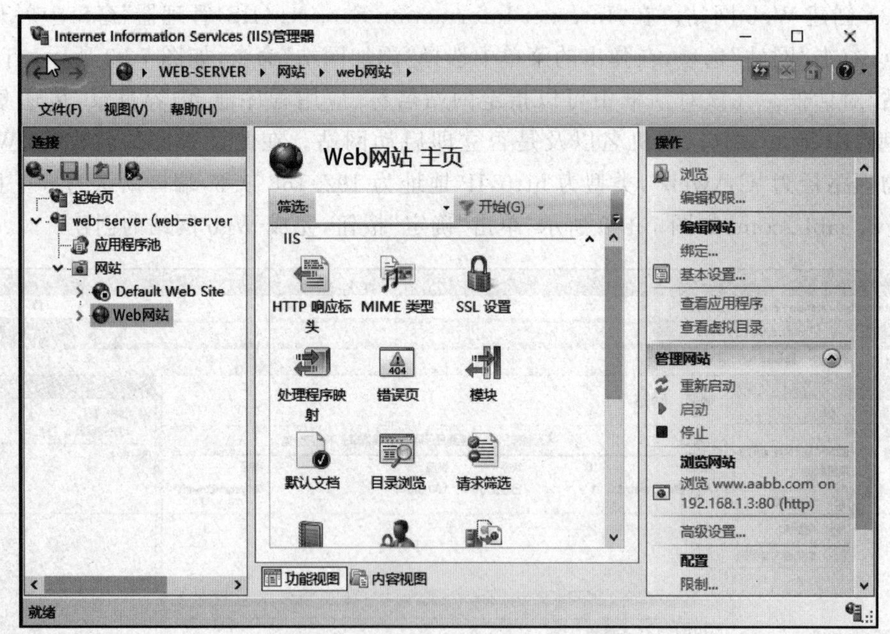

图 7-101　Web 网站创建完成效果图

(4) 在客户端计算机上访问网站。在 win10 客户端计算机上打开浏览器,在“地址”文本框中输入 Web 网站的域名 http://www.aabb.com,访问该 Web 网站,结果如图 7-102 所示。

5) 虚拟目录简介

Web 网站主目录位置一旦改变,所有用户的请求都将被转移到这个新的目录位置,IIS 也将把这个目录作为一个单独的站点来对待,并完成与各组件的关联。不过,有时 IIS

图 7-102　在虚拟客户机上用域名访问 Web 网站

也可以把用户的请求指向主目录以外的目录，这种目录就称为虚拟目录。

Web 网站管理人员必须为建立的每个站点都指定一个主目录。主目录是一个默认位置，当用户的请求没有指定特定文件时，IIS 将把用户的请求指向这个默认位置。代表站点的主目录一旦建立，IIS 就会默认地使这一目录结构全部都能由网络远程用户所访问，也就是说，该站点的根目录（即主目录）及其所有子目录都包含在站点结构（即主目录结构）中，并全部能由网络上的用户所访问。

一般来说，Web 站点的内容都应当维持在一个单独的目录结构内，以免引起访问请求混乱的问题。特殊情况下，网络管理员可能因为某种需要而使用除实际站点目录（即主目录）以外的其他目录，或者使用其他计算机上的目录，来让用户作为站点访问，这时就可以使用虚拟目录，即将想使用的目录设为虚拟目录而让用户访问。

处理虚拟目录时，IIS 把它作为主目录的一个子目录来对待，而对于用户来说，访问时并不会感觉到虚拟目录与站点中其他任何目录之间有什么区别，可以像访问其他目录一样来访问这一虚拟目录。设置虚拟目录时必须指定它的位置。虚拟目录可以存在于本地服务器上，也可以存在于远程服务器上。多数情况下，虚拟目录都存在于远程服务器上，此时，用户访问这一虚拟目录时，IIS 服务器将充当一个代理的角色，它将通过与远程计算机联系并检索用户所请求的文件来实现信息服务支持。

表 7-5 显示了文件的物理位置与访问这些文件的 URL 之间的映射关系。

表 7-5　文件物理位置与 URL 之间的映射关系

物理位置	别名	URL
C:\web	主目录（无）	http://192.168.1.3
C:\xuni	xuni	http://192.168.1.3/xuni

6）创建 Web 网站虚拟目录

为 Web 网站创建虚拟目录"虚拟"，其主目录为"C:\xuni"，使用户可以在客户端计算机上进行访问，具体步骤如下。

（1）准备虚拟目录网页。以域管理员账户登录到 Web 服务器上，在创建虚拟目录之前需要准备好虚拟目录主目录，创建文件夹"C:\xuni"作为虚拟目录的主目录。在该目录下创建文件 index.html 作为虚拟目录的首页，该网页内容如图 7-103 所示。

（2）创建虚拟目录。打开"Internet Information Services（IIS）管理器"窗口，依次展开服务器和"网站"节点，右击需要创建虚拟目录的网站"Web 网站"，在弹出的菜单中选择"添加虚拟目录"选项，打开"添加虚拟目录"对话框。在该对话框中指定虚拟目录的别名和物理路径,在"别名"文本框中输入 xuni,在"物理路径"文本框中浏览选择"C:\xuni",如图 7-104 所示,最后单击"确定"按钮,即可完成虚拟目录的创建。

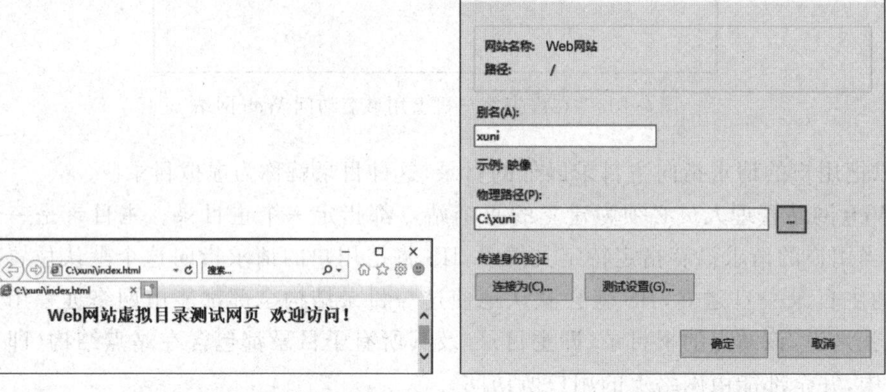

图 7-103 准备虚拟目录网页内容　　　　图 7-104 "添加虚拟目录"对话框

返回如图 7-105 所示的"Internet Information Services(IIS)管理器"窗口,可以看到在"Web 网站"下存在刚才所创建的虚拟目录。

图 7-105 创建虚拟目录后的效果

(3) 在客户端计算机上访问虚拟目录。在 win10 客户端计算机上浏览器的"地址"栏中输入虚拟目录的路径 http://www.aabb.com/xuni/,即可访问 Web 网站虚拟目录,如图 7-106 所示。

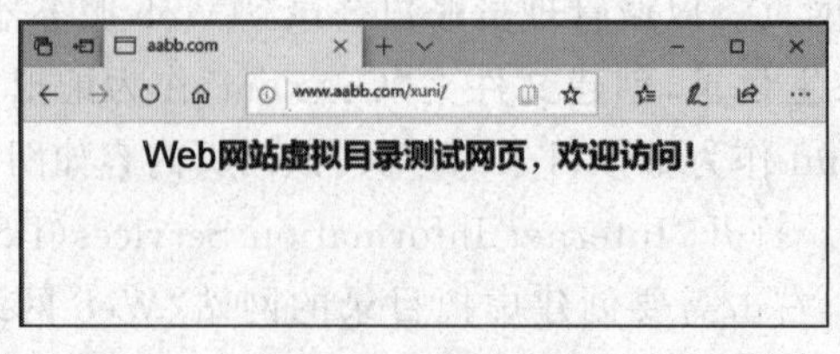

图 7-106 在客户端计算机上访问虚拟目录

提示：利用IIS配置企业内部FTP服务器的步骤和方法与配置Web服务器类似，这里不再赘述。

小　结

本项目首先分析了用户对网络服务器的基本的需求，又介绍了网络服务器、网络操作系统的概念和目前主流网络操作系统、客户机/服务器模型、常用网络服务（如DNS、DHCP及IIS等）的基本知识和相关概念，然后简单介绍了校园数据中心服务器的架构实例，最后详细说明了Windows Server 2019的安装配置过程以及DHCP、DNS和Web服务器的安装、配置和测试方法。

习　题

一、选择题

1. 为高层网络用户提供共享资源管理与其他网络服务功能的局域网系统软件是(　　)。

A. 浏览器软件　　B. 局域网操作系统
C. 办公软件　　D. 网管软件

2. (　　)文件系统可以充分利用Windows Server 2019的安全性能。

A. FAT　　B. FAT32　　C. HPFS　　D. NTFS

3. FQDN是(　　)的简称。

A. 相对域名　　B. 绝对域名　　C. 基本域名　　D. 完全域名

4. 对于域名test.com，DNS服务器的查找顺序是(　　)。

A. 先查找test主机，再查找.com域　　B. 先查找.com域，再查找test主机
C. 随机查找　　D. 以上答案皆是

5. (　　)命令可以手动释放DHCP客户端的IP地址。

A. ipconfig　　B. ipconfig /renew
C. ipconfig /all　　D. ipconfig /release

6. 作用域选项不可以配置DHCP客户端的是(　　)。

A. 默认网关　　B. DNS服务器地址
C. 子网掩码　　D. IP地址

7. 某DHCP服务器的地址池范围为192.168.96.101～192.168.96.150，该网段下某Windows工作站启动后，自动获得的IP地址是169.254.220.167，这是因为(　　)。

A. DHCP服务器提供保留的IP地址
B. DHCP服务器不工作
C. DHCP服务器设置租约时间太长

D. 工作站接到了网段内其他 DHCP 服务器提供的地址

8. 当 DHCP 客户机使用 IP 地址的时间到达租约的(　　)时,DHCP 客户机会自动尝试续订租约。

A. 50%　　B. 70%　　C. 40%　　D. 90%

9. DHCP 服务器分配给客户机 IP 地址默认的租用时间是(　　)天。

A. 1　　B. 3　　C. 5　　D. 8

10. 在配置 IIS 时,如果想禁止某些 IP 地址访问 Web 服务器,应在“默认 Web 站点”对话框的(　　)选项卡中进行配置。

A. 目录安全性　　B. 文档

C. 主目录　　D. ISAPI 筛选器

11. IIS 的发布目录可以放在(　　)地方。

A. 只能够配置在 C:\inetpub\wwwroot 上

B. 只能够配置在本地磁盘上

C. 只能够配置在联网的其他计算机上

D. 既能够配置在本地的磁盘,也能配置在联网的其他计算机上

12. FTP 站点的默认 TCP 端口号是(　　)。

A. 20　　B. 21　　C. 41　　D. 2121

二、简答题

1. 简述网络操作系统的基本任务。

2. 简述 Windows Server 2019 主要功能创新。

3. 简述 DNS 服务概念及基本功能。

4. 简述 DHCP 服务器的工作原理。

5. 简述什么是 Web 服务器。

项目8　构建中小型网络安全系统

建设网络强国，要有高素质的网络安全和信息化人才队伍。

——习近平

项目目标

(1) 熟悉用户对网络安全需求；

(2) 了解网络面临的威胁，熟悉入侵使用的攻击手段和方法；

(3) 掌握网络安全策略的架构；

(4) 掌握数据加密技术方法及应用；

(5) 掌握防火墙的作用及技术分类；

(6) 具有构建中小型网络安全系统的职业能力和职业素养。

项目背景

(1) 网络机房；

(2) 校园网络。

8.1　用户需求与分析

用户需求与分析

目前的中小企业由于人力和资金上的限制，网络安全产品不仅仅需要简单的安装，更重要的是要有针对复杂网络应用的一体化解决方案。其着眼点在于：国内外领先的厂商产品，具备处理突发事件的能力，能够实时监控并易于管理，提供安全策略配置定制，使用户能够很容易地完善自身安全因素。归纳起来，应充分保证以下几点。

1. 网络可用性

网络是业务系统的载体，防止如DoS/DDoS这样的网络攻击破坏网络的可用性。

2. 业务系统的可用性

中小型企业主机、数据库、应用服务器系统的安全运行同样十分关键，网络安全体系必须保证这些系统不会遭受来自网络的非法访问、恶意入侵和破坏。

3. 数据机密性

对于中小型企业网络，保密数据的泄露将直接给企业商业利益带来损失。网络安全系统应保证机密信息在存储与传输时的保密性。

4. 访问的可控性

对关键网络、系统和数据的访问必须得到有效的控制,这要求系统能够可靠确认访问者的身份,谨慎授权,并对任何访问进行跟踪记录。

5. 网络操作的可管理性

对于网络安全系统应具备审计和日志功能,对相关重要操作提供可靠而方便的可管理和维护功能、易用的功能。

8.2 相关知识

8.2.1 网络威胁

网络威胁是指对网络构成威胁的用户、事物、想法、程序等。网络威胁来自许多方面,从攻击对象来看,网络威胁可以分为人为威胁和非人为威胁。例如,来自世界各地的各种人为攻击(计算机犯罪、信息窃取、数据篡改、黑客攻击等),又如,来自水灾、火灾、地震、电磁辐射等非人为威胁,还可能是内部人员使用不当、失误等。目前网络存在的人为威胁主要表现在以下几个方面。

网络威胁

1. 非授权访问

没有预先经过同意就使用网络或计算机资源被看作是非授权访问,如有意避开系统访问控制机制,对网络设备及资源进行非正常使用,或擅自扩大权限,越权访问信息。非授权访问主要有以下几种形式:假冒、身份攻击、非法用户进入网络系统进行违规操作、合法用户以未授权方式进行操作等。

2. 信息泄露或丢失

信息泄露或丢失是指敏感数据在有意或无意中被泄露出去或丢失,通常包括信息在传输中丢失或泄露(如黑客们利用电磁泄漏或搭线窃听等方式可截获机密信息,或通过对信息流向、流量、通信频度和长度等参数的分析,推出有用信息,如用户口令、账号等重要信息),信息在存储介质中丢失或泄露,通过建立隐蔽隧道等窃取敏感信息等。

3. 破坏数据完整性

以非法手段窃取对数据的使用权,删除、修改、插入或重发某些重要信息,以取得有益于攻击者的响应,干扰用户的正常使用。

4. 拒绝服务攻击

拒绝服务攻击不断对网络服务系统进行干扰，改变其正常的作业流程，执行无关程序使系统响应减慢甚至瘫痪，影响正常用户的使用，甚至使合法用户被排斥而不能进入计算机网络系统或不能得到相应的服务。

5. 网络传播病毒

计算机病毒是一种能破坏计算机系统资源的特殊计算机程序。计算机病毒具有隐蔽性、传播性、潜伏性、触发性和破坏性。它一旦发作，轻者会影响系统的工作效率，占用系统资源，重者会损坏系统的重要信息，甚至使整个网络系统陷于瘫痪。相对于通过移动存储设备传播病毒而言，基于网络的病毒传播，其传播速度、范围和破坏性远大于单机系统，传播途径多样(邮件、网页、局域网和网络下载等)，令用户难以防范。

8.2.2 网络攻击方法

网络攻击方法

只有了解入侵者常用的攻击手段及其原理，我们才能采取相应的措施来对付这些入侵。常见的网络攻击方法有以下几个。

1. 获取口令

获取口令有3种方法：一是通过网络监听非法得到用户口令；二是在知道用户的账号后(如电子邮件@前面的部分)利用一些专门软件强行破解用户口令；三是在获得一个服务器上的用户口令文件后，用暴力破解程序破解用户口令。

2. 放置特洛伊木马程序

特洛伊木马程序可以直接侵入用户的计算机并进行破坏，它常被伪装成工具程序或者游戏等诱使用户打开带有特洛伊木马程序的邮件附件或从网上直接下载，一旦用户打开了这些邮件的附件或者执行了这些程序之后，它们就会像古特洛伊人在敌人城外留下的藏满士兵的木马一样留在自己的计算机中，并在自己的计算机系统中隐藏一个可以在Windows启动时悄悄执行的程序。当中了木马的计算机连接到因特网时，这个程序就会通过邮件等方式向黑客传递主机的IP地址以及预先设定的端口。黑客在收到这些信息后，再利用这个潜伏在其中的程序，就可以任意地修改该计算机的参数设定、复制文件、窥视整个硬盘中的内容等，从而达到控制对方计算机的目的。

3. WWW的欺骗技术

在网上用户可以利用IE等浏览器进行各种各样的Web站点的访问，如阅读新闻组、咨询产品价格、订阅报纸、电子商务等。然而一般的用户恐怕不会想到：正在访问的网页已经被黑客篡改过，网页上的信息是虚假的。例如，黑客将用户要浏览的网页的URL改写为指向黑客自己的服务器，当用户浏览目标网页的时候，实际上是向黑客服务器发出请求,那么黑客就可以达到欺骗的目的了。

4. 电子邮件攻击

电子邮件攻击主要表现为两种方式:一是电子邮件轰炸和电子邮件“滚雪球”,也就是通常说的邮件炸弹,指的是用伪造的 IP 地址和电子邮件地址向同一信箱发送数以千计、万计甚至无穷多次的内容相同的垃圾邮件,致使受害人邮箱被“炸”,严重者可能会给电子邮件服务器操作系统带来危险,甚至瘫痪;二是电子邮件欺骗,攻击者假装自己为系统管理员(邮件地址和系统管理员完全相同),给用户发送邮件要求用户修改口令(口令可能为指定字符串)或在貌似正常的附件中加载病毒或其他木马程序,这类欺骗只要用户提高警惕,一般危害性不是太大。

5. 网络监听

网络监听是主机的一种工作模式,在这种模式下,主机可以接收到本网段在同一条物理通道上传输的所有信息,而不管这些信息的发送方和接收方是谁。此时,如果两台主机进行通信的信息没有加密,只要使用某些网络监听工具,例如 WireShark、Sniffer Pro 等就可以轻而易举地截取包括口令和账号在内的信息资料。虽然网络监听获得的用户账号和口令具有一定的局限性,但监听者往往能够获得其所在网段的所有用户账号及口令。

6. 寻找系统漏洞

许多系统都有这样或那样的安全漏洞(bugs),其中某些是操作系统或应用软件本身具有的,这些漏洞在补丁未被开发出来之前一般很难防御黑客的破坏,除非将网线拔掉;还有一些漏洞是由于系统管理员配置错误引起的,如在网络文件系统中,将目录和文件以可写的方式调出,将未加 Shadow 的用户密码文件以明码方式存放在某一目录下,这都会给黑客带来可乘之机,应及时加以修正。

7. 拒绝服务攻击

凡是能导致合法用户不能进行正常的网络服务的行为都算是拒绝服务攻击。拒绝服务攻击的目的非常明确,就是要阻止合法用户对正常网络资源的访问,从而达到攻击者不可告人的目的。简单地讲,拒绝服务就是用超出被攻击目标处理能力的海量数据包消耗可用系统、带宽资源,致使网络服务瘫痪的一种攻击手段。常见的攻击方法有死亡之 ping、SYN Flood、Land 攻击、泪珠攻击等。其中,SYN Flood 的攻击原理为:利用 TCP 缺陷,只进行 TCP 连接建立中的两次握手,即疯狂发送连接请求报文,而不返回确认报文,当服务器未收到客户端的确认包时,规范标准规定了它们必须“不见不散”,必须重发 SYN/ACK 请求包,一直到超时,才将此条目从未连接队列删除。该攻击消耗 CPU 和内存资源,导致系统资源占用过多,没有能力响应别的操作,或者不能响应正常的网络请求。

8.2.3 网络安全策略

一个常用的网络安全策略模型是PDRR模型。PDRR是protection(防护)、detection(检测)、response(响应)和recovery(恢复)4个英文单词的缩写。

网络安全策略

1. 防护

安全策略的第一关就是防护。防护就是根据系统已知的可能安全问题采取一些预防措施,如打补丁、访问控制、数据加密等,不让攻击者顺利入侵。防护是PDRR模型中最重要的部分。防护可以预防大多数的入侵事件,防护可以分为3类：系统安全防护、网络安全防护和信息安全防护。系统安全防护是指操作系统的安全防护,即各个操作系统的安全配置、使用和打补丁等。网络安全防护是指网络管理的安全及网络传输的安全。信息安全防护是指数据本身的保密性、完整性和可用性。

防护的安全措施有：风险评估系统,以防火墙为代表的访问控制技术,基于网络的病毒防护体系,数据加密及身份认证技术、安全审计与入侵检测技术、数据恢复技术和应急服务体系等。

2. 检测

安全策略的第二关是检测。攻击者如果穿过了防护系统,检测系统就会检测出来。如检测入侵者的身份,包括攻击源、系统损失等。防护系统可以阻止大多数的入侵事件,但不能阻止所有的入侵事件,特别是那些利用新的系统缺陷、新攻击手段的入侵。

检测是指通过对计算机网络或计算机系统中若干关键点收集信息,并对其进行分析,从中发现网络或系统中是否有违反安全策略的行为和被攻击的迹象。进行入侵检测的软件与硬件的组合便是入侵检测系统(IDS)。

在PDRR模型中,P和D有互补关系。检测系统可以弥补防护系统的不足。

3. 响应

检测系统一旦检测出入侵,响应系统则开始响应,进行事件处理。PDRR模型中的响应就是在入侵事件发生后,进行紧急响应(事件处理)。

响应的工作主要分为两种：紧急响应和其他事件处理。紧急响应就是当安全事件发生时采取应对措施；其他事件主要包括咨询、培训和技术支持。

4. 恢复

安全策略的最后一关就是恢复。恢复是指事件发生后,把系统恢复到原来状态或比原来更安全的状态。

恢复分为系统恢复和信息恢复两方面内容。系统恢复是指修补缺陷和消除后门,修补事件所利用的系统缺陷,不让黑客再利用这些缺陷入侵系统。系统恢复包括系统升级、软件升级和打补丁。消除后门是系统恢复的另一种重要工作。一般来说,黑客入侵第一次是利用系统缺陷,在入侵成功后,黑客就在系统中留下一些后门,如安装木马程序。因此,尽管缺陷被补丁修复,黑客还可以再通过留下的后门入侵。信息恢复则是指恢复丢失的数据,丢失数据可能是由于黑客入侵所致,也可能是由于系统故障、自然灾害等原因所致。

每次入侵事件发生后,防护系统都要更新,保证同类入侵事件不再发生。所以整个安全策略的这四关组成了一个信息安全周期。

8.2.4 数据加密技术

1. 概述

数据加密技术

早在4000多年前,人类就已经有了使用密码技术的记载。最早的密码技术源自隐写术。用明矾水在白纸上写字,当水迹干了之后,就什么也看不到了,而在火上烤时就会显现出来。在现代生活中,随着计算机网络的发展,用户之间信息的交流大多都是通过网络进行的。用户在计算机网络上进行通信,一个主要的危险是所传送的数据被非法窃听。例如,搭线窃听、电磁窃听等。为了保证数据传输的隐蔽性,通常的做法是先采用一定的算法对要发送的数据进行软加密,这样即使在传输过程中报文被截获,对方也一时难以破译以获得其中的信息,从而保证了信息的安全性。数据加密技术不仅具有对信息进行加密的功能,还具有数字签名、身份验证、秘密分存、系统安全等功能。所以使用数据加密技术不仅可以保证信息的安全性,还可以保证信息的完整性和正确性。

密码学是一门研究密码技术的科学,其基本思想就是伪装信息,使未授权的人无法理解其含义。所谓伪装,就是将计算机中的信息进行一组可逆的数字变换的过程。密码学经历了古典密码学和现代密码学两个阶段。古典密码学主要是针对字符进行加密,加密数据的安全性取决于算法的保密,如果算法被人知道了,密文也就很容易被人破解。现代加密学主要有两种基于密钥的加密算法,分别是对称加密算法和公开密钥算法。

2. 对称加密算法

如果在一个密码体系中,加密密钥和解密密钥相同,就称为对称加密算法。对称加密算法的通信模型如图8-1所示。在这种算法中,加密和解密的具体算法是公开的,要求信息的发送者和接收者在安全通信之前商定一个密钥。因此,对称加密算法的安全性完全依赖密钥的安全性,如果密钥丢失,就意味着任何人都能够对加密信息进行解密。

典型的对称加密算法主要有数据加密标准(DES)、高级加密标准(AES)和国际数据加密算法(IDEA)。其中,DES(data encryption standard)算法是美国政府在1977年采纳的数据加密标准,是由IBM公司为非机密数据加密所设计的方案,后来被国际标准局采纳为国际标准。DES以算法实现快、密钥简短等特点成为现在使用非常广泛的一种加密标准。

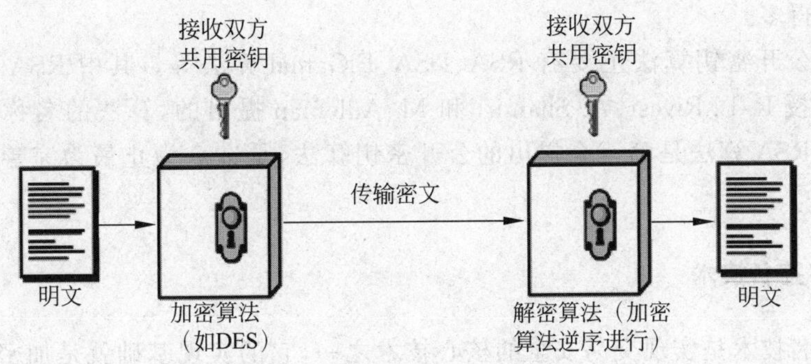

图 8-1 对称加密算法通信模型

3. 公开密钥算法

在对称加密算法中，使用的加密算法简单高效、密钥简短，破解起来比较困难。但是，一方面，由于对称加密算法的安全性完全依赖于密钥的保密性，在公开的计算机网络上如何安全传递密钥成为一个严峻的问题。另一方面，随着用户数量的增加，密钥的数量也将急剧增加，如何对数量如此庞大的密钥进行管理是另外一个棘手的问题。

公开密钥算法很好地解决了这两个问题。其加密密钥和解密密钥完全不同，而且解密密钥不能根据加密密钥推算出来。之所以称为公开密钥算法，是因为其加密密钥是公开的，任何人都能通过查找相应的公开文档得到，而解密密钥是保密的，只有得到相应的解密密钥才能解密信息。在这个系统中，加密密钥称为公开密钥（public key，简称公钥），解密密钥称为私人密钥（private key，简称私钥）。公开密钥算法的通信模型如图 8-2 所示。

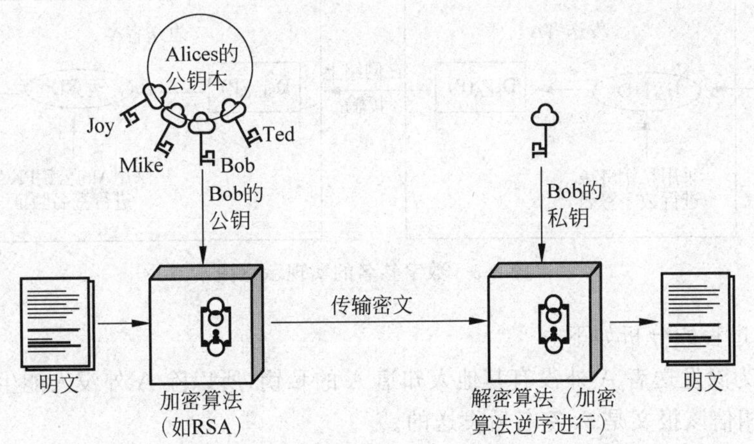

图 8-2 公开密钥算法通信模型

由于用户只需保存好自己的私钥，而对应的公钥无须保密，需要使用公钥的用户可以通过公开的途径得到公钥，因此不存在对称加密算法中的密钥传送问题。同时，n 个用户相互之间采用公开密钥算法进行通信，需要的密钥对数量也仅为 n，密钥的管理较对称加密算法简单得多。

典型的公开密钥算法主要有RSA、DSA、ElGamal算法等。其中RSA算法是由美国的三位教授R. L. Rivest、A. Shamirt和M. Adleman提出的,算法的名称取自三位教授的名字。RSA算法是第一个提出的公开密钥算法,是迄今为止最为完善的公开密钥算法之一。

4. 数字签名技术

数字签名技术是实现交易安全的核心技术之一,它的实现基础就是加密技术。以往的书信或文件是根据亲笔签名或印章来证明其真实性的。那么,如何对网络上传送的文件进行身份验证呢?这就是数字签名所要解决的问题。一个完善的数字签名应该解决好下面的3个问题:

(1) 接收者能够核实发送者对报文的签名;

(2) 发送者事后不能否认自己对报文的签名;

(3) 除了发送者外,其他任何人不能伪造签名,也不能对接收或者发送的信息进行篡改、伪造。

数字签名的实现采用了密码技术,其安全性取决于密码体系的安全性。现在,经常采用公开密钥加密算法实现数字签名,特别是采用RSA算法。下面简单介绍一下数字签名的实现思想。

假定发送者A要发送报文信息给B,那么A采用自己的私钥对报文进行加密运算,实现对报文的签名。然后将结果发送给接收者B。B在收到签名报文后,采用已知A的公钥对签名报文进行解密运算,就可以得到报文原文,核实签名,如图8-3所示。

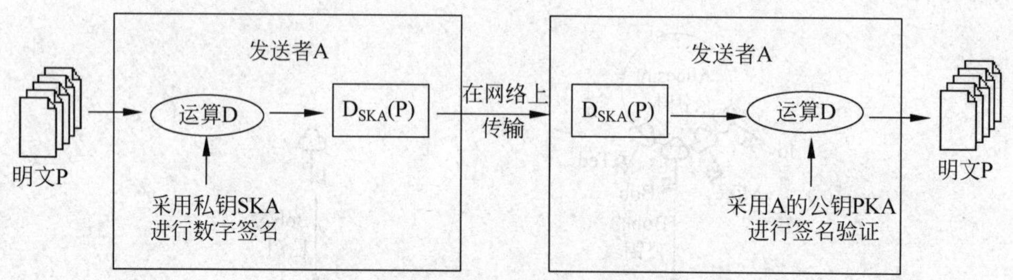

图8-3 数字签名的实现示意图

对上述过程的分析如下。

(1) 因为除发送者A外没有其他人知道A的私钥,所以除A外没人能生成这样的密文,因此B相信该报文是A签名后发送的。

(2) 如果A要否认报文由自己发送,那么B可以将报文和报文密文提供给第三方,第三方很容易用已知的A的公钥证实报文确实是A发送的。

(3) 如果B对报文进行篡改和伪造,那么B就无法给第三方提供相应的报文密文,这就证明B篡改或伪造了报文。

8.2.5　防火墙技术

1. 防火墙概述

防火墙技术

防火墙(firewall)是在企业内部网和外部网之间执行访问控制策略的一个或一组安全系统,它在内部网和 Internet 之间设置控制,以阻止外界对内部资源的非法访问,也可以阻止内部对外部的不安全访问。设置防火墙的思想就是在内部、外部网络之间建立一个具有安全控制机制的安全控制点,通过允许、拒绝或重新定向经过防火墙的数据流,实现对内部网服务和访问的安全审计与控制。

防火墙是一种计算机硬件和软件系统集合,是实现网络安全策略的有效工具之一,被广泛地应用到 Internet 与 Intranet 之间。通常防火墙建立在内部网和 Internet 之间的一个路由器或计算机上,该计算机也叫堡垒主机。它就如同一堵带有安全门的墙,可以阻止外界对内部网资源的非法访问和通行合法访问,也可以防止内部对外部网的不安全访问和通行安全访问。为使防火墙发挥作用,内部和外部网络之间的所有数据流都必须经过它,企业网中常见防火墙的部署位置如图 8-4 所示。

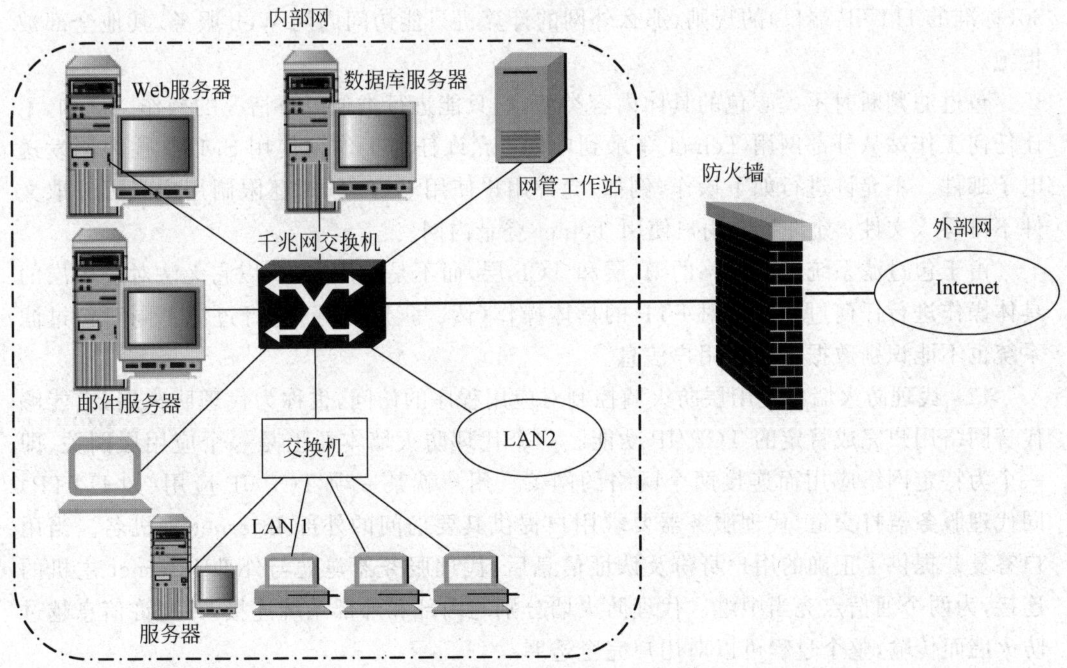

图 8-4　防火墙的位置示意图

因此,可以说防火墙能够限制非法用户从一个被严格保护的设备上进入或离开,从而有效地阻止针对内部网的非法入侵。但是由于防火墙只能对跨越边界的信息进行检测、控制,而对网络内部人员的攻击不具备防范能力,因此单独依靠防火墙来保护网络的安全性是不够的,还必须与入侵检测系统(IDS)、安全扫描等其他安全措施综合使用才能对企业网提供全方位的保护。

一般情况下,防火墙的主要功能有以下几点。

(1) 访问控制。

(2) 对网络存取和访问进行监控审计。

(3) 防止内部信息的外泄。

(4) 支持网络地址转换。

但防火墙也有不足之处,它不能防范内部人员的攻击,不能防范绕过它的连接,不能防备全部的威胁,更不能防范恶意程序。

2. 防火墙技术及分类

防火墙技术大体上分为两类:网络层防火墙技术和应用层防火墙技术。这两个层次防火墙分别称为包过滤防火墙和代理防火墙。

(1) 包过滤防火墙。网络层防火墙一般由具有包过滤功能的路由器来充当,其访问控制列表可对网络层和传输层信息进行过滤,检查内容一般为:源、目的 IP 地址;源、目的端口号;协议类型;TCP 报头的标志位(如 ACK 标识,指出这个包是否是回应包)。例如,如果在外网端口的数据包访问控制列表中添加只允许数据包发往目的 TCP 端口为 80(标准的 HTTP 端口)的规则,那么外网的计算机只能访问内网 Web 服务,其他全部被拒绝。

包过滤判断时不关心包的具体内容类型,它只能进行类似以下情况的操作。例如,不让任何工作站从外部网用 Telnet 登录到内网;允许任何工作站使用 SMTP 往内网发送电子邮件。不允许进行如下操作,例如,允许用户使用 FTP,同时还限制用户只可读取文件不可写入文件;允许指定用户使用 Telnet 登录内网。

由于包过滤系统处于网络的 IP 层和 TCP 层,而不是应用层,所以它无法对应用层的具体操作进行任何过滤。如对 FTP 的具体操作(读、写、删除等)进行过滤。同时包过滤系统也不能识别数据包中的用户信息。

(2) 代理防火墙。应用层防火墙控制对应用程序的访问,也称为代理防火墙,它能够代替网络用户完成特定的 TCP/IP 功能。一个代理防火墙本质上是一个应用层网关,即一个为特定网络应用而连接两个网络的网关。用户就某一项 TCP/IP 应用(如 HTTP)同代理服务器打交道,代理服务器要求用户提供其要访问的外部 Internet 主机名。当用户答复并提供了正确的用户身份及认证信息后,代理服务器建立与外部 Internet 主机的连接,为两个通信点充当中继。代理防火墙分别与内部和外部系统连接,不允许信息越过防火墙而传输,整个过程可以对用户完全透明。

代理防火墙还能记录通过它的一些信息,如什么用户在什么时间访问过什么站点,这些审计信息可以帮助网络管理员识别网络间谍。有些代理服务器还可存储 Internet 上那些被频繁访问的页面,这样当用户请求访问这些页面时,服务器本身就能提供这些页面而不必连接到 Internet 上的服务器,从而缩短了访问这些页面的内部响应时间。

3. 防火墙应用系统

由于网络结构多种多样，各站点的安全要求也不尽相同，所以防火墙的体系结构也有很多种。常见的有双宿主主机体系结构、被屏蔽主机体系结构和被屏蔽子网体系结构。下面介绍按照这三种体系结构构建的防火墙应用系统。

(1) 双宿主主机防火墙。双宿主主机防火墙是围绕具有双宿主结构的主计算机而构建的，如图 8-5 所示。双宿主主机具有两个或两个以上网络接口，这种结构的主机分别与受保护的内部子网及 Internet 连接，起着监视和隔离应用层信息流的作用，彻底隔离了所有的内部主机的可能连接。借助于双宿主主机，防火墙内外两网的计算机可实现通信(间接)，即内外网的主机不能直接交换信息，交换信息由该主机"代理"并"服务"，因此，内部子网十分安全。内部主机通过双宿主主机防火墙(代理服务器)得到 Internet 服务，并由该主机集中进行安全检查和日志记录。双宿主主机防火墙工作早于 OSI 的最高层，它掌握着应用系统中可用作安全决策的全部信息。

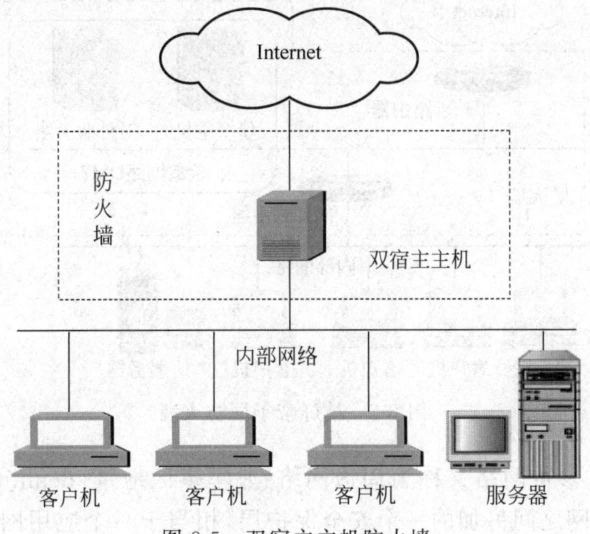

图 8-5　双宿主主机防火墙

(2) 被屏蔽主机防火墙。被屏蔽主机体系结构中提供安全保障的主机(堡垒主机)在内部网络中，加上一台单独的过滤路由器，一起构成该结构的防火墙，如图 8-6 所示。

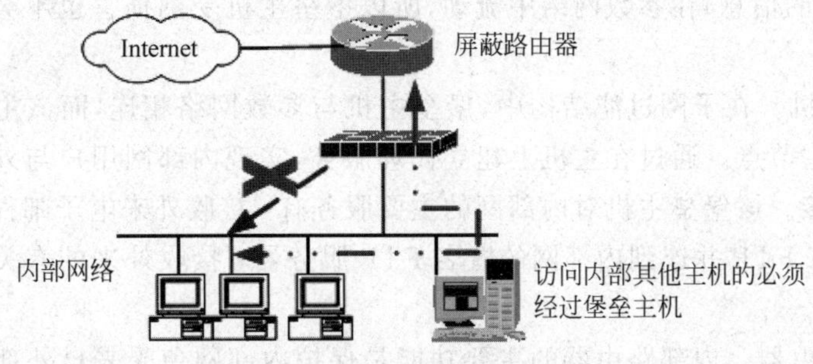

图 8-6　被屏蔽主机防火墙

堡垒主机是Internet主机连接内部网系统的桥梁。任何外部系统试图访问内部网系统或服务,都必须连接到该主机上。因此,该主机需要更高级的安全。

这种结构中,屏蔽路由器与外部网相连,再通过堡垒主机与内部网络连接。来自外部网络的数据包先经过屏蔽路由器过滤,不符合过滤规则的数据包被过滤掉;符合规则的数据包则被传送到堡垒主机上。其代理服务软件将允许通过的信息传输到受保护的内部网上。

(3) 被屏蔽子网防火墙。子网过滤体系结构添加了额外的安全层到主机过滤体系结构中,即通过添加参数网络,更进一步地把内部网络与Internet隔离开,减少堡垒主机被侵袭的影响。

子网过滤体系结构的最简单的形式为两个过滤路由器,每一个都连接到参数网络上,一个位于参数网与内部网之间,另一个位于参数网与外部网之间。这是一种比较复杂的结构,它提供了比较完善的网络安全保障和较灵活的应用方式,如图8-7所示。

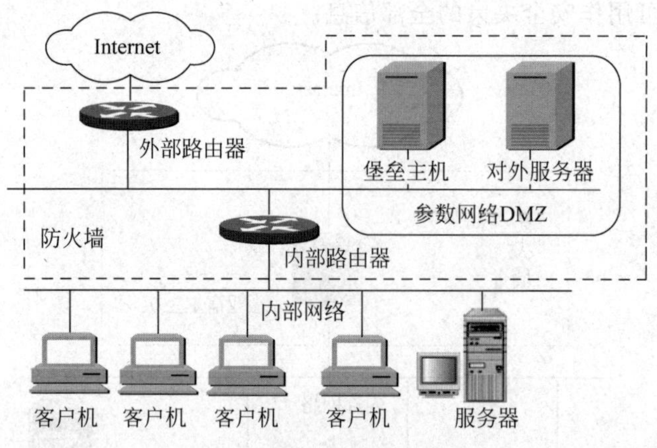

图8-7 被屏蔽子网防火墙

① 参数网络。参数网络又称为周边网络、非军事区地带(demilitarized zone,DMZ)等,它是在内/外部网之间另加的一个安全保护层,相当于一个应用网关。如果入侵者成功地闯过外层保护网到达防火墙,参数网络就能在入侵者与内部网之间再提供一层保护。如果入侵者仅仅侵入参数网络的堡垒主机,他只能偷看到参数网络的信息流而看不到内部网的信息,参数网络的信息流仅往来于外部网到堡垒主机。没有内部网主机间的信息流(重要和敏感的信息)在参数网络中流动,所以堡垒主机受到损害也不会破坏内部网的信息流。

② 堡垒主机。在子网过滤结构中,堡垒主机与参数网络相连,而该主机是外部网服务于内部网的主节点。通过在主机上建立代理服务,实现内部网用户与外部服务器之间建立间接的连接。该堡垒主机对内部网的主要服务有:接收外来电子邮件并分发给相应站点;接收外来FTP并连到内部网的匿名FTP服务器;接收外来的有关内部网站点的域名服务。

③ 内部路由器。内部路由器的主要功能是保护内部网免受来自外部网络与参数网络的侵扰。内部路由器可以设定,使参数网络上的堡垒主机与内部网之间传递的各种服

务和内部网与外部网之间传递的各种服务不完全相同。内部路由器完成防火墙的大部分包过滤工作，它允许某些站点的包过滤系统认为符合安全规则的服务在内/外部网之间互传。根据各站点的需要和安全规则，可允许的服务是如下的外向服务：Telnet、FTP、WAIS、Archie、Gopher 或者其他服务。

④ 外部路由器。外部路由器既可以保护参数网络又可以保护内部网。实际上，在外部路由器上仅做一小部分包过滤，它几乎让所有参数网络的外向请求通过。它与内部路由器的包过滤规则是基本上相同的。外部路由器的包过滤主要是对参数网络上的主机提供保护。一般情况下，因为参数网络上主机的安全主要通过主机安全机制加以保障，所以由外部路由器提供的很多保护并非必要。外部路由器真正有效的任务是阻隔来自外部网上伪造源地址进来的任何数据包。这些数据包自称来自内部网，其实它是来自外部网。

8.3 案例分析：典型的中小型网络安全系统

1. 现状分析

中小企业用户的局域网一般来说网络结构不太复杂，主机数量不太多，服务器提供的服务相对较少，这样的网络通常很少甚至没有专门的管理员来维护网络的安全，这就给黑客和非法访问提供了可乘之机。这样的网络使用环境一般存在下列安全隐患与安全需求：

典型的中小型网络安全系统

(1) 内部网络可能被外部黑客入侵；

(2) 内部网络用户上网行为没有有效监控管理，容易形成内部网络的安全隐患；

(3) 计算机病毒在企业内部网络传播，导致中毒、数据脱库和文件加密勒索；

(4) 网络安全日志无审计手段，导致出现安全事件后无法溯源分析；

(5) 服务器前端未部署防火墙，对服务器无边界管控和防护手段，容易被黑客攻击。

2. 对××企业网络进行安全防护体系规划

××中小企业安全网络拓扑方案部署拓扑图如图 8-8 所示。

1) 互联网接入区域。

(1) 部署内网智慧防火墙，实现高性能的应用层安全防护，实现网关处的未知威胁处置。实现端口级的访问控制，并开启应用层防护功能，对来自外部机构的恶意代码、高级威胁等进行检测和拦截。支持对穿过防火墙的 SSL 协议进行解密，并对解密后的数据提供防护过滤，如攻击防护、入侵检测、病毒防护、内容过滤等。

(2) 部署上网行为管理，针对用户上网进行上网防护、网页过滤、应用管控、带宽管理，合理规范员工上网行为，净化内部网络；通过行为审计、行为分析避免内部用户网络违法，通过用户认证明确员工身份，精确落实到人。

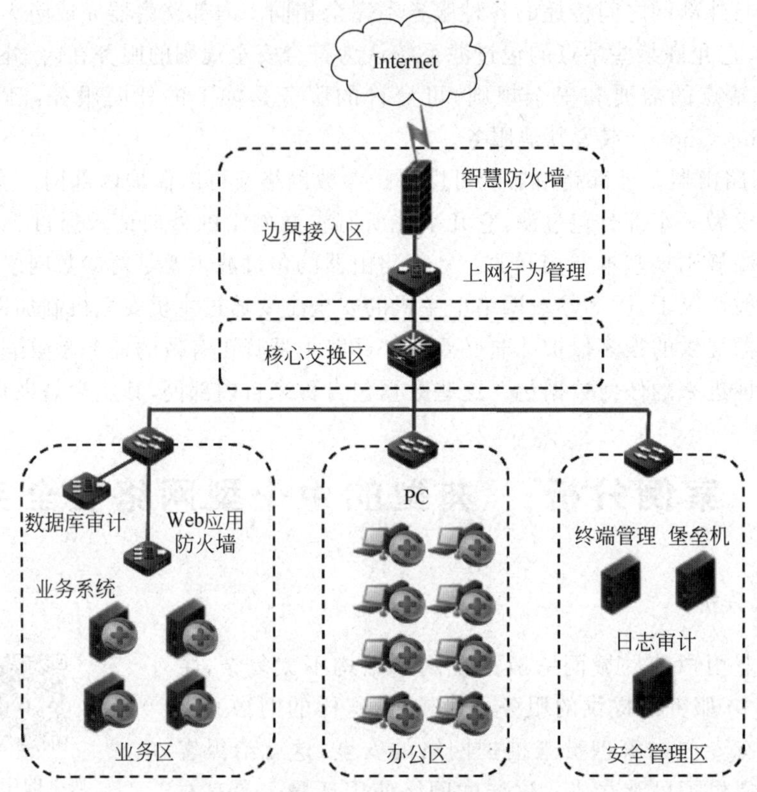

图 8-8　××中小企业安全网络拓扑方案

2) 安全管理区。

(1) 部署终端管理,实现 PC 和服务器环境防病毒、补丁管理、运维管控等安全防护。

(2) 部署堡垒机,针对内网中的网络设备、数据库、安全设备、主机系统、中间件等资源进行统一运维管理和审计,同时实现对人、资源账号及访问过程的精细化管理。

(3) 部署日志审计系统,建议在安全管理中心部署一台日志审计系统,对网络中的网络设备、安全设备、操作系统等的日志进行采集与存储、日志归一化、交互式分析、关联分析、告警处理等,实现全面的分析和展示。

3) 业务区。

(1) 部署数据库审计系统,通过对业务人员、运维人员、研发人员等访问数据库的行为进行分析、记录、告警,从而帮助用户进行事前风险评估,事中行为实时监控、违规操作行为及时响应告警,事后统计分析、追踪溯源,加强数据库的防护。

(2) 部署 Web 应用防火墙,对 Web 特有入侵方式加强防护,如 SQL 注入、跨站脚本攻击、参数篡改、应用平台漏洞攻击、拒绝服务攻击等。

3. 方案安全产品清单

××中小企业网络选择奇安信科技集团股份有限公司的安全产品清单如表 8-1 所示。

表 8-1　中小企业网络安全产品清单

产　品	形态	型　号	数量	说　　明
智慧防火墙	硬件	NSG2000-TE15P	1	基于 ARM 架构，网络处理能力达 2Gbps，并发连接大于或等于 100 万个，每秒新建连接 2 万个，采用 1U 机箱、单电源，标准配置板载 8 个 10/100/1000Mbps 自适应电口、2 个 SFP 光接口和 1 个 Console 接口
上网行为管理	硬件	NBM3220	1	选用 60Mbps 带宽或具备能满足 400 人使用的网络环境，最大并发连接数为 16 万个，最大新建连接数为每秒 2000 个，另外安装了专用操作系统与上网行为管理标准软件。采用 1U 硬件，至少配置 4 个千兆接口，提供 1 个扩展插槽，并采用单交流电源
终端管理	软件	360 天擎终端安全管理系统 V6.0	1	含 400 个客户端病毒补丁、运维管理授权和 3 个服务器病毒补丁授权
堡垒机	硬件	C6100-BH-TF10P	1	采用专用千兆多核硬件平台和安全操作系统；外观为标准 1U 机架式，包括 6 个千兆接口、2 个接口扩展槽位，内置 4TB 硬盘，采用单电源，支持液晶显示屏，最大支持 150 路图形并发会话或 400 路字符并发会话，最大可选 300 个授权许可
日志审计系统	硬件	LAS-R12P	1	采用标准 1U 机箱、6 个千兆接口、2 个扩展插槽、1 个 Console 接口、单电源和 2TB 硬盘
数据库审计系统	硬件	DAS1000-TF10M	1	采用专用硬件平台和安全操作系统，事件处理能力达每秒 10000 条，内置 4TB 磁盘存储空间，采用标准 1U 机箱和双电源，标配 6 个千兆自适应接口、1 个 Console 接口，支持两个扩展槽位，支持液晶显示屏
Web 应用防火墙	硬件	W1500-U005P	1	采用千兆 Web 应用防火墙系统，网络吞吐量为 800Mbps，应用层处理能力为 300Mbps，网络并发连接数为 40 万个，HTTP 并发数为 12 万个，HTTP 每秒新建连接数大于 3500 个。采用标准 1U 机箱、1TB 硬盘、单电源，配置 6 个 10/100/1000Mbps 自适应接口、2 个千兆 SFP 插槽、2 组旁路、1 个 Console 接口、2 个 USB 接口，Web 安全保护有 8 个站点

8.4　项目实践

任务 1：360 杀毒软件和安全卫士软件的安装及使用

实训目标

（1）了解病毒查杀原理；

(2) 能熟练根据实际网络需求部署、安装网络病毒防护平台；

(3) 掌握360杀毒软件和安全卫士软件的安装及使用。

360杀毒软件和安全卫士软件的安装及使用

实训环境

(1) 网络实训室。

(2) 可以上网的PC或服务器若干台，360杀毒软件1套。

操作步骤

1) 360杀毒软件的使用

360杀毒软件是360安全中心出品的一款免费的云安全杀毒软件。360杀毒具有查杀率高、资源占用少、升级迅速等优点。同时，360杀毒可以与其他杀毒软件共存，是一个理想杀毒备选方案，360杀毒软件是一款一次性通过VB100认证的国产杀毒软件。

(1) 安装。要安装360杀毒软件，首先要通过360杀毒官方网站sd.360.cn下载最新版本的360杀毒安装程序(本任务以360杀毒软件7.0版本为例)。下载完成后，运行下载的安装程序，单击"下一步"按钮，阅读许可协议，并选中"阅读并同意许可使用协议和隐私保护说明"复选框，然后单击"立即安装"按钮，如图8-9所示。

图8-9 安装界面

习近平对网络安全和信息化工作做出重要指示

可以选择将360杀毒安装到哪个目录下，建议按照默认设置即可，也可以单击"浏览"按钮并选择安装目录。然后单击"下一步"按钮，会显示一个窗口，输入想在"开始"菜单显示的程序组名称，然后单击"安装"按钮，安装程序会开始复制文件。文件复制完成后，360杀毒软件就已经成功地安装到计算机上了。

安装完成后，进入程序主界面，如图8-10所示。主界面突出了查杀功能、快速扫描，在底部可显示当前病毒库日期、弹窗过滤、检测文件和隔离风险等主要功能。

图 8-10　主界面

（2）五大引擎提供查杀能力。360 杀毒软件 7.0 依靠 360 安全大脑和自家的创新杀毒整合了五大杀毒引擎，分别为 360 云查杀引擎、系统修复引擎、QVMII 人工智能引擎、鲲鹏引擎（需手动开启）、Behavioral 脚本引擎。软件通过对这 5 大引擎进行自动调节，时刻保护计算机的全面安全，不但安全可靠、查杀能力提升，还能在第一时间防御最新的病毒。

（3）多重防御漏洞修复上线。依靠 360 安全大脑进行时刻防御和分析计算机当前问题，当然，不仅是可以分析和防御，还能追踪到入侵病毒，知道病毒是如何进行点到点的物理连接。锁定病毒最常入侵的文件、注册表、文件夹，有效地防止病毒的各种套路。本版本还上线了系统漏洞修复功能，帮助计算机时刻了解是否存在漏洞，并及时进行修复，保护计算机的安全，如图 8-11 所示。

图 8-11　多重防御

(4) 功能大全,让用户使用时更便捷。360杀毒软件新版本集合了众多的功能,比如清理软件弹窗,粉碎文件,清理计算机垃圾。还进行了功能分类,目前主要分为系统安全、系统优化、系统急救,如图8-12所示。

图8-12　功能大全

(5) 查杀病毒。360杀毒软件具有实时病毒防护和手动扫描功能,为系统提供全面的安全防护。

实时防护功能在文件被访问时对文件进行扫描,及时拦截活动的病毒,在发现病毒时会通过提示窗口警告。

360杀毒软件提供了四种手动病毒扫描方式。

- 快速扫描:扫描Windows系统目录及Program Files目录。
- 全盘扫描:扫描所有磁盘。
- 自定义扫描:扫描选定的目录。
- 右键扫描:扫描当前的目录。

360杀毒软件提供了两种手动病毒扫描方式:快速扫描和自定义扫描。

- 快速扫描:扫描Windows系统目录及Program Files目录。
- 自定义扫描:扫描选定的目录。

启动扫描之后,会显示扫描进度窗口。在这个窗口中可看到正在扫描的文件、总体进度及发现问题的文件。如图8-13所示是快速扫描的界面。

如果希望360杀毒软件在扫描完后自动关闭计算机,请选中"扫描完成后自动处理并关机"选项。请注意,只有将发现病毒的处理方式设置为"自动清除"时,此选项才有效。

图 8-13　快速扫描界面

如果选择了其他病毒处理方式，扫描完成后不会自动关闭计算机。

(6) 升级。360 杀毒软件具有自动升级功能，如果开启了自动升级功能，360 杀毒会在有升级可用时自动下载并安装升级文件。自动升级完成后会通过气泡窗口提示用户。单击图 8-10 右上角“设置”按钮，进入“360 杀毒设置”窗口，再单击“升级设置”选项即可进行相关设置，如图 8-14 所示。

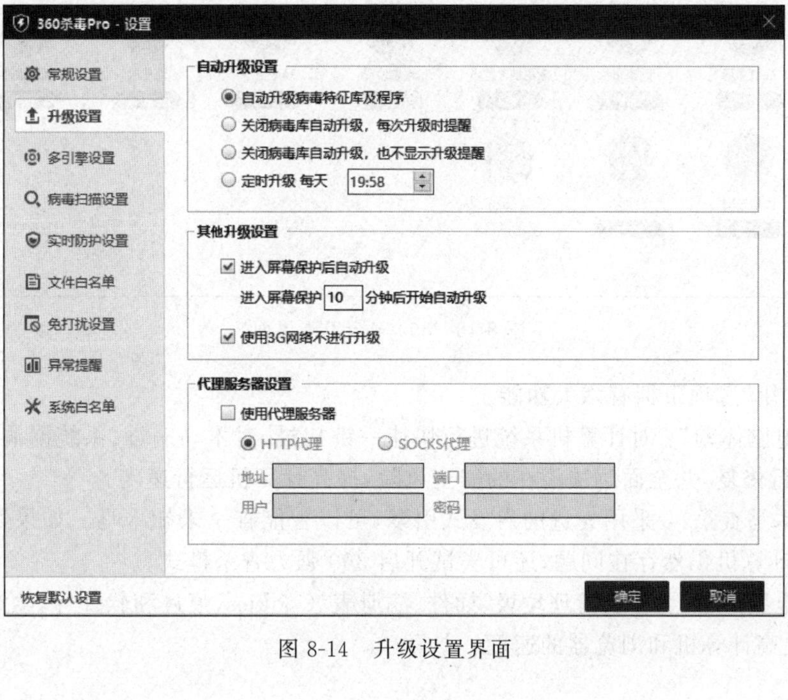

图 8-14　升级设置界面

如果选中"进入屏幕保护后自动升级"选项,升级程序会按设置的时间连接到服务器并检查是否有可用更新,如果有就会下载并安装升级文件。

2) 360安全卫士的使用

360杀毒软件和360安全卫士组合是一个完整的安全防护体系,建议同时安装。360安全卫士的主要作用是查杀流行木马、恶意软件并修复系统漏洞,360杀毒软件主要查杀恶意插件、木马、网页病毒、文件感染病毒、宏病毒、脚本病毒等,两款软件同时安装可以最大程度保护用户计算机的安全。

(1) 安装并升级360安全卫士软件与安装并升级360杀毒软件的方法类似,这里不再赘述。

(2) 安装完成后,双击桌面上的360安全卫士图标,出现360安全卫士界面,如图8-15所示。该软件集"电脑体检、木马查杀、电脑清理、系统修复、优化加速、功能大全"等多种功能于一身,并独创了"木马防火墙"功能,同时还具备开机加速、垃圾清理等多种系统优化功能,可大大加快计算机运行速度,内含的360软件管家还可帮助用户轻松下载、升级和强力卸载各种应用软件。另外还提供多种实用工具解决计算机问题并保护系统安全。

图8-15 360安全卫士界面

在"常用"选项下拥有六大功能。

① "电脑体验":对计算机系统进行快速一键扫描,对木马病毒、系统漏洞、差评插件等问题进行修复,并全面解决潜在的安全风险,提高计算机运行速度。

② "木马查杀":采用先进的启发式引擎,可以智能查杀未知木马。如果使用常规扫描后感觉计算机仍然存在问题,还可尝试开启360强力查杀模式。

③ "电脑清理":可以清理垃圾、插件、注册表、Cookies、痕迹和软件等,给浏览器和系统瘦身,提高计算机和浏览器的速度。

④“系统修复”：为用户提供的漏洞补丁均从官方获取。只有及时修复漏洞，才能保证系统安全。

⑤“优化加速”：可以进行开机加速、系统加速、网络加速和硬盘加速，最大限度提升用户系统的性能，创造一个洁净、顺畅的系统环境。

⑥“功能大全”：提供了多种功能强大的实用工具，有针对性地帮您解决计算机问题，提高计算机速度。

任务 2：防火墙的设置

防火墙的设置

实训目标

(1) 知道防火墙的工作原理；

(2) 熟悉访问控制策略的制定原则及方法；

(3) 掌握 Windows 自带防火墙的操作使用。

实训环境

(1) 网络实训室。

(2) PC(装有 Windows 10 操作系统)人手一台。

操作步骤

(1) 启动 Windows 10 自带的防火墙，在任务栏单击“开始”按钮，依次选择“Windows 系统”→“控制面板”→“系统和安全”→“Windows Defender 防火墙”并打开“高级设置”，如图 8-16 所示。

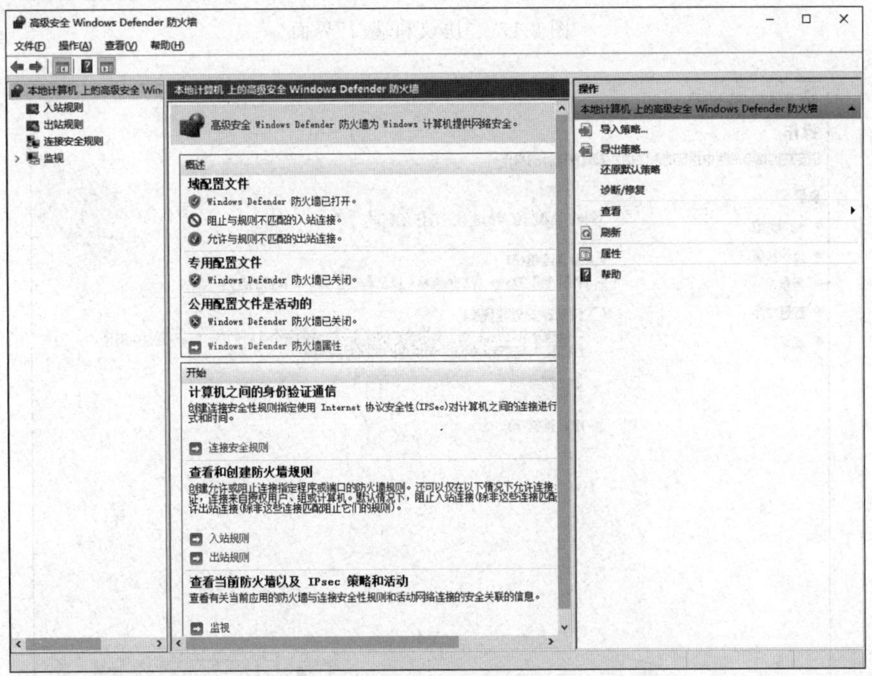

图 8-16 “高级安全 Windows Defender 防火墙”窗口

(2) 配置传输层禁止本机浏览 Web 站点。单击"出站规则"选项,新建一条出站规则,规则类型选端口,出现"协议和端口"界面,如图 8-17 所示(80 为 HTTP 站点默认端口,443 为 HTTPS 站点默认端口)。单击"下一步"按钮,在"操作"界面中选中"阻止连接"选项,其他选项用默认值,如图 8-18 所示。最后一步命名并保存该规则。完成配置后请启用本机任意浏览器进行检查,如果不能浏览外部站点则说明策略生效。

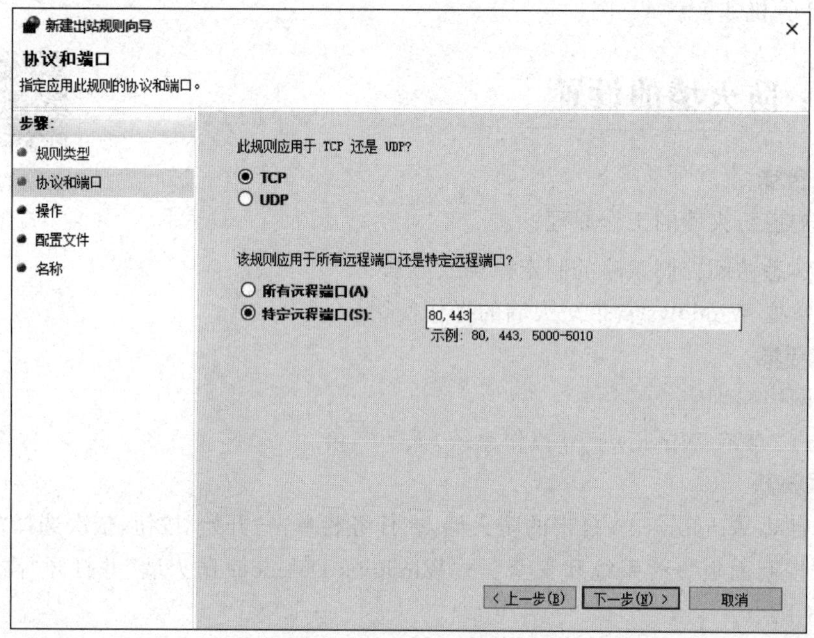

图 8-17 "协议和端口"界面

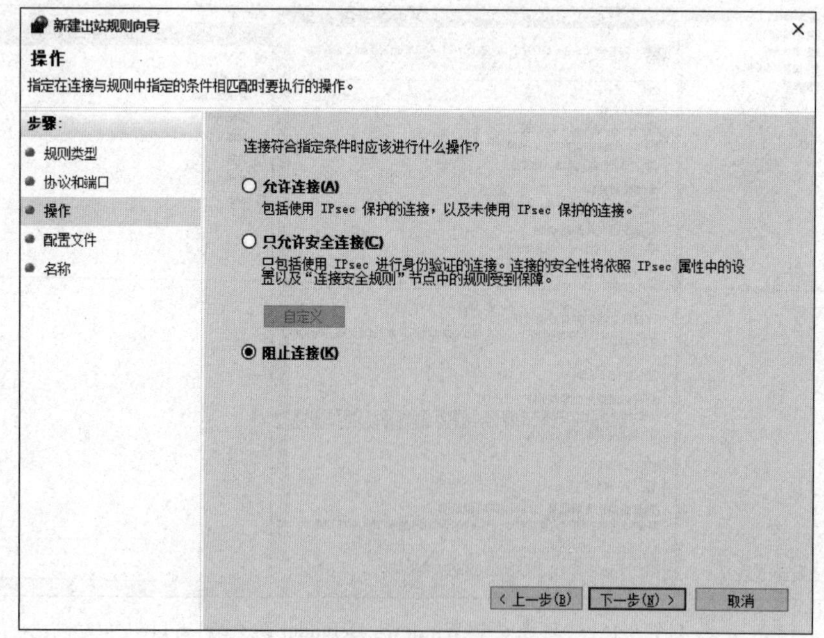

图 8-18 "操作"界面

(3) 配置网络层允许 ping 入规则(Windows 10 防火墙默认禁止 ping 入,是为了防止拒绝服务攻击,此处为练习并检查效果,特意改为允许,并非安全需求)。新建一条入站规则,规则类型选"自定义",如图 8-19 所示,然后单击"下一步"按钮;"程序"界面用默认选项并进入下一步;"协议和端口"界面的配置示意如图 8-20 所示(协议选 ICMPv4);"作用域"界面选项选默认值,"操作"界面选"允许连接"选项,其他选项用默认值,如图 8-21 所示;最后一步在"名称"界面输入名称和描述,如图 8-22 所示,单击"完成"按钮,配置结束。即可验证相邻计算机在规则生效前不能 ping 通该计算机,生效后则能 ping 通。

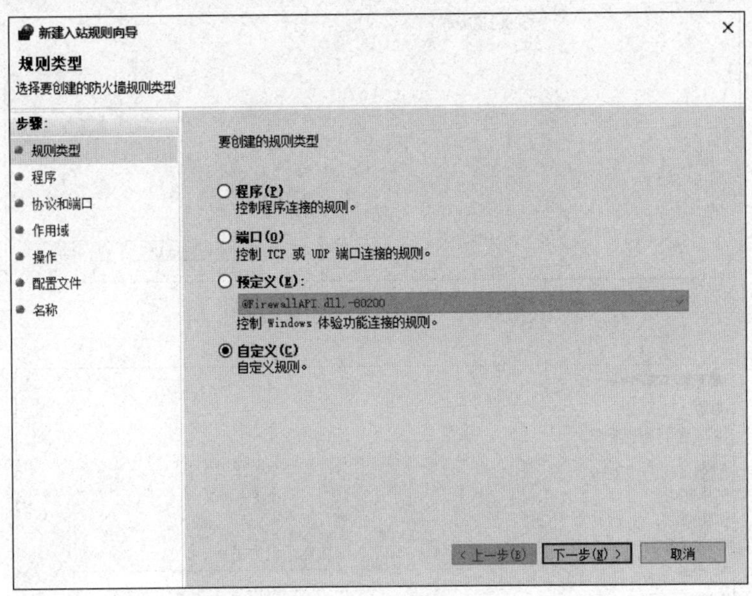

图 8-19　设置规则类型

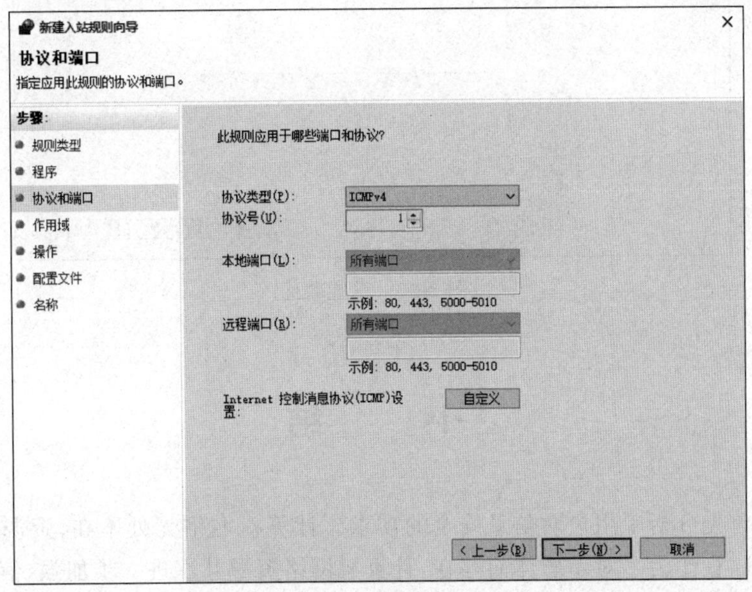

图 8-20　配置协议和端口

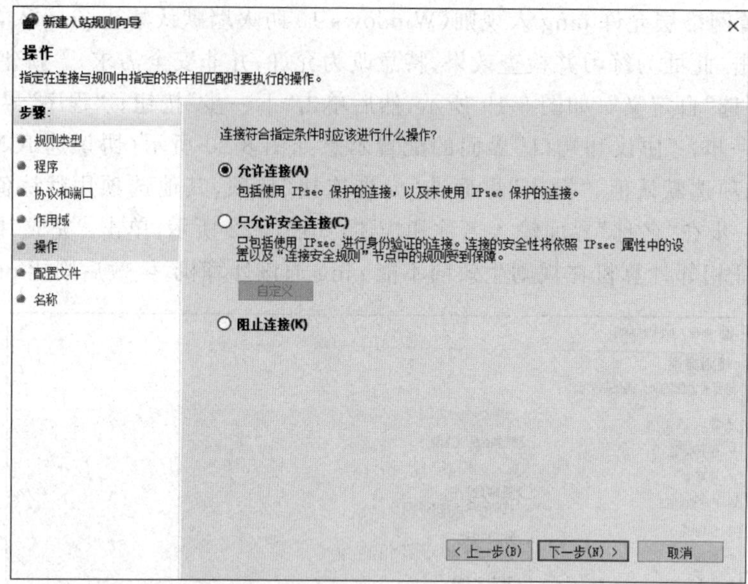

图 8-21　选中"允许连接"选项

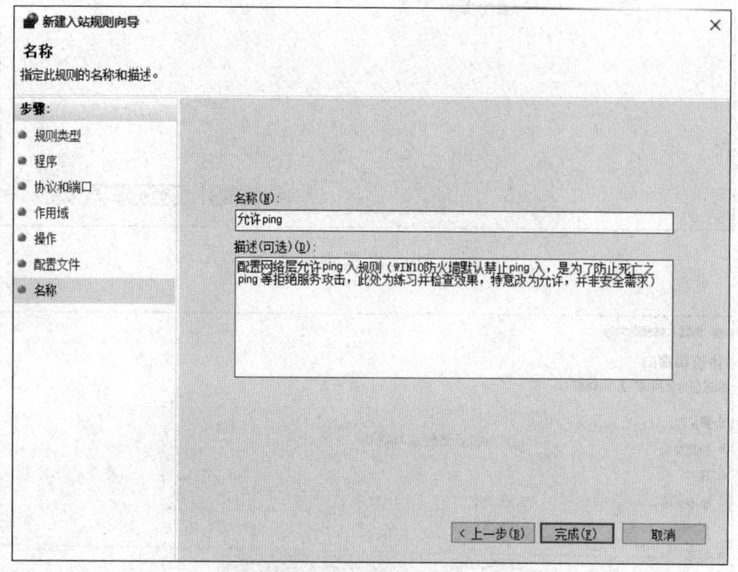

图 8-22　设置名称

小　　结

本项目首先分析了用户对信息安全的需求。计算机网络无处不在，资源共享和计算机网络安全一直作为一对矛盾体而存在，计算机网络资源共享进一步加强，信息安全问题日益突出，甚至威胁到了国家安全。另外，本项目还介绍了网络安全的基本知识、常见的网络威胁和入侵者常用的系统攻击方法、网络安全策略架构、数据加密技术、防火墙技术，同时对一中小型网络的安全解决方案进行了简单介绍；最后，为了让学生更好地熟悉和理解网络安全，介绍了网络防病毒系统配置和防火墙的设置，从而为学生今后的学习和应用防火墙打下一定的基础。

习　题

一、选择题

1. 计算机网络的安全是指（　　）。

A. 网络中设备设置环境的安全　　B. 网络使用者的安全

C. 网络中信息的安全　　D. 网络的财产安全

2. 当感觉到操作系统运行速度明显减慢，打开任务管理器后发现CPU的使用率达到100%时，最有可能受到了（　　）攻击。

A. 特洛伊木马　　B. 拒绝服务　　C. 欺骗　　D. 中间人攻击

3. 网络病毒与一般病毒相比有以下（　　）特性。

A. 隐蔽性强　　B. 潜伏性强　　C. 破坏性大　　D. 传播性广

4. 为了避免冒名发送数据或发送后不承认的情况出现，可以采取的办法是（　　）。

A. 数字水印　　B. 数字签名

C. 访问控制　　D. 发电子邮件确认

5. 数字签名技术是公开密钥算法的一个典型应用，在发送端采用（　　）对要发送的信息进行数字签名。在接收端采用（　　）对要接收的信息进行签名验证。

A. 发送者的公钥　　B. 发送者的私钥

C. 接收者的公钥　　D. 接收者的私钥

6. 网络防火墙的作用有（　　）。

A. 防止内部信息外泄

B. 防止系统感染病毒与非法访问

C. 防止黑客访问

D. 建立内部信息和功能与外部信息和功能之间的屏障

7. 在ISO OSI/RM中对网络安全服务所属的协议层次进行分析，要求每个协议层都能提供网络安全服务。其中，用户身份认证在（　　）层进行。而IP过滤型防火墙在（　　）层通过控制网络边界的信息流动来强化内部网络的安全性。

A. 网络层　　B. 会话层　　C. 物理层　　D. 应用层

8. 有一个主机专被用作内部网络和外部网络的分界线。该主机里插有两块网卡，分别连接到两个网络。防火墙里面的系统可以与这台主机进行通信，防火墙外面的系统（Internet上的系统）也可以与这台主机进行通信，但防火墙两边的系统之间不能直接进行通信，这是（　　）体系结构的防火墙。

A. 被屏蔽主机式体系结构　　B. 筛选路由式体系结构

C. 双宿主主机式体系结构　　　　　　　　D. 被屏蔽子网式体系结构

9. 在保证密码安全中,应该采取的正确措施有(　　)。

A. 不用生日作为密码

B. 不要使用少于5位的密码

C. 不要使用纯数字密码

D. 将密码设得非常复杂并保证在20位以上

项目 9　构建中小型网络管理系统

坚持人民至上，坚持自信自立，坚持守正创新，坚持问题导向，坚持系统观念，坚持胸怀天下。

——习近平

项目目标

（1）了解网络管理的基本功能；

（2）熟悉网络管理协议的种类及作用；

（3）会用网络管理软件管理中小型网络；

（4）具有构建中小型网络管理系统的职业能力和职业素养。

项目背景

（1）网络机房；

（2）校园网络。

9.1　用户需求与分析

伴随着网络技术的不断发展，信息网络的构成与应用都日益复杂，IT 技术的应用更加广泛，业务需求不断扩展，对网络管理的要求也是越来越高。网络管理软件是指能够完成网络管理功能的网络管理系统，简称网管系统。近年来，随着各行各业 IT 业务应用系统的逐步实施，信息网络管理越来越受到重视。企业面临的市场业务的竞争日趋激烈，信息网络作为企业应用的支撑，网管系统也开始逐渐从幕后走向台前，从面向管理维护人员层面开始逐渐将重心转移到面向管理经营层面，甚至间接面向用户。

用户需求与分析

可以这样说，在互联网时代，没有建立网络管理系统的企业是落伍的。然而在占我国企业总数 90%以上的中小型企业中，这种落伍现象屡见不鲜。究其原因，许多中小企业的决策者对网络管理的认识存在偏差，以及受到了现有企业条件和信息技术力量的局限，所以导致其在应用网络，尤其是在如何管理好企业的网络、为企业发展核心业务服务等方面，还存在许多不尽如人意的地方。中小型企业必须要搭建一个有效的网管系统，才能实现与国际接轨、实现网络化和数字化的目标。当然，这也是日渐激烈的市场竞争对中小企业提出的时代要求。

网管系统是数字化的必要保障，是基础性的保证，网管系统相当于企业的加速器。智能化网管系统对于企业来说,代表着高效的系统分析和处理能力,甚至能支持企业战略的实施。

9.2 相关知识

9.2.1 网络管理概述

网络管理概述

网络管理是指对网络的运行状态进行监测和控制,使其能够有效、可靠、安全、经济地提供服务。网络管理包括对硬件、软件和人力的使用、综合与协调,以便对网络资源进行监视、测试、配置、分析、评价和控制,这样就能以合理的价格满足网络的一些需求,如实时运行性能、服务质量等。网络管理常简称为网管,它提供了监控、协调和测试各种网络资源及网络运行状况的手段。

从网络管理的定义可以确定,网络管理的任务就是收集、分析和检测网络中的各种设备、设施的工作参数和工作状态信息,将结果显示给网络管理员并进行处理,从而达到控制网络中的设备、设施的工作状态和工作参数,以实现对网络的管理。具体包含两个任务:一是对网络的运行状态进行监测,二是对网络的运行状态进行控制。通过进行监测可以了解当前状态是否正常,是否存在瓶颈和潜在的危险,通过控制可以对网络状态进行合理调节,提高性能,保证服务实现。监测是控制的前提,控制是监测的结果。

网络管理所涉及的内容包括:数据通信网中的流量控制、路由选择的策略管理、网络的故障诊断与修复、网络的安全保护、网络用户的管理、网络状态检测、设备维护和网络资产管理等。

网络管理的功能是为网络管理员进行监视、控制和维护网络而开发设计的。ISO 在 OSI/IEC 7498-4 文档中定义了网络管理的五大功能,并被广泛采用。

1. 故障管理

故障管理(fault management)是网络管理中最基本的功能之一。用户都希望能有一个可靠的计算机网络。当网络中某个组成部分发生故障时,网络管理员必须迅速查找到故障并及时排除。故障管理的主要任务是发现和排除网络故障,包括障碍管理、故障恢复和预防保障。障碍管理的内容有告警、测试、诊断、业务恢复、故障设备更换等;预防保障为网络提供自愈能力,在系统可靠性下降、业务经常受到影响的准故障条件下实施。通常不大可能迅速隔离某个故障,因为网络故障的产生原因往往比较复杂,特别是当故障是由多个网络组成部分共同引起的,在此情况下,一般应先将网络修复,然后分析网络故障的原因。分析故障原因对防止类似故障的再次发生更为重要。网络故障管理包括故障检测、隔离故障和纠正故障 3 个方面。

2. 配置管理

配置管理(configuration management)是最基本的网络管理功能,负责网络的建立、业务的展开以及配置数据的维护。配置管理功能主要包括资源清单管理、资源开通以及业务开通。资源清单的管理是所有配置管理的基本功能,资源开通是为满足新业务需求及时地配备资源,业务开通是为端点用户分配业务和功能。配置管理建立资源管理信息库(MIB)和维护资源状态,为其他网络管理功能所利用。配置管理初始化网络,并配置网络,以使其提供网络服务。配置管理的目的是实现某个特定功能或使网络性能达到最优。

3. 计费管理

计费管理(accounting management)记录网络资源的使用,目的是控制和监测网络操作的费用和代价。它可以估算出用户使用网络资源可能需要的费用和代价。网络管理员还可以规定用户可使用的最大费用,从而控制用户过多占用和使用网络资源。这也从另一方面提高了网络的效率。另外,当用户为了一个通信目的需要使用多个网络中的资源时,计费管理能计算总计费用。计费管理根据业务及资源的使用记录制作用户收费报告,确定网络业务和资源的使用费用,计算成本。

4. 性能管理

性能管理(performance management)的目的是维护网络服务质量(QoS)和网络运营效率。为此,性能管理要提供性能监测功能、性能分析功能以及性能管理控制功能。同时,还要提供性能数据库的维护以及在发现性能严重下降时启动故障管理系统的功能。

网络服务质量和网络运营效率有时是相互制约的。较高的服务质量通常需要较多的网络资源(如带宽、CPU时间等),因此在制定性能目标时要在服务质量和运营效率之间进行权衡。在网络服务质量必须优先保证的场合,就要适当降低网络的运营效率指标;相反,在强调网络运营效率的场合,就要适当降低服务质量指标。但一般在性能管理中,维护服务质量是第一位的。

5. 安全管理

安全性一直是网络的薄弱环节之一,而用户对网络安全的要求又相当高,因此网络安全管理(security management)就显得尤为重要。网络中主要有以下几大安全问题:网络数据的私有性(保护网络数据不被侵入者非法获取);授权(防止侵入者在网络上发送错误信息);访问控制(控制对网络资源的访问)。

安全管理采用信息安全措施保护网络中的系统、数据以及业务。安全管理与其他管理功能有着密切的关系。安全管理要调用配置管理中的系统服务对网络中的安全设施进行控制和维护。当网络发现安全方面的故障时,要向故障管理通报安全故障事件以便进行故障诊断和恢复。安全管理还要接收计费管理发来的与访问权限有关的计费数据和访问事件通报。安全管理的目的是提供信息的隐私、认证和完整性保护机制,使网络中的服务、数据以及系统免受侵扰和破坏。

计算机网络本身是一个开放的系统,每个网络都可以与遵循同一体系结构的不同设备进行连接。因此,这要求网络管理系统也要遵守被管理网络的体系结构,而且要能管理不同厂商的计算机软、硬件。要实现这些,就既要有一个在网络管理系统和被管理对象之间进行通信的,并基于同一体系结构的网络管理协议,又要有记录被管理对象和状态的数据信息。

网络管理系统是用于实现对网络的全面有效的管理、实现网络管理目标的系统。在一个网络的运行管理中,网络管理员是通过网络管理系统对整个网络进行管理的。一个网络管理系统从逻辑功能上应包括管理对象、管理进程、管理信息库和管理协议4个部分。

9.2.2 网络管理协议

网络管理协议

20世纪80年代初期,Internet的出现和快速发展使人们意识到网络管理的重要意义。研究和开发者迅速展开了对网络管理的研究,并提出了多种网络管理方案,包括HEMS、SGMP、CMIS/CMIP等。其中,SGMP是1986年NSF资助的纽约证券交易所网上开发应用的网络管理工具,而CMIS/CMIP是20世纪80年代中期国际标准化组织(ISO)和CCITT联合制定的网络管理标准。同时,IAB还分别成立了相应的工作组,对这些方案进行了适当的修改,使它们更适于Internet的管理。这些工作组分别在1988年和1989年先后推出了SNMP(simple network management protocol,简单网络管理协议)和CMOT(CMIS/CMIP over TCP/IP)网络管理协议,但实际情况的发展并非如IAB计划的那样,SNMP一经推出就得到了广泛的应用和支持,而CMIS/CMIP的实现却由于其复杂性和实现代价太高而遇到了困难。下面就不同的网络管理协议进行简单的介绍。

1. SNMP

SNMP是较早提出的网络管理协议之一,它一经推出就得到了广泛的应用和支持,特别是很快得到了数百家厂商的支持,其中包括IBM、HP、SUN等大公司和厂商。目前,SNMP已成为网络管理领域中事实上的工业标准,并被广泛支持和应用,大多数网络管理系统和平台都是基于SNMP的。

SNMP的前身是简单网关监控协议(SGMP),用来对通信线路进行管理。随后,人们对SGMP进行了很大的修改,特别是加入了符合Internet定义的SMI和MIB体系结构,改进后的协议就是著名的SNMP。SNMP的目标是管理互联网Internet上众多厂家生产的软/硬件平台,因此,SNMP受Internet标准网络管理框架的影响也很大。现在SNMP已经出到第三个版本的协议,其功能较以前已经大大地加强和改进了。

SNMP的体系结构是围绕着以下4个概念和目标进行设计的:保持管理代理(agent)的软件成本尽可能低;最大限度地保持远程管理的功能,以便充分利用Internet的网络资源;体系结构必须有扩充的余地;保持SNMP的独立性,不依赖于具体的计算机、网关和网络传输协议。在最近的改进中,SNMP体系又加入了保证SNMP体系本身安全性的目标。

另外,SNMP中只提供了简单的4类管理操作:get操作用来提取特定的网络管理信息;get-next操作通过遍历活动来提供强大的管理信息提取能力;set操作用来对管理信息进行控制(修改、设置);trap操作用来报告重要的事件。

最初,SNMP是作为一种可提供最小网络管理功能的临时方法开发的,它具有两个优点：①与SNMP相关的管理信息结构(SMI)以及管理信息库(MIB)非常简单，从而能够迅速、简便地实现；②SNMP是建立在SGMP基础上的，而对于SGMP，人们积累了大量的操作经验。

SNMP经历了两次版本升级，现在的最新版本是SNMPv3。在前两个版本中，SNMP的功能都得到了极大的增强，而在最新的版本中，SNMP在安全性方面有了很大的改善，SNMP缺乏安全性的弱点正逐渐得到改善。SNMP是一个应用层网络协议，有关SNMP模型如图9-1所示。该模型组成的4个要素为：管理进程(manage)、管理代理(agent)、管理信息库(MIB)和网络管理协议(SNMP)。

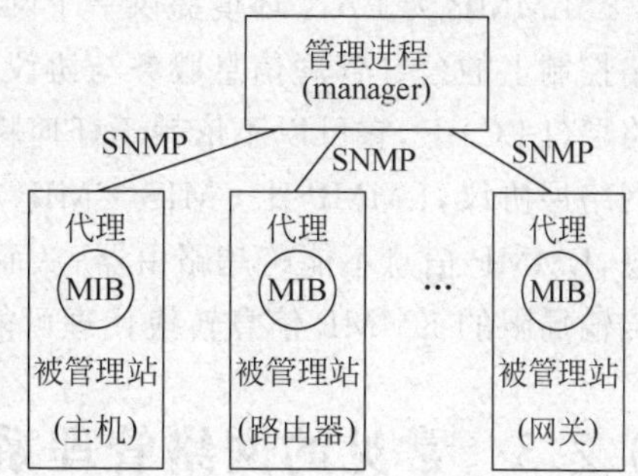

图9-1　SNMP模型

2. CMIS/CMIP

CMIS/CMIP是OSI提供的网络管理协议集。CMIS定义了每个网络组成部分提供的网络管理服务，这些服务在本质上是很普通的，CMIP则是实现CMIS服务的协议。OSI网络协议旨在为所有设备在ISO参考模型的每一层提供一个公共网络结构，而CMIS/CMIP正是这样一个用于所有网络设备的完整网络管理协议集。出于对通用性的考虑，CMlS/CMIP的功能与结构跟SNMP很不相同，SNMP是按照简单和易于实现的原则设计的，而CMIS/CMIP则能够提供支持一个完整网络管理方案所需的功能。

CMIS/CMIP的整体结构是建立在使用ISO网络参考模型的基础上的，网络管理应用进程使用ISO参考模型中的应用层。在这个层上，公共管理信息服务单元(CMISE)提供了应用程序使用CMIP协议的接口。该层还同时包括了两个ISO应用协议：联系控制服务元素(ACSE)和远程操作服务元素(ROSE)，其中ACSE在应用程序之间建立和关闭联系，而ROSE则处理应用之间的请求/响应交互。另外，值得注意的是，OSI没有在应用层之下特别为网络管理定义协议。CMIS/CMIP协议模型如图9-2所示。

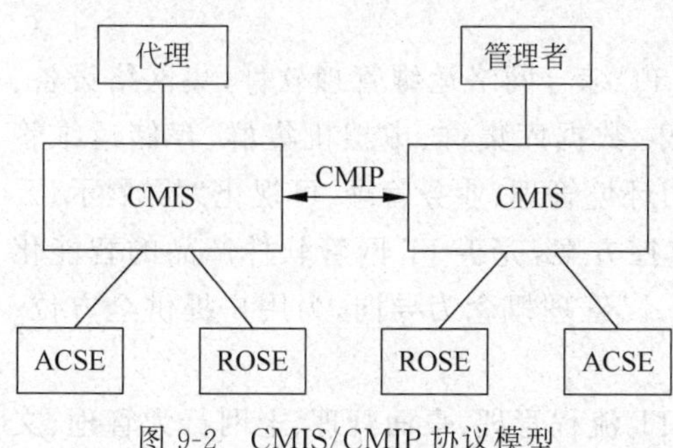

图9-2　CMIS/CMIP协议模型

3. CMOT

CMOT是在TCP/IP集上实现了CMIS服务，这是一种过渡性的解决方案，直到OSI网络管理协议被广泛采用。CMIS使用的应用协议并没有根据CMOT而修改，CMOT仍然依赖于CMIS、ACSE和ROSE协议，这和CMIS/CMIP是一样的。但是，CMOT并没有直接使用参考模型中的表示层来实现，而是要求在表示层中使用另外一个协议——轻量表示协议(LPP)，该协议提供了目前最普通的两种传输层协议——TCP和

UDP的接口。CMOT的一个致命弱点在于它是一个过渡性的方案,而没有人会把注意力集中在一个短期方案上。

4. LMMP

LMMP为LAN环境提供一个网络管理方案。LMMP以前被称为IEEE 802逻辑链路控制上的公共管理信息服务与协议(CMOL)。由于该协议直接位于IEEE 802逻辑链路层(LLC)上,它可以不依赖于任何特定的网络层协议进行网络传输。由于不要求任何网络层协议,LMMP比CMIS/CMIP或CMOT都易于实现,然而没有网络层提供路由信息,LMMP信息不能跨越路由器,从而限制了它只能在局域网中发展。但是,跨越局域网传输局限的LMMP信息转换代理可能会克服这一问题。

9.2.3 常见的网络管理系统

网络管理系统提供了一组进行网络管理的工具,网络管理员对网络的管理水平在很大程度上依赖于这组工具的能力。网络管理软件可以位于主机上,也可以位于传输设备内(如交换机、路由器、防火墙等)。网络管理系统应具备OSI网络管理标准中定义的网络管理五大功能,并能提供图形化的用户界面。

常见的网络管理系统

云计算、大数据时代,IT管理复杂度不断增加,智能化统一管理在网络管理中占据十分重要的地位,许多公司开发了网络管理产品,并形成了一定的规模,占有了相应的市场份额。下面将简单介绍一些具有较高性能和市场占有率的典型网络管理系统。

1. 网强Emaster管理软件

该软件是网强信息技术(上海)有限公司的IT综合网络运维管理软件,集网络设备、服务器、数据库、中间件、服务、安全设备、Oracle数据库集群、虚拟机集群、存储运维管理、无线运维管理、视频设备运维管理、机房动力环境管理、业务管理、可视化大屏展示、云平台等各种软硬件于一体,实现IT网络运维监控方案,完善IT网管软件产品的智能化运维管理、自动化管理,遵循用户实际使用习惯,以管理概念为导向,为用户提供全方位、多维度的IT网络运维管理平台整合服务。

目前,网强旗下的IT综合管理、网络管理、IT流程管理、桌面管理、上网行为管理、文档加密管理及网络协议分析等全系列产品和解决方案已经广泛应用于政府、金融、运营商、医疗、教育、能源等多个行业。

2. 深信服云安全访问服务

深信服科技股份有限公司打造的国内首批基于SASE模型的云安全服务平台无须硬件,即可实现多场景下的安全管理需求。

(1) 上网行为管理。连续多年市场领先,可精准审计与管控员工上网行为,全面管控文件外发和信息泄露,从而提升员工工作效率,保障企业信息安全。

(2) 终端检测响应。可对终端侧的安全威胁事前预防、事中防护及事后检测和响应，并联动网络侧的安全防御能力，为企业构建由网到端的全面闭环防护。

(3) 上网安全防护。通过对上网流量进行流量趋势分析、威胁分析，实时感知全网安全风险并及时预警，为企业网络规划与优化提供数据支撑。

(4) 内网安全接入服务。提供基于零信任的内网应用资源接入，通过身份认证、权限控制等模块，确保企业员工、合作伙伴在全球任何地方都能通过 POP 点更安全地进行访问。

3. 天易成网管软件

该软件由成都天易成软件有限公司开发，使用 C/S 架构，支持多达 6 种部署模式，适应各种网络环境和管理需求。局域网内的计算机都可以连接到监控计算机实现软件管理。该软件的主要功能如下。

(1) 局域网计算机屏幕监控。在局域网计算机上安装内网管理插件，可以监控局域网内的计算机屏幕，实时监控客户机使用情况。还能监控阿里旺旺聊天内容和给客户端计算机发消息。

(2) 查询和禁止相关软件的运行。这个功能对禁止玩局域网游戏和禁止玩单机游戏特别有效。

(3) 上网流量实时监控。实时监控每台计算机的上网流量。对每台计算机的上网带宽进行分别控制，合理配置网络资源，保证网络通畅。

(4) 封堵网络游戏。全面封堵各种网游，禁止员工上班时间玩游戏。

(5) 封堵股票行情软件和聊天软件。全面封堵各种股票行情软件和聊天软件，防止员工上班时间看股票行情炒股或进行网络聊天而耽误工作。

(6) 监控浏览的网页。实时记录局域网内所有计算机上被浏览过的网页，禁止员工浏览与工作无关的网站。

总体而言，网络管理和维护是一项非常复杂的工作，虽然现在关于网络管理既制订了国际标准，又存在众多网络管理的平台与系统，但要真正做好网络管理的工作不是一件简单的事情。

9.3　案例分析：典型局域网管理系统的应用实例

目前用于局域网的网络管理系统软件有很多，网络管理员可以根据需要进行相应的选择，归纳起来，这些局域网管理软件具备的主要功能包括以下方面。

典型局域网管理系统的应用实例

(1) 上网行为审计。记录员工访问的网站、手机打开的 App、玩游戏/看视频的时长等。

(2) 上网流量限制。限制员工的上网流量，并禁止视频、音乐、下载、P2P 等无关流量。还可以分成上班或非上班时间管控。

(3) 计算机行为限制。禁止员工访问无关应用，比如游戏、股票、微博、视频、娱乐新闻等。

(4) 聊天邮件监控。记录员工的微信/QQ/钉钉聊天记录,以及邮件来往内容。

(5) 文件防泄密。禁止员工通过邮件/聊天/云盘等方式将文件发送出去,禁止用U盘复制计算机中的文件。

(6) 网络安全保障。禁止共享公司网络,防止公司内网开放。禁止使用 TeamViewer、向日葵等远程软件,保证员工计算机数据的安全。

(7) 上网认证管理。只有认证用户才能连接公司网络,如员工密码认证、游客微信认证等。

(8) 支持手机管控。管控连接公司 Wi-Fi 的手机,同时支持上网审计、上网限制、流量控制等。

局域网管理系统的应用增强了企业对互联网访问、管理与控制的力度,从而使企业可以科学、高效地访问互联网资源,阻止了对高风险、非法和不健康互联网内容的访问,也真正实现了企业网络的安全。

下面结合天易成网管软件的应用实例来说明局域网的网络管理。

某学院电子与信息工程系办公室网络采用如图 9-3 所示的拓扑结构。方案是采用高性能、全交换、全双工的千兆以太网,并以星形结构联网,系内的主机均用 1Gbps 的双绞线与系交换机相连,系交换机用 10Gbps 的光纤与楼栋交换机相连,楼栋交换机用 10Gbps 的光纤与校园网核心交换机相连。为了加强该办公网络的管理,保证网络系统稳定、高效和可靠运行,同时使所有设备更好为学院教学工作服务,安装了成都天易成软件公司开发的天易成网管系统软件。该网管系统软件的主要功能有流量监控、网页监控、下载监控、代理监控、游戏监控、股票监控、聊天监控、邮件监控、发帖监控、日志查询等。

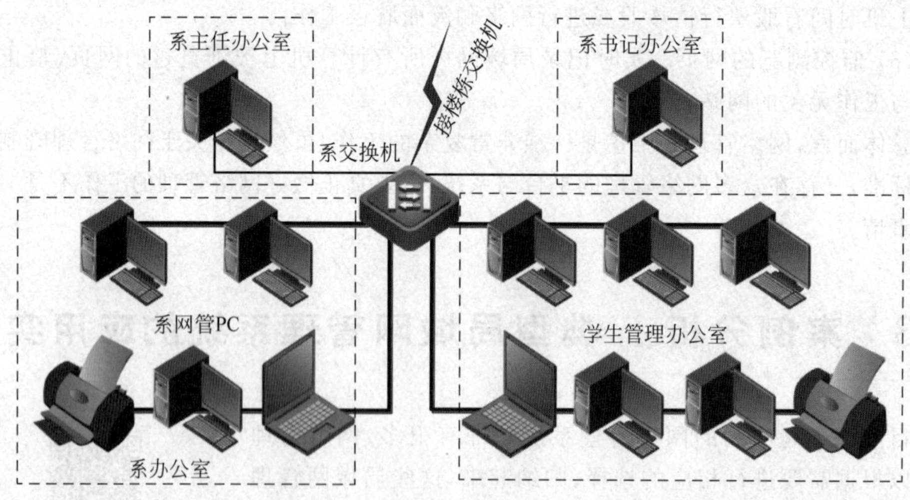

图 9-3　拓扑结构

其具体方案如下。

(1) 在安装天易成网管软件时选择纯插件管理模式,其优点是能跨互联网、跨 VLAN 管理计算机,缺点是此模式只管理安装了内网管理插件的计算机。在局域网中,在系网管 PC 上安装内网管理插件,即可管理整个网络。

(2) 网管员通过 IP 地址登录,并到天易成官方网站上去注册。

(3) 为了防止被监控主机随意更改 IP 地址,要做 IP 地址与 MAC 地址的绑定。

(4) 网管员根据学院工作时间的相关规定,按要求进行"策略设置"→"时间设置",保证在工作时间禁止网络游戏、网上看电影电视等行为发生。

(5) 对网络下载进行限制,禁用 BT、电驴等下载工具,提高带宽利用率。

(6) 进行流量监控与网页监控,保障工作时间网络通畅。

9.4　项目实践

项目描述

一个小型公司有 4 台 PC,公司为了提高工作效率,在上班时间对公司网络进行严格管理,需要设置网页限制、下载限制、游戏限制、股票限制、聊天限制、邮件限制、网络视频限制、网盘微博等策略。

项目拓扑

该公司网络拓扑如图 9-4 所示。

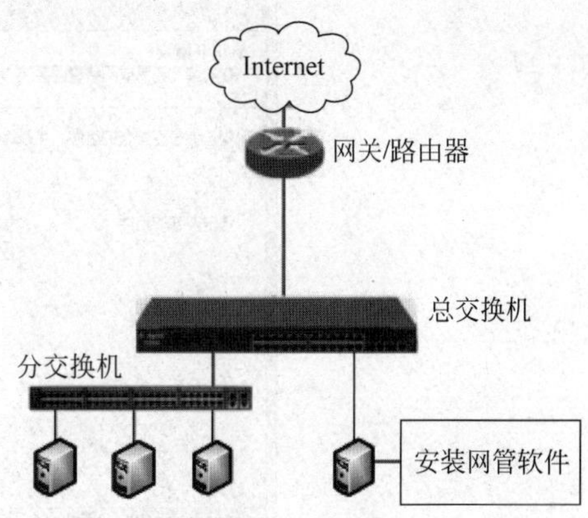

图 9-4　公司网络拓扑

实训目标

(1) 熟悉网络管理系统软件的功能及作用。

(2) 知道企业网络管理的要求。

(3) 会用网络管理软件管理中小型网络。

实训环境

(1) 网络实训室或小型局域网。

(2) 装有 Windows、天易成网管软件的局域网环境。

任务 1: 安装天易成网管软件

本系统管理的是上网行为,要求安装该软件的计算机能够连接互联网。免费用户可以使用全部功能管理 5 台计算机。

(1) 驱动和服务安装在监控计算机上。

(2) 系统服务 TYCNetManage Service 在后台运行,起到实际管理的作用。通过端口 8900 与控制台通信。

(3) 控制台界面安装在监控计算机或局域网内任意计算机上。只起到配置和查看的作用,不需要的时候可以关闭。

(4) 管理员可以在局域网内任意其他计算机(安装有控制台界面)上进行管理。

(5) 管理员在软件主界面上选中计算机,然后通过计算机配置管理策略来管理计算机。

安装天易成网管软件

注意: 天易成网管监控计算机需要开放 TCP 的 8899～8903 端口。如

Windows防火墙设置为“控制面板”→“Windows防火墙”→“高级设置”→“入站规则”→右击并选择“新建规则”命令→“端口”→TCP→“本地特定端口”→输入8899～8903。其余选默认值,然后设置一个名称,保存设置即可。其他防火墙的设置类似。

安装天易成网管软件的步骤如下。

(1) 运行安装程序TYCNetManage5.70.exe。在下一个界面中阅读软件许可协议,选中“我接受”选项。

(2) 选择需要安装的组件。

① 本软件采用C/S架构。

② 在监控计算机上“安装驱动和服务”,作为系统服务在后台运行,起实际管理作用。

③ 在监控计算机或局域网内任意计算机上“安装控制台界面”,只起配置和查看作用,不需要时可以关闭。

此处安装两个组件,既作为监控服务器,又作为被监控的计算机,如图9-5所示。如果只作为被监控的计算机,选择第一项“安装控制台界面”。

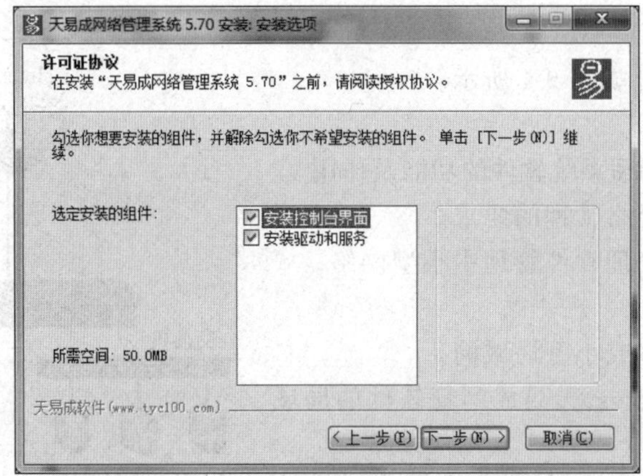

图9-5　安装组件

(3) 选择软件安装目录,完成后单击“安装”按钮,如图9-6所示。

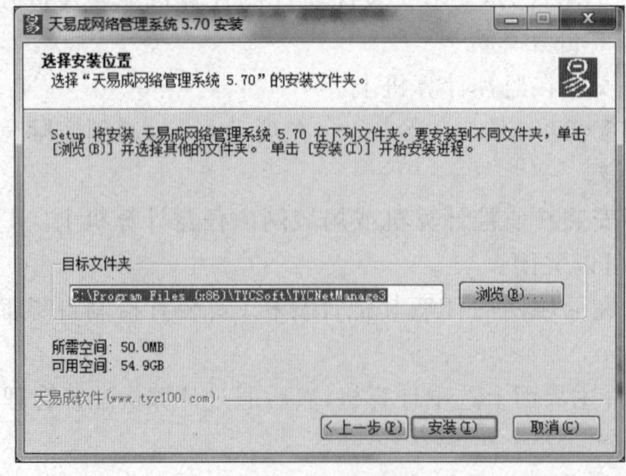

图9-6　安装位置

(4) 选择信任驱动选项(有些系统有提示),如图 9-7 所示。

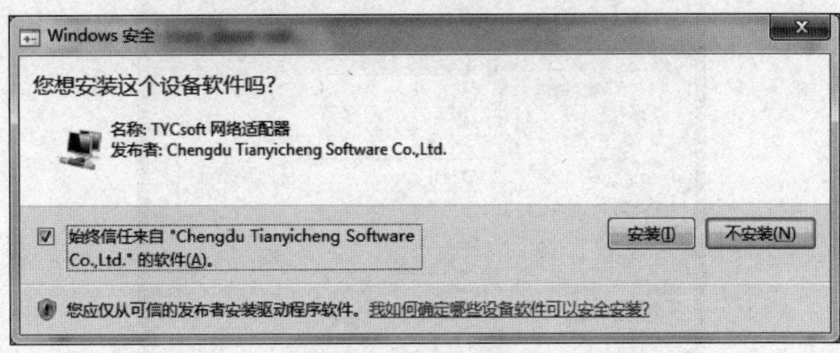

图 9-7 信任驱动

(5) 设置软件的使用密码,如图 9-8 所示。

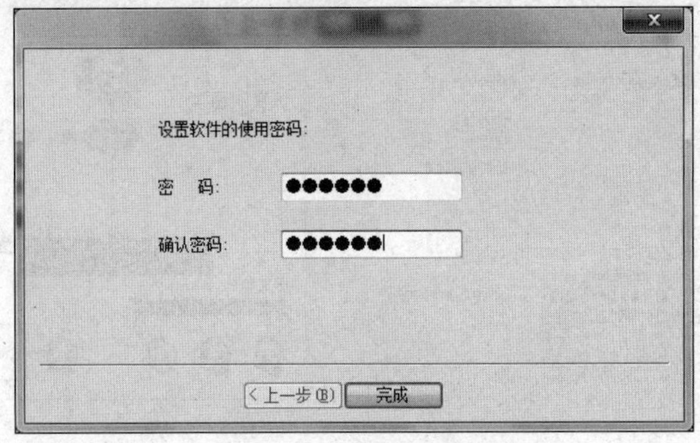

图 9-8 设置使用密码

软件使用 C/S 架构,局域网内计算机都可以连接到监控计算机使用软件。需设置要使用密码。

单击“完成”按钮,软件就完成了安装。需重启计算机,登录软件后进行设置。

任务 2:天易成网管软件设置

天易成网管软件设置

(1) 安装完成后,重启计算机,登录软件。

① 单击桌面图标“天易成网络管理系统”。

② 填写安装监控软件的计算机的 IP 地址,如果是本机则填 127.0.0.1。

③ 用户名用默认值,不能修改。

④ 输入设置的软件密码即可登录,如图 9-9 所示。

(2) 部署模式选择。接下来设置向导。根据网络结构和需要,选择合适的部署模式。这里选“ARP 超级网关(突破 ARP 防火墙)”模式,如图 9-10 所示。更多的模式选择请参见天易成网管软件使用手册。

(3) 监控配置。选择监控网卡,输入需要控制的 IP 范围,如图 9-11 所示。

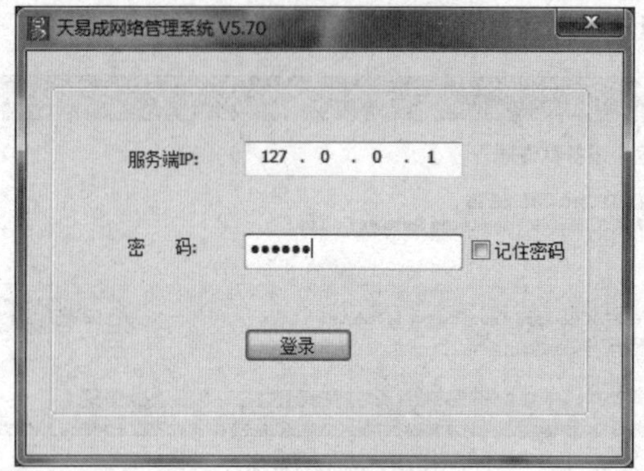

图 9-9　输入登录密码

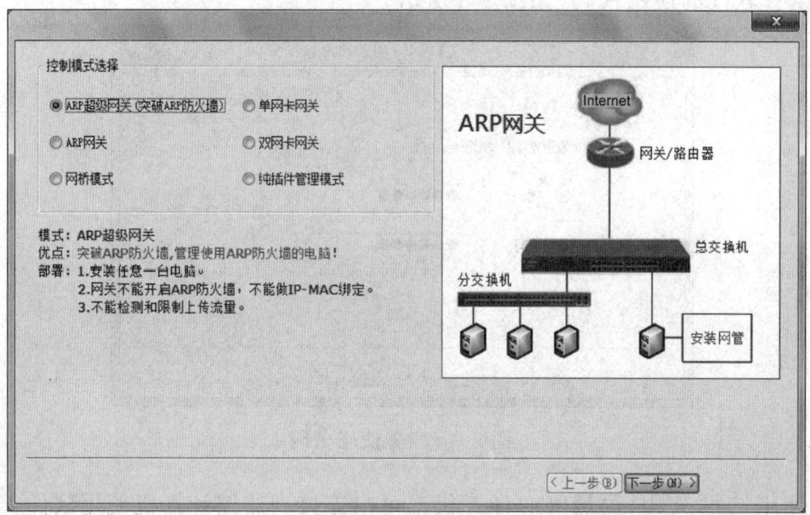

图 9-10　模式选择

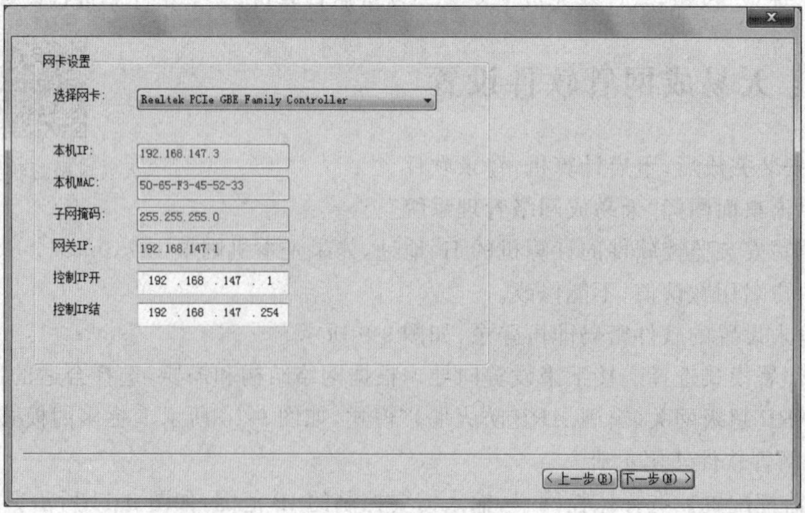

网卡设置
选择网卡: Realtek PCIe GBE Family Controller
本机IP: 192.168.147.3
本机MAC: 50-65-F3-45-52-33
子网掩码: 255.255.255.0
网关IP: 192.168.147.1
控制IP开 192 . 168 . 147 . 1
控制IP结 192 . 168 . 147 . 254
<上一步(B) 下一步(N)>

图 9-11　网卡设置

(4) 网络带宽设置。正确设置上网接入带宽,如图 9-12 所示。

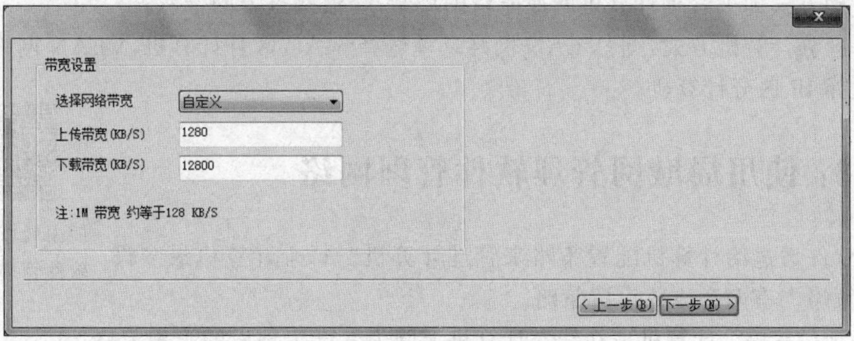

图 9-12　带宽设置

(5) 其他设置。日志设置如图 9-13 所示,全局设置如图 9-14 所示。

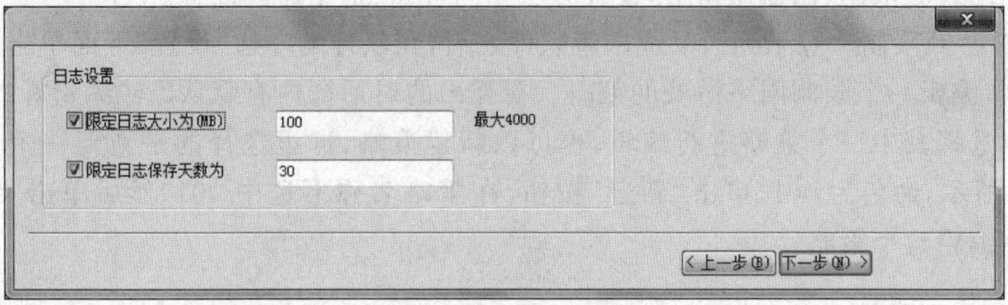

图 9-13　日志设置

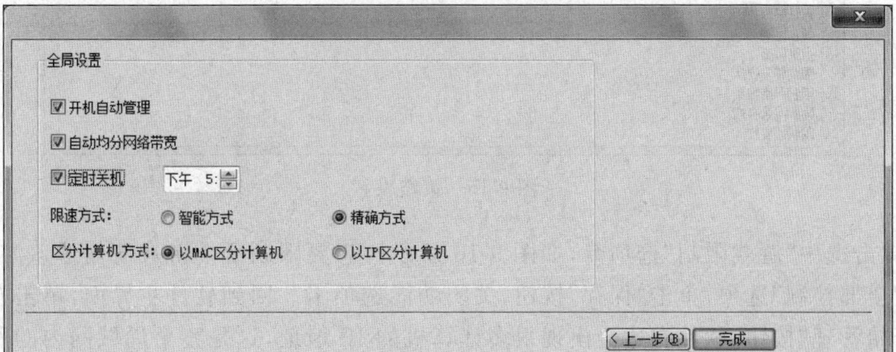

图 9-14　全局设置

全局设置中的相关选项说明如下。

- 开机自动管理:监控计算机开机后无须登录 Windows,软件根据配置自动开始管理网络。
- 自动均分网络带宽:被管理的计算机平均使用设置的上网带宽。
- 定时关机:与主板的定时开机功能配合,实现上班前计算机开机自动开始管理,下班后定时关闭监控计算机关闭网络(ARP 网关模式以外)。

- 限速方式：智能方式即被管理计算机网速稍有点波动，能充分使用上网带宽；精确方式即被管理计算机网速能精确控制，会浪费点上网带宽。
- 区分计算机方式：非VLAN网络环境选择MAC区分计算机，VLAN网络环境选择IP区分计算机。

任务3：使用局域网管理软件管理网络

使用局域网管理软件管理网络

本软件通过给计算机配置策略来管理计算机。每个计算机最多设置4个策略。有两种方式设置策略。

- 预设策略：计算机未在线。计算机上网为其绑定预设的管理策略。
- 新建策略：用户根据管理需要配置新的管理策略。

常见限制策略有网页限制、下载限制、代理限制、游戏限制、股票限制、聊天限制、邮件限制、网络视频限制、网盘微博等，设置方法相同，用户根据需要设置。

(1) 游戏限制。登录到天易成网管软件之后，在软件的左边“设置”下面单击“策略设置”选项，编辑一个限制网络游戏的策略。在弹出的对话框内有默认已经编辑好的几个策略，可以选择其中一个策略进行编辑，也可以新建策略，这里选择的是新建一个策略，如图9-15所示，命名为001，单击“新建”按钮，在策略名称下选中001，然后单击“编辑”按钮，开始编辑这个策略。

图9-15 策略设置

单击选中“游戏限制”选项卡，如图9-16所示。想要限制哪个游戏便勾选该游戏，这里选“全部控制”选项，单击“保存”按钮，关闭功能选项卡。回到软件主界面，单击左上角的“开始管理”按钮，软件右边会出现很多计算机的IP地址，这是整个局域网内的所有计算机，想要管理哪台计算机，直接勾选它即可，然后在该台计算机上右击，选择“策略设置”命令，把编辑好的001策略指定给它即可。

(2) 网页限制。使用建立001策略的方法建一个002策略。单击选中“网页限制”选项卡，如图9-17所示，选中“启用限制”“使用规则访问网页”“使用黑名单”(单击“编辑黑名单”按钮，可以把限制的网址添加到“网址”栏内，如图9-18所示)选项，最后单击“保存”按钮。网页限制设置完成。002策略的应用同001策略。可以在应用的计算机上验证能否访问sports.163.com网站(值得注意是，可能你的计算机已经缓存了该网站的主页，可以打开主页，但要继续访问就会失败)，如图9-19所示。

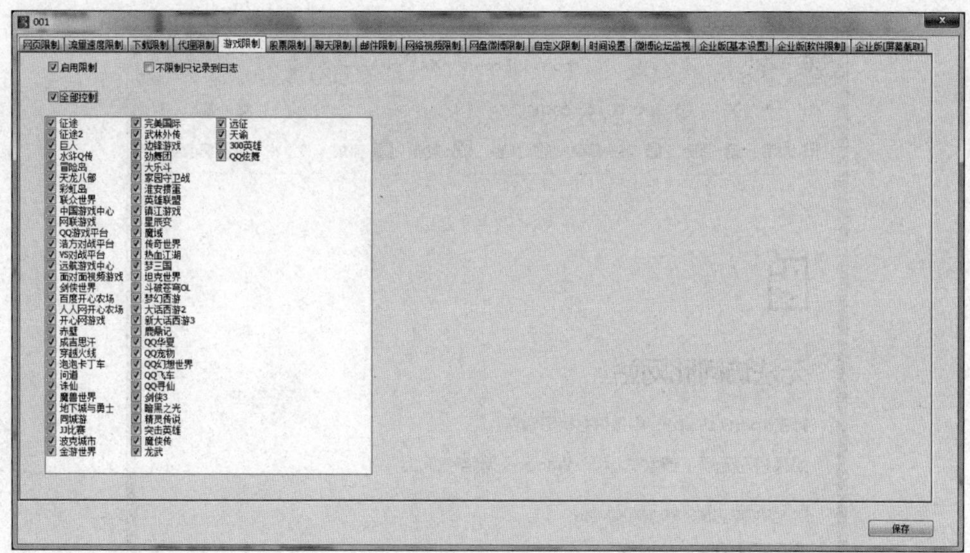

图 9-16　“游戏限制”选项卡

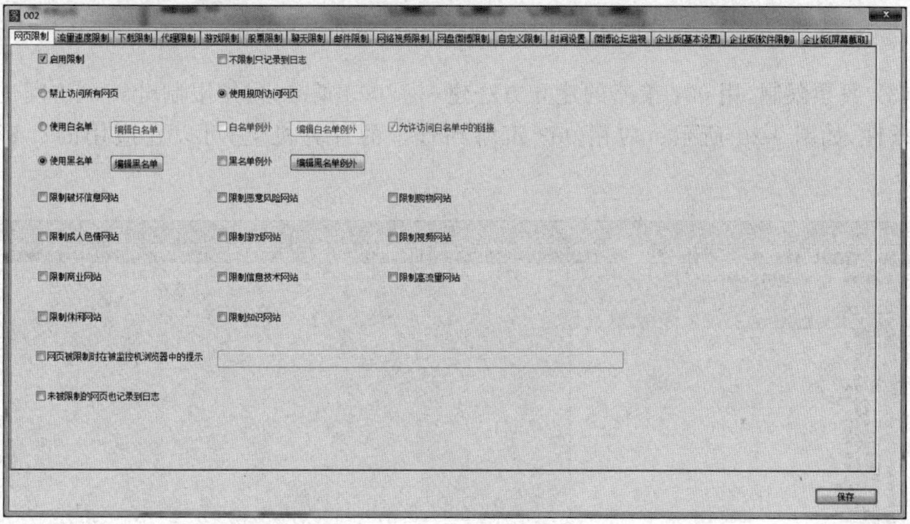

002
网页限制　流量速度限制　下载限制　代理限制　游戏限制　股票限制　聊天限制　邮件限制　网络视频限制　网盘微博限制　自定义限制　时间设置　微博论坛监视　企业版[基本设置]　企业版[软件限制]　企业版[屏幕截取]
启用限制　不限制只记录到日志
禁止访问所有网页　使用规则访问网页
使用白名单　编辑白名单　白名单例外　编辑白名单例外　允许访问白名单中的链接
使用黑名单　编辑黑名单　黑名单例外　编辑黑名单例外
限制破坏信息网站　限制恶意风险网站　限制购物网站
限制成人色情网站　限制游戏网站　限制视频网站
限制商业网站　限制信息技术网站　限制高流量网站
限制休闲网站　限制知识网站
网页被限制时在被监控机浏览器中的提示
未被限制的网页也记录到日志
保存

图 9-17　“网页限制”选项卡

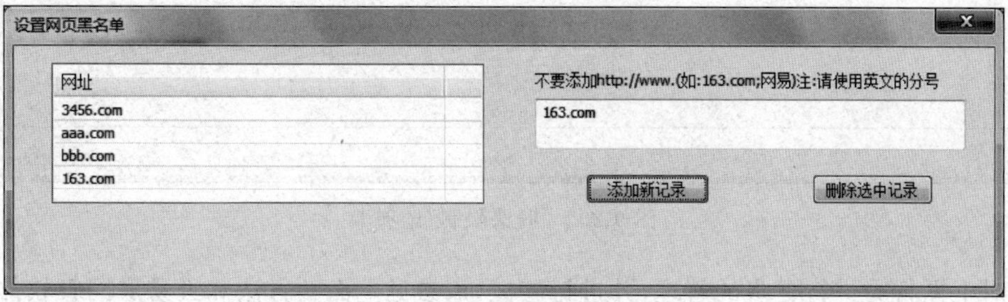

设置网页黑名单
网址
3456.com
aaa.com
bbb.com
163.com
不要添加http://www.(如:163.com;网易)注:请使用英文的分号
163.com
添加新记录　删除选中记录

图 9-18　设置网页黑名单

图 9-19　无法访问 sports.163.com 网站

(3) 股票限制,用 001 策略的建立方法建一个 003 策略,启用限制计算机访问选择的股票软件,如图 9-20 所示。应用 003 策略到管理的计算机上,可以在应用的计算机上验证。

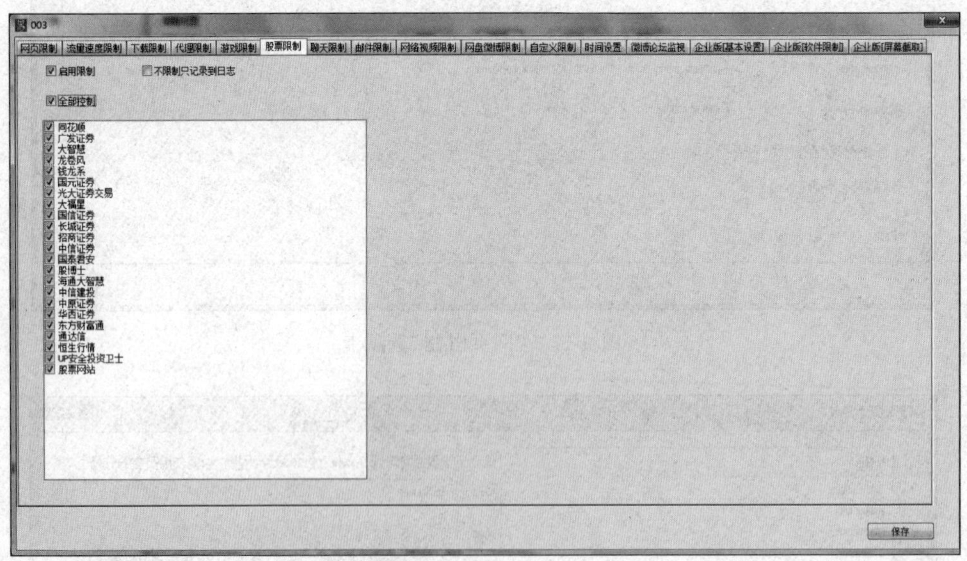

图 9-20　“股票限制”选项卡

对上网行为进行更多的管理,并进行验证,请参见上面的方法和天易成网管软件使用手册。

小　结

网络管理就是为保证网络系统稳定、高效和可靠地运行,并对网络的各种资源和人员进行综合管理。网络管理是对计算机网络的配置、性能、故障、安全和计费进行的管理,它提供了监控、协调和测试各种网络资源及网络运行状况的手段。

网络管理系统由管理对象、管理进程、管理信息库和管理协议 4 部分构成。

简单网络管理协议是 TCP/IP 的应用层协议。SNMP 管理模型由 4 个要素构成:管理进程(manager)、管理代理(agent)、管理信息库(MIB)和管理协议(SNMP)。

网络管理软件就是能够完成网络管理功能的网络管理系统,简称网管系统。网络管理员通过利用网管系统,不仅可以使网络管理者与被管理系统中的代理交换网络信息,而且可以开发网络管理应用程序,较典型的有 Emaster 管理软件和天易成网管软件等。

作为以讲解案例和实践为主的内容,本项目简要介绍了应用天易成网管系统监控、管理一个小型网络的方法。

习　题

一、选择题

1. 一个全部由路由器组成的传统局域网中,必须在路由器上运行(　　),管理工作站才能进行全网的管理。

A. 代理软件　　B. 内存驻留程序　　C. 网络操作系统　　D. 启动程序

2. 在局域网的网管工作站上做配置管理的设备配置的收集工作时,一台路由器尽管被发现了,但是却取不到它的路由表,原因可能是(　　)。

A. 路由器硬件故障

B. 路由器的 TCP/IP 配置有错误

C. 路由器未接电源

D. 路由器没有提供 SNMP 代理服务

3. 在一个由多台路由器构成的网络中发现跨越路由器时 ping 不通的情况,可用配置管理工具收集(　　)信息进行分析。

A. 路由器的流量统计　　B. 路由器的路由表

C. 路由器的 MAC 地址　　D. 路由器的端口数目

4. 下列不属于网络管理系统安全管理部分的功能是(　　)。

A. 找出访问点,保护访问点

B. 确定要保护的敏感信息

C. 对访问点定期进行攻击测试,在测试不通过后向网络管理员报警

D. 维护安全访问点

5. 在SNMP中,下面的说法正确的是(　　)。

A. SNMP是一个对等的协议

B. SNMP采用完全的轮询方式来实现其管理

C. SNMP是一个同步的请求/应答协议

D. SNMP依靠在代理和管理者之间保持连接来传输消息

6. 在某网络中,若想在网管工作站上对一些关键性服务器,如DNS服务器、电子邮件服务器等实施监控,以防止磁盘占满或系统死机造成网络服务的中断,需要进行的工作不包括(　　)。

A. 收集这些服务器上的用户信息存放于网管工作站上

B. 在每个服务器上运行SNMP的守护进程,以响应网管工作站的查询请求

C. 为服务器设置严重故障报警的陷阱,以及时通知网管工作站

D. 网络配置管理工具中设置相应监控参数的MIB

7. 在SNMP的管理模型中,关于管理信息库的说法正确的是(　　)。

A. 一个网络只有一个信息库

B. 管理信息库是一个完整、单一的数据库

C. 管理信息库是一个逻辑数据库,它由各个代理之上的本地信息库联合构成

D. 以上三种说法都不对

8. 一个SNMP代理能发送(　　)报文。

A. get-request　　B. set-request

C. get-next-request　　D. trap

二、简答题

1. 网络管理的基本功能有哪些?

2. 网络管理的内容是什么?

3. 常用网络管理协议有哪些?

4. 网络管理系统由哪些部分构成?

项目 10　排除网络故障

提出一个问题，往往比解决一个问题更重要。

——荀况

项目目标

(1) 熟悉计算机网络中常见的故障现象；

(2) 会用网络诊断工具诊断一般性网络故障；

(3) 能熟练进行网络故障的检测和排除；

(4) 具有中小型网络故障检测及排除的职业能力和职业素养。

项目背景

(1) 网络机房；

(2) 校园网络；

(3) 家庭网络。

10.1　用户需求与分析

用户需求与分析

计算机网络的运用已经进入社会的各个层面，企业网络、校园网络、家庭网络应该是目前最为常见的计算机网络类型。不论是企业网络、校园网络的管理者还是家庭用户都不可避免地会遇到各种各样的网络故障。网络故障多种多样，有的故障现象相同，但处理方法却不同。如何诊断网络故障、解决网络故障成了网络技术人员的重要工作。

计算机网络是个复杂而庞大的体系，任何一个细小的错误都可能导致整个网络的瘫痪，对于网络管理员来说，要从故障现象出发，以各种手段收集尽可能多的信息，确定故障点，制订各种排错的计划并执行，直至排除故障。随着计算机网络体系的不断复杂化，需要按照分层次结构去排查，同时将所掌握的知识有条理地应用到诊断和排除网络故障中，就可以达到事半功倍的效果。

10.2　相 关 知 识

10.2.1　网络故障排除流程

为了保证网络能够稳定、可靠、高效的运行，就必须制定出一套有效的维护方法。当故障产生时,要争取做到在最短时间内恢复网络服务,减少因此带来的损失。

1. 网络故障解决的一般流程

网络故障排除流程

大多的网络故障维护都遵循一定的步骤。下面给出了网络故障解决的一般流程。

(1) 收集故障现象。故障排除的第一步是从网络、终端系统及用户处收集故障现象并加以记录。此外,网络管理员还应确定哪些网络组件受到了影响,以及网络的功能与先前相比发生了哪些变化。故障现象可能以许多不同的形式出现,其中包括网络管理系统警报、控制台消息以及用户投诉。

(2) 隔离故障。直到确定了单个故障或一组相关故障后,才能真正隔离故障。要隔离故障,网络管理员需在网络的逻辑层研究故障的特征,以便找到最有可能的原因。在此阶段,网络管理员可以根据所确定的故障特征收集并记录更多的故障症状。

(3) 解决故障。隔离故障并查明原因后,网络管理员通过实施、测试和记录解决方案设法解决故障。如果网络管理员确定纠正措施引发了另一个故障,把所尝试的解决方案形成文档,取消所做的更改,然后再次执行收集故障症状和隔离故障步骤。

故障排除是指识别、定位以及纠正所发生问题的过程。有经验的人员往往依靠直觉进行故障排除。不过,也可利用一些结构化的技术来确定最有可能的原因以及解决办法。进行故障排除时,必须进行相应的文档记录。记录文档应尽可能多地包含下列内容。

(1) 遇到的问题。

(2) 用来确定问题原因的步骤。

(3) 用于纠正问题并确保问题不会再次发生的步骤。

(4) 用文档记录下在故障排除过程中采取的所有步骤,即使某些步骤未能成功地解决问题,也应一并记录在案。在发生同样或类似问题时,该文档将具有一定的参考价值。

2. 网络故障排除的方法

目前存在多种不同的结构化故障排除技术。

(1) 分层故障排除法。分层故障排除法又分为以下几种。

- 自上而下:从应用层开始向下检查,直到找出问题。
- 自下而上:从物理层开始向上检查,直到找出问题。
- 分治法:根据问题及经验,从任何层开始向上或向下检查。

第1层故障排查——第1层故障通常涉及布线和电源问题,比较常见的第1层故障包括以下几种:

① 设备电源未打开;

② 设备电源未接通;

③ 网络电缆松脱;

④ 电缆类型错误;

⑤ 网络电缆故障。

第2层故障排查——造成第2层故障的原因包括设备故障、设备驱动程序错误以及交换机配置错误、VLAN 和生成树故障等。重新安装网卡，或者用正常的网卡替换怀疑有故障的网卡，检查 VLAN 和生成树的配置，可帮助诊断问题。此方法也适用于任意类型的网络交换机。

第 3 层故障排查——IP 地址属于所分配的网络、子网掩码、默认网关，其他设置符合要求，如 DHCP 或 DNS。在第 3 层，可利用许多实用程序来协助进行故障排查。3 种最常用的命令行工具如下。

- ipconfig：显示计算机上的 IP 设置。
- ping：测试基本网络连接。
- tracert：确定源与目的地之间的路由路径是否可用。

第 4 层故障排查——如果沿途有网络防火墙，则需要检查应用程序的 TCP 或 UDP 端口是否打开，确保没有任何过滤列表在拦截流经该端口的通信量。

应用层故障排查——网络终端的高层协议，以及终端设备软/硬件运行良好。可使用数据包嗅探器来查看网络上的通信量。另外，也可使用 Telnet 之类的网络应用程序来查看配置。

(2) 试错法。故障排除人员根据其以往的经验以及对网络结构的了解，推断出最合理的解决方案。

(3) 替换法。此方法依赖于替换部件、组件的可用性并且需要经常性地备份配置文件。

10.2.2 常见的网络故障

网络故障按故障性质可以分为两大类：物理故障和逻辑故障。物理故障是指网络中的设备或是通信线缆所发生的物理损坏或接触不良等故障。例如，网络连接时断时续，可以判断是端接的地方接触不良或是电缆有损坏的地方；逻辑故障是指通信协议故障、设置故障。

常见的网络故障

1. 连通性问题

(1) 分治法。同时包含有线和无线连接的网络进行故障排除时，最好使用分治法来查出问题是发生在有线网络还是无线网络。要确定问题是存在于有线网络还是无线网络中，有以下办法。

① 从无线客户端 ping 默认网关，检验无线客户端是否能正常连接。

② 从有线客户端 ping 默认网关，检验有线客户端是否能正常连接。

③ 从无线客户端 ping 有线客户端，检验集成路由器是否能正常工作。

(2) LED 指示灯。故障排除的首要步骤之一便是检查 LED。设备上使用的 LED 通常分为 3 种类型，即电源、状态和活动性。

① 电源 LED：不亮——系统未加电；绿色——系统运行正常。

② 状态 LED：绿色——设备运行正常；琥珀色——出现了可修复的错误；红色——出现了严重的硬件故障。

③ 活动LED：绿色——有设备接入端口，但没有数据通过；琥珀色——设备正在调整端口的工作方式；不亮——没有设备接入端口或端口有问题、电缆有问题。

(3) 物理连接和布线。有线主机无法连接到集成路由器，首先要检查的内容之一便是物理连接和布线。

① 确保所使用的电缆类型正确。

② 必须根据标准制作电缆端接。按照568A或568B标准制作电缆端接；避免在端接时解开过多的电缆；将连接器紧紧压在电缆表皮上，以避免其松开。

③ 每种电缆都存在最大长度限制，超出长度限制会对网络性能造成严重的负面影响。

④ 若存在连通性问题，检验网络设备之间所使用的端口是否正确。

⑤ 避免电缆上的连接器受到过大拉力，并且让电缆避开过道等区域。

2. WLAN中的无线通信故障

无线主机无法连接到AP，可能是无线网络连通性问题导致的。

(1) 无线通信依靠射频信号来传送数据。

① 并不是所有无线标准都是兼容的。

② 每个无线会话都必须使用独立的非重叠通道。

③ RF信号的强度会随距离而衰减。

④ RF信号容易受到外部干扰源(如以相同频率运作的其他设备)的干扰。

⑤ AP在各种设备之间共享可用带宽。

(2) 无线配置问题：现代的WLAN整合了各种技术来保护WLAN中的数据，其中任何技术如果配置有误，都会导致通信失败。一些最容易配置错误的设置包括：SSID、身份验证和加密。

① AP与客户端的SSID必须匹配。

② 大多数AP均默认配置为开放式身份验证，即允许所有设备连接。

③ 加密表示对数据进行转化，使不具备正确加密密钥的用户无法利用这些数据。

3. DHCP问题

IP配置对主机能否连接到网络有着重大影响。集成路由器(例如Linksys无线路由器)作为本地有线和无线客户端的DHCP服务器运行，并为它们提供IP配置，如IP地址、子网掩码、默认网关，还可能包括DNS服务器的IP地址。

4. ISR与ISP的连接故障

如果有线和无线本地网络上的主机可以连接到集成路由器和本地网络中的其他主机，但无法接入Internet，则可能是集成路由器与ISP之间的连接所造成的。

10.2.3 网络故障排除工具

大部分网络问题都与物理组件或物理层的问题有关。物理问题主要是硬件方面的问题，与计算机和网络设备以及用于互连的电缆有关。有线和无线网络都可能发生物理问题。检测物理问题的最佳方法就是使用人类的感观——视觉、嗅觉、触觉、听觉。

- 视觉：通过目视可以获悉各种网络设备的状态和功能 LED 通过的线索。
- 嗅觉：通过嗅到的气味发现过热的组件。
- 触觉：发现过热的组件以及带风扇的笔记本电脑和交换机设备的机械故障。
- 听觉：所有设备都有独特的声音，如果声音不正常，通常表明出了问题。

当遇到网络故障时，更多的是用一些故障诊断工具来帮助确定故障的位置，分析故障可能产生的原因。目前针对计算机网络诊断工具主要有两类：第一类工具是硬件测试仪器，如美国 FLUCK 公司推出的各类网络测试工具，如图 10-1 所示。这些测试仪器可以让用户轻松地测试线缆的通断和性能，但其价格较贵，不适合日常的故障诊断。第二类工具是诊断网络连接的实用程序，如 ipconfig、ping、tracert、nslookup 等命令。其优点是系统自带，不必单独安装，并且测试方便。下面重点介绍这一类的诊断工具。

图 10-1 网络测试工具

1. ipconfig 命令

网络故障排除工具

ipconfig 命令的作用主要是显示本机上的 TCP/IP 配置情况，还可以接收多种动态主机配置协议（DHCP）命令，从而允许系统更新或发布其 TCP/IP 网络配置。在网络故障诊断中，使用 ipconfig 命令可发现网络无法通信的不正确或不完整的地址信息。ipconfig 命令的详细使用方法参见项目 2 中项目实践部分的任务 3。

2. ping 命令

ping 是 Windows 系列自带的一个可执行命令。利用它可以检查网络是否能够连通，用好它可以很好地帮助我们分析并判定网络故障。ping 命令的详细使用方法参见项目 2 中项目实训部分的任务 3。

3. tracert 命令

ping 实用程序用于检验端到端的连通性。但即使是确定有问题，设备无法 ping 通目的地址，ping 实用程序也不能指出连接到底是在何处断开的。为此，必须使用另一实用程序 tracert。

tracert 实用程序提供的连通性信息会指明数据包到达目的主机之前途经的路径，并会指出途中的每个路由器，还会显示数据包从源主机到达每一跳以及返回所花费的时间（往返时间）。tracert 可帮助判断因网络瓶颈或速度下降造成数据包丢失或延迟的位置。tracert 命令的详细使用方法参见项目 4 中项目实践部分的任务 5。

4. nslookup 命令

格式：

```
nslookup IP 地址/域名
```

通过网络访问应用程序或服务时，用户往往依赖于 DNS 域名而不是 IP 地址。当向域名发送请求时，主机必须首先联系 DNS 服务器以将域名解析为对应的 IP，然后主机使用 IP 来打包发送信息。

nslookup 实用程序允许最终用户在 DNS 服务器中查找与特定 DNS 域名相关的信息。发出 nslookup 命令后，返回的信息中包括所使用 DNS 服务器的 IP 地址以及与特定 DNS 域名关联的 IP 地址。nslookup 通常用作确定 DNS 服务器是否按预期执行域名解析的故障排除工具。图 10-2 所示为输入一个域名后，得到了此域名的 DNS 查询的结果。在园区网内部，不论是 Web 站点还是 FTP 或是其他什么服务器，都可以用 nslookup 命令去查询 DNS 服务器来获得相应的域名或是 IP 地址。

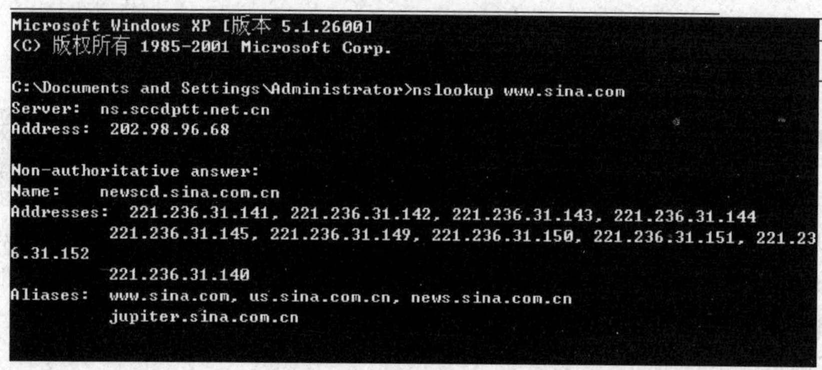

图 10-2　nslookup 命令的使用

10.3　案例分析：广播流量引起的 FTP 业务问题

某园区连接 3 个局域网，如图 10-3 所示。10.11.56.0 为一个用户网段；10.11.56.118 为一个日志服务器；10.15.0.0 是一个集中了很多应用服务器的网段。用户反映日志服务器与 10.15.0.0/16 网段的备份服务器间的备份发生了问题。

1. 故障现象描述

广播流量引起的 FTP 业务问题

(1) 如何描述故障现象。

① 这个问题是连续出现，还是间断出现的？

② 是完全不能备份，还是备份的速度慢(即性能下降)？

③ 哪个或哪些局域网服务器受到影响，地址是什么？

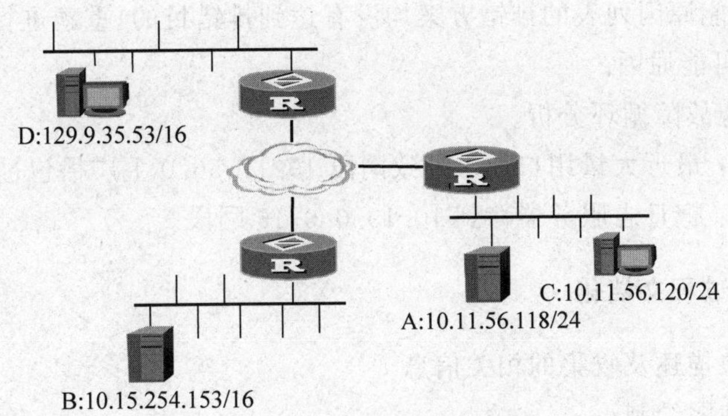

图 10-3　网络拓扑图

(2) 正确描述故障。在网络的高峰期,日志服务器 10.11.56.118 到集中备份服务器 10.15.254.253 之间进行备份时,FTP 传输速度很慢,大约是 0.6Mbps。

2. 故障相关信息收集

(1) 信息收集途径。

① 向受影响的用户、网络人员或其他关键人员提出问题。

② 根据故障性质,使用各种工具收集情况,如网络管理系统、协议分析仪、show 和 debug 命令等。

③ 测试性能与网络基线进行比较。

(2) 收集到以下信息。

① 最近 10.11.56.0 网段的客户机不断在增加。

② 129.9.0.0 网段的机器与备份服务器间进行 FTP 传输时速度正常,数值为 7Mbps; 129.9.0.0 网段的机器与日志服务器间进行 FTP 传输时速度慢,数值为 0.6Mbps。

③ 在非高峰期日志服务器和备份服务器间 FTP 传输速度正常,大约为 6Mbps。

3. 经验判断和理论分析各种可能原因列表

(1) 日志服务器 A 的性能问题。

(2) 10.11.56.0 网络的网关性能问题。

(3) 10.11.56.0 网络本身的性能问题。

(4) 网间性能问题。

4. 对所有原因实施排错方案

(1) 先对某一原因实施排错方案后,观察故障排除结果。

(2) 对其他可能的循环进行故障排除过程。

① 当针对某一可能原因的排错方案没有达到预期目的,则进入下一可能原因制定排错方案并实施。

② 当所有可能原因列表的排错方案均没有达到排错目的，重新进行故障相关信息的收集以分析新的可能原因。

(3) 案例可能故障循环分析。

① 定位故障：最近大量用户加入导致网段 10.11.56.0 上广播包过多。

② 排除故障：把日志服务器移到 10.15.0.0/16 网段。

5. 故障排除过程文档化

(1) 故障现象描述及收集的相关信息。

(2) 网络拓扑图绘制。

(3) 网络中使用的设备清单和介质清单。

(4) 网络中使用的协议清单和应用清单。

(5) 故障发生的可能原因。

(6) 对每一可能原因制定相应的解决方案，并记录实施结果。

(7) 本次排错的心得体会。

(8) 其他，如排错中使用的参考资料列表等。

10.4 项目实训

教师可以设置如下几种场景，让学生进行实践。

任务1：用实用程序排除连接性故障

用实用程序排除连接性故障

场景设置

×××学校计算机办公室的一台计算机不能与其他计算机联网。

故障分析

网络不能连接，大多数原因是物理线路或网络设备的物理故障，比如停电、接触不良等，其次是网络协议的设置不对，如IP地址改动过，或是网关设置出错。

操作步骤

故障解决的过程如下。

(1) 检查与计算机相连的物理线路，发现连接正常。

(2) 用实用程序 ping 命令先 ping 环回地址，发现 TCP/IP 正常。

(3) 再 ping 本机，发现网卡也没有问题。

(4) ping 网内的其他主机，发现不通；这时分析应该是 IP 地址设置有问题。

(5) 打开 TCP/IP 配置，果然发现 IP 地址被改动过，与其他主机不在一个网段，修改 IP 地址后，故障解决了。

任务 2：诊断 FTP/Web 服务器访问故障

场景设置

××学校一学生宿舍不能访问校园网的 Web 站点，上互联网没有问题(排除基础故障)。

故障分析

园区网内部的 Web 站点访问故障首先是与外网没有关系的，最常见的原因是 DNS 设置不对；其次可能是软件故障，如计算机病毒或木马等。

操作步骤

故障解决的过程如下。

(1) 如果是软件故障，就先用杀毒软件进行扫描，结果没有发现有何异常。

(2) 判断是 DNS 问题，先用 ping 命令 ping 学校的 DNS 服务器，发现可以连接。

(3) 检查本机上的 DNS 配置，发现本机 DNS 的地址也没有问题。

(4) 这时可以判断是学校的 DNS 服务器或是 Web 网站出了故障。

任务 3：诊断 DHCP 服务器故障

场景设置

××公司的计算机由一台 DHCP 服务器统一管理 IP 地址。一天，公司内所有计算机均不能互联也不能连接外网。

故障分析

DHCP 服务器不能正常工作。

操作步骤

故障解决的过程如下。

(1) 检查与计算机相连的物理线路，发现连接正常。

(2) 用实用程序 ping 命令先 ping 环回地址，发现 TCP/IP 正常。

(3) 用 ipconfig /all 命令显示地址信息，发现 IP 地址、子网掩码、默认网关、DNS 服务器的地址有误。

(4) 用 ipconfig /release 释放 IP 地址；再用 ipconfig /renew 重新获取 IP 地址。

(5) 用 ipconfig /all 命令显示地址信息，发现 IP 地址、子网掩码、默认网关、DNS 服务器的地址还是有误。说明 DHCP 服务器不能正常工作。

小　　结

网络故障产生的原因是多种多样的，有时候同样的现象却是由不同的原因产生的。因此，在对网络故障进行判断和分析时大多需要借助一些工具。像前面提到的应用程序命令工具。如果对一些线路故障不容易判断,最好是用一些仪器,如数字万用表、电缆测试仪等。

网络故障的判断还需要有大量的实践作为辅助,解决的网络故障越多,分析故障的能力就越强。希望通过本项目的内容能够让大家学习到一般网络故障的分析和解决方法。

习　　题

选择题

1. 若要测试两个主机之间的连接,可以使用下面(　　)命令验证。

A. nslookup　　B. ping　　C. tracert　　D. ipconfig

2. ipconfig 命令可以识别(　　)信息。

A. 物理地址　　B. IP 地址　　C. 默认网关

D. 子网掩码　　E. DNS 服务器

3. nslookup 是用来验证(　　)网络服务。

A. 域名解析　　B. 自动分配 IP 地址

C. 树状结构　　D. 环状结构

4. ping 命令参数中的 t 的功能是(　　)。

A. 指定发送包的大小

B. 将地址解析为计算机名

C. ping 指定的计算机直到中断

D. ping 指定的计算机发送 4 个数据包

5. 下面选项中是物理层问题的症状的是(　　)。

A. CPU 占用率高　　B. 广播流量过多

C. 路由环路　　D. 数据封装出错

6. 网络层问题可能涉及的协议为(　　)。

A. DNS　　B. IP　　C. RIP　　D. TCP 和 UDP

7. 向用户收集故障信息时,下面(　　)是适合提出。

A. 问题是什么时候发生的　　B. 你的密码是多少

C. 哪些设备工作正常　　D. 问题发现后你采取了什么措施

8. (　　)网络故障排除工具可用于测试物理介质。

A. 电缆分析仪　　B. 测线器　　C. 数字万用表　　D. 电笔

参 考 文 献

[1] 石淑华,池瑞楠.计算机网络安全技术[M].6版.北京:人民邮电出版社,2021.

[2] 梁诚.网络互联技术项目化教程[M].北京:人民邮电出版社,2020.

[3] Rick Graziani,Allan Johnson.思科网络技术学院教程:网络简介[M].6版.北京:人民邮电出版社,2018.

[4] Bob Vachon,Allan Johnson.思科网络技术学院教程:连接网络[M].6版.北京:人民邮电出版社,2018.

[5] Bob Vachon,Allan Johnson.思科网络技术学院教程:路由和交换基础[M].6版.北京:人民邮电出版社,2018.

[6] 梁广民,王隆杰.思科网络实验室CCNA实验指南[M].2版.北京:电子工业出版社,2018.

[7] 谢希仁.计算机网络[M].8版.北京:电子工业出版社,2021.

[8] 吴功宜,吴英.计算机网络应用技术教程[M].5版.北京:清华大学出版社,2019.

[9] 戴有炜.Windows Server 2019 系统与网站配置指南[M].北京:清华大学出版社,2021.

[10] 田庚林.计算机网络技术基础[M].3版.北京:清华大学出版社,2018.

[11] 黄君羡,汪双顶.无线局域网应用技术[M].北京:人民邮电出版社,2019.

[12] 周舸.计算机网络技术基础[M].5版.北京:人民邮电出版社,2019.

[13] 王中刚,薛志红,项帅求.服务器虚拟化技术及应用[M].北京:人民邮电出版社,2018.

网络管理员岗位职责

网络工程师岗位职责